21 世纪建筑学及相关专业教材

建筑概论

裴　刚　李元奎　编著

华南理工大学出版社
SOUTH CHINA UNIVERSITY OF TECHNOLOGY PRESS
·广州·

图书在版编目(CIP)数据

建筑概论/裴刚,李元奎编著.—广州:华南理工大学出版社,2015.1
ISBN 978-7-5623-4172-7

Ⅰ.①建… Ⅱ.①裴… ②李… Ⅲ.①建筑学-高等学校-教材 Ⅳ.①TU

中国版本图书馆CIP数据核字(2014)第038685号

建筑概论
裴 刚 李元奎 编著

出 版 人:韩中伟
出版发行:华南理工大学出版社
(广州五山华南理工大学17号楼,邮编510640)
http://www.scutpress.com.cn E-mail:scutc13@scut.edu.cn
营销部电话:020-87113487 87111048(传真)
策划编辑:赖淑华
责任编辑:方 琅 庄 彦
印 刷 者:广州市怡升印刷有限公司
开 本:787mm×1092mm 1/16 印张:16.75 字数:429千
版 次:2015年1月第1版 2015年1月第1次印刷
印 数:1～2000册
定 价:35.00元

前　言

本教材内容包括建筑工程识图与材料、建筑设计原理、民用建筑构造技术、工业建筑设计原理等部分。体现了建筑设计从总体到细部，从平面到空间的全过程。同时教材还注意引用现行的建筑工程规范和相关的建设法规，突出了我国当前的适用、安全、经济、美观的设计原则和建筑方针。针对非建筑学专业学生的特点，本教材以文字为主，图文并茂，紧密结合建筑设计的规律和实践，吸取了国内外建筑工程的许多经验和做法。尽量帮助学生与读者了解建筑设计的构思过程、技术方法、实际操作程序和未来发展趋势。与以往的有关建筑教材相比，本书着重突出从建筑技术层面对建筑设计进程进行讲述，为了突出面向21世纪的教材特点，教材中大量引用了近10年以来的建筑实例。

本教材为主要针对高等院校的给排水、暖通、建筑设备等专业的本专科教材和教学参考书，也可供从事设计、施工、监理的工程技术人员作为参考书使用。其特色主要表现在以下几个方面：

（1）系统性：基本涵盖了建筑工程的全部操作过程，且主次分明、重点突出。

（2）知识性：介绍当前建筑发展的新概念与新趋向，突出建筑技术的重要地位。

（3）实用性：重视工程建设的法制化现象，注意引用现行法规和规范。反映当前的建筑新材料、新工艺、新技术及相关新实例。

（4）针对性：结合专业特点，本书增加了建筑工程制图与材料部分的分量，缩减了工业建筑内容的比重。各章增设了学习目标和思考题，明确了授课重点，便于学生掌握知识点。

限于水平和经验，书中如有不妥之处，敬请读者批评指正，谢谢。

编　者

2014年2月

目　录

第 1 章　建筑设计概论 …… 1
1.1　认识建筑 …… 1
1.2　建筑物的类型 …… 2
1.3　工程建设的基本程序与内容 …… 4
1.4　建筑设计的要求和依据 …… 7
1.5　常用建筑材料及其连接方式 …… 15
1.6　建筑施工图概述 …… 24

第 2 章　建筑平面设计 …… 30
2.1　平面设计的内容 …… 30
2.2　主要使用房间的设计 …… 32
2.3　辅助使用房间的设计 …… 42
2.4　交通联系部分的设计 …… 46
2.5　建筑平面的组合设计 …… 53

第 3 章　建筑剖面及立面设计 …… 65
3.1　房间的剖面形状 …… 65
3.2　房屋各部分高度的确定 …… 69
3.3　房屋的层数 …… 76
3.4　建筑空间的组合与利用 …… 79
3.5　建筑立面设计 …… 84

第 4 章　建筑构造概论 …… 90
4.1　建筑构造研究的对象与目的 …… 90
4.2　建筑物的构造组成及各组成部分的作用 …… 90
4.3　影响建筑构造的因素 …… 92
4.4　建筑构造的设计原则 …… 93

第 5 章　基础构造 …… 95
5.1　地基与基础概述 …… 95
5.2　常用地基构造 …… 96
5.3　常用基础构造 …… 98

第 6 章　墙体构造 …… 111
6.1　墙体概述 …… 111

6.2 砌体墙构造 …… 115
6.3 隔墙构造 …… 131
6.4 墙体节能构造 …… 139
6.5 墙面装饰构造 …… 142

第7章 楼地层及阳台雨篷构造 …… 143
7.1 楼地层概述 …… 143
7.2 钢筋混凝土楼板构造 …… 147
7.3 楼地层保温与防水构造 …… 158
7.4 阳台与雨篷构造 …… 161

第8章 楼梯构造 …… 166
8.1 楼梯概述 …… 166
8.2 钢筋混凝土楼梯构造 …… 167
8.3 楼梯设计 …… 169
8.4 室外台阶与坡道构造 …… 174
8.5 电梯与自动扶梯构造 …… 176

第9章 屋顶构造 …… 182
9.1 屋顶概述 …… 182
9.2 平屋顶构造 …… 190
9.3 坡屋顶构造 …… 201
9.4 屋顶节能概论 …… 203

第10章 门窗构造 …… 213
10.1 门窗概述 …… 213
10.2 木门构造 …… 217
10.3 金属门窗构造 …… 222
10.4 塑料门窗构造 …… 230
10.5 门窗节能概述 …… 231

第11章 变形缝构造 …… 236
11.1 变形缝概述 …… 236
11.2 建筑物变形缝处的结构布置 …… 240
11.3 变形缝的构造 …… 244

第12章 工业建筑概论 …… 251
12.1 工业建筑的特点与分类 …… 251
12.2 工业建筑的内部起重运输设备 …… 253
12.3 厂房的结构体系 …… 255

参考文献 …… 261

第1章　建筑设计概论

本章学习目标

- 了解构成建筑的概念和基本要素；
- 了解常用的建筑材料性能和连接方式；
- 熟悉建筑工程图的识读；
- 熟悉建筑工程建设程序；
- 熟悉建筑设计的主要依据；
- 掌握建筑模数和模数制；
- 掌握在建筑设计中应贯彻的强制性标准文件。

1.1　认识建筑

1.1.1　建筑的定义

在我们的日常生活中，建筑是一个常用名词。建筑作为动词，在我国古代曾称为“营造”“营建”“营缮”等，也就是经营建造的意思，中文的定义是指“筑造房屋、道路、桥梁、碑塔等一切工程”，几乎涵盖了土木工程门类的所有学科，也反映出在一般概念中混淆了建筑与土木工程之间的差别。

本门课程所指的“建筑”包括建筑物和构筑物。其中，构筑物是指道路、桥梁、烟囱、堤坝等人们不直接在其中进行生产生活的场所；建筑物是为满足社会和人的需要，利用所掌握的物资技术手段，在科学规律和美学法则的支配下，通过对空间的限定和组织，创造一种人为的生产生活环境，如居住建筑、各类公共建筑等。

1.1.2　构成建筑的基本要素

建筑的基本要素是建筑功能、建筑技术和建筑艺术，统称为建筑的三要素。

1. 建筑功能

人们建造房屋有着明显的目的性，体现了建筑物的使用要求。例如，建造工厂是为了生产的需要，建造住宅是为了居住的需要，建造学校是为了满足教育活动的需要等。因此，各类建筑物的不同使用要求即为建筑功能。但是，各类房屋的建筑功能不可能永远不变，随着人类社会的不断发展和物质文化生活水平的不断提高，建筑功能在不同时期也有着不同的内容和要求。合理的设计是满足建筑功能的重要途径。

2. 建筑技术

建筑技术是建造房屋的手段，包括建筑构造、建筑结构、建筑材料、建筑施工和建筑设备等内容。建筑构造是建造房屋的具体方法，建筑结构和建筑材料构成了建筑的骨架，建筑设备是保证建筑物达到某种使用要求的技术条件，建筑施工是保证建筑物实施的重要过程。建筑功能的实现离不开建筑技术。随着生产和科学技术的发展，各种新材料、新结构、新设备的发展和新的施工工艺水平的提高，新的建筑技术不断涌现，也同时更大程度地满足了人们对建筑不同功能的需求。

3. 建筑艺术

建筑艺术是建筑物内外视觉形象的体现，包括内外空间的组织，建筑体型与立面的处理，材料、装饰、色彩的应用等内容。良好的建筑艺术效果可以产生强烈的精神感染力，如庄严雄伟、朴素大方、简洁明快、生动活泼等不同的心理感受。建筑艺术因社会、民族、地域的不同而有较大区别，反映出了绚丽多彩的建筑风格和特色。

建筑功能、建筑技术和建筑艺术的关系是辩证统一的，是不可分割并相互制约的统一体。在一般情况下，建筑功能是第一性的，是房屋建造的目的，也是起主导作用的因素；其次是建筑技术，建筑技术是通过物质技术来建造房屋的手段，但同时对建筑功能和建筑艺术又有制约和促进作用；而建筑艺术的影响因素则往往是难以确定的，对某些纪念性、象征性、标志性建筑来说，艺术性的要求有时也会成为具有主导作用的因素。总之，一个优秀的建筑作品应该是建筑功能、建筑技术与建筑艺术的综合表现，这三者应该是和谐统一的。

1.2 建筑物的类型

1.2.1 按建筑物的用途分类

按建筑物的用途通常可以分为民用建筑和工业建筑。

1. 民用建筑

民用建筑即为人们大量使用的非生产性建筑，可以分为居住建筑和公共建筑两大类。

（1）居住建筑。主要是指供家庭和集体生活起居用的建筑物，如住宅、宿舍、公寓等。

（2）公共建筑。主要是指供人们进行各种社会活动的建筑物，公共建筑可以按使用功能的类型分类：

办公建筑：机关及企事业单位的办公楼和商用写字楼等。

文教建筑：学校、图书馆、文化宫等。

托幼建筑：托儿所、幼儿园等。

科研建筑：研究所、科学实验楼等。

医疗建筑：医院、门诊部、疗养院等。

展览建筑：展览馆、博物馆、会展中心等。

商业建筑：商店、商场、购物中心等。

观演建筑：影剧院、音乐厅、演艺中心等。

体育建筑：体育馆、体育场、健身中心等。

旅馆建筑：旅馆、酒店宾馆、招待所等。

交通建筑：航空港、港口客运站、火车站、汽车站、地铁站等。

通讯广播建筑：电信楼、广播电视台及电视塔、邮电局等。

园林建筑：公园、动物园、植物园、亭台楼榭等。

纪念性建筑：纪念堂、纪念碑、陵园等。

其他建筑类：如监狱、消防站、大型游乐场等。

需要特别指出的是，单纯按使用功能的分类方法并不能准确反映公共建筑的综合性、复合性特征。

2. 工业建筑

工业建筑是为工业生产服务的各类建筑，也可以叫厂房类建筑，如生产车间、辅助车间、动力用房、仓储建筑等。厂房类建筑又可以分为单层厂房和多层厂房两大类。

1.2.2　按建筑物的层数或高度分类

目前，按建筑物的层数或高度分类主要是针对民用建筑而言，在《民用建筑设计通则》中，先按房屋使用功能分为居住建筑和公共建筑两大类，再按地上层数或高度分类划分，制定了下列规定：

（1）住宅建筑按层数分类：一层至三层为低层住宅，四层至六层为多层住宅，七层至九层为中高层住宅，十层及十层以上为高层住宅。

（2）除住宅建筑之外的民用建筑高度不大于 24 m 者为单层和多层建筑，大于 24 m 者为高层建筑（不包括建筑高度大于 24 m 的单层公共建筑）。

（3）建筑高度大于 100 m 的民用建筑为超高层建筑。

按建筑物的层数或高度分类的主要依据是防火规范的有关规定。

1.2.3　按建筑物的规模分类

（1）大量性建筑。单体建筑规模不大，但兴建数量多、分布面广的建筑，如住宅、学校、中小型办公楼、商店、医院等。

（2）大型性建筑。建筑规模大、耗资多、影响较大的建筑，如大型火车站、航空港、大型体育馆、博物馆、大会堂等。

1.2.4　按主要承重结构材料分类

建筑的主要承重构件一般为墙、柱、梁、板四个主要构件，根据构件所使用的材料可分为：

（1）木结构建筑，即木板墙、木柱、木楼板、木屋顶的建筑。

（2）砖木结构建筑，即用砖（石）砌墙体，木楼板、木屋顶的建筑。

（3）砖混结构建筑，即用砖（石）砌墙体，钢筋混凝土做楼板和屋顶的多层建筑。

（4）钢筋混凝土结构，即由钢筋混凝土柱、梁、板承重的多层和高层建筑（它又可分为框架结构建筑、筒体结构建筑、剪力墙结构建筑），如现代的大量建筑，以及用钢筋混凝土材料制造的装配式大板、大模板建筑等。

（5）钢结构建筑，即全部用钢柱、钢梁组成承重骨架的建筑。

（6）其他结构建筑，如生土建筑、充气建筑、塑料建筑等。

需要特别指出的是，目前，为保护农田耕地和生态环境，我国已禁用或限用实心黏土砖。

1.3 工程建设的基本程序与内容

工程建设的基本程序，是指一个工程建设项目或一栋房屋由开始拟定计划至建成投入使用所必须遵循的程序，包括可行性研究，基建计划任务书的编制、上报和审批，城建部门的批准用地批文和规划条件批文，建筑设计、施工和设备安装，以及最后的竣工验收、投入使用等环节。

1.3.1 批文阶段

（1）计划任务书。计划任务书是工程项目建设单位向上级主管部门呈报的工程建设文件。该文件包括工程建设项目的性质、内容、用途、总建筑面积、总投资、建筑标准及房屋使用期限要求等。

（2）可行性研究。一个建筑项目在正式列入基建计划之前，应对其投资进行客观的分析，研究其建成后的经济效益、社会效益和环境效益，以决定其是否列入计划投资兴建。

（3）批准立项。主管部门对计划任务书的批文是经上级主管部门审核，对建设单位呈报的可行性研究报告和计划任务书的批复文件。该文件包括核定的工程建设项目的性质、内容、用途、总建筑面积、总投资、建筑标准（每平方米建筑面积造价）及房屋使用期限要求等。

（4）城建管理部门同意用地的批文及规划条件批文。建筑项目的用地必须得到城建管理部门的批文，并取得同意设计的规划条件要求，其内容包括基地的地形测量图及该建筑项目的用地范围，并规定出建筑红线（指城市沿街建筑物的外墙、台阶、橱窗等不得超越的临街界线），以及根据城市规划和用地环境对拟建房屋提出的有关要求。

1.3.2 设计阶段

1. 设计前的准备工作

有了上述批文后，建设单位即可据此委托代理公司依法公开招标建设项目的设计，在特殊情况下也可按有关规定向建筑设计部门委托设计。当设计人接受了设计任务后，首先要熟悉设计任务书，了解该建设项目设计的基本情况，其主要内容有以下几方面：

（1）建设项目总的要求和建造目的的说明。

（2）建筑物的具体使用要求、建筑面积，以及各类用途房间之间的面积分配。

（3）建设项目的总投资和单方造价，包括土建费用、设备费用，以及室外设施费用的投资比例。

（4）对建设基地范围周边原有建筑、道路、地段环境的描述。

（5）供电、供水和采暖、空调等设备方面的要求。

（6）设计期限和项目的建设进程要求。

设计人员在设计过程中必须严格掌握建筑标准、用地范围、面积指标等有关限额指标。同时，设计人员在深入调查和分析设计任务以后，从合理解决使用功能、满足技术要求、节约投资等方面考虑，或从建设基地的具体条件出发，也可对任务书中一些内容提出补充或修改建议，但须得到建设单位的同意，其中涉及用地、造价、使用面积的内容，还必须经城建部门或主管部门批准。

2. 初步设计

初步设计之前，设计人员应进行基地现场踏勘。根据城建部门所划定的建设项目基地的地形测量图，深入了解基地和周围环境的现状及历史沿革，核对已有资料是否符合基地现状，如有出入须及时上报有关部门进行补充或修正。

初步设计是建筑设计方案实施的第一阶段，其主要任务是确定拟建项目的建筑设计方案，即按照城建管理部门审查意见和建设单位的修改要求，进一步完善已选定的设计方案，具体落实建筑物的组合方式，选定所用建筑材料和结构方案，确定建筑物在基地的位置，说明设计意图，分析设计方案在技术上、经济上的合理性，并提出概算书。初步设计的全套图纸还须提交给城建管理部门审查批准。

初步设计的图纸和设计文件有：

（1）建筑总平面图。比例尺 1:500 ～ 1:2000（建筑物在基地上的位置、标高、道路、绿化，以及基地上设施的布置和说明）。

（2）各层平面及主要剖面、立面图。比例尺 1:100 ～ 1:200（标出房屋的主要尺寸，房间的面积、高度，以及门窗位置、部分室内家具和设备的布置）。

（3）说明书。设计方案的构思意图、主要结构方案及构造特点，以及主要技术经济指标等。

（4）建筑概算书。与项目投资相适应的建设标准。

（5）根据设计任务的需要，可能辅以建筑透视图或建筑模型。

建筑初步设计有时还可有几个方案进行比较，经有关部门协议并确定的方案批准下达后，这一方案便是下阶段设计时的施工准备、材料设备定货、施工图编制，以及基建拨款等的依据文件。

3. 技术设计

一般建设项目按两个阶段进行设计，即初步设计和施工图设计。但是对于技术要求复杂的建设项目，可在两个设计阶段之间，增加技术设计阶段。技术设计是建筑设计方案实施的第二阶段，其主要任务是在初步设计的基础上，进一步确定房屋各工种和工种之间的技术问题。在初步设计完成以后，建筑、结构、设备（水、暖气、通风、电）等专业人员在初步设计的基础上，进一步具体解决各种技术问题，经过充分的讨论，合理地解决建筑、结构、设备等专业之间在技术方面存在的矛盾，互提要求，反复磋商，取得各专业的协调统一，并为各专业的施工图设计打下基础。在初步设计的图纸文件基础上，增加结构系统的说明，以及采暖通风、给排水、电气照明、煤气供应等系统的说明，再增加总概算及主要材料用料、各项技术经济指标等，这些即构成技术设计文件。上述图纸文件应有一定的深度，以满足设计审查、主要材料及设备订购、施工图设计的编制等方面的需要。

4. 施工图设计

施工图设计是建筑设计方案实施的第三阶段，其主要任务是在初步设计或技术设计的基础上，进一步确定房屋各工种和工种之间的技术问题。当初步设计或技术设计被批准后，即可进行施工图设计。施工图主要包括各专业绘制的施工图纸和施工说明，其设计深度必须满足建筑材料、设备订货、施工预算和施工组织计划的编制等要求，以保证施工质量和加快施工的进度。

施工图一般有如下内容：

（1）建筑施工图，由建筑专业完成。

（2）结构施工图，由结构专业完成。

（3）水施工图，由给排水专业完成。

（4）电气施工图，由电气专业完成。

（5）设备施工图，由建筑设备相关专业完成。

（6）暖通空调施工图，由暖通空调专业完成。

（7）通信施工图，由通信工程专业完成。

（8）网络施工图，由网络工程专业完成。

（9）工程预算书。

除了以上 9 种以外，依照建筑工程项目的复杂程度还可有其他特殊种类的施工图，或少于 9 种施工图，但至少应有前 4 种施工图方可进入施工阶段。

1.3.3 施工阶段

工程项目或者房屋的施工过程，大体可分为施工前准备、工程施工和验收三个阶段。

1. 施工前准备

施工前准备首先是进行“三通一平”工作，即路通（开通施工行车运输道路）、水通（引进施工用水）、电通（引进施工用电）和地平（平整施工场地）；公开招标施工监理公司；搭建临时棚屋，组织建筑材料和施工队伍进入工地；进行房屋基础工程的定位放线工作；开始主体工程施工。

2. 工程施工阶段

工程施工阶段是建设项目或者说房屋施工生产的主要阶段。这一过程又分为主体工程阶段、建筑装修阶段和设备安装阶段。工程施工阶段也是控制建设项目质量的关键阶段。

（1）主体工程阶段。即建筑物的基础、墙、柱、梁、板、屋顶和楼梯等的施工阶段。以砖混结构为例，本阶段包括挖基槽，砌基础，回填基槽，逐层砌墙、柱，吊装或浇制楼板、楼梯、屋面板等。

（2）建筑装修阶段。即建筑物基本装修的施工阶段，包括屋面防水，室内外墙体抹灰及饰面，楼面和地面工程，门窗和建筑配件安装及油漆等，不包括目前的室内二次装修工程。

（3）设备安装阶段。即各种设备系统的管线埋设安装工作。设备安装的预留工作通常是在房屋施工的各阶段中穿插进行的，并在即将竣工时安装完毕，如水路、电路、照明灯具、电表开关等。复杂的建筑工程的设备安装项目还包括电梯、自动扶梯、空调等。

3. 验收阶段

建筑工程项目的验收至少包括两次关键时期的质量检查过程。

第一次是结构主体工程施工完毕后的验收；第二次是整个工程施工完毕后的验收，即上述各阶段均施工完毕，水、暖、电路、设备开通的验收，也叫“总验收”。其余则是多次小过程的检验。

验收工作一般由工程建设方、工程施工方、工程设计方、工程监理方等多方代表共同参加，对照国家的建设规范的有关标准，检验工程是否符合要求。

1.3.4　交付使用阶段

（1）交付使用。建筑工程项目验收合格后，即交付建设单位使用。

（2）使用后问题的处理。建筑工程项目交付建设单位使用后，在一般情况下施工方仍需在一定的时间内负责工程质量问题的处理。

1.4　建筑设计的要求和依据

1.4.1　建筑设计的要求

1. 城市规划要求

在总体规划中，单体建筑设计必须符合城市总体规划提出的要求，并充分考虑拟建建筑物与基地周围环境的关系，例如原有建筑的风貌、周边道路的走向、基地面积大小，以及绿化、河涌、文物保护等因素的影响，新设计的建筑要为改善原有的城市环境做出贡献。

2. 建筑功能要求

建筑设计的首要任务是满足建筑物的功能要求，为人们的日常生活和生产活动创造适宜的场所。因此，设计人一定要明确设计的主要目的，例如设计学校，首先要考虑满足教学活动的需要，教室设置应分班合理，采光通风良好，同时还要合理安排教师备课和行政管理用房，以及贮藏室和厕所等辅助空间，并配置良好的体育场馆和室外活动场地等。

3. 建筑技术要求

根据建筑空间组合的特点，正确选用建筑材料，采用合理的技术措施，选择合理的结构体系和施工方案，使房屋坚固耐久、建造方便。近年来，建筑技术的迅猛发展，为建筑设计提供了充分发挥想象的创作空间，新型结构形式和新的建筑类型层出不穷，也增加了建筑设计的复杂程度。因此，设计人一定要了解和熟悉建筑技术的发展情况，在设计过程中及时采用先进的建筑技术手段和方法。

4. 建筑经济要求

建造房屋是一个复杂的物质生产过程，需要大量的人力、物力和资金，在房屋的设计和建造中，要因地制宜、尽量做到节约土地、省工省时、节约建筑材料和资金。设计和建造房屋要有周密的计划和核算，重视经济领域的客观规律，讲究经济效果。房屋设计的使用要求和技术措施，要和相应的造价、建筑标准统一起来，使其具有良好的经济效果。

5. 建筑美观要求

建筑物是社会物质和文化财富的体现，因此，建筑物既要满足使用要求，同时还要满足人们在审美方面的要求，赋予人们在精神上的良好感受。因此，设计师还要注意提高自己的艺术修养和审美能力，努力创造具有时代精神和文化特色的建筑形象。

1.4.2　建筑设计的依据

1.4.2.1　国家或行业的强制性标准的要求

在确保工程建设质量的实践中，强制性标准的实施起到关键性的作用，贯穿工程建设的整个过程。在中华人民共和国境内从事新建、扩建、改建等工程建设活动，必须执行工程建设强制性标准。

我国颁布的工程建设强制性标准有中华人民共和国国家标准和中华人民共和国行业标准，都以设计技术规范的文件形式表达。

2001 年前后，我国颁布了新版勘察、规划、设计、施工验收规范，并于 2002 年修订了 2000 年版《工程建设标准强制性条文》，在 2002 版《工程建设标准强制性条文》中，有关房屋建筑的内容分为九篇，引用工程建设标准 107 本，共编录强制性条文 1444 条，与建筑设计直接相关的主要内容如下：

（1）第一篇“建筑设计”。包括设计基本规定、室内环境设计、各类建筑的专门设计。

（2）第二篇“建筑防火”。包括建筑分类、耐火等级及其构件耐火极限、总平面布局和平面布置、防火和构造、安全疏散和消防电梯、灭火设施。

（3）第六篇“房屋抗震设计”。包括抗震设防依据和分类、混凝土结构抗震设计、多层砌体结构抗震设计、钢结构抗震设计、混合承重结构抗震设计、房屋隔震和减震设计。

其中，工程建设标准的《民用建筑设计通则》《房屋建筑制图统一标准》《建筑制图标准》《建筑设计防火规范》《高层民用建筑设计防火规范》等尤为重要，是从事建筑设计工作必须掌握的规范性文件。

2003 年，建设部为了进一步贯彻《建设工程质量管理条例》，保证和提高设计、施工质量，组织编制并发布了《全国民用建筑工程设计技术措施》，包括《规划 · 建筑》《结构》《给水排水》《暖通空调 · 动力》《电气》《建筑产品选用技术》等六个分册，于 2003 年 3 月 1 日起正式执行。

上述的工程建设标准是以保证建筑物安全使用为目标的最低标准，属于国家行政法规或行政规章的范畴，具有行政法律规范的地位。《中华人民共和国建筑法》的第五十二条规定：“建筑工程勘察、设计、施工的质量必须符合国家有关建筑工程安全标准的要求，具体管理办法由国务院规定。”第五十四条规定：“建设单位不得以任何理由，要求建筑设计单位或者建筑施工企业在工程设计或者施工作业中，违反法律、行政法规和建筑工程质量、安全标准，降低工程质量。建筑设计单位和建筑施工企业对建设单位违反前款规定提出的降低工程质量的要求，应当予以拒绝。”第五十六条规定：“建筑工程的勘察、设计单位必须对其勘察、设计的质量负责。勘察、设计文件应当符合有关法律、行政法规的规定和建筑工程质量、安全标准、建筑工程勘察、设计技术规范以及合同的约定。”因此，建筑设计不得违反国家的工程建设标准强制性条文，必须以现在已颁布的各类设计技术规范为依据，同时，还得遵守有关的地方性法规和其他规范性文件的要求。

1.4.2.2 人体和人体活动的空间尺度

在建筑设计中，首先必须满足的就是人体和人体活动的空间尺度要求。建筑物中家具、设备的尺寸，踏步、窗台、栏杆的高度，门洞、走廊、楼梯的宽度和高度，以及各类房间的高度和面积大小，都和人体尺度以及人体活动所需的空间尺度直接或间接有关，因此人体尺度和人体活动所需的空间尺度是确定建筑空间的基本依据之一。我国成年男子和女子的平均高度分别为 167cm 和 156cm，人体尺度和人体活动所需的空间尺度（此尺寸为 20 世纪 80 年代的统计值，目前使用应适当提高）如图 1 - 1 所示。

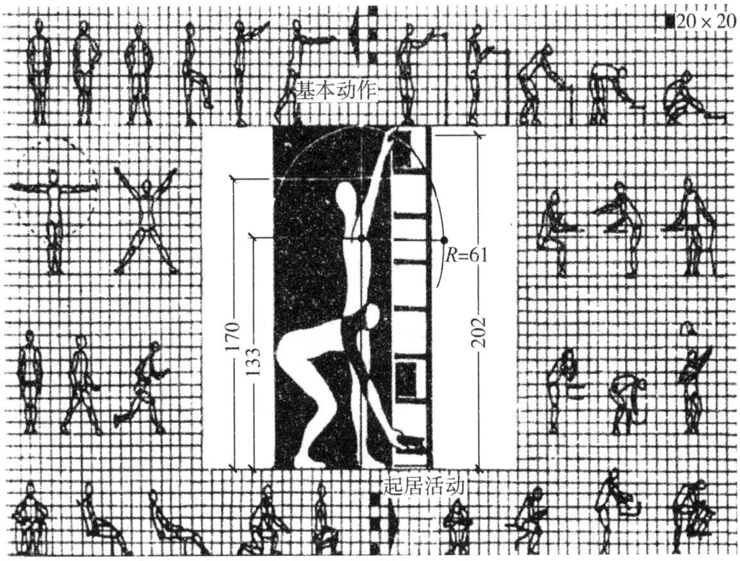

图 1－1　人体活动尺度

1.4.2.3　家具、设备的空间尺度

家具、设备的空间尺度，即家具、设备的尺寸和使用它们的必要空间，说明了人们在使用家具和设备时所必要的活动空间，是考虑房间内部使用面积的重要依据。图 1－2 是常用的电脑桌椅尺寸分析图。

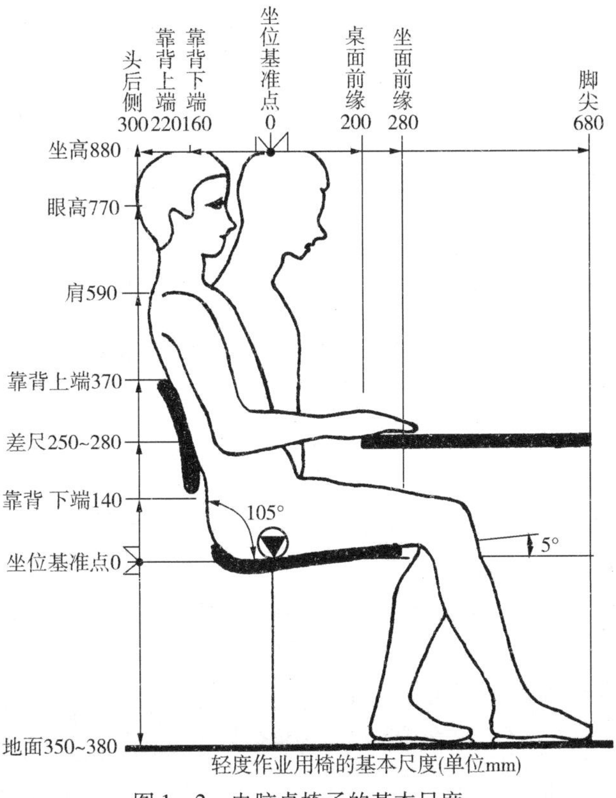

图 1－2　电脑桌椅子的基本尺度

1.4.2.4 环境因素

环境因素即自然条件。由于建筑物始终处于自然界之中，在设计时必须对建筑物所处的自然条件有充分的了解。

在设计前，需要收集当地有关的气象资料，作为设计的依据。气候条件对建筑物的设计有较大影响，例如湿热地区，房屋设计要充分考虑隔热、通风和遮阳等问题；寒冷地区，通常又希望把房屋的体型尽可能设计得紧凑一些，以减少外围护面的散热，有利于室内采暖、保温。表1－1是我国的气候分区对建筑的基本要求。

表1－1 不同气候分区对建筑的基本要求

分区名称		热工分区名称	气候主要指标	建筑基本要求
Ⅰ	ⅠA ⅠB ⅠC ⅠD	严寒地区	1月平均气温≤－10℃； 7月平均气温≤25℃； 7月平均相对湿度≥50%	① 建筑物必须满足冬季保暖、防寒、防冻等要求； ② ⅠA、ⅠB区应防止冻土、积雪对建筑物的危害； ③ ⅠB、ⅠC、ⅠD区的西部，建筑物应防雹、防风沙
Ⅱ	ⅡA ⅡB	寒冷地区	1月平均气温－10℃～0℃； 7月平均气温18℃～28℃	① 建筑物必须满足冬季保暖、防寒、防冻等要求，夏季部分地区要兼顾防热； ② ⅡA区建筑应防热、防潮、防暴风雨，沿海地带应防盐雾侵蚀
Ⅲ	ⅢA ⅢB ⅢC	夏热冬冷地区	1月平均气温0℃～10℃； 7月平均气温25℃～30℃	① 建筑物必须满足夏季防热、遮阳光、通风降温要求，冬季应兼顾防寒； ② 建筑应防雨、防潮、防洪、防雷电； ③ ⅢA区应防台风、暴雨袭击及盐雾侵蚀
Ⅳ	ⅣA ⅣB	夏热冬暖地区	1月平均气温＞10℃； 7月平均气温25℃～29℃	① 建筑物必须满足夏季防热、遮阳光、通风、防雨要求； ② 建筑物应防暴雨、防潮、防洪、防雷电； ③ ⅣA区应防台风、暴雨袭击及盐雾侵蚀
Ⅴ	ⅤA ⅤB	温和地区	7月平均气温18℃～25℃； 1月平均气温0℃～13℃	① 建筑物必须满足防雨和通风要求； ② ⅤA区建筑物应注意防寒，ⅤB区建筑应注意防雷电
Ⅵ	ⅥA ⅥB	严寒地区	7月平均气温＜18℃； 1月平均气温0℃～－22℃	① 热工应符合严寒和寒冷地区相关要求； ② ⅥA、ⅥB应防冻土对建筑物地基及地下管道的影响，并应特别注意防风沙； ③ ⅥC区的东部，建筑物应防雷电
	ⅥC	寒冷地区		

续表 1－1

分区名称		热工分区名称	气候主要指标	建筑基本要求
Ⅶ	ⅦA ⅦB ⅦC	严寒地区	7 月平均气温≥18℃； 1 月平均气温 －5℃～－22℃； 7 月平均相对湿度＜50%	① 热工应符合严寒和寒冷地区相关要求； ② 除ⅦD 区外，应防冻土对建筑物地基及地下管道的危害； ③ ⅦB 区建筑物应特别注意积雪的危害； ④ ⅦC 区建筑物应特别注意防风沙，夏季兼顾防热； ⑤ ⅦD 区建筑应注意夏季防热，吐鲁番盆地应特别注意隔热、降温
	ⅦD	寒冷地区		

日照和主导风向，通常是确定房屋朝向和间距的主要因素，表 1－2 是根据我国的气候分区图确定的住宅建筑日照标准，表 1－3 是建筑的不同方位间距折减系数。《全国民用建筑工程设计技术措施》中规定：民用建筑有日照要求的应按所在气候分区满足日照要求，如所在省市有具体日照间距系数（建筑之间距离与建筑高度比）规定，应按各地区规划主管部门规定执行。居住建筑（住宅、公寓）日照标准应符合表 1－2 规定，旧区改造可酌情降低，但不应低于大寒日的日照 1 小时标准。

表 1－2　居住建筑（住宅、公寓）日照标准

建筑气候区划	Ⅰ Ⅱ Ⅲ Ⅶ 气候区		Ⅳ气候区		Ⅴ Ⅵ 气候区
	大城市	中小城市	大城市	中小城市	
日照标准日	大寒日			冬至日	
日照时数/h	≥2	≥3		≥1	
有效日照时间带/h	8～16			9～15	
计算起点	底层窗台面				

注：底层窗台面是指距室内地坪 0.9m 高的外墙位置。

表 1－3　住宅建筑不同方位间距折减系数

方　位	0°～15°（含）	15°～30°（含）	30°～45°（含）	45°～60°（含）	＞60°
折减系数	1.0L	0.9L	0.8L	0.9L	0.95L

注：（1）表中方位为正南向 0°偏东、偏西的方位角。

（2）L 为当地正南向住宅的标准日照间距（m）。

（3）本表指标仅适用于其他日照遮挡的平行布置条式住宅。

风速是高层建筑、电视塔等设计中考虑结构布置和建筑体型的重要因素，雨雪量的多少对屋顶形式和构造也有较大影响。图 1－3 是广州市的全年及夏季风向频率玫瑰图，其他各地区的全年及夏季风向频率玫瑰图可查阅《建筑设计资料集》第一集内容。风向频率玫瑰图，即风玫瑰图，是根据某一地区多年平均统计的各个方向吹风次数的百分数，并按一定比例绘制，一般多用八个或十六个罗盘方位表示。风玫瑰图上所表示风的吹向，是指从外面吹向地区中心。粗实线表示为全年，细实线表示为冬季，虚线表示为夏季，中心圈数字为全年的静风频率。

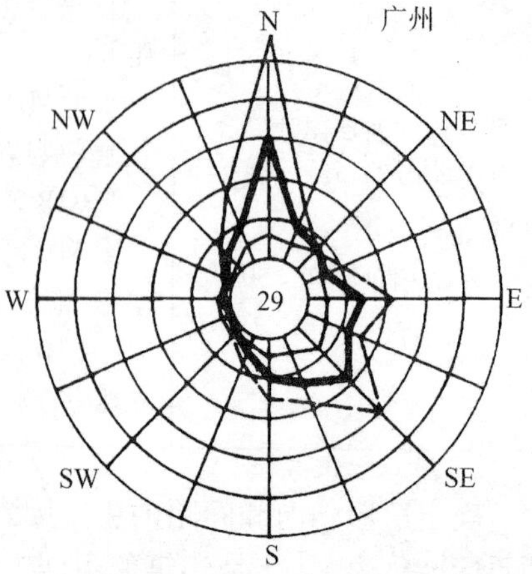

图1-3　广州地区的风玫瑰图

1.4.2.5　地形、地质条件和地震烈度

基地地形的平缓或起伏，基地的地质构成、土壤特性和地耐力的大小，对建筑物的平面组合、结构布置和建筑体型都有明显的影响。对于坡度较陡的地形，房屋可以结合地形来错层建造，复杂的地质条件，则要求房屋的构成和基础的设置采取相应的结构及构造措施。表1-4是《全国民用建筑工程设计技术措施》对各种场地的设计坡度的规定。

表1-4　各种场地的设计坡度

<table>
<tr><th>场地名称</th><th>适用坡度/%</th><th>最大坡度/%</th><th>备　注</th></tr>
<tr><td>密实性地面和广场</td><td>0.3～3.0</td><td>3.0</td><td>广场可根据其形状、大小、地形设计成单面坡、双面坡或多面坡。一般平坦地区，广场最大坡度应≤1%，最小坡度≥0.3%</td></tr>
<tr><td>停车场</td><td>0.25～0.5</td><td>1.0～2.0</td><td>停车场一般坡度为0.5%</td></tr>
<tr><td>室外场地</td><td>—</td><td rowspan="6">—</td><td rowspan="6">—</td></tr>
<tr><td>儿童游戏场</td><td>0.3～2.5</td></tr>
<tr><td>运动场</td><td>0.2～0.5</td></tr>
<tr><td>杂用场地</td><td>0.3～3.0</td></tr>
<tr><td>一般场地</td><td>0.2</td></tr>
<tr><td>绿地</td><td>0.5～5.0</td><td>10.0</td><td>—</td></tr>
<tr><td>湿陷性黄土地面</td><td>0.7～7.0</td><td>8.0</td><td>—</td></tr>
</table>

地震烈度表示地面及房屋建筑遭受地震破坏的程度。在烈度 6 度及 6 度以下地区，地震对建筑物的损坏影响较小；9 度以上的地区不适宜修建房屋。因此，房屋抗震设防的重点是 7、8、9 度地震烈度的地区。

地震区的房屋设计应符合以下原则：

（1）选择对抗震有利的场地和地基，例如应选择地势平坦、较为开阔的场地，避免在陡坡、深沟、峡谷地带，以及处于地质构造断层的地段建造房屋。

（2）房屋设计的体型，应尽可能规整、简洁，避免在建筑平面及体型上有凹凸。

（3）采取必要的加强房屋整体性的构造措施，不做或少做地震时容易倒塌或脱落的建筑附属物。

（4）从材料选用和构造做法上尽可能减轻建筑物的自重，特别需要减轻屋顶和围护墙的重量。

1.4.3　建筑模数

建筑模数和模数制是建筑设计工程师必须掌握的一个基本概念。

为了使建筑设计、构件生产以及施工等方面的尺寸相互协调，从而提高建筑工业化的水平，降低造价并提高房屋设计和建造的质量和速度，建筑设计应采用国家规定的建筑统一模数制。建筑模数是选定的标准尺度单位，作为建筑物、建筑构配件、建筑制品，以及有关设备尺寸相互间协调的基础。目前世界各国均采用 100mm 为基本模数值，根据国家制定的《建筑统一模数制》，其符号为 M，即 1M = 100mm。整个建筑物和建筑物的各部分以及建筑组合件的模数化尺寸，应是基本模数的倍数。

由于建筑设计中对建筑部位、构件尺寸、构造节点，以及断面、缝隙等的尺寸有不同要求，还分别采用以下两种变化模数：

1. 扩大模数

扩大模数分水平扩大模数和竖向扩大模数，水平扩大模数的基数为 3M、6M、12M、15M、30M、60M，其相应尺寸分别为 300mm、600mm、1200mm、1500mm、3000mm、6000mm，适用于建筑物的跨度（进深）、柱距（开间）及建筑制品的尺寸等。竖向扩大模数的基数为 3M 与 6M，其相应尺寸为 300mm、600mm。竖向扩大模数主要用于建筑物的高度、层高和门窗洞口等处。其中 12M、30M、60M 的扩大模数特别适用于大型建筑物的跨度（进深）、柱距（开间）、层高及构配件的尺寸等。

2. 分模数

分模数也叫“缩小模数”，一般为 1/2M、1/5M、1/10M，相应的尺寸为 10mm、20mm、50mm。分模数数列主要用于成材的厚度、直径、构件之间的缝隙、构造节点的细小尺寸、构配件截面及建筑制品的公偏差等。

1.4.4　建筑的分级

由于建筑自身对质量的标准要求不同，通常按建筑物的耐久年限和耐火程度进行分级。

1. 按建筑物的耐久年限分级

建筑物的耐久年限主要是根据建筑物的重要性和规模大小来划分，作为基本建设投资和建筑设计和材料选择的重要依据，表 1 -5 是各类建筑的使用年限的规定。

表 1 -5　设计使用年限分类表

类　别	设计使用年限/年	示　例
1	5	临时性建筑
2	25	易于替换结构构件的建筑
3	50	普通建筑和构筑物
4	100	纪念性建筑和特别重要的建筑

2. 按建筑物的耐火等级分类

建筑物的耐火等级是由建筑物构件的燃烧性能和耐火极限两个方面来决定的，共分为四级。表 1 -6 是各级建筑物所用构件的燃烧性能和耐火极限。

表 1 -6　建筑物构件的燃烧性能和耐火极限表

建筑物构件		耐火等级			
		一级	二级	三级	四级
墙	防火墙	不燃烧体 4.00	不燃烧体 4.00	不燃烧体 4.00	不燃烧体 4.00
	承重墙、楼梯间、电梯井的墙	不燃烧体 3.00	不燃烧体 2.50	不燃烧体 2.50	难燃烧体 0.50
	非承重墙、疏散走道两侧的隔墙	不燃烧体 1.00	不燃烧体 1.00	不燃烧体 0.50	难燃烧体 0.25
	房间隔墙	不燃烧体 0.75	不燃烧体 0.50	难燃烧体 0.50	难燃烧体 0.25
柱	支承多层的柱	不燃烧体 3.00	不燃烧体 2.50	不燃烧体 2.50	难燃烧体 0.50
	支承单层的柱	不燃烧体 2.50	不燃烧体 2.00	不燃烧体 2.00	燃烧体
梁		不燃烧体 2.00	不燃烧体 1.50	不燃烧体 1.00	难燃烧体 0.50
楼　板		不燃烧体 1.50	不燃烧体 1.00	不燃烧体 0.50	难燃烧体 0.25
屋顶承重构件		不燃烧体 1.50	不燃烧体 0.50	燃烧体	燃烧体
疏散楼梯		不燃烧体 1.50	不燃烧体 1.00	不燃烧体 1.00	燃烧体
吊顶（包括吊顶搁栅）		不燃烧体 0.25	难燃烧体 0.25	难燃烧体 0.15	燃烧体

表 1－6 有关名词解释如下：

（1）构件的耐火极限。对任一建筑构件按时间－温度标准曲线进行耐火试验，从受到火的作用时起，到失去支持能力或完整性被破坏或失去隔火作用时为止的这段时间，称为耐火极限，用小时（h）表示。

（2）构件的燃烧性能。按建筑构件在空气中遇火时的不同反应将燃烧性能分为三类。①不燃烧体。用不燃烧材料制成的构件。此类材料在空气中受到火烧或高温作用时，不起火、不碳化、不微燃，如砖石材料、钢筋混凝土、金属等。②难燃烧体。用难燃烧材料做成的构件，或用燃烧材料做成而用不燃烧材料做保护层的构件。此类材料在空气中受到火烧或高温作用时难燃烧、难碳化，离开火源后燃烧或微燃立即停止，如石膏板、水泥石棉板、板条抹灰等。③燃烧体。用燃烧材料做成的构件。此类材料在空气中受到火烧或高温作用时立即起火或燃烧，离开火源继续燃烧或微燃，如木材、苇箔、纤维板、胶合板等。

1.5　常用建筑材料及其连接方式

1.5.1　常用的建筑材料的基本性能

对各种常用的建筑材料的基本性能，从建筑构造的角度出发应做如下了解：

材料的力学性能——有助于判断其使用及受力情况是否合理。

材料的防火、防水或导热、透光等性能——有助于判断是否有可能符合使用场所的相关要求或采取相应的补救措施。

材料的机械强度以及是否易于加工（即易于切割、锯刨、钉入等特性）——有助于研究用何种构造方法实现材料或构件间的连接。

1.5.1.1　砖石和混凝土、砂浆

1. 砖石

（1）砖

砖是块状的砌体材料，分为烧结砖和非烧结砖两种。前者是以黏土、页岩、煤矸石、粉煤灰等为主要原料，经熔烧制成的块体；后者以石灰和粉煤灰、煤矸石、炉渣等为主要原料，加水拌和后压制成型，经蒸汽养护成块材。

砖是刚性材料，强度等级按抗压强度取值，烧结普通砖的强度等级分 MU30，MU25，MU20，MU15，MU10 和 MU7.5 六级（单位为 N/mm^2）。

砖具有一定的耐久性和耐火性，可用于低层和多层房屋的砌筑承重墙体及大部分房屋的围护、分隔墙。其中非烧结砖因为吸湿性较大、易受冻融作用及因表面较光滑，与砂浆较难结合，因此墙体易开裂等原因，使用受到一定的限制。

砖虽然是一种使用历史非常悠久的建筑材料，但普通黏土砖大量消耗土地资源，因此用新型优质墙体材料来取代它成为当前一个重要课题。

（2）石

石材是一种天然材料，经人工开采琢磨，可用作砌体材料或用作建筑饰面装修材料。碎石料经与水泥、黄沙搅拌制成混凝土，在建筑上有广泛的用途。

石材的强度等级分 MU100，MU80，MU60，MU50，MU40，MU30，MU20，MU15，

MU10 九个等级。天然石材的品种非常多，最常用的有花岗石、大理石、玄武岩、砂岩、石类岩、片麻岩等。

2. 混凝土

混凝土是用胶凝材料（水泥）和骨料（石子）加水浇注结硬后制成的人工石，建筑行业中将其写作“砼”。骨料包括细骨料（黄沙）和粗骨料（石子）。

混凝土是一种刚性材料，其抗压性能良好而抗拉、抗弯的强度较低。但在混凝土中配入钢筋后可大大改变其受力性能。不配筋的混凝土叫素混凝土，常用于道路、垫层或建筑底层实铺地面的结构层。钢筋混凝土则大量用于建筑物的支承系统，用作结构构件。

混凝土的强度等级分为 C15，C20，C25，C30，C35，C40，C45，C50，C55，C60 等。

混凝土的耐火性和耐久性都好，而且通过改变骨料的成分及添加外加剂，可以进一步改变其其他性能。例如将混凝土中的石子改成其他轻骨料，像蛭石、膨胀珍珠岩等，可制成轻骨料混凝土，改善其保温性能。又如在普通混凝土中适量掺入氯化铁、硫酸铝等，可增加其密实性，提高防水的性能。

3. 建筑砂浆

建筑砂浆是由胶凝材料（水泥和石灰膏）、细骨料加水拌和结硬后制成的，它也是刚性材料，而且由于只有细骨料，因此在施工和使用过程中都有可能开裂，其强度等级分为 M0.4，M1，M2.5，M5.0，M7.5，M10，M15 七个等级，建筑砂浆主要用于砌体的砌筑和建筑物表面的装修。

与混凝土一样，改变砂浆内胶凝材料的成分或添加外加剂，可以改变砂浆的性能或装饰效果。例如在普通的水泥砂浆里加入一定量的石灰膏，可制成混合砂浆，改善其和易性（即保持合适的流动性、黏聚性和保水性，以达到易于施工操作，并成型密实、质量均匀的性质）。又如在水泥砂浆中掺入氯化物金属盐类、硅酸钠类和金属皂类，可制成防水砂浆，提高其防水性能。

1.5.1.2 钢材与其他金属

1. 钢材

钢材在建筑中主要用作结构构件和连接件，某些钢材如薄腹型钢、不锈钢管、不锈钢板等也可用于建筑装修。

钢材强度较高，有良好的抗拉伸性能和韧性，因此常用于受拉或受弯的构件。但钢材若暴露在大气中，很容易受到空气中各种介质的腐蚀而生锈。同时，钢材的防火性能也较差，一般当温度到达 600℃左右时，钢材的强度就会几乎降到零。因此，钢构件往往需要进行表面的防锈和防火的处理，或将其封闭在某些不燃的材料，如在混凝土中。因为钢筋和混凝土有良好的黏结力，温度线膨胀系数又相近，所以可以共同作用并发挥各自良好的力学性能，成为很好的建筑材料。

常用的钢材按断面形式可分为圆钢、角钢、工字钢、槽钢、钢管、钢板和异型薄腹钢型材，如图 1－4 所示。

2. 铝合金

铝合金是铝和其他元素制成的合金，其质量轻，强度较低，但塑性好，易被加工，且在大气中抗腐蚀性、耐疲劳性也较好。铝合金在建筑中主要用来制作门窗、吊顶龙骨及饰

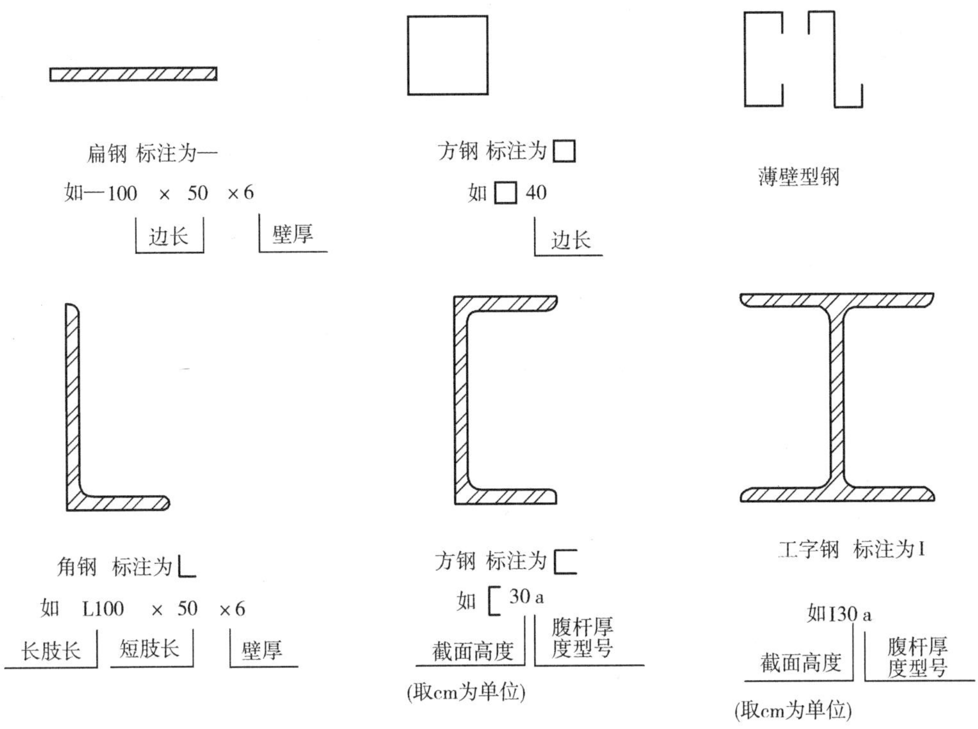

图 1－4　型钢断面

面板材。另外，铝粉还可用来配制各种饰面涂料。

3. 铸铁

铸铁在工厂翻砂铸造，其材质较脆，但耐气候性较好，而且可以被浇铸成不同花饰，主要用于做装饰构件，如花饰栏杆等。

4. 铜和铅

铜材材质较软，但色质华丽，化学性质相对稳定，除用作水暖零件和建筑五金外，还可用作装饰构件。黄铜粉可用于调制装饰涂料，起仿“贴金”的作用。

铅熔点低，延展加工性能较好，可用作屋面有突出物或管道处的防水披水板，因其强屏蔽性能还可用于医院、实验室类的建筑中。

1.5.1.3　木材

木材是一种天然材料。由于树干在生长期间沿其轴向和径向的细胞形态、组织状况都有很大差别，因此具有多向异性的特征。

树木开采加工成木材后，其顺纹方向，即沿原树干的轴向，具有很大的受拉强度，顺纹受压和抗弯的强度都比较好。但顺纹的细长管状纤维间联系比较薄弱，因此顺纹方向易被劈裂，在近木材的端部垂直木纹方向钉入硬物，即便是钉子，也容易使该端部的木材爆裂。

木材的横纹强度很低。以受压为例，重物很容易在木材上面留下压痕，这是因为横纹承压时，细胞壁被压破，致使材料被压扁，严重时甚至会造成破坏。因此，在使用天然木材做建筑材料时，应注意木材的纹理和受力性能之间的关系。

木材作为天然材料，本身具有一定的含水率，加工成型时除自然干燥外，还可进行浸泡、蒸煮、烘干等处理，使其含水率被控制在一定的范围内。尽管如此，木材的制品还是会随空气中湿度的变化而产生胀缩或翘曲，如木地板在非常干燥的天气里会发生“拔缝”。一般来说，木材顺纹方向的胀缩比横纹方向要小得多。

由于树种不同，各种不同的木材硬度、色泽、纹理均不相同，在建筑中所能发挥的作用也不同。在现代建筑中，木材多用来制作门窗、屋面板、扶手栏杆以及其他一些支撑、分隔和装饰构件。

木材在设计使用时应注意防火和防水的处理，因为木材是易燃物，长期在潮湿环境中又易霉烂。

常用的木材分为方木和板材两种，标注时只需用引出线标明其断面尺寸，如 50 × 75 等即可。

1.5.1.4 人造块材或板材

人造块材或板材是对天然材料进行各种再加工及技术处理或者用人工合成新材料制成的。它们可以节约天然材料，克服天然材料所固有的某些缺陷，并更适合现代的建筑技术。常用的人造板材有如下几种：

1. 水泥系列制品

水泥系列制品以水泥为胶凝剂，经添加发泡剂、各种纤维或高分子合成材料，制成块材或板材。这类制品在轻质、高强、耐火、防水、易加工等方面有突出的优点，其中大部分还兼有较好的热工及声学性能。

（1）加气混凝土制品

以水泥、石灰、炉渣等含氧化钙的材料和砂、粉煤灰、煤矸石等含硅的材料加发气剂制成的加气混凝土制品，分为砌块和板材两大系列，必要时可以配筋。加气混凝土制品广泛用于砌筑或填充内、外墙以及用作某种复合楼板的底衬，还可单独用作保温材料。

（2）加纤维水泥制品

以水泥为胶凝剂加入玻璃纤维制成的玻璃纤维增强水泥板（GRC 板）、低碱水泥板（TK 板），以及加入天然材料的纤维如木材、棉秆、麻秆等制成的水泥刨花板等材料，可用于不承重的内外墙、管井壁等处所。

（3）水泥高聚物制品

水泥加入某些高聚物的颗粒如聚苯乙烯泡沫塑料颗粒经发泡后制成板材，质量轻、保温性能良好，具有较好的耐水及抗冻性，可用作墙体或屋面的内外保温层。

2. 石膏系列制品

石膏的隔热、吸声和防火性能好，容易浇注成形，但耐水性较差。常见的石膏系列制品有纸面石膏板，加玻璃纤维或纸筋、矿棉等纤维制成的纤维石膏板，矿渣石膏板和多种石膏的装饰构件如线脚、柱饰、板饰等。

石膏系列制品主要用作建筑外墙的内衬板和一些隔墙的面板，还可用于建筑吊顶和一些需要装饰的部位。

3. 天然材料纤维制品

（1）天然材料纤维胶结物

把天然材料的边角打碎后将其纤维用胶黏剂黏结，或是将天然材料切割成薄片后错纹叠合黏结，用这类方法制成木质的高、中密度纤维板、木屑板、胶合板、细木工板，以及稻草板、麻茎板等，既保留了天然材料易加工的优点或某些天然的纹理，又克服了天然材料多向异性、易受气候影响变形的缺点，还能提高材料的强度并有效地利用自然资源，图 1－5 为部分这类制品的示意图。

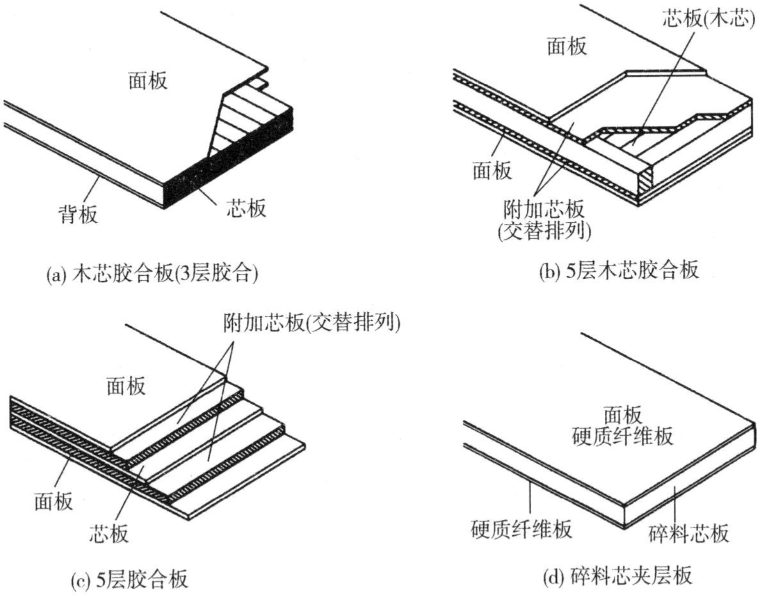

(a) 木芯胶合板(3层胶合)　(b) 5层木芯胶合板　(c) 5层胶合板　(d) 碎料芯夹层板

图 1－5　各种天然材料纤维胶结件

在工程中，这类制品多用于建筑隔墙、地板或饰面。唯其黏结材料中多含甲醛，应控制用量以保障使用者的健康。合适的添加剂可改善其防火、防水的性能。

（2）其他纤维制品

用岩棉、矿渣棉、玻璃棉等以天然石材和矿石为原料加工成的纤维状物，可制成各种保温的板材，还可以掺入纸纤维、膨胀珍珠岩、陶土、淀粉等制成吸音板，广泛用于吊顶中。这些吸音板质量轻，耐高温和耐火的性能好，易加工。

4. 有机高分子合成材料制品

以聚氨酯、聚苯乙烯、聚氯乙烯等有机高分子合成材料经发泡处理制成各种泡沫塑料制品，主要用于建筑保温方面。有些泡沫塑料板材表面是在融熔状态下切割生成的，因此有很好的防水性能。但此类材料属可燃材料，因此在防火要求高的场所不得使用。

硬质的有机高分子合成材料制品如 PVC 工程塑料，防水性能好、导热系数小、绝缘性佳，还可制成多种色泽的产品，免除面装修，因此广泛运用于建筑吊顶、隔断和门窗、楼梯扶手。其型材还大量用于上、下水的管道。

5. 复合工艺制品

复合工艺指用现代制作工艺，将多种材料制成复合型的产品，以利于综合发挥其各部分的功能，克服某些单一材料的缺陷，并有利于施工现场的作业。例如，在岩棉或聚苯乙烯发泡板材中置入三向的钢丝网，成为 GY 板和泰柏板（产品名）。这种复合板有较好的刚度，利用钢丝网通过专用连接件可以方便地固定，而且还能像普通砖石砌体一样与表面的粉刷层很好地结合，因此成为很好的隔墙材料。

又如蜂窝夹芯板，是取两层由玻璃布、胶合板、纤维板或铝板等薄而强的材料作面板，中间夹一层用纸、玻璃布或铝合金材料制成的蜂窝状的芯板（如图1－6所示）。这种蜂窝夹芯板轻质高强，隔音、隔热效果好，可用作隔墙、隔声门，还可用作幕墙。

复合工艺可以说是一种趋势，各种制品层出不穷，除了高效节能外，还可大大提高建筑业的工业化程度。如用两层涂层钢板内夹发泡材料制成的复合型彩钢板，已被开发为一种独立的建筑体系，有良好的连接技术和防水等构造处理方法，可自成体系地构成房屋。

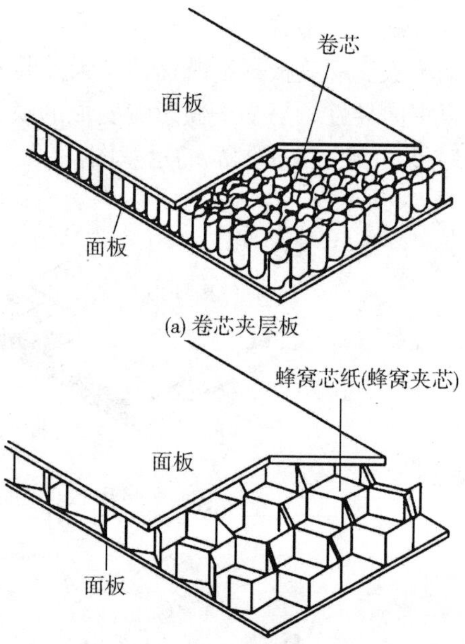

图1－6　蜂窝板

1.5.1.5　玻璃和有机透光材料

1. 玻璃

玻璃是天然材料经高温烧制的产品，根据原料和生产工艺的不同可分普通玻璃和浮法玻璃，后者品质优于前者。

玻璃具有优良的光学性质，透光率高，化学性能稳定，但脆而易碎，受力不均或遇冷热不匀都易破裂。在建筑中主要用于门窗、采光天棚、玻璃幕墙、玻璃隔断和装饰。

玻璃的形态可分为平板、曲面、异形几种。除了全透明的玻璃外，还可通过轧花、表面磨毛或蚀花等方法制成半透明的玻璃。

为了提高玻璃使用时的安全性，可将玻璃加热到软化温度后迅速冷却制成钢化玻璃，这种玻璃强度高、耐高温及温度骤变的能力好，即便破碎，碎片也很小且无尖角，不易伤人。此外，还可在玻璃中夹入钢丝做成夹丝玻璃或在玻璃片间夹入透明薄膜后热压黏结成夹层玻璃，这类玻璃破坏时裂面而不碎，不至于散落碎片。

由于玻璃在建筑外围护结构上占据了相当的比例，为改善其热工和声学效能而研制的玻璃有镀膜的热反射玻璃、带有干燥气体间层的中空玻璃等。

此外，为装饰目的研制的玻璃产品有用实心或空心的轧花玻璃做的玻璃砖，以及用全息照相激光处理使玻璃表面带有异常反射特点而在光照下出现艳丽色彩的激光玻璃等。

2. 有机透光材料

有机合成高分子透光材料具有质量轻、韧性好、抗冲动力强、易加工成型等优点，但硬度不如玻璃，表面易划伤，且易老化。

这类产品有丙烯酸酯有机玻璃、聚碳酸酯有机玻璃、玻璃纤维增强聚酯材料等。成品可制成单层板材，也可制成管束状的双层或多层板，采光天棚常用的穹窿式的采光罩或其他异型透明壳体，常采用高分子材料来制作。

1.5.1.6　其他常用建筑材料

其他常用建筑材料有卷材、涂料和油漆、胶结和密封材料等。

1.5.2　各种常用建筑材料间的连接应遵循的基本原则

各种建筑材料之间的相互连接，是建筑构造设计中所要涉及的重要内容，应遵循如下基本原则：

（1）受力合理。符合力的传递规律，从整体到局部满足结构的传力要求，做到安全可靠。

（2）充分发挥材料的性能。相互连接的材料在化学性质上要能相容，所在场所要求的材料性能应能充分发挥而不遭破坏。

（3）具有施工的可能性。符合施工顺序，留有必要的作业空间，尽量使现场施工简单快捷。

（4）美观适用。凡暴露的连接节点应当美观，凡是人能接触到的部分都应满足其感观上的要求，并有合适的尺度。

1.5.3　常见建筑材料连接方法

常用建筑材料最基本的连接方法如图 1 - 7 ～图 1 - 12 所示。根据材料的性质不同，它们之间除了胶接、榫接、焊接等连接方式外，往往还要通过插入件，例如钉、梢等，或其他连接件来实现连接。有时会多种方法同时应用，需根据实际情况做具体分析。

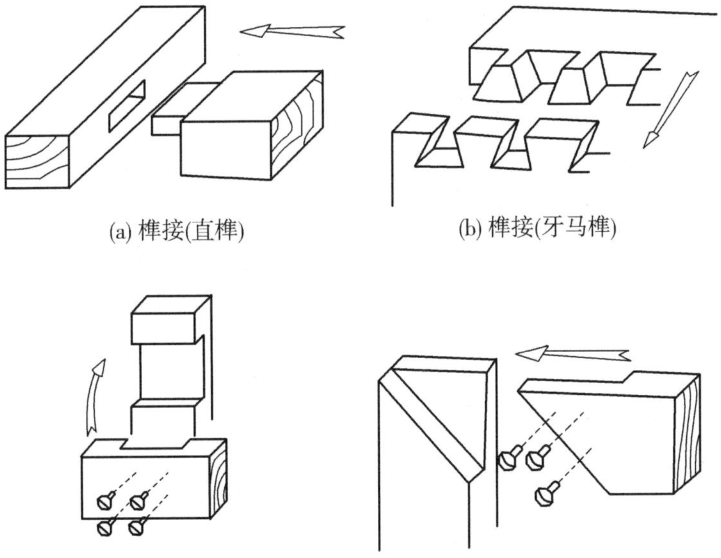

(a) 榫接(直榫)　(b) 榫接(牙马榫)

(c) 胶接(加钉固定)　(d) 胶接(加钉固定)

图 1 - 7　木构件连接

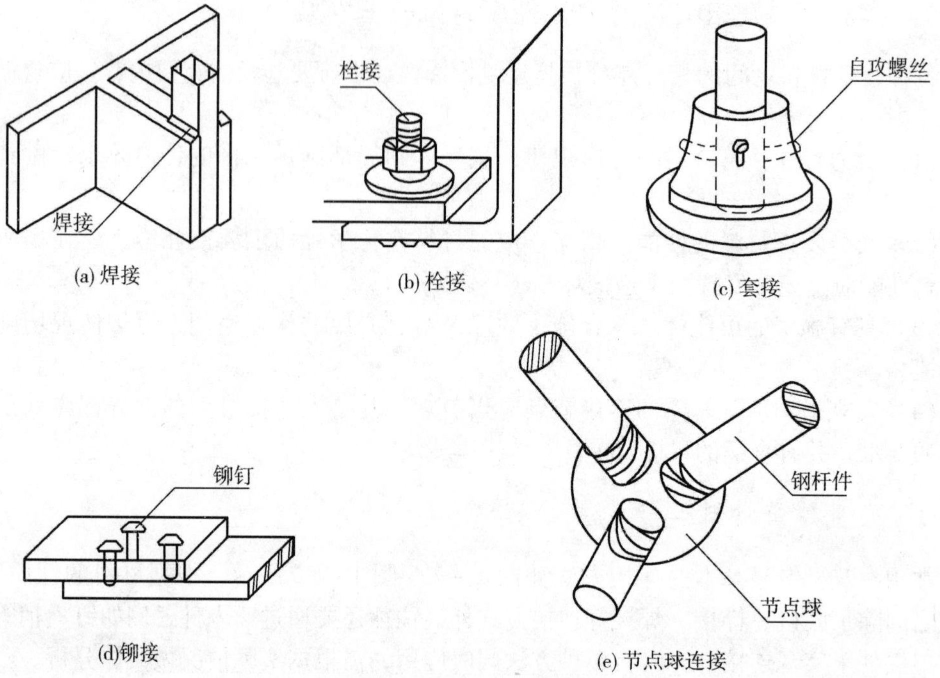

图1－8 钢构件连接

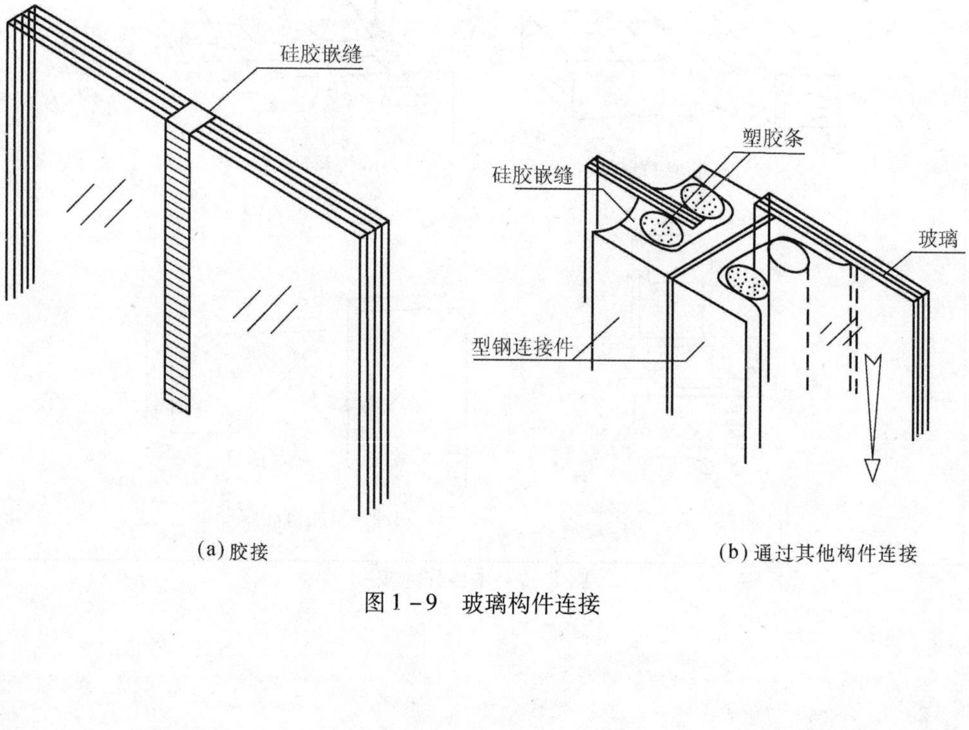

图1－9 玻璃构件连接

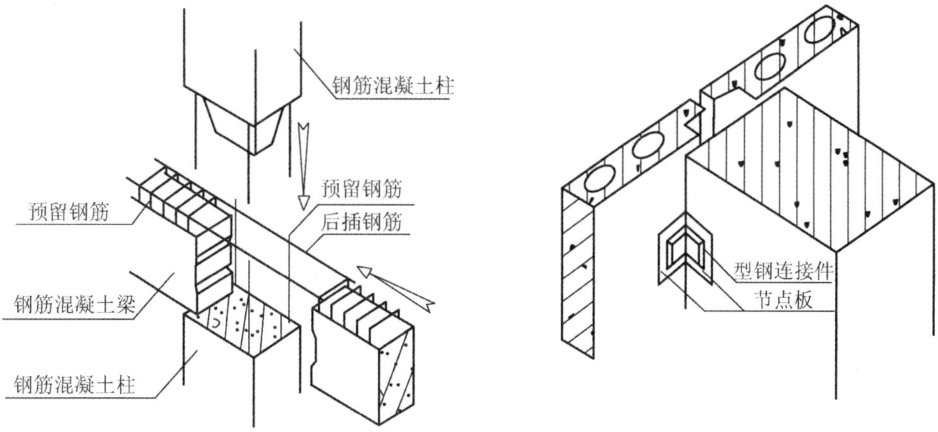

(a) 现浇节电(混接)　　(b) 节电板连接(干接)

图 1－10　钢筋混凝土构件连接

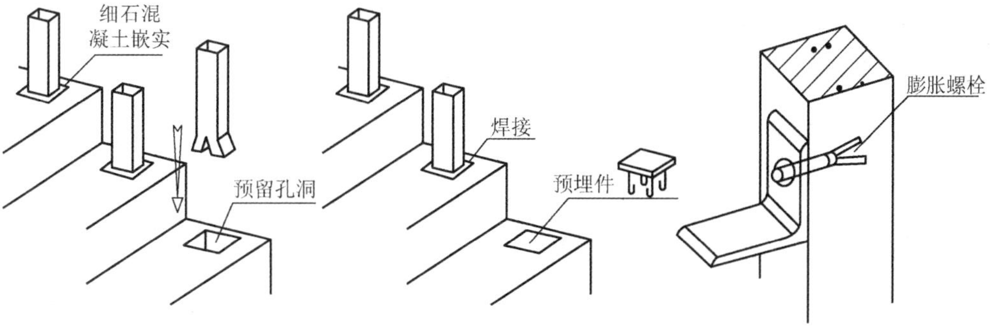

(a)开脚锚固　　(b) 与预埋节电焊接　　(c) 膨胀螺栓现场安装

图 1－11　钢构件与钢筋混凝土构件连接

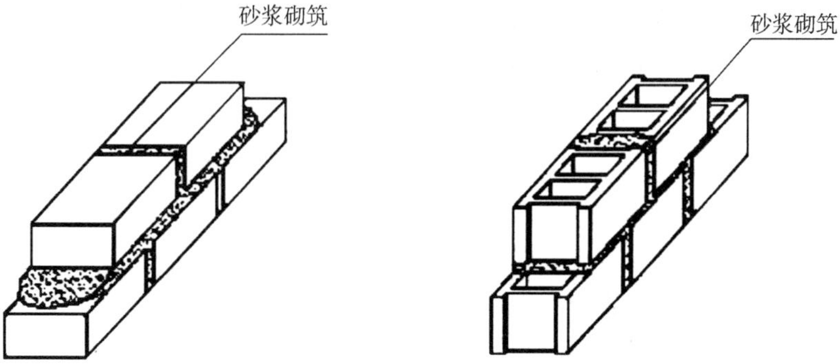

(a) 砖砌物　　(b) 水泥砌块砌体

图 1－12　块材砌体连接

1.6 建筑施工图概述

1.6.1 建筑工程施工图的分类

建筑工程施工图按专业分工不同可分为：

（1）建筑施工图。简称建施，包括设计说明、总平面图、平面图、立面图、剖面图和大样详图及材料做法等。

（2）结构施工图。简称结施，包括结构设计说明、结构平面布置图和结构构件详图等。

（3）设备施工图。包括给水、排水施工图，采暖通风施工图和电气施工图。

建筑物一次装修施工图包含在建筑施工图内，二次装修的装饰施工图需根据房屋的使用特点和业主的要求由装饰公司在建筑工程图的基础上进行装饰设计，并编制相应的装饰施工图。

施工图一般以子项为编排单位，顺序如下：建筑施工图、结构施工图、给水排水施工图、采暖和通风、空调施工图、电气设备施工图等。本节我们只讲述建筑施工图。

1.6.2 施工图中常用的表达符号

1.6.2.1 定位轴线

在施工图中，通常用定位轴线表示房屋承重构件（如梁、板、柱、基础、屋架等）的位置。根据 GB/T 50001—2001《房屋建筑制图统一标准》规定：定位轴线应用细点画线绘制，伸入墙内 10 ～ 15mm，并进行编号，编号注写在定位轴线端部的圆圈内。圆圈应用细实线绘制，直径为 8 ～ 10mm，圆圈内注明编号。在建筑平面图中，横向定位轴线用阿拉伯数字从左向右连续编写，纵向定位轴线用大写拉丁字母从下向上连续编写，其中 I，O，Z 三个字母不得用来标注定位轴线，以免与数字 1，0，2 混淆，定位轴线的编写方法如图 1－13 所示。在施工图中，两道承重墙中如有隔墙，隔墙的定位轴线应为附加轴线，附加轴线的编号方法采用分数的形式（如图 1－14 所示），其中分母表示前一根定位轴线的编号，分子表示附加轴线的编号。

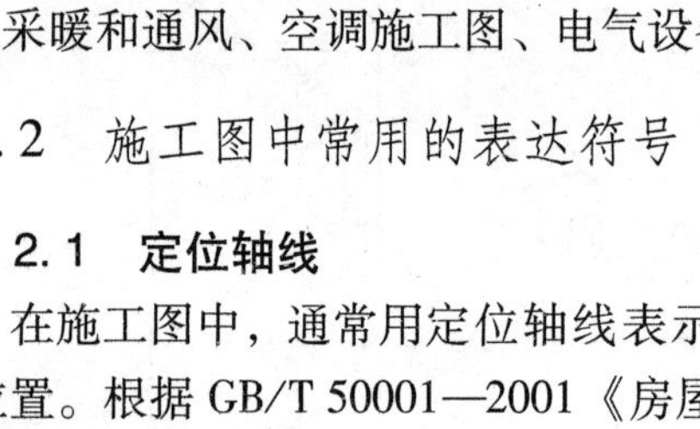

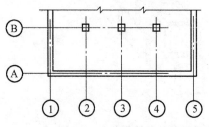

图 1－13　定位轴线的编号与顺序

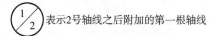

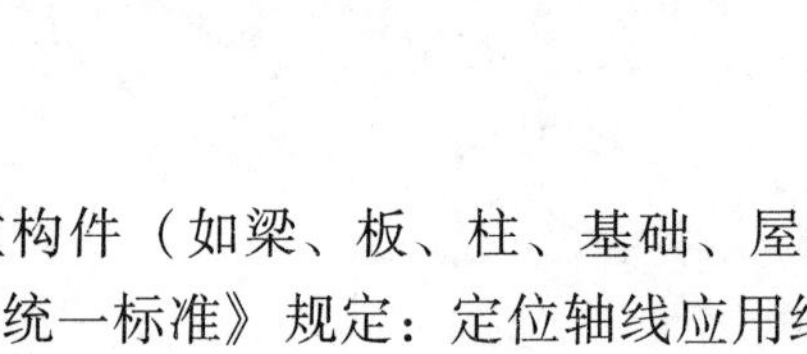

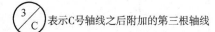

图 1－14　附加轴线的标注

如在①轴线或Ⓐ轴线前有附加轴线，则在分母中应在 1 或 A 前加注 0，如图 1－15 所示。如在一个详图适用于几根轴线时，应同时注明各有关轴线的编号，如图 1－16 所示。

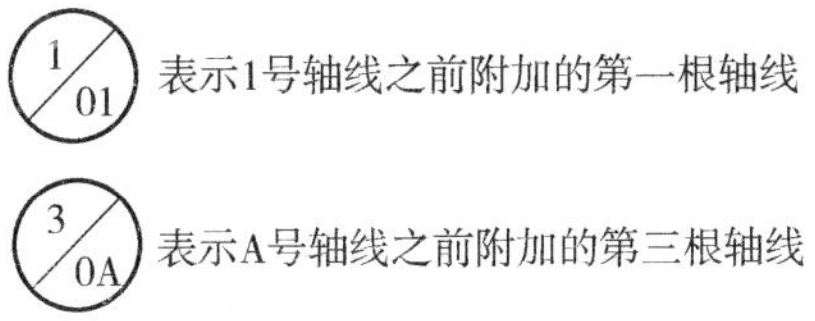

1/01 表示1号轴线之前附加的第一根轴线
3/0A 表示A号轴线之前附加的第三根轴线

图 1－15　起始轴线前附加轴线的标注

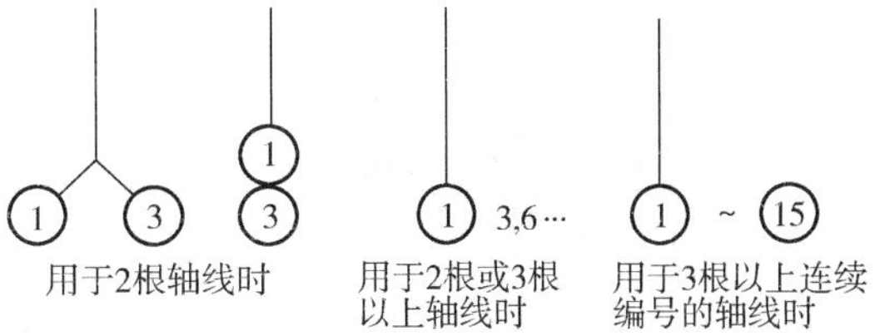

图 1－16　详图的轴线标号

1.6.2.2　标高

标高是标注建筑物或地势高度的符号。

1. 标高的分类

绝对标高：以我国青岛附近黄海的平均海平面为基准的标高。在施工图中一般标注在总平面图中。

相对标高：在建筑工程图中，规定以建筑物首层室内主要地面为基准的标高。

2. 标高的表示法

标高符号是高度为 3mm 的等腰直角三角形，如图 1－17 所示，施工图中，标高以“米”为单位，小数点后保留三位小数（总平面图中保留两位小数）。标注时，基准点的标高注写 ±0.000，比基准点高的标高前不写“＋”号，比基准点低的标高前应加“－”号，如 －0.450，表示该处比基准点低了 0.450m。

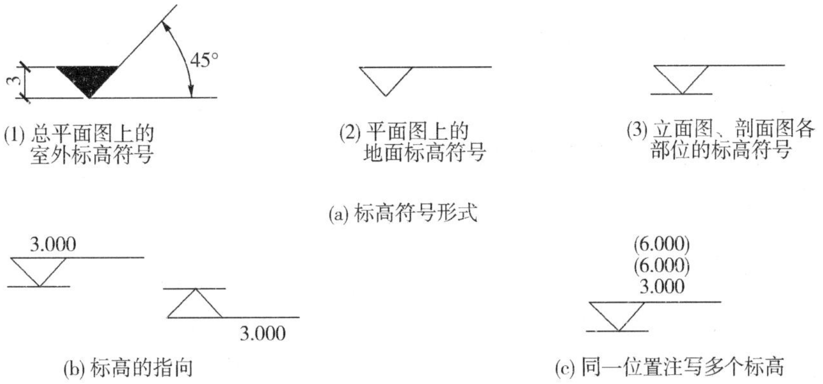

图 1－17　标高符号

1.6.2.3　尺寸线

施工图中均应注明详细的尺寸，尺寸注法由尺寸界线、尺寸线、尺寸起止符号和尺寸数字所组成，如图 1－18 所示。根据 GB/T 50001—2001《房屋建筑制图统一标准》规定，除标高及总平面图上的尺寸以“米”为单位外，其余一律以“毫米”为单位。为使图面清晰，尺寸数字后一般不注写单位。

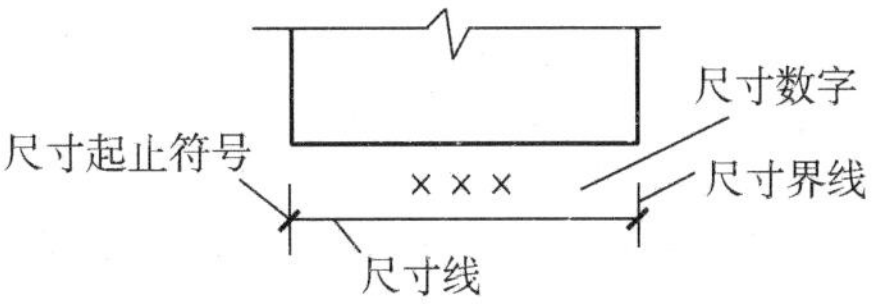

图 1－18　尺寸线

在图形外面的尺寸界线是用细实线画出的，一般应与被注长度垂直，在图形里面的尺寸界线以图形的轮廓线中线来代替。尺寸线必须以细实线画出，而不能用其他线代替，应与被注长度平行。尺寸起止符号一般用中粗斜短线表示，其倾斜方向应与尺寸界线成顺时针45°角，长度宜为2～3mm。尺寸数字应标注在水平尺寸线上方（垂直尺寸线数字在左方）中部。

1.6.2.4 索引符号与详图符号

1. 索引符号

在图样中，如某一局部另绘有详图，应以索引符号索引，索引符号是用直径10mm的细实线绘制的圆圈，如图1－19所示。符号中，分母表示详图所在图纸的编号，分子表示详图编号。

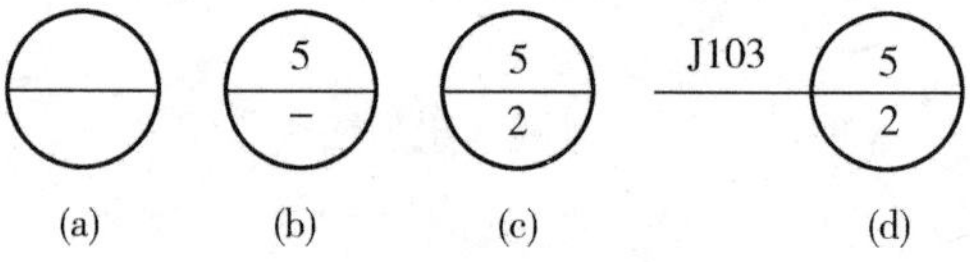

图1－19 索引符号

如图1－19b表示5号详图在本张图纸上，图1－19c表示5号详图在第2页施工图上，图1－19d表示该部位的详图在代号为J 103的标准图集上第2页的第5个详图。

索引符号如用于索引剖视详图，应在被剖切的部位绘制剖切位置线，并以引出线引出索引符号，引出线所在的一侧应为投射方向，如图1－20所示。

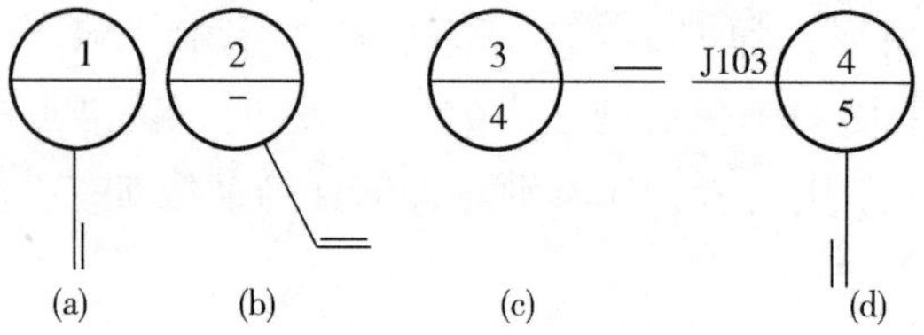

图1－20 用于索引剖面详图的索引符号

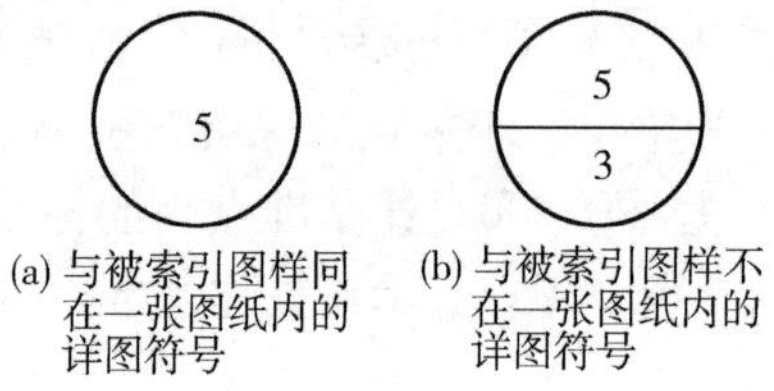

图1－21 详图符号

2. 详图符号

详图的位置和编号应以详图符号表示，详图符号用直径为14mm的粗实线圆圈表示，如图1－21所示。

1.6.2.5 引出线

引出线应以细实线绘制，采用水平方向的直线，或与水平方向成30°、45°、60°、90°的直线，或经上述角度再折为水平线。文字说明应注写在水平线的上方，也可注写在水平线的端部，索引详图的引出线应与水平直径线相连接，如图1－22所示。同时引出几个相同部分的引出线，宜互相平行，也可画成集中于一点的放射线，如图1－23所示。

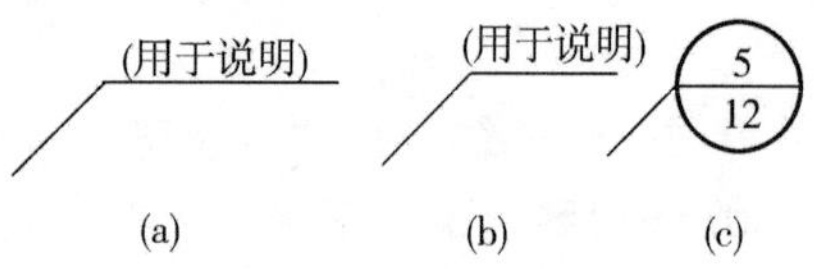

图1－22 引出线

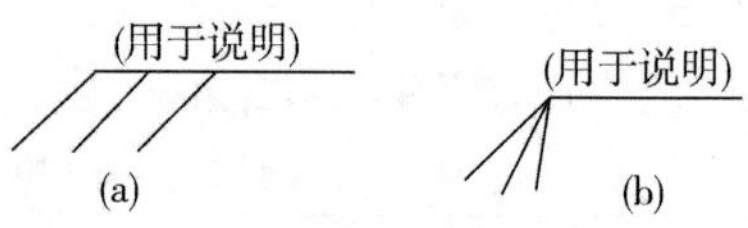

图1－23 共用引出线

多层构造或多层管道共用引出线应通过被引出的各层。文字说明应注写在引出线的上方，或注写在水平线的端部，说明的顺序由上至下，并应与被说明的层次相互一致。如层次为竖向排序，则由上至下的说明顺序应与从左至右的层次相互一致，如图1－24所示。

1.6.2.6 指北针

如图1－25所示，指北针的圆的直径为24mm，细实线绘制，指针头部应注写“北”

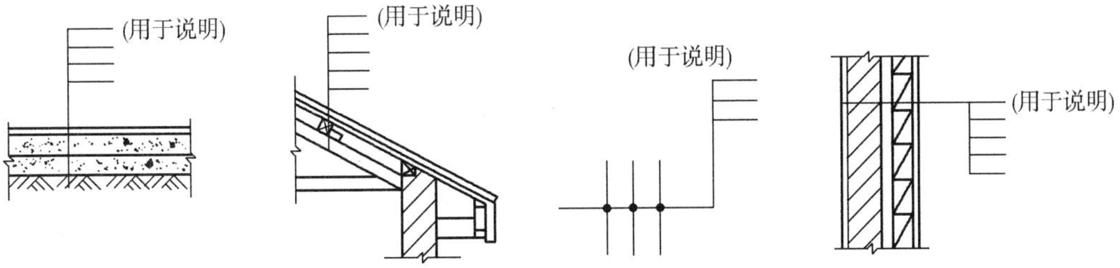

(a) 由上至下排序　(b) 由上至下排序　(c) 由左至右排序　(d) 由左至右排序

图 1－24　多层构造引出线

或"N"，当图样较大时，指北针可放大，放大后的指北针，尾部宽度为圆的直径的 1/8。

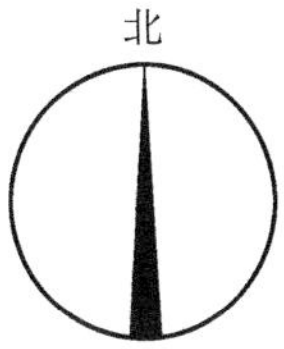

图 1－25　指北针

1.6.2.7　常用图例

建筑施工图中经常会用到各种图例符号来表达设计意图，现将常用图例符号汇总列于表 1－7：

表 1－7　建筑材料图例

名　称	图　例	名　称	图　例
自然土壤		石材	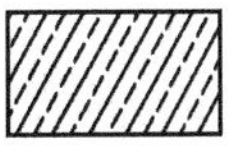
夯实土壤	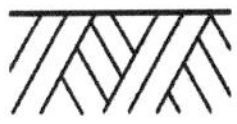	毛石	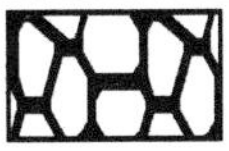
砂，灰石	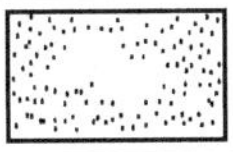	普通砖	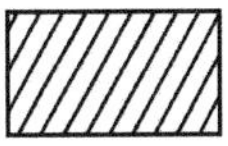
砂砾石，碎砖三合土		耐火砖	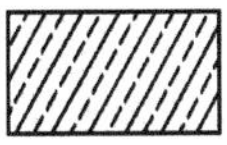
空心砖		胶合板	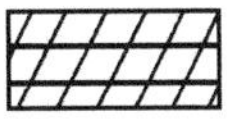
饰面砖		石膏板	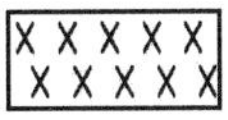
焦渣，矿渣		金属	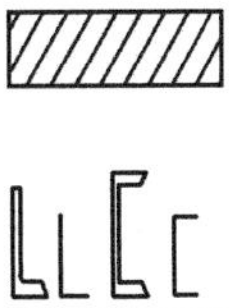
混凝土			
钢筋混凝土	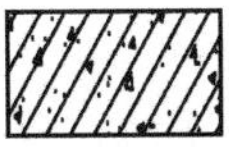	网状材料	
多孔材料		玻璃	

续表 1－7

名　称	图　例	名　称	图　例
纤维材料	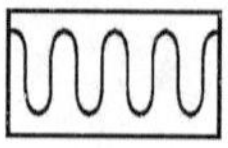	橡胶	
泡沫塑料材料	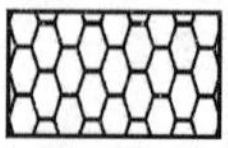	塑料	
木材		防水材料	
		粉刷	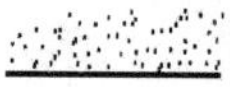

表 1－8　建筑配件图例

名　称	图　例	名　称	图　例
空门洞		单层外开平开窗	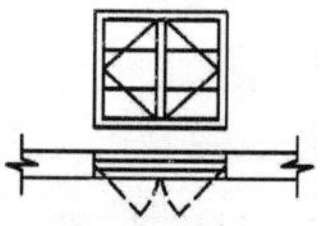
单扇门	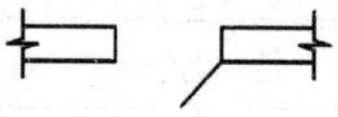		
双扇门	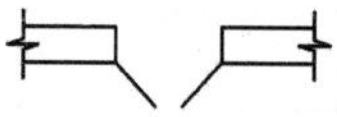	双层内外开平开窗	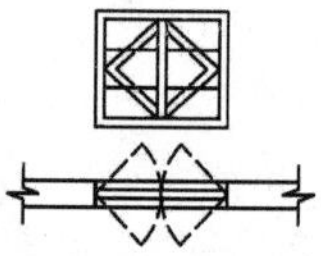
对开折叠门			
单扇弹簧门	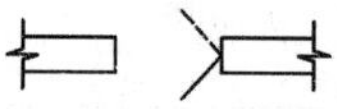	水平推拉窗	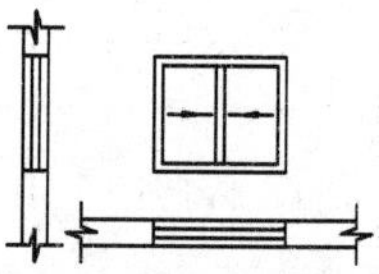
双扇弹簧门	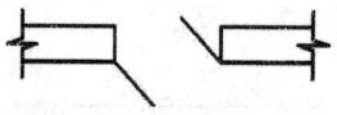		
百叶窗	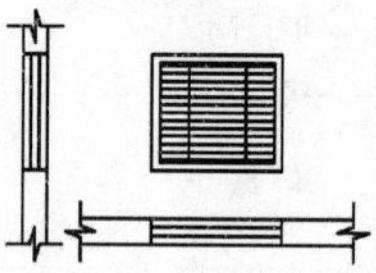	墙上预留槽	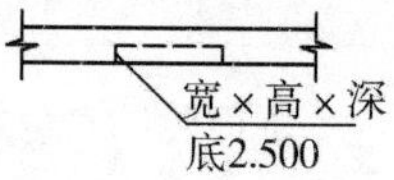
单层外开上悬窗	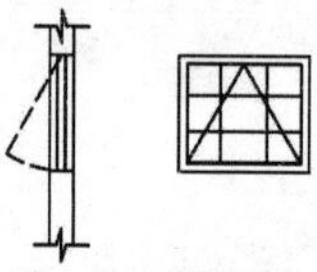	高窗	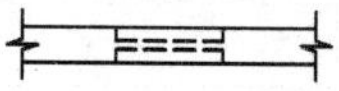
		孔洞	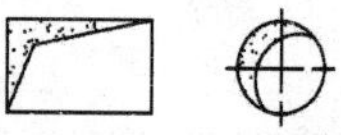
单层内开上悬窗	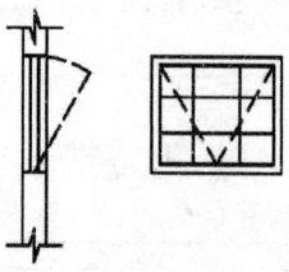	坑槽	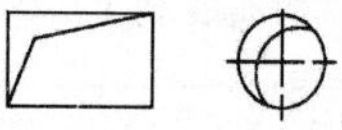
		检查孔	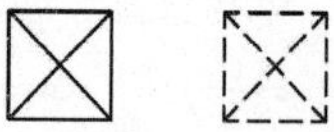

续表 1 – 8

名　称	图　例	名　称	图　例
单层中悬窗	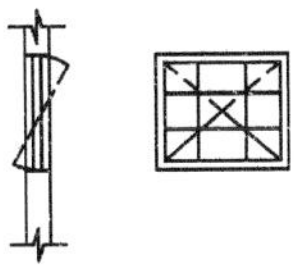	烟道	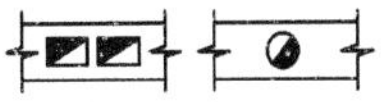
		通风道	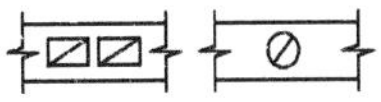
墙上顶留窗	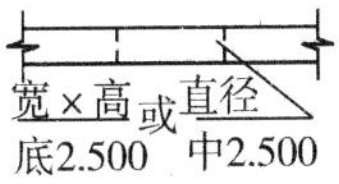	厕所小间　淋浴小间	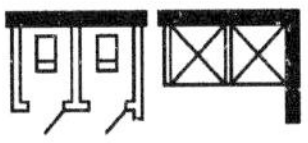

思考题

1. 建筑的定义包含了哪些概念？
2. 建筑有哪些基本要素？
3. 建筑工程有哪些建设程序？
4. 建筑设计应做哪些设计前的准备工作？
5. 建筑设计有哪些主要依据？
6. 建筑设计中应贯彻哪些强制性标准文件？
7. 建筑模数和模数制有哪些常用名词？
8. 建筑的分类和分级有哪些依据？
9. 常用的建筑材料性能和连接方式有哪些？
10. 举一例识读建筑工程图。

第 2 章　建筑平面设计

本章学习目标

- 了解平面设计的基本内容以及影响平面组合的因素；
- 掌握如何确定房间面积大小、形状和尺寸；
- 掌握确定房间门窗数量、面积大小及具体位置时应考虑的因素；
- 掌握辅助使用房间设计的内容及在设计中应注意的问题；
- 掌握交通联系部分的内容以及确定楼梯的数量、宽度和选择楼梯的形式；
- 掌握如何运用功能分析法进行平面组合。

一幢建筑是由长、宽、高三个方向构成的立体，称为三度空间体系。因此，在进行建筑设计的过程中，应常从平面、剖面、立面三个不同方向的投影来综合分析建筑物的各种特征，并通过相应的图示来表达其设计意图。

建筑的平面、剖面、立面设计，三者是密切联系而又互相制约的。平面设计集中反映了建筑平面各组成部分的特征及其相互关系、建筑使用功能的要求，建筑与周围环境的关系，以及建筑空间艺术构思和结构布置关系。在进行方案设计时，多是先从平面设计入手，同时认真分析剖面设计及立面设计的可能性和合理性。只有综合考虑平面、剖面、立面三者的关系，按三度空间概念去进行设计，才能做好建筑设计。

2.1　平面设计的内容

建筑类型繁多，各类建筑房间的使用性质和组成类型也不相同，从组成平面各部分的使用性质来分析，均可归纳为以下两个组成部分，即使用部分和交通联系部分。

使用部分是指各类建筑物中的主要使用房间和辅助使用房间。

主要使用房间是建筑物的核心，根据主要使用房间的不同用途，形成了不同类型的建筑物，如住宅中的起居室、卧室；教学楼中的教室、办公室；商业建筑中的营业厅；影剧院的观众厅等都是构成各类建筑的基本空间。

辅助使用房间是根据建筑物主要使用功能要求而设置的，如公共建筑中的卫生间、贮藏室及其他服务性房间；住宅建筑中的厨房、厕所；一些建筑物中的贮藏室，以及各种电气、水、采暖、空调通风、消防等设备用房。

交通联系部分是建筑物中各房间之间、楼层之间和室内与室外之间联系的空间，如各类建筑物中的门厅、走道、楼梯间、电梯间等。

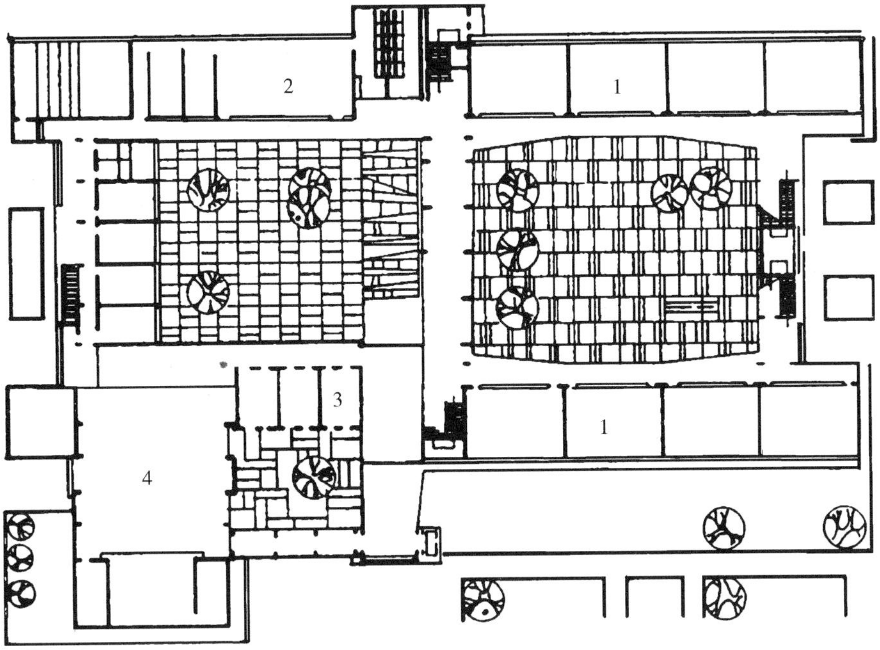

图 2－1　某庭院式中学教学楼底层平面图

1—教室；2—实验室；3—办公室；4—礼堂兼风雨操场

图 2－1 是某庭院式中学教学楼底层平面图。该教学楼底层平面通过中部的天井和门厅、主要楼梯将各部分连接成有机整体。教室、办公室、实验室、礼堂兼风雨操场是主要使用房间；男女厕所是辅助使用房间；门厅、楼梯间、走道则起着交通联系的作用。

由于使用功能不同，以上几个部分在房间设计及平面布置上均有不同，设计时应根据不同要求区别对待。建筑平面设计的任务，就是充分研究几个部分的特征和相互关系，找出平面设计的规律，使建筑物能满足功能、技术、经济、美观的要求。

建筑平面设计包括单个房间平面设计及平面组合设计。

单个房间是组成建筑的基本单位，每个房间设计质量的优劣影响着建筑的整体品质，应合理确定房间的面积、形状、尺寸，以及门窗的大小和位置。

平面组合设计研究的是建筑整体与单个房间的关系、内部空间与总体环境的关系，以及功能要求和结构施工、水电设计安装等问题。

建筑平面设计所涉及的内容很多，如房间的特征及其相互关系，建筑结构类型及其布局、建筑材料、施工技术、建筑造价以及建筑造型等诸方面的因素。因此，在平面设计中应认真研究解决建筑功能、物质技术、经济及美观等问题。

2.2 主要使用房间的设计

2.2.1 房间的设计要求

根据主要使用房间的不同功能要求，其设计的侧重点应有所区别。一般说来，生活、工作和学习用的房间要求安静、少干扰，由于人们在其中停留时间相对较长，因此希望能有较好的朝向；公共活动房间的主要特点是人流集中，进出频繁，其安全疏散问题尤为重要，应符合相关规范的要求，并尽可能简捷顺畅。依据房间的使用要求归类，有助于合理安排平面组合的功能分区。

对主要使用房间的平面设计要求有：

（1）房间的面积、形状和尺寸要满足室内人的活动和家具、设备合理布置的要求。

（2）门窗的大小和位置，应根据房间的功能特点来确定，要求出入方便、疏散安全、采光通风良好。

（3）房间的构成应使结构布置合理，施工方便，也要有利于房间之间的组合，所用材料要符合相应的建筑标准。

2.2.2 房间的面积

主要使用房间面积的大小，是由房间内部活动特点、使用人数的多少、家具设备的数量和布置方式等多种因素决定的，如图 2－2 所示。

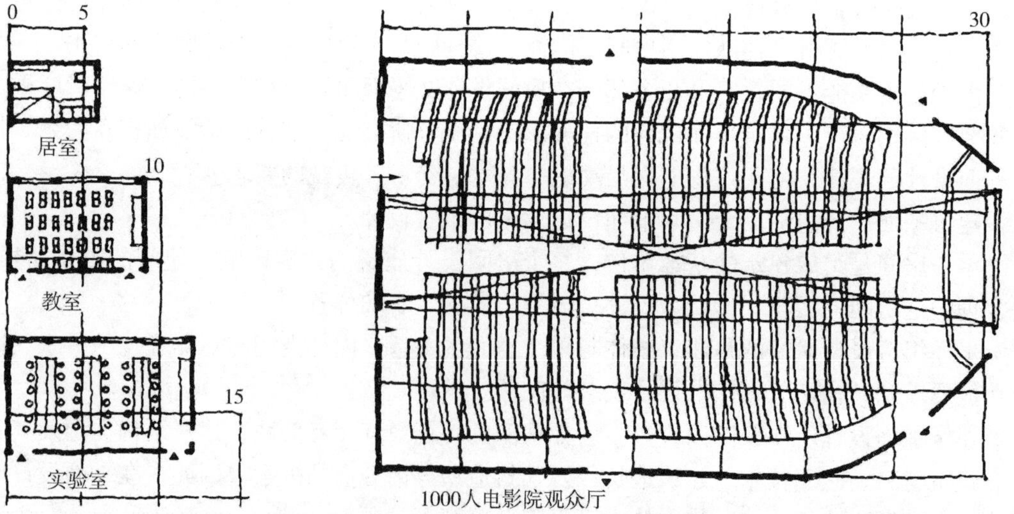

图 2－2　不同功能的房间，具有不同的平面面积

一个房间内部的面积可以根据其使用特点分为以下几个部分：

（1）家具或设备所占面积。

（2）人们在室内的使用活动面积（包括使用家具及设备时，近旁所需的面积）。

（3）房间内部的交通面积。

图 2－3 为教室和住宅卧室中室内使用面积分析示意图。

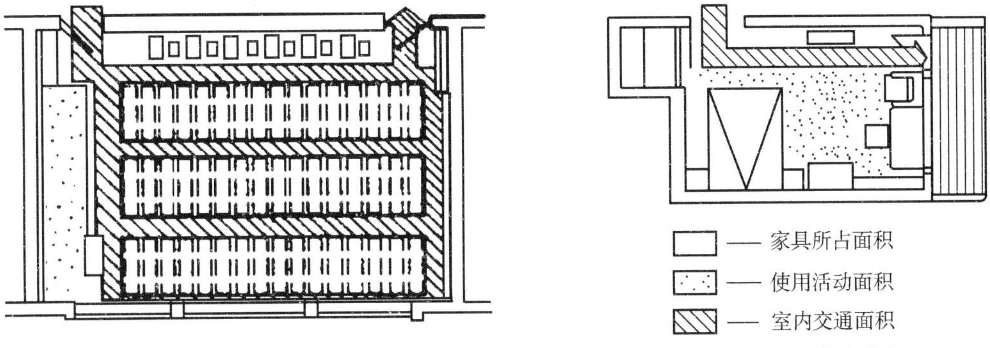

(a) 教室　　(b) 住宅卧室

图 2－3　教室及住宅卧室中室内使用面积分析示意图

影响房间面积大小的因素概括起来有以下几点：

（1）容纳人数

房间面积大小与房间的使用要求有关。无论是家具设备所需的面积还是人的活动及交通面积，都与房间的容纳人数有关。例如，设计一间教室，首先要了解教室容纳多少学生上课、布置多少张课桌椅；确定餐厅的面积大小则主要取决于就餐人数及就餐方式；容纳人数多的房间，面积也需要大些。

在实际工作中，房间面积的确定主要是依据我国有关部门及各地区制定的面积定额指标，再根据房间的容纳人数及面积定额得出房间的总面积。表 2－1 是部分民用建筑房间面积定额参考指标。

表 2－1　部分民用建筑房间面积定额参考指标

建筑类型	项目		备注
	房间名称	面积定额/（m^2/人）	
中小学教室	普通教室	1～1.2	小学取下限
办　公　楼	一般办公室	3.5	不包括走道
	会议室	0.5	无会议桌
		2.3	有会议桌
铁路旅客站	普通候车室	1.1～1.3	
图　书　馆	普通阅览室	1.8～2.5	4～6 座双面阅览桌

对于某些使用人数难以确定的公共建筑的房间，如展览室、营业厅等，目前尚无定额指标可供参考，这就要求设计人员根据设计任务书的要求，对规模相近的同类型建筑进行调查研究，并结合建筑所处的区位判断其人流活动特点，通过分析比较确定合理的房间

面积。

(2) 家具设备及使用活动面积

为满足人的使用要求，每个房间都需要有一定数量的家具及设备，并根据使用的特点进行合理的布置。例如，卧室的床、桌椅、柜子等，陈列室的展板、陈列台、陈列柜等，教室的课桌椅、黑板、讲台等，卫生间的大小便器、洗脸盆等。确定房间面积时应事先掌握家具设备的常用尺寸。

人们使用家具及设备时还需要有一定的活动面积，这与房间容纳的人数和人体尺度有关，也直接影响到房间使用面积的大小。

2.2.3 房间的形状

民用建筑常见的房间形状有矩形、方形、多边形、圆形等。在具体设计中，应根据使用功能的要求、结构形式的选择，并综合考虑经济、美观等方面的因素，以确定合适的房间形状。一般功能要求的民用建筑，房间形状常采用矩形平面，其主要原因如下：

(1) 体型简单，墙体平直，便于家具布置和设备的安排，能充分利用室内有效面积，有较大的灵活性。

(2) 结构布置简单，便于施工。

(3) 便于统一开间、进深，有利于平面及空间的组合。例如，学校、办公楼、旅馆等建筑常采用矩形房间沿走道一侧或两侧布置，统一的开间和进深使建筑平面布置紧凑，用地经济（如图 2－4 所示）。

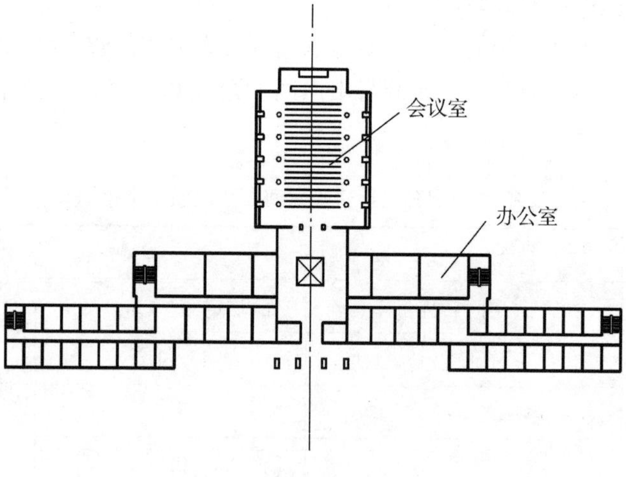

图 2－4 采用矩形房间的办公建筑

同类功能要求的房间也可以采用其他平面形状，就中小学教室而言，在满足视、听及其他要求的条件下，也可采用六边形平面形式（如图 2－5 所示）。

对于有特殊功能和视听要求的房间如观众厅、杂技场、体育馆等房间，其形状则先应满足这类建筑的单个使用房间的功能要求，如杂技场常采用圆形平面以满足演马戏时动物跑弧线的需要；观众厅要满足良好的视听条件，既要看得清也要听得好，观众厅的平面形状一般有矩形、钟形、扇形、六角形、圆形（如图 2－6 所示）。

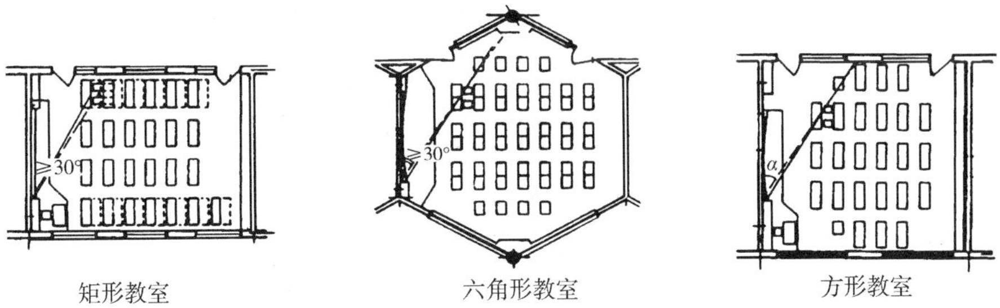

图 2－5　教室的平面形式及课桌椅布置

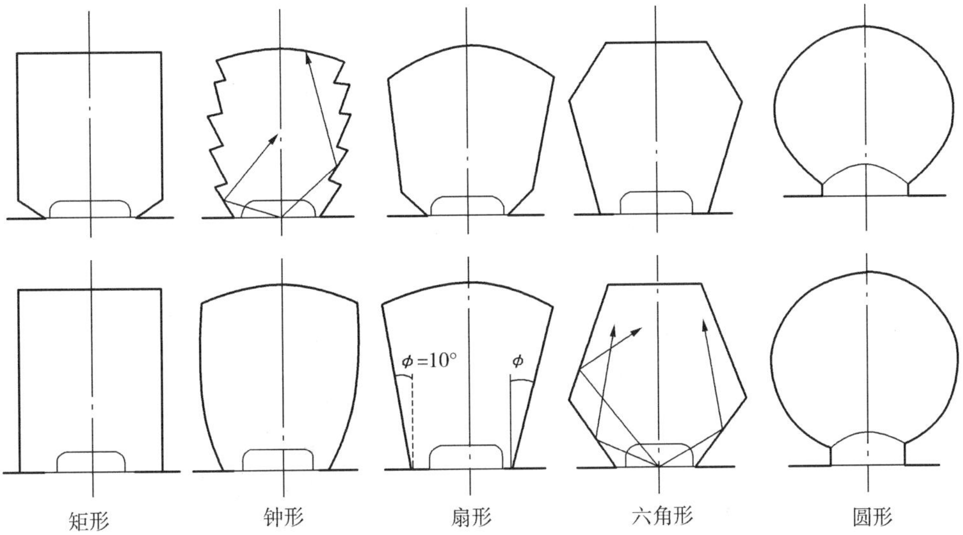

图 2－6　影剧院观众厅平面形状

房间形状的确定，不仅仅取决于功能、结构和施工条件，也要考虑房间的空间艺术效果，使其形状有一定的变化，具有独特的风格。在空间组合中，还往往将圆形、多边形及不规则形状的房间与矩形房间组合在一起，形成强烈的对比，丰富建筑造型（如图 2－7、图 2－8 所示）。

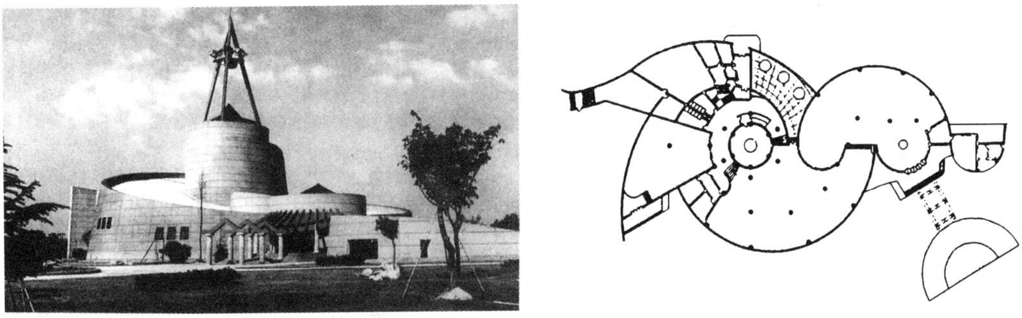

图 2－7　四川三星堆博物馆

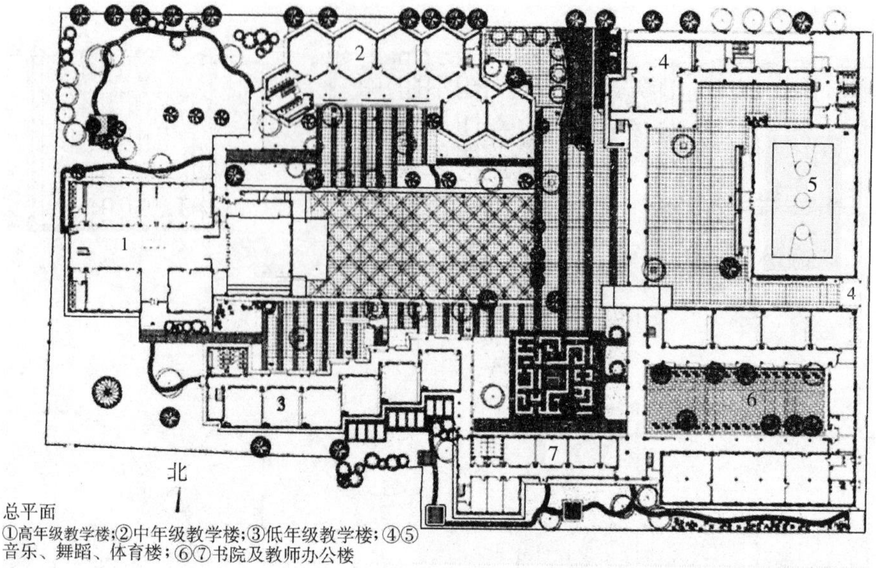

图 2－8　清华大学附小平面图

2.2.4　房间的尺寸

房间尺寸是指房间的面宽和进深。确定合适的房间尺寸，应从以下几方面进行综合考虑：

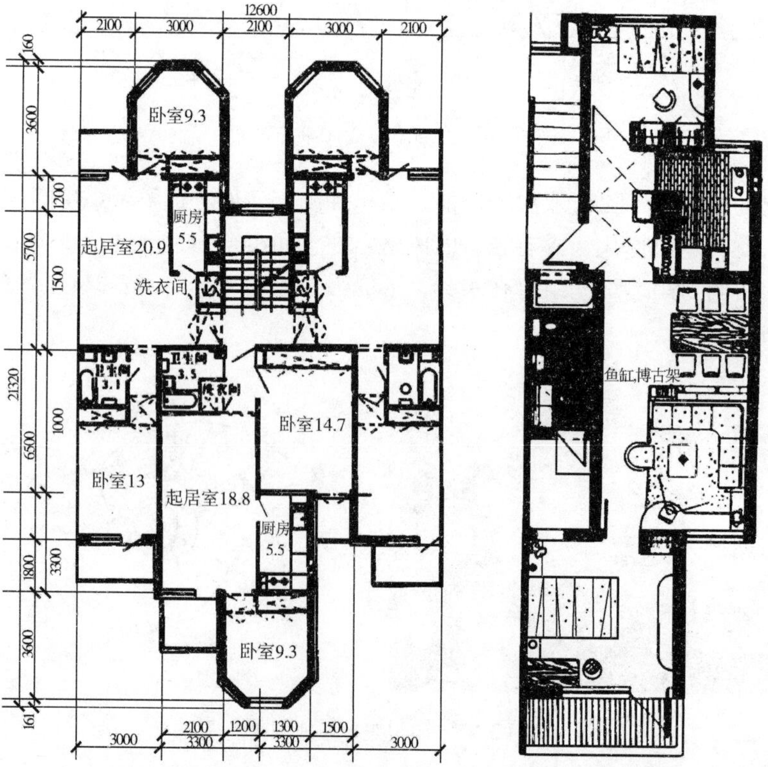

图 2－9　住宅单元的基本尺寸和家具布置示意图

1. 满足家具设备布置及人的活动要求

例如，住宅建筑的平面尺寸首先要能够满足房间使用时必备家具设备的摆放要求，提高床位布置的灵活性。其中，主要卧室要求能两个方向布置床位，开间尺寸常取 3.30m，进深常取 3.90～4.50m，小卧室开间尺寸常取 2.70～3.00m，图 2－9 是住宅单元的基本尺寸和家具布置示意图。医院病房的重要尺寸须满足病床的布置及医护活动的要求，不能妨碍手推病床的出入，3 人的病房开间尺寸常取 3.30～3.60m，6 人的病房开间尺寸常取 5.70～6.00m，如图 2－10 所示。

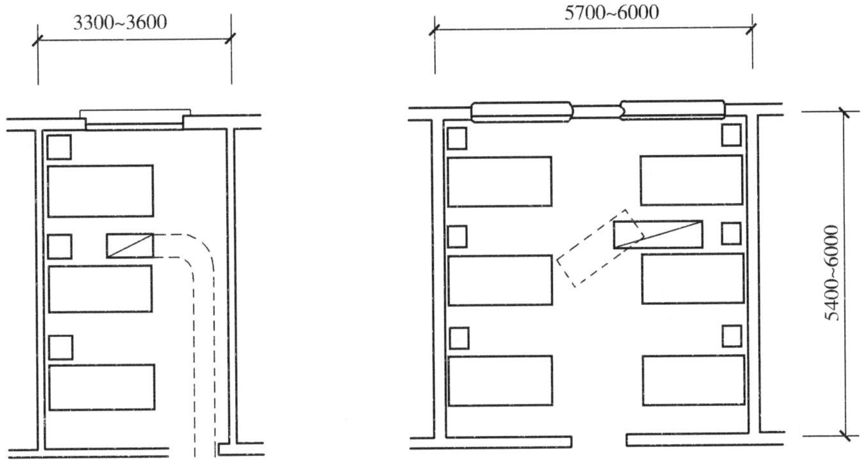

图 2－10　病房的开间和进深

2. 满足视听要求

有视听要求的房间如教室、会堂、观众厅等，其平面尺寸还应保证有良好的视听条件，必须根据水平视角、视距、垂直视角的要求，研究座位的排列，以确定适合的房间尺寸。

从视听功能考虑，教室的平面尺寸应满足以下的要求（如图 2－11 所示）：

（1）为防止第一排座位距黑板太近，垂直视角太小易造成学生近视，因此第一排座位距黑板的距离必须≥2.00m，且保证垂直视角大于 45°。

（2）为防止最后一排座位距黑板太远，影响学生的视觉和听觉，后排距黑板的距离不宜大于 8.50m。

（3）为避免学生过于斜视而影响视力和视觉效果，水平视角（即前排边座与黑板远端的视线夹角）应≥30°。

按照以上要求，并结合家具设备布置、学生活动要求、建筑模数协调统一标准的规定，中学教室平面尺寸常取 6.30m×9.00m、6.60m×9.00m、6.90m×9.00m 等。

3. 良好的天然采光

除特殊功能要求的房间以外，一般房间均要求有良好的天然采光，多采用单侧或双侧采光，因此，房间的深度常受到采光的限制。为保证室内采光的要求，单侧采光时进深不

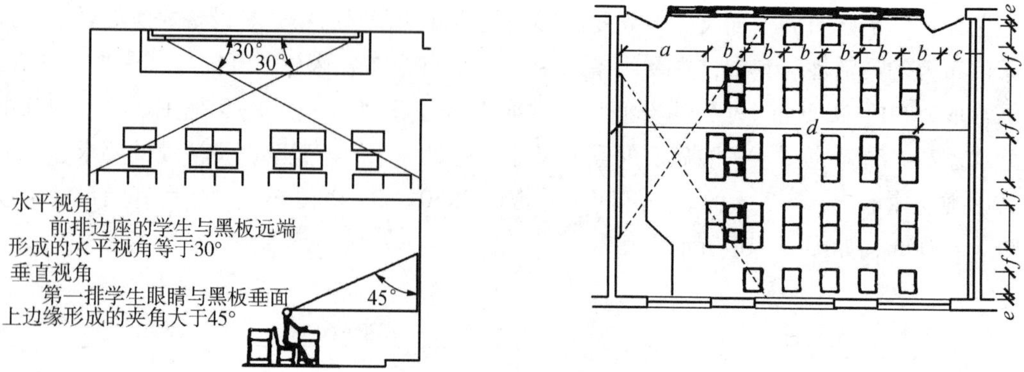

图 2 - 11　教室布置及有关尺寸

$a \geqslant 2000$mm；b 小学 > 850mm，中学 > 900mm；c > 600mm；d 小学 ≤ 8000mm，中学 ≤ 8500mm；e > 120 mm；f > 550 mm

注：布置应满足视听及书写要求，便于通行并尽量不跨座面直接就座。

大于窗上口至地面距离的 2 倍，双侧采光时进深可较单侧采光时增大一倍。图 2 - 12 反映了采光方式对房间进深的影响。

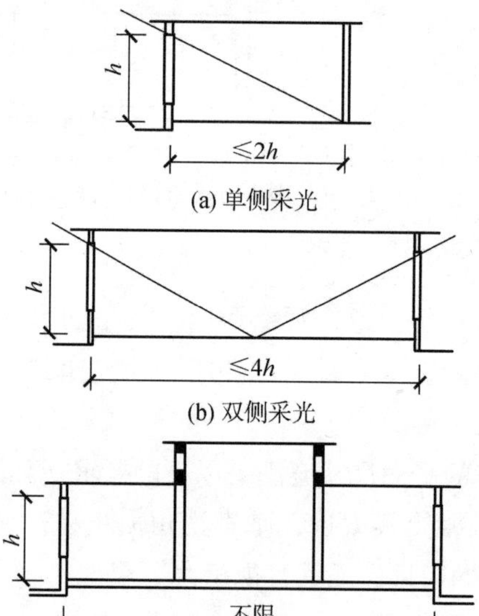

图 2 - 12　采光方式对房间进深的影响

4. 经济合理的结构布置

一般民用建筑常采用墙体承重的梁板式结构或框架结构体系。房间的开间、进深尺寸的选择应尽可能统一，以便采用标准化构件，方便施工。为了节约工程成本，梁板构件应尽可能符合经济跨度要求，梁板式结构的开间尺寸不宜大于 4.00m，框架结构跨度不宜大于 9.00m。对于由多个开间组成的大房间，如教室、会议室、餐厅等，应合理布置柱网尺寸，减少构件类型。

5. 符合建筑模数协调统一标准的要求

为提高建筑工业化水平，房间的开间、进深尺寸应采用统一的模数。按照建筑模数协调统一标准的规定，房间的开间、进深一般以 300mm 为基本模数。如办公楼、宿舍、旅馆等以小空间为主的建筑，其开间尺寸常取 3. 30 ～ 3. 90m，住宅楼梯间的开间尺寸常取 2. 70m 等。

2. 2. 5　房间的门窗设置

门的作用是供人出入和各房间的交通联系；窗的主要功能是采光、通风，同时门窗也是外围护结构的组成部分。因此，门窗的大小、数量、位置及开启方式直接影响到房间的通风和采光、家具布置的灵活性、房间面积的有效利用、人流活动及交通疏散、建筑外观及经济性等各个方面。

2. 2. 5. 1　门的宽度及数量

门的最小宽度是由人体尺寸、通过人流股数及家具设备的大小所决定的。按人体工学的要求单股人流通行最小宽度取 550mm，单股人流侧身通行最小宽度取 300mm 宽。因此，门的最小宽度一般为 700mm，常用于住宅中的厕所、浴室。住宅中卧室、厨房、阳台的门应考虑携带物品通行，卧室常取 900mm，厨房可取 800mm。住宅入户门考虑家具尺寸增大的趋势，常取 1000mm。普通教室、办公室等的门应考虑满足同时有单股人流正面通行和侧身通行的情况，常采用 1000mm。图 2 - 13 为住宅中卧室门的宽度。

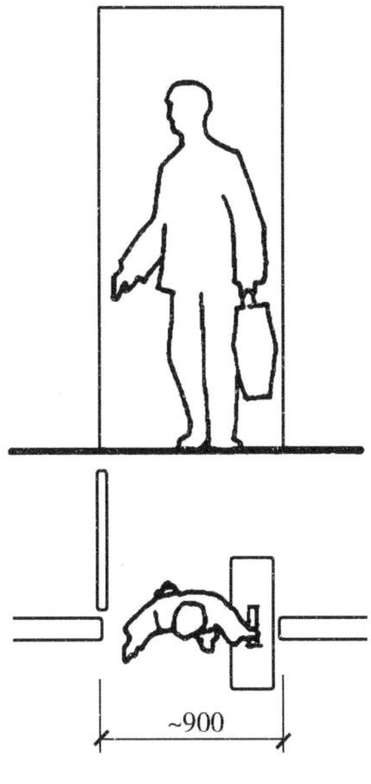

图 2 - 13　住宅中卧室门的宽度

当房间面积较大、使用人数较多时，单扇门不能满足通行要求。为了开启方便和少占使用面积，当门宽大于 1000mm 时，应根据使用要求采用双扇门、四扇门或者增加门的数量。双扇门的宽度可为1200～1800mm，四扇门的宽度可为2400～3600mm。

按照GBJ 16—87《建筑设计防火规范》的要求，当房间使用人数超过50人、面积超过60m^{2}时，至少需设两个门。对于一些大型公共建筑如影剧院的观众厅、体育馆的比赛大厅等，由于人流集中，为保证紧急情况下人流能够迅速安全地疏散，门的数量和总宽度应按每600mm/100人的要求计算，并结合人流通行方便分别设双扇门，门的开启方向应直接朝向外部通道，且每扇门宽度不应小于1400mm。

2.2.5.2 窗的面积

为获取良好的天然采光，保证房间具有足够的照度，房间必须开窗。窗口面积大小主要根据房间的使用要求、房间面积及当地日照情况等因素来考虑。不同使用要求的房间对采光要求不同。设计时可根据窗地面积比（窗洞口面积之和与房间地面面积比）进行窗口面积的估算，也可先确定窗口面积，然后按表2－2中规定的窗地面积比值进行验算。

表2－2 民用建筑采光系数等级表

采光等级	视觉工作特征		房间名称	窗地面积比
	工作或活动要求精细程度	要求识别的最小尺寸/mm		
Ⅰ	极精密	<0.2	绘图室、制图室、画廊	1/3～1/5
Ⅱ	精密	0.2～1	阅览室、医务室、健身房、专业实验室	1/4～1/6
Ⅲ	中精密	1～10	办公室、会议室、营业厅	1/6～1/8
Ⅳ	粗糙	>10	观众厅、居室、盥洗室、厕所	1/8～1/10
Ⅴ	极粗糙	不作规定	贮藏室、门厅、走廊、楼梯间	1/10以下

在满足窗地面积比的前提下，还应结合通风要求、朝向、建筑节能、立面设计、建筑经济等因素综合考虑开窗面积。南方地区气候炎热，可适当增大窗口面积以争取通风量。有时，为了取得一定立面效果，开窗面积可根据造型设计的要求统一考虑，但应注意避免为了追求立面造型效果而盲目扩大开窗面积的趋向。

目前，按有关建筑节能要求，外墙（包括阳台门上部透明部分）开窗面积不宜过大，其中，住宅不同朝向的窗墙面积比不应超过表2－3规定的数值。

表2－3 按节能要求的住宅不同朝向窗墙面积比

朝 向	窗墙面积比
北	0.25
东、西	0.30
南	0.35

2.2.5.3 门窗位置

房间门窗位置直接影响到家具布置、人流交通、采光、通风等。因此，合理确定门窗位置是房间设计的重要因素之一，应满足以下基本要求：

（1）门窗位置应尽量使墙面完整，便于家具设备布置和合理组织人行通道。图2－14

分别表示观众厅、集体宿舍和卧室的门窗的位置。

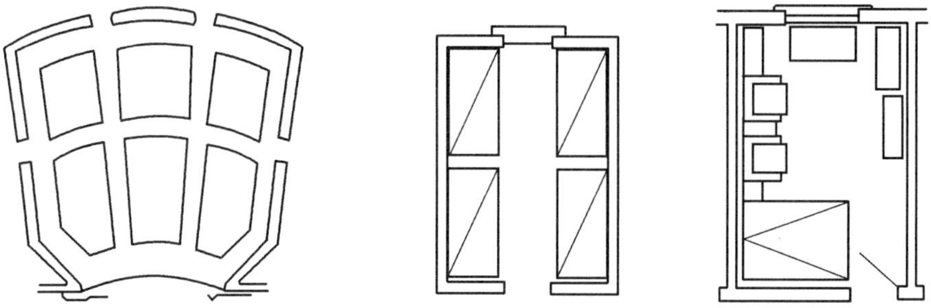

(a) 观众厅　　(b) 集体宿舍　　(c) 卧室

图 2－14　房间门窗的位置关系

（2）门窗位置应有利于采光通风。

窗口在房间中的位置决定了光线的方向及室内采光的均匀性。图 2－15 为普通教室窗的开设位置的比较；图 2－15a、2－15b 的三个窗相对集中，窗间设小柱或小段实墙，光线集中在课桌区内，暗角较小，对采光有利。图 2－15c 的窗均匀布置在每个相同开间的中部，当窗宽不大时，窗间墙较宽，在墙后形成较大阴影区，影响该处桌面亮度。

房间的自然通风由门窗来组织，门窗在房间中的位置决定了气流的走向，影响到室内通风的范围。因此，门窗位置应尽量使气流通过活动区，加大通风范围，并应尽量使室内形成穿堂风。图 2－16 为门窗位置对气流的影响。

（3）门的位置应方便交通，利于疏散。

在使用人数较多的公共建筑中，为便于人流交通和紧急情况下人们迅速、安全地疏散，门的位置必须与室内走道紧密配合，使通行线路简捷。

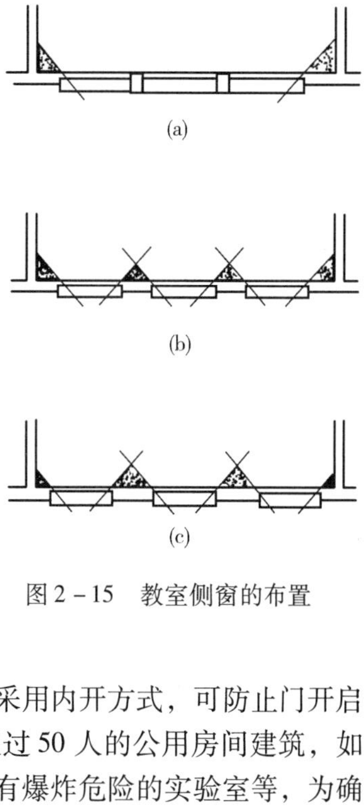

(a)

(b)

(c)

图 2－15　教室侧窗的布置

2.2.5.4　门窗的开启方向

门窗的开启方向一般有外开和内开，大多数房间的门均采用内开方式，可防止门开启时影响室外的人行交通。对于面积超过 60m^2，且容纳人数超过 50 人的公用房间建筑，如影剧院、候车厅、体育馆、商店的营业厅、合班教室，以及有爆炸危险的实验室等，为确保安全疏散，这些房间的门必须向外开，且符合防火规范的有关规定。

在平面组合时，若几个房间开门位置比较集中，并且经常需要同时开启，此时要注意协调几个门的开启方向，防止门相互碰撞和妨碍人们通行。

为避免窗扇开启时占用室内空间，大多数的窗常采用外开方式。

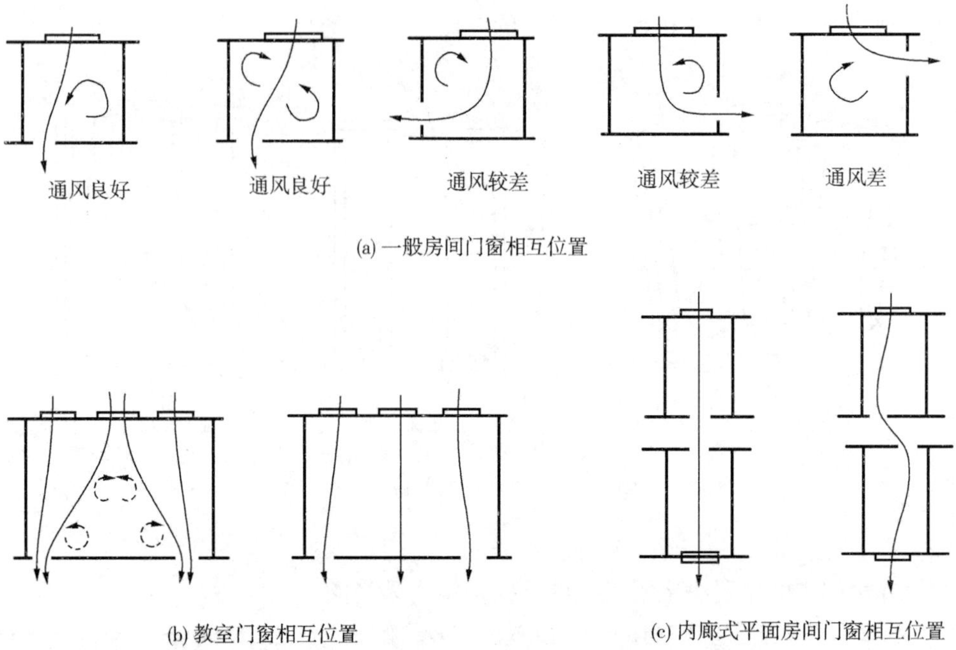

图 2－16　门窗平面位置对气流组织的影响

2.3　辅助使用房间的设计

辅助使用房间的设计原理、原则和方法与主要使用房间基本相同。由于这类房间大都布置有较多的管道、设备，如厕所、盥洗室、浴室、厨房、通风机房、水泵房、配电房、锅炉房等，因此，房间的大小及布置均受到设备尺寸的影响。

2.3.1　厕所设计

厕所按其使用特点又可分为独用厕所和公用厕所。

1. 厕所设备及数量

厕所卫生设备主要有大便器、小便器、洗手盆、污水池等。

大便器有蹲式和坐式两种，可根据建筑标准及使用习惯分别选用。蹲式大便器使用卫生，便于清洁，对于使用频繁的公共建筑如学校、医院、办公楼、车站等尤其适用。而标准较高，使用人数少或老年人使用的厕所如宾馆、敬老院等则宜采用坐式大便器。小便器有小便斗和小便槽两种。图 2－17 为厕所设备及组合所需的尺寸。

卫生设备的数量及小便槽的长度主要取决于使用人数、使用对象、使用特点，其数量应符合专用建筑设计规范的规定，在公用厕所男女厕位的比例中，应适当加大女厕位的比例，表 2－4 是部分建筑厕所设备参考指标。

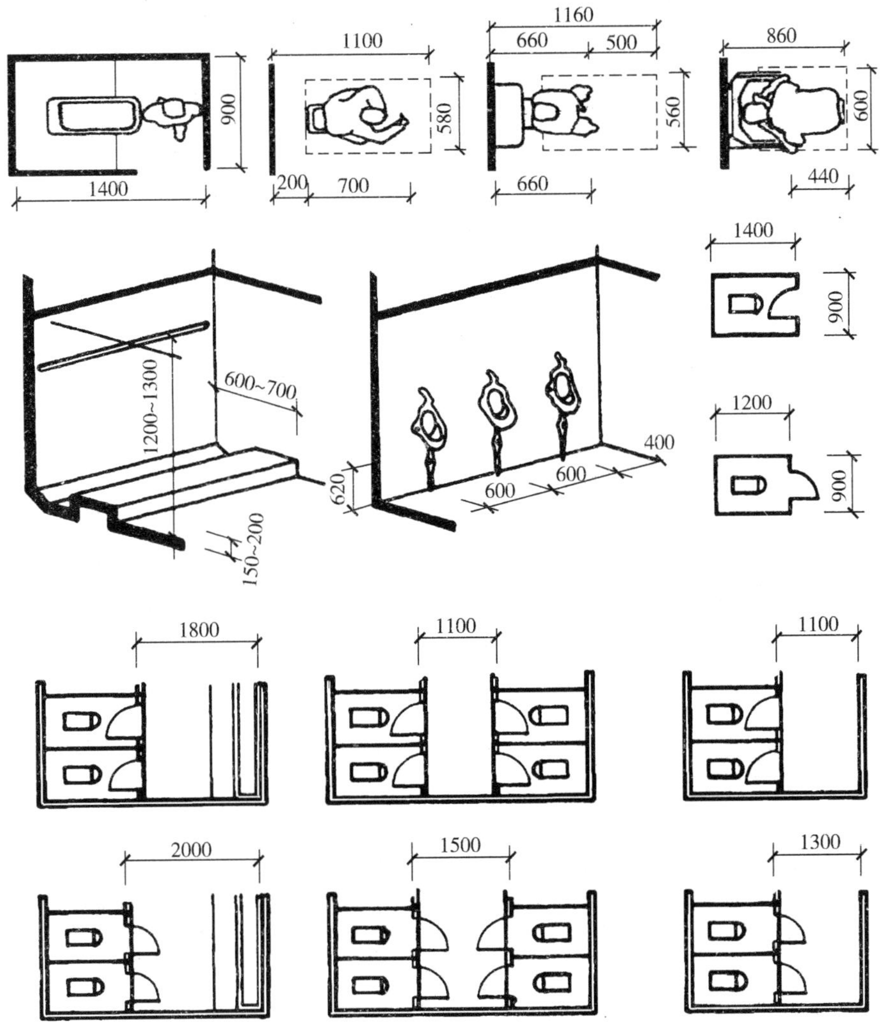

图 2－17　厕所设备及组合尺寸

表 2－4　部分建筑厕所设备参考指标

建筑类型	男小便器 /（人/个）	男大便器 /（人/个）	女大便器 /（人/个）	洗手盆 /（人/个）	男女比例
体育馆	80	250	100	150	2:1
影剧院	35	75	50	140	按实际情况
中小学	40	40	25	100	1:1
火车站	80	80	50	150	按实际情况
宿舍	20	20	15	15	按实际情况
旅馆	20	20	12		按设计要求

2. 厕所的布置

厕所的平面形式可分为两种，一种是公共厕所，公共厕所应设置前室，可以改善通往厕所的走道和过厅的卫生条件，并有利于厕所的隐蔽。前室内一般设有洗手盆及污水池，为保证必要的使用空间，前室的深度宜为 1.5 ～ 2.0m；另一种是独用厕所，由于使用的人少，往往将盥洗、浴室、厕所三个部分组成一个卫生间，例如住宅、旅馆等。图 2 - 18 是住宅卫生间的平面布置实例，图 2 - 19 是公共卫生间布置实例。

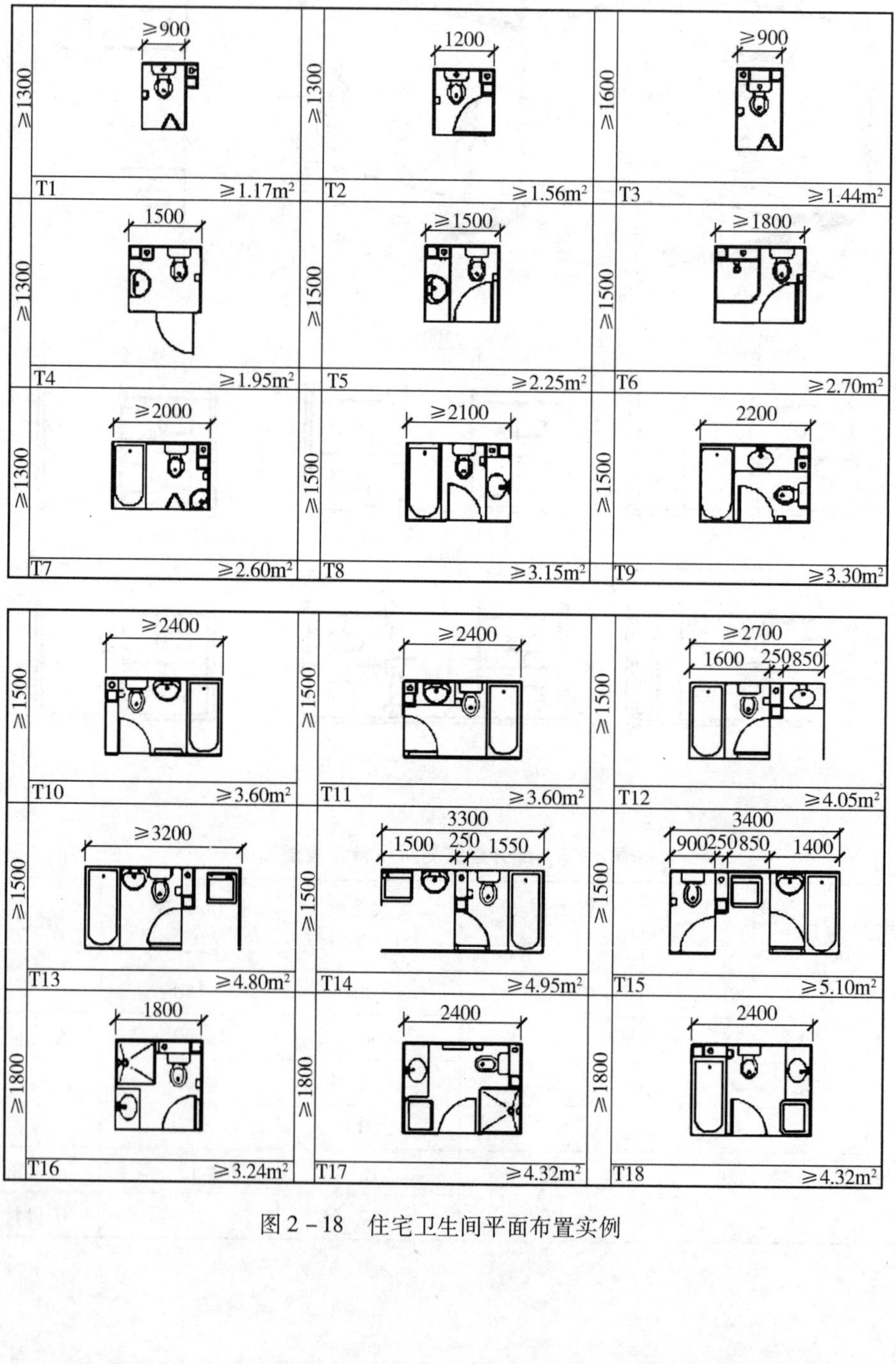

图 2 - 18　住宅卫生间平面布置实例

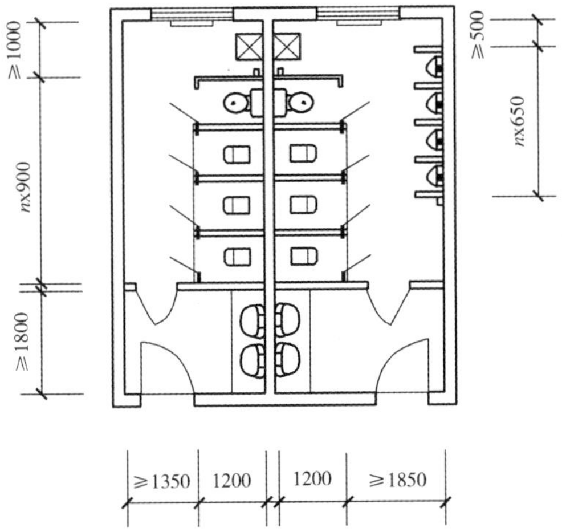

图 2－19　公共卫生间布置实例

2.3.2　厨房

厨房设计应保持良好的采光和通风条件。厨房的墙面、地面应考虑防水、便于清洁；室内布置应符合操作流程，并保证必要的操作空间和贮藏空间，为使用方便、提高效率、节约时间创造条件。

一般住宅的厨房布置形式有单排、双排、L 形、U 形等几种，图 2－20 为厨房布置的几种形式。

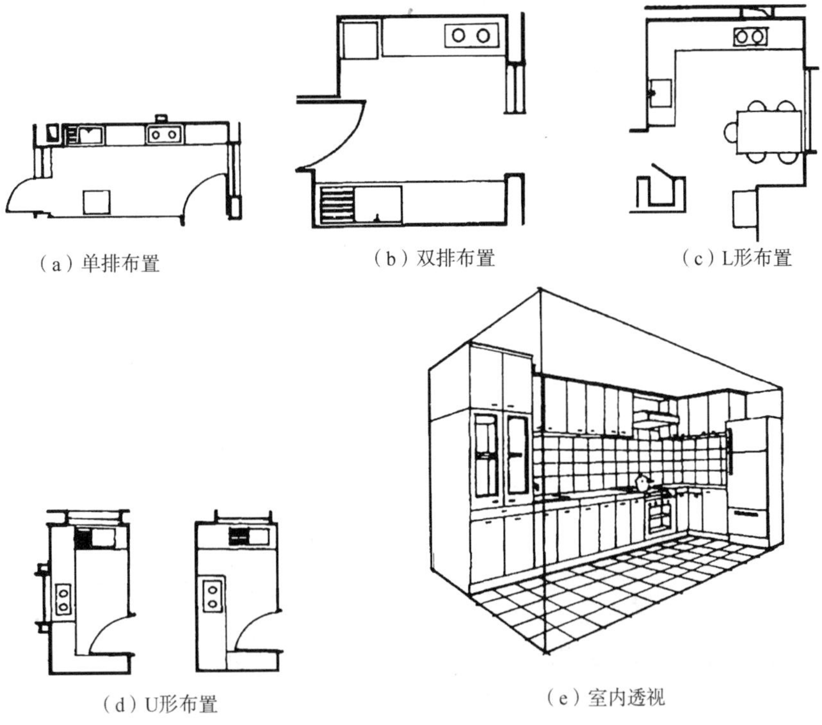

（a）单排布置　（b）双排布置　（c）L形布置　（d）U形布置　（e）室内透视

图 2－20　厨房布置的几种形式

2.4 交通联系部分的设计

交通联系部分包括水平交通空间（走道），垂直交通空间（楼梯、电梯、自动扶梯、坡道），交通枢纽空间（门厅、过厅）等。一幢建筑物是否适用，除主要使用房间和辅助使用房间本身及其位置是否恰当外，很大程度上还取决于主要使用房间、辅助使用房间与交通联系部分的相互位置是否恰当，以及交通联系部分是否便捷舒适。

交通联系部分的设计应满足足够的通行宽度、明晰的交通流线、良好的通风采光等使用要求。此外，还要尽量减少交通面积以提高平面的利用率。

2.4.1 走道

走道又称为过道、走廊，凡走道一侧或两侧空旷者称为走廊。

按走道的使用性质不同，可以分为以下三种情况：

（1）完全为交通需要而设置的走道，如办公楼、旅馆、电影院、体育馆的安全走道等都是供人流集散用的，这类走道一般不允许安排作其他用途。

（2）主要为交通联系同时也兼有其他功能的走道，如教学楼中的走道，还可作为学生课间休息活动的场所以及布置陈列橱窗及黑板，医院门诊部走道也可作候诊之用。若兼有其他功能时，过道的宽度和面积应相应增加。

（3）多种功能综合使用的走道，如展览馆的走道应满足边走边看的要求。

确定走道的宽度和长度须综合考虑人流通行、安全疏散、防火规范、走道性质、空间感受等因素。为了满足人的行走和紧急情况下的疏散要求，我国 GBJ 16—87《建筑设计防火规范》规定学校、商店、办公楼等建筑的疏散走道、楼梯、外门的各自总宽度不应低于表 2－5 所示指标。

表 2－5　楼梯门和走道的宽度指标

层数	宽度指标等级/（m/百人）		
	耐火等级		
	一、二级	三级	四级
一、二层	0.65	0.75	1.00
三　层	0.75	1.00	—
≥四层	1.00	1.25	—

综上所述，一般民用建筑常用走道宽度如下：当走道两侧布置房间时，学校为 2.10～3.00m，门诊部为 2.40～3.00m，办公楼为 2.10～2.40m，旅馆为 1.50～2.10m，作为局部联系或住宅内部走道宽度不应小于 0.90m，当走道一侧布置房间时，其走道的宽度可相应减小。

走道的长度应根据建筑类型、耐火等级及防火规范来确定。按照 GBJ 16—87《建筑设计防火规范》的要求，最远房间出入口到楼梯间安全出入口的距离必须控制在一定的范围内，如表 2－6 和图 2－21 所示。

表 2-6　房间门至外部出口或封闭楼梯间的最大距离　单位：m

名称	位于两个外部出口或楼梯之间的房间（L_1）			位于袋形走道两侧或尽端的房间（L_2）		
	耐火等级			耐火等级		
	一、二级	三级	四级	一、二级	三级	四级
托儿所、幼儿园	25	20	—	20	15	—
医院、疗养院	35	30	—	20	15	—
学校	35	30	25	22	20	—
其他民用建筑	40	35	25	22	20	15

在一般情况下，走道应有天然采光和自然通风。内走道由于两侧均布置了房间，可以通过走道尽端开窗和利用楼梯间、门厅或走道两侧房间设高窗，以及局部采用外廊等方法来解决光线不足、通风较差的问题。

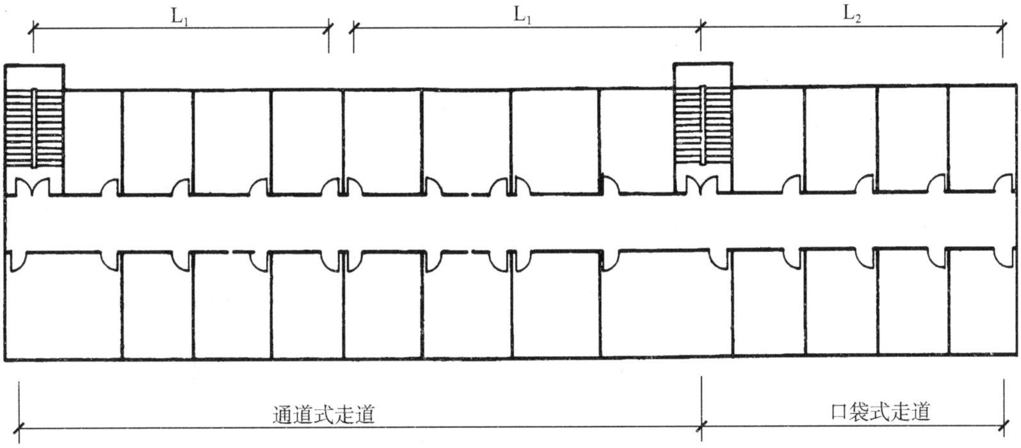

图 2-21　走道长度的控制

2.4.2　楼梯

楼梯是多层建筑中常用的垂直交通联系手段，应根据使用性质、人流通行情况来确定楼梯的宽度及数量，并符合防火规范的要求，根据使用对象和使用场合选择舒适的坡度和合适的形状及恰当的位置。

1. 楼梯的形式与位置

楼梯的形式主要有直行跑梯、平行双跑梯、三跑梯等。直行跑梯方向单一，不转向，构造简单，常用于层高较小的建筑，大型公共建筑为解决人流疏散和加强大厅的空间气氛也常采用这种形式，如北京人民大会堂宴会厅大楼梯。平行双跑梯是民用建筑中最为常用的一种形式，往往布置在单独的楼梯间中，占用面积少，使用方便。三跑梯体态灵活，造型美观，但梯井较大，常布置在公共建筑门厅和过厅中，可取得较好的室内景观效果。此外，楼梯还有弧形、螺旋形、剪刀式等多种形式，详见图 2-22。

民用建筑楼梯的位置按其使用性质可分为主要楼梯、次要楼梯、消防楼梯等。

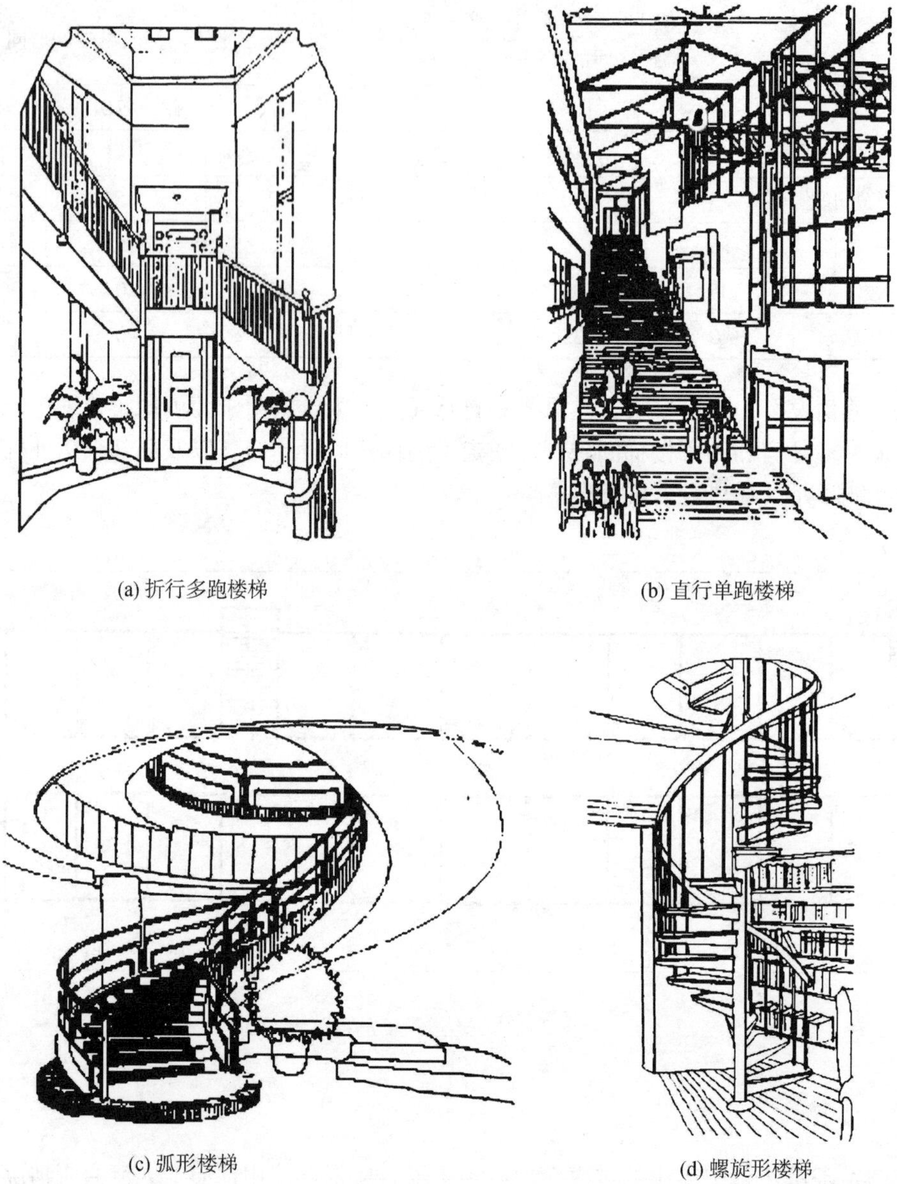

(a) 折行多跑楼梯　(b) 直行单跑楼梯

(c) 弧形楼梯　(d) 螺旋形楼梯

图 2－22　楼梯实例

2. 楼梯的宽度和数量

楼梯的宽度和数量主要根据使用性质、使用人数和防火规范来确定。一般民用建筑楼梯的最小净宽应满足两股人流疏散要求，楼梯净宽应为 1100～1200mm。但住宅内部楼梯可按单人通行考虑减小到 850～900mm，详见图 2－23。所有楼梯梯段宽度的总和应按照 GDJ GB50016—2006《建筑设计防火规范》和 GB 50045— 1995《高层民用建筑设计防火规范》的最小宽度进行校核，如表 2－5、表 2－7 所示。

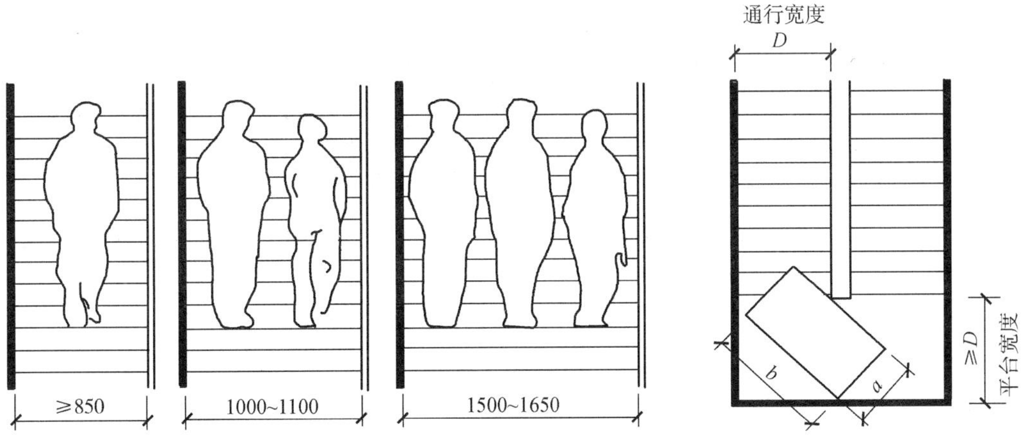

图 2－23　楼梯梯段及平台的宽度

表 2－7　疏散楼梯的最小净宽度

高层建筑	疏散楼梯的最小净宽度/m
医院病房楼	1. 30
居住建筑	1. 10
其他建筑	1. 20

楼梯的数量应根据使用人数及防火规范要求来确定，必须满足关于走道内房间门至楼梯间的最大距离的限制（如表 2－6 所示）。在通常情况下，每一幢公共建筑均应设两部楼梯。对于使用人数少或除幼儿园、托儿所、医院以外的二、三层建筑，当其符合表 2－8 的要求时，也可以只设一部疏散楼梯。

表 2－8　设置一个疏散楼梯的条件

耐火等级	层　数	每层最大建筑面积/m^2	人　数
一、二级	二、三层	400	第二层和第三层人数之和不超过 100 人
三级	二、三层	200	第二层和第三层人数之和不超过 50 人
四级	二层	200	第二层人数之和不超过 30 人

2. 4. 3　电梯

电梯是现代建筑中广泛使用的垂直交通设施。按《全国民用建筑工程设计技术措施》的规定：住宅七层以上（含底层商店或架空层），六层以上的办公建筑，四层以上的医疗建筑、老年人建筑及图书馆建筑等，三层及以上的一、二级旅馆建筑等，高度超过 24m 的高层建筑应设置电梯。高层建筑的垂直交通以电梯为主，其他有特殊功能要求的多层建筑，如大型宾馆、百货公司、医院等，除设置楼梯外，还需设置电梯以解决垂直运输的需要。

除此以外，对高度超过 24m 的一类高层公共建筑、塔式住宅，12 层及 12 层以上的单元式住宅或通廊式住宅，高度超过 32m 的其他二类高层公共建筑，还应设置消防电梯。

电梯按其使用性质可分为乘客电梯、载货电梯、消防电梯、客货两用电梯、杂物梯等几类。

确定电梯间的位置及布置方式时，应充分考虑以下几点要求：

（1）电梯间应布置在人流集中的地方，如门厅、出入口等，位置要明显，电梯前面应有足够的等候面积，以免造成拥挤和堵塞。候梯厅的最小尺寸应符合国家标准 GB/T 7025—1997《电梯主参数及轿厢、井道、机房的形式与尺寸》的技术参数。

（2）设计电梯时应配置疏散辅助楼梯，供电梯发生故障时使用。布置时宜将两者靠近，以便灵活使用，并有利于安全疏散。

（3）电梯井道无天然采光要求，平面布置时，主要考虑人流交通方便和顺畅，但电梯等候厅人流集中，最好有天然采光及自然通风。若无天然采光和自然通风条件，则必须满足有关消防规范的要求。

电梯的布置形式一般有单面式和对面式。单侧并列或并排的电梯不宜超过 4 台，双侧排列的电梯不宜超过 8 台（4 台 ×2），如图 2－24 所示。

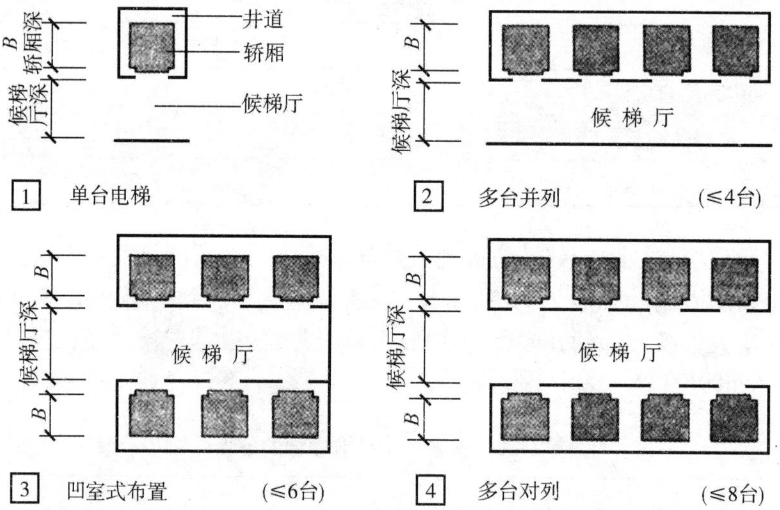

图 2－24　载人电梯布置与候梯厅的一般要求

2.4.4　扶梯及坡道

自动扶梯是一种在一定方向上能大量、连续输送流动人流的装置。它除了提供一种方便舒适的垂直的运输工具外，还可以引导人流，并具有良好的装饰效果。在具有频繁而连续人流的大型公共建筑中，如百货大楼、展览馆、游乐场、火车站、地铁站、航空港等建筑，自动扶梯是主要垂直交通工具。

自动扶梯的驱动速度一般为 0.45 ～ 0.5m/s，可正向、逆向运行。自动扶梯的宽度根据其通行能力要求确定，图 2－25 是常见的扶梯示例。

垂直交通联系部分还有一种坡道形式。室内坡道的坡度应小于 10°，其通行人流的能力几乎和平地相当，但是坡道的最大缺点是所占面积比楼梯面积大得多。一些医院为了病人上下和手推车通行的方便，可采用坡道；有些人流量集中的公共建筑，如大型体育馆的部分疏散通道，也可用坡道来解决垂直交通联系。

图 2－25　自动扶梯示例

2.4.5　门厅

门厅作为交通枢纽，其主要作用是接纳、分配人流，室内外空间过渡及各方面交通（过道、楼梯等）的衔接。同时，根据建筑物使用性质不同，门厅还兼有其他功能，如医院门厅常设挂号、收费、取药的房间，旅馆门厅兼有休息、会客、接待、登记、小卖部等功能。除此以外，门厅作为建筑物的主要出入口，其不同空间处理可体现出不同的意境和形象，诸如庄严与雄伟、小巧与亲切等不同气氛。

门厅的大小应根据各类建筑的使用性质、规模及质量标准等因素来确定，设计时可参考有关面积定额指标。表 2－9 是部分建筑门厅面积参考指标。

表 2－9　部分建筑门厅面积设计参考指标

建筑名称	面积定额	备注
中小学校	0.06～0.08m^2/学生	
食　堂	0.08～0.18m^2/座位	包括洗手间、小卖部
城市综合医院	11m^2/日百人次	
旅　馆	0.2～0.5m^2/床	
电影院	0.13m^2/人	

门厅的布局可分为对称式与非对称式两种。对称式的布置常采用轴线的方法表示空间的方向感，将楼梯布置在主轴线上或对称布置在主轴线两侧，具有严肃的气氛；非对称式

门厅布置没有明显的轴线，布置灵活，楼梯可根据人流交通情况布置在大厅中任意位置，室内空间富有变化。在建筑设计中，应结合地形特点、功能要求、建筑性格等各种因素，确定采用对称式门厅或非对称式门厅（如图2－26、图2－27所示）。

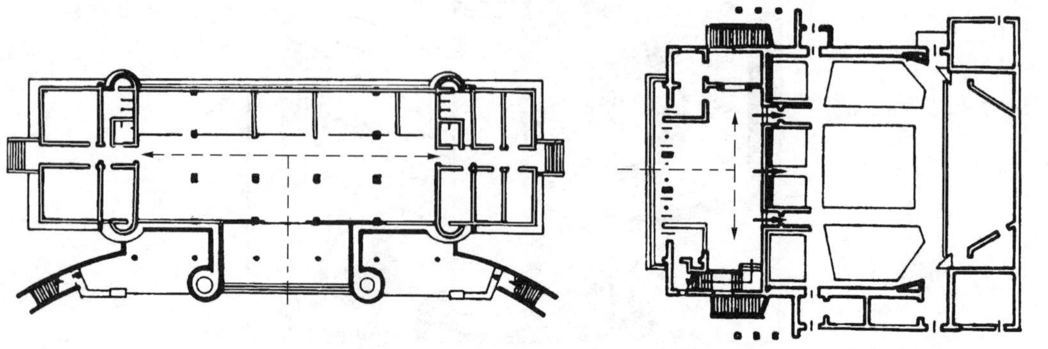

（a）某办公楼门厅　　（b）某电影院门厅

图2－26　对称式门厅

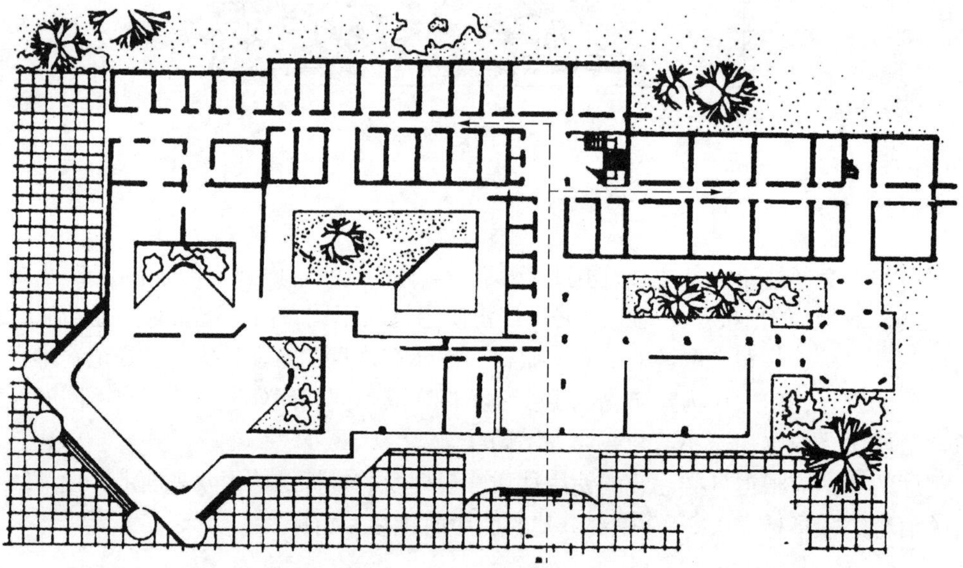

图2－27　非对称式门厅

门厅设计中应注意的问题如下：

（1）门厅应位于总平面规划的主要人流路线上，并有较开阔的室外疏散场地。

（2）门厅内部设计要有明确的导向性，同时交通流线组织应简明醒目，减少门厅内人流相互干扰的现象。

（3）门厅是人们进入建筑物首先到达、经常停留的地方，除了合理地解决好交通枢纽等功能要求外，还必须考虑门厅内的空间组合和建筑造型要求。

（4）门厅对外出口的宽度应符合防火规范的要求，不得小于通向该门厅的走道、楼梯宽度的总和。外门的开启方向宜向外或采用弹簧门。

2.5　建筑平面的组合设计

每一幢建筑物都是由若干房间组合而成。建筑平面组合涉及的因素很多，如基地环境、使用功能、物质技术、建筑美观、经济条件等。进行组合设计时，必须在熟悉各组成部分的基础上，结合具体情况，综合分析各种制约因素，分清主次，认真处理好各方面的关系，不断调整修改设计方案，使平面组合趋于完善。

建筑平面组合是在水平方向上确定建筑物内外空间关系，进而构想建筑外部造型效果。因此，在进行平面组合设计时，还可以借助立体草图的方法，考虑建筑物在三度空间中可能出现的空间组合及其外部形象，使之成为一个使用方便、结构合理、体型简洁、构图完整、造价经济及与环境协调的建筑物。

2.5.1　影响平面组合的因素

2.5.1.1　使用功能

不同性质建筑有不同的功能要求。一幢建筑物的合理性在很大程度上取决于各种房间按功能要求的组合。例如，在教学楼设计中，虽然教室、办公室本身的大小、形状、门窗布置均满足使用要求，但它们之间的相互关系及走道、门厅、楼梯的布置不合理，就会造成人流交叉、使用不便。因此，满足使用功能是平面组合设计的核心问题。

2.5.1.2　功能分区

功能分区是将建筑物若干部分按不同的功能要求进行分类，并根据它们之间的密切程度加以划分，使之分区明确，联系方便。在分析功能关系时，常借助于功能分析图来形象地表示各类建筑的功能关系及联系顺序。按照功能分析图将性质相同、联系密切的房间邻近布置或组合在一起，对不同使用性质的房间适当分隔，既满足联系密切的要求，又创造相对独立的使用环境。

1. 主次关系

按使用性质及重要性，组成建筑物的各房间，必然存在着主次之分。在平面组合时应首先明确建筑物的重要使用房间和次要使用房间，以及各种房间的相互关系。例如，教学楼中的教室、实验室是主要使用房间，办公室、管理室、厕所等则属于次要使用房间；居住建筑中的居室是主要房间，厨房、厕所、贮藏室是次要使用房间；商业建筑中的营业厅，影剧院中的观众厅、舞台皆属主要使用房间。

平面组合中，一般是将主要使用房间布置在朝向较好的位置，靠近主要出入口，并有良好的采光通风条件，次要使用房间可布置在条件较差的位置。图 2－28、图 2－29 分别表示居住建筑、商业建筑房间的主次关系。

2. 内外关系

各类建筑的组成房间中，有的对外联系密切，直接为公众服务；有的仅供内部使用，相对封闭。例如，办公楼中的接待室、传达室是对外的，而各种办公室是对内的；影剧院

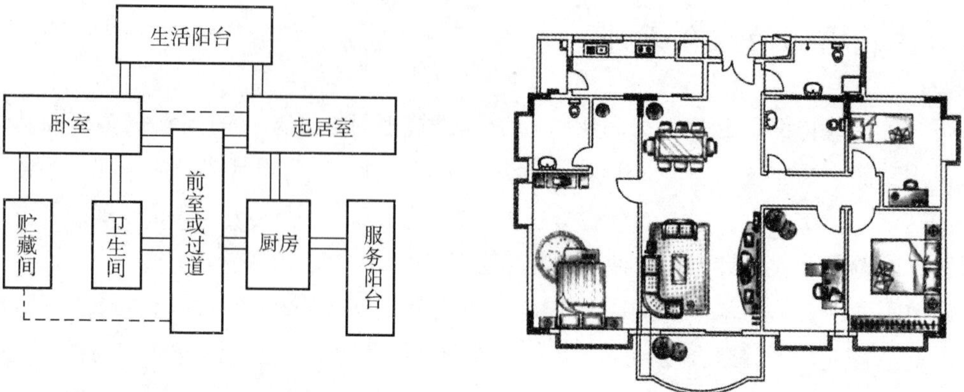

(a) 功能分析图　　(b) 平面图

图 2－28　居住建筑住宅单元的功能分区图

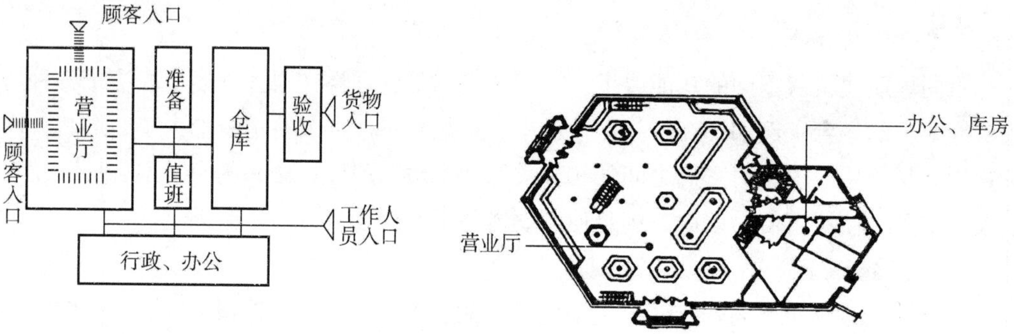

(a) 功能分析图　　(b) 平面图

图 2－29　商业建筑的功能分区图

的观众厅、售票房、休息厅、公共厕所是对外的，而办公室、管理室、贮藏室是对内的。平面组合时应妥善处理功能分区的内外关系，一般是将对外联系密切的房间布置在交通枢纽附近，位置明显便于直接对外，而将对内性强的房间布置在较隐蔽的位置。图 2－30 表示食堂房间的内外关系。对于食堂建筑，餐厅是对外的，人流量大，应布置在交通方便、位置明显处，而供内部使用的厨房等布置在后部，另设次要入口，面向内院较隐蔽的场所。

3. 联系与分隔

在分析功能关系时，常根据房间的使用性质的特征进行功能分区，如“闹”与“静”、“洁”与“污”等方面的相互关系，使其既有分隔而互不干扰，又有适当的联系。如教学楼中的普通教室和音乐教室同属教学场所，它们之间联系密切，但为防止声音干扰又需要适当隔开。教室与办公室之间要求方便联系，但为了避免学生影响教师的工作也需适当隔开。因此，教学楼平面组合设计中，对以上三个不同要求部分的联系与分隔处理，是解决功能合理性的重要问题，如图 2－31 所示。

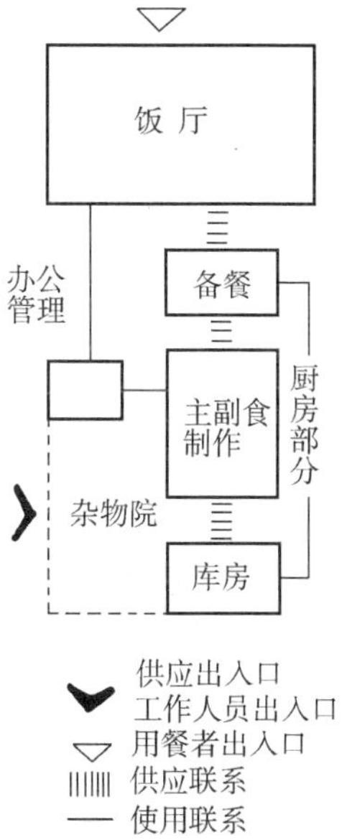

(a) 食堂功能分区图

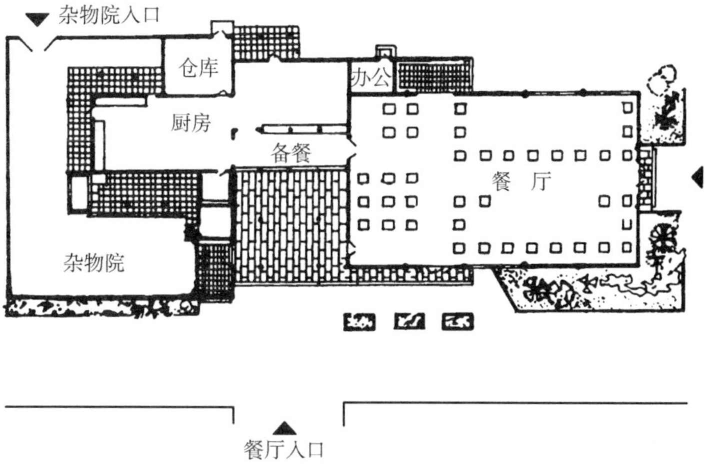

(b) 某职工食堂平面图

图 2－30　食堂的功能分区图

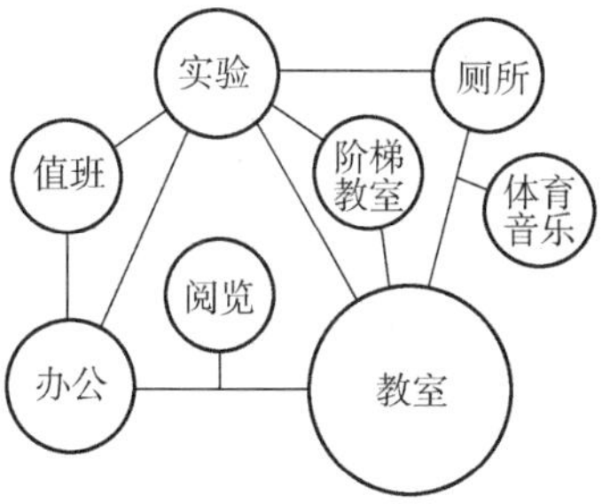

(a) 教学楼各房间的功能关系

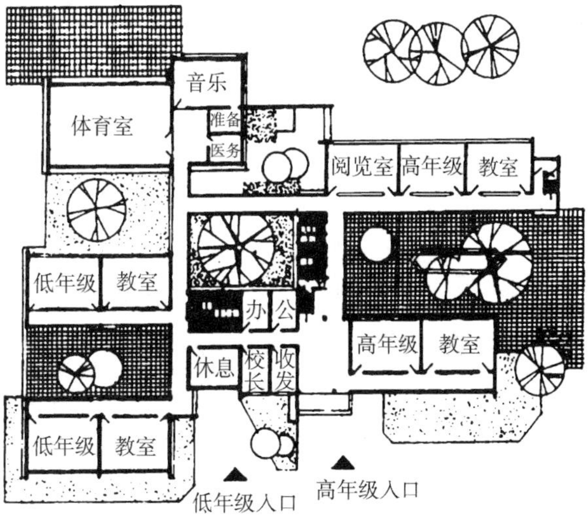

(b) 某小学体育室、音乐室布置在教学楼一端

图 2－31　教学楼房间的联系与分隔

2.5.1.3　流线组织

各类民用建筑，因使用性质不同，往往存在着多种流线，归纳起来可分为人流及货流两类。在平面组合设计中，一般是按使用流线的顺序关系将不同性质房间有机地组合起来的。因此，流线组织合理与否，直接影响到平面组合是否紧凑、合理，平面利用是否经济等。所谓流线组织明确，即各种流线简捷、通畅，不迂回逆行，尽量避免相互交叉。例

如，展览馆建筑，各展室常常是按人流参观路线的顺序连贯起来。又如，火车站建筑有旅客进出站路线、行包线，人流路线按先后顺序为到站—问讯—售票—候车—检票—上车，出站时经由站台验票出站；平面布置时以人流线为主，使进出站及行包线分开并尽量缩短各种流线的长度，如图 2－32 所示。

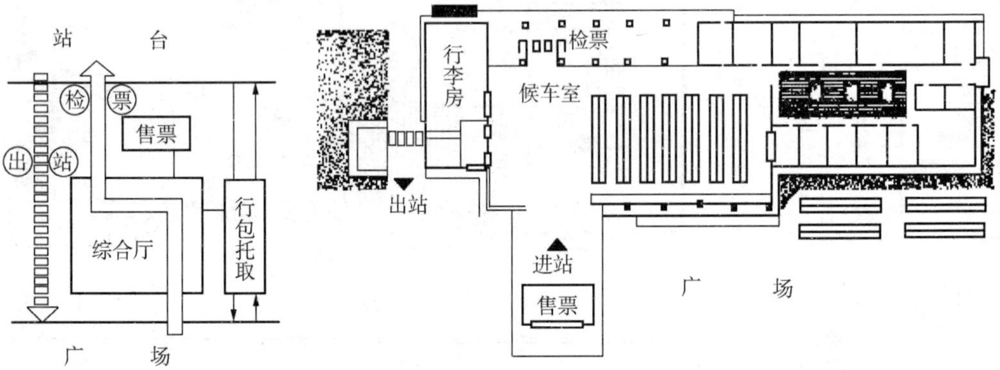

(a) 小型火车站流线关系示意图　　(b) 400人火车站设计方案平面图

图 2－32　小型火车站流线关系及平面图

2.5.1.4　结构类型

建筑结构与材料是构成建筑物的物质基础，在很大程度上影响着建筑的平面组合。因此，平面组合在考虑满足使用功能要求的前提下，应选择经济合理的结构方案，并使平面组合与结构布置协调一致。

目前，民用建筑有三种常用的结构类型，即混合结构、框架结构、空间结构。

1. 混合结构

混合结构是指以墙体和钢筋混凝土梁板承重的结构形式。这种结构形式的优点是构造简单、造价较低；其缺点是房间尺寸受钢筋混凝土梁板经济跨度的限制，墙体同时也是室内空间的分隔构件，因此，室内空间小且灵活性差。适用于房间开间和进深尺寸较小、层数不多的中小型民用建筑，如住宅、中小学校、医院及办公楼等。

混合结构根据受力方式可分为横墙承重、纵墙承重、纵横墙承重等三种方式。对于房间开间尺寸部分相同，且符合钢筋混凝土板经济跨度的重复小间建筑，常采用横墙承重。当房间进深较统一，进深尺寸较大且符合钢筋混凝土板的经济跨度，但开间尺寸多样，要求布置灵活时，可采用纵墙承重或纵横墙承重方式。图 2－33 为采用墙体承重的某门诊部平面图。

2. 框架结构

框架结构是指梁和柱承重的结构形式，其特点是强度高、整体性好、刚度大、抗震性好、平面布局的灵活性大。适用于开间、进深较大的商店、教学楼、图书馆之类的公共建筑，以及多、高层住宅、旅馆等，如图 2－34 所示。

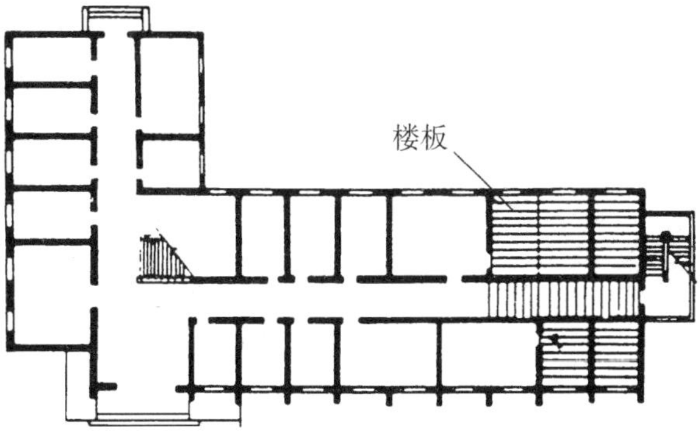

图 2－33　采用墙体承重的门诊部平面图

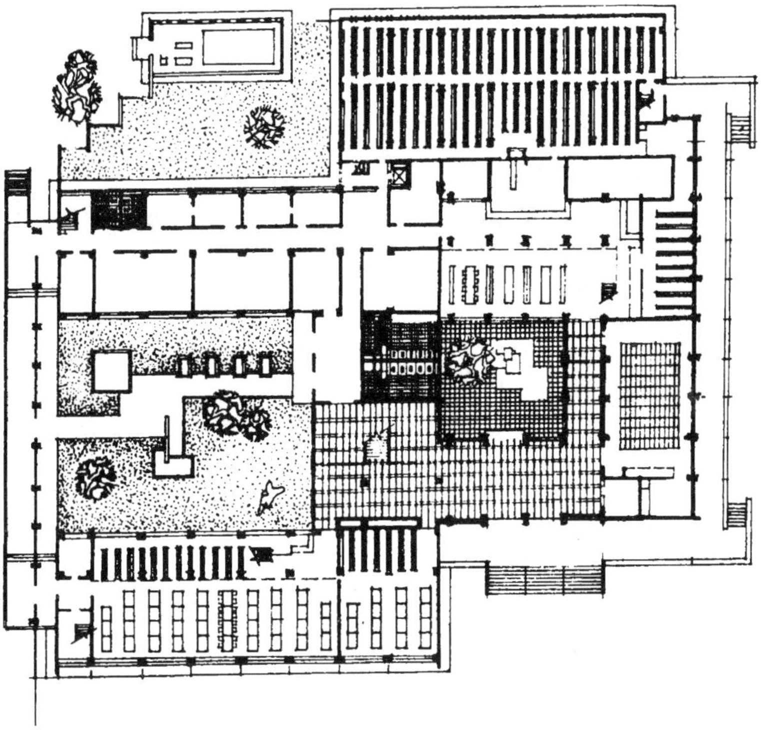

图 2－34　采用框架结构的某高校图书馆平面图

3. 空间结构

随着建筑技术、建筑材料和结构理论的进步，新型高效的建筑结构技术有了飞速的发展，出现了各种大跨度的新型空间结构，如壳体、悬索、网架、悬挑、索网等结构形式。这类结构不但受力合理，为解决大跨度的公共建筑提供了有利条件，而且建筑造型新颖，具有强烈的视觉震撼力和良好的城市景观形象。图 2－35 是我国近些年落成的大跨度建筑，也从另一个侧面反映了我国经济建设的成就。

(a) 广州白云机场

(b) 上海体育场

(c) 深圳华夏艺术中心

(d) 北京中日青年友好中心

图 2－35　我国近年落成的大跨度空间结构建筑

2.5.1.5　设备管线

民用建筑中的设备管线主要包括给水排水、采暖、空气调节，以及电气照明、通讯等所需的设备管线。在进行平面组合时，应考虑设备的位置，恰当地布置相应的房间，如厕所、盥洗间、配电房、空调机房、水泵房等。对于设备管线比较多的房间，如住宅中的厨房、厕所，学校、办公楼中的厕所、盥洗间，旅馆中的客房卫生间、公共卫生间等，在满足使用要求的同时，应尽量将设备管线集中布置、上下对齐，以方便使用，有利施工和节约管线。例如，图 2－36 中的旅馆卫生间成组布置，可利用两个卫生间中间的竖井作为管

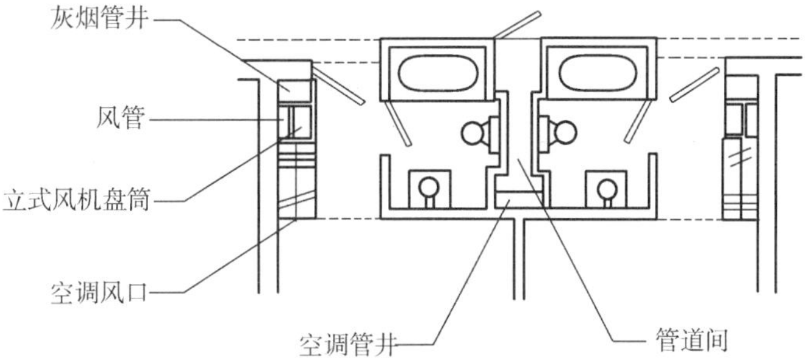

(a) 旅馆卫生间集中设管道间

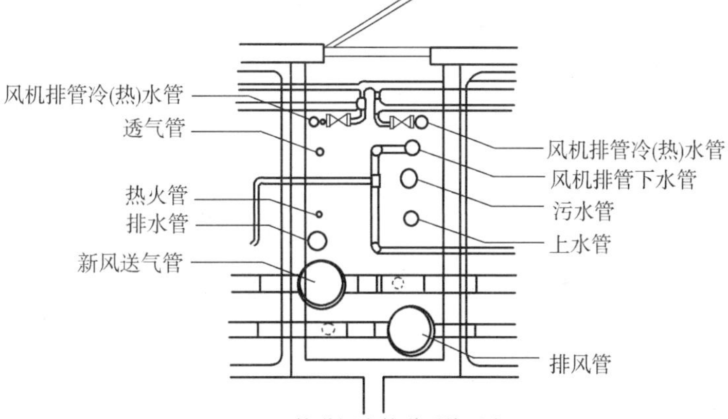

(b) 管道间内管道系统示意

图 2－36　旅馆卫生间成组布置图

道垂直方向布置的空间，管道井上下叠合，管线布置集中。

2.5.1.6 建筑造型

建筑平面组合除受到使用功能、结构类型、设备管线的影响外，不同建筑的外部空间特征也会影响到平面布局及平面形状。一般说来，简洁、完整的建筑造型无论对缩短内部交通流线，还是对于结构简化、节约用地、降低造价，以及抗震性能等都是极为有利的。

2.5.2 平面组合形式

由于各类建筑的使用功能不同，因此房间之间的相互关系也有所不同。有些建筑是由一个个大小相同的重复空间组合而成，它们彼此之间没有一定的使用顺序关系，各房间既有联系又相对独立，如学校、办公楼；有些建筑以一个大空间为主，其他均为从属房间并环绕着这个大空间布置，如电影院、体育馆；有些建筑的房间是按使用联系顺序排列而成，如展览馆、火车站等。平面组合就是根据使用功能特点及交通路线的组织，将不同房间组合起来。平面组合大致可以归纳为以下几种形式。

1. 走道式组合

走道式组合的特点是使用房间与交通联系部分明确分开，各房间沿走道一侧或两侧并列布置，房间门直接开向走道，通过走道相互联系，各房间基本上不被穿越，能较好地保持相对独立。走道式组合的优点是：结构简单，施工方便，各房间有直接的天然采光和通风等。因此，这种形式广泛应用于一般性的民用建筑，特别适用于房间面积不大、数量较多的重复空间组合，如学校、宿舍、医院、旅馆等，如图2－37所示。

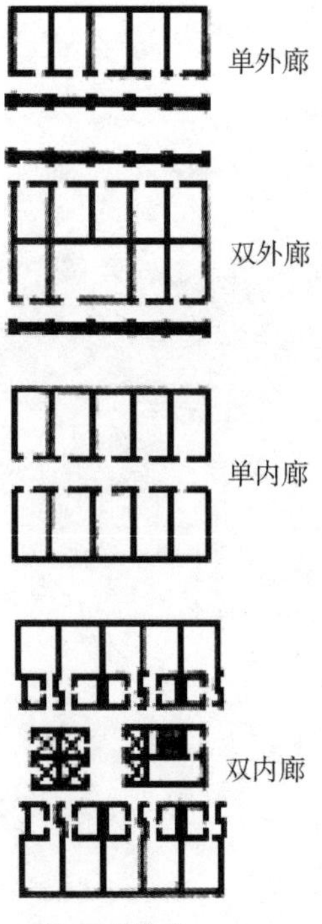

(a) 布置形式

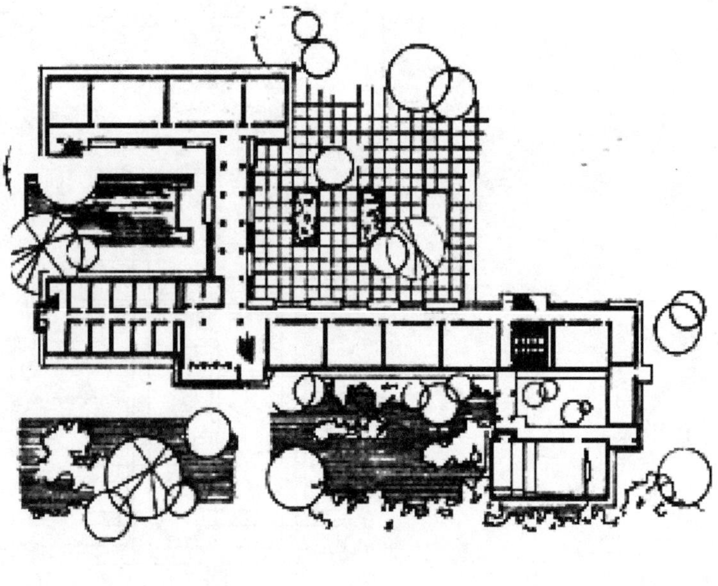

(b) 某中学教学楼平面图

图2－37 走道式组合实例

2. 套间式组合

套间式组合的特点是按交通流线组成空间序列，适用于房间的使用顺序和连续性较强，使用房间不需要单独分隔的情况，如展览馆、火车站等建筑类型。套间式组合按其空间序列的不同又可分为串联式和放射式两种。串联式是按一定的顺序关系将房间连接起来，放射式将各房间围绕交通枢纽呈放射状布置，如图 2－38、图 2－39 所示。

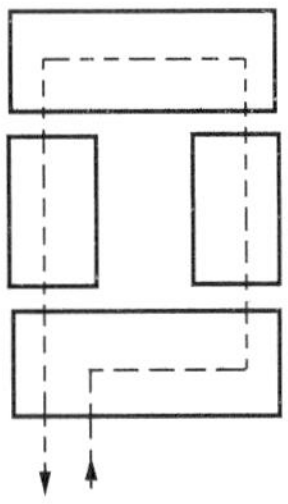

(a) 串联式空间组合示意

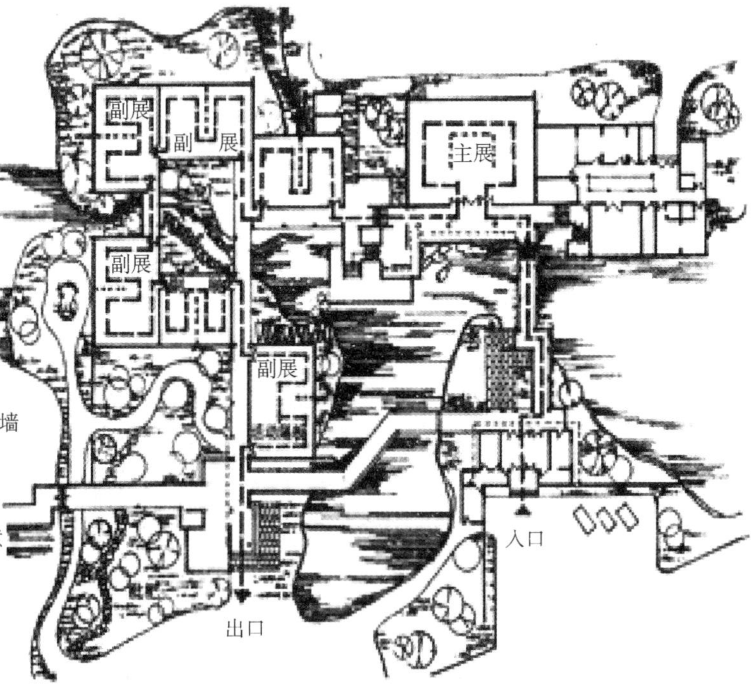

(b) 某展览馆方案设计平面图

图 2－38　串联式空间组合实例

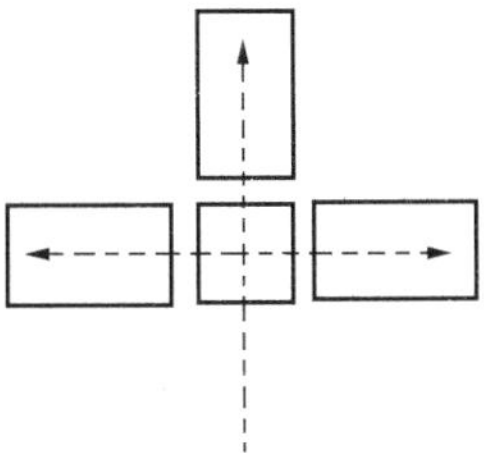

(a) 放射式空间组合示意

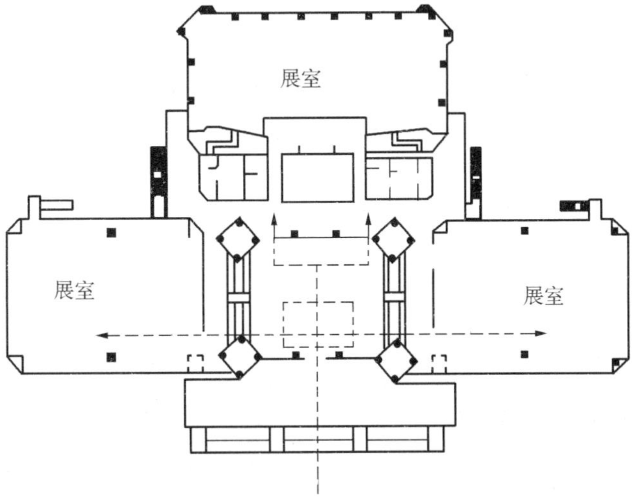

(b) 北京中国人民抗日战争纪念馆

图 2－39　放射式空间组合实例

3. 大厅式组合

大厅式组合是以公共活动的大厅为主，穿插布置辅助房间。这种组合的特点是主体房间使用人数多、面积大、层高大，辅助房间与大厅相比，尺寸大小悬殊，常布置在大厅周围并与主体房间保持一定的联系，如图 2－40 所示。

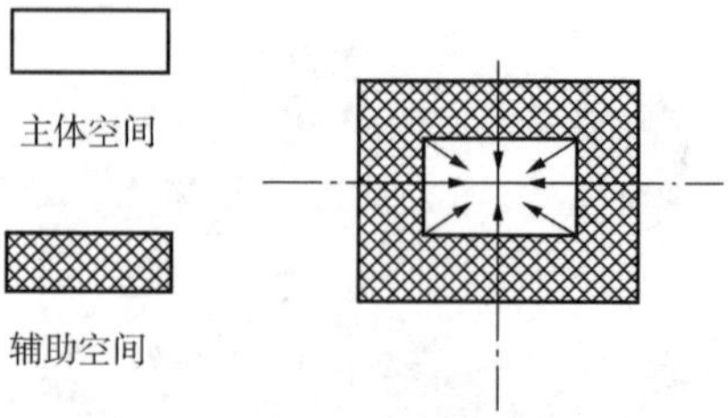

(a) 大厅式组合示意图

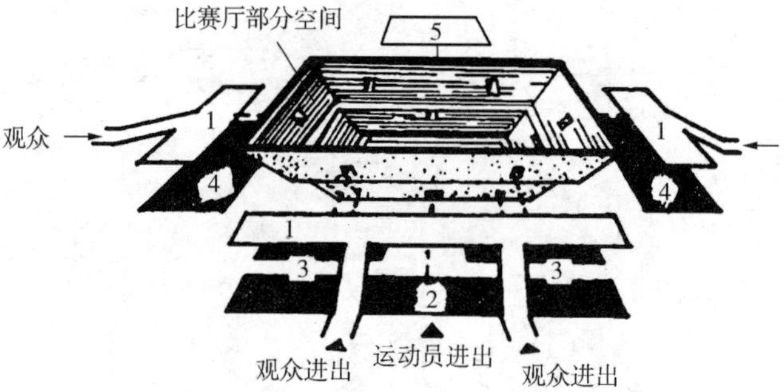

(b) 体育馆空间组合分析示意图

1—门厅、休息厅；2—运动员活动部分；3—淋浴；4—辅助、管理用房；5—贵宾厅

图 2－40　南京五台山体育馆大厅式组合形式

4. 单元式组合

将关系密切的房间组合成一个相对独立的整体，称为一个单元。将多个单元在水平或垂直方向重复组合起来成为一幢建筑，这种组合方式称为单元式组合。

单元式组合的优点是能提高建筑标准化，节省设计工作量，简化施工，同时功能分区明确，平面布置紧凑，单元与单元之间相对独立，互不干扰。除此以外，单元式组合布局灵活，能适应不同的地形，形成多种不同组合形式，因此，广泛用于大量的民用建筑，如住宅、学校、医院等，如图 2－41 所示。

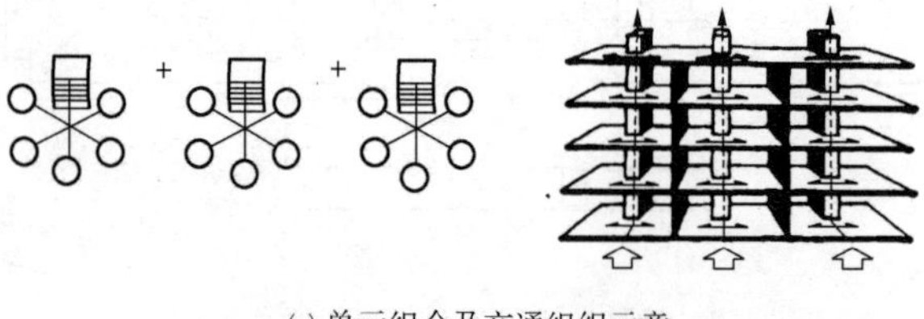

(a) 单元组合及交通组织示意

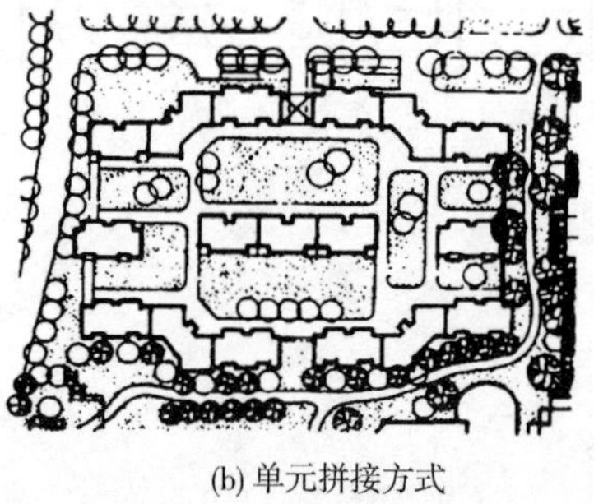

(b) 单元拼接方式

图 2－41　单元式住宅组合形式

在实际工作中，对于许多功能相对复杂的建筑来说，只有运用各种组合方式才能满足其使用要求，这样就需要设计师具有创新的构思能力和熟练的设计技巧，在实践过程中不断探索和积累经验，更加灵活自如地运用各种平面组合方法。因此，灵活地运用不同的平面组合方式，使其更具适应性和创新性，是设计工作应不断探索的方向。

2.5.3　建筑平面组合与总平面的关系

任何一幢建筑物或建筑群都不是孤立存在的，总是处于一个特定的环境之中，其在基地上的位置、形状、平面组合、朝向、出入口的布置及建筑造型等都必然受到其基地条件的制约。由于基地条件不同，相同类型和规模的建筑会有不同的组合形式，即使是基地条件相同，由于周围环境不同，其组合也不尽相同。为使建筑既满足使用要求，又能与基地环境协调一致，首先应做好总平面设计，即结合城市规划的要求、场地的地形地质条件、朝向、绿化，以及周围建筑等因素进行总体布置。

总平面功能分区是将各部分建筑按不同的功能要求进行分类，将性质相同、功能相近、联系密切、对环境要求一致的部分划分在一起，组成不同的功能区，各区相对独立并成为一个有机的整体。

总平面设计首先要分析基地的交通条件，保证基地对外联系的顺畅便捷，合理地处理与周边环境的关系。

图 2－42a 是某小学的总平面设计过程图，该小学位于宁静幽雅的梯形地段上，周围是住宅区，交通方便，学校由普通教室、多功能教室、办公室、电化教室、图书室、操场等组成。

从图 2－42b 小学功能分析图中可知小学需要安静的学习环境，但小学本身也是一个噪声源，应尽量避免与周围环境相互之间的干扰。为此，总平面设计应注意以下问题：

(1) 教室与办公室之间，教室、办公室与多功能教室（供体育与文娱集会等用）之间，操场与教学楼之间的联系与分隔。

(2) 教学楼与操场都应具有良好的采光和通风、朝向。

(3) 注意学校与周围环境的和谐，并保证环境的安静。

(4) 方便的内外交通联系。

从图 2－42a、图 2－42b 几个方案的分析比较中可以得出较好的方案。方案 1、2 平面布置紧凑，但运动场面对教室，干扰较大，教学楼朝向较差，与环境结合不紧密。方案 3 教学楼朝向较好，与环境结合也较前两个好，但运动场对教学干扰大，同时由于运动场受教室遮挡，日照受影响。总结以上各方案优缺点，进一步组合为最后的方案。最后方案是将建筑分为四个部分，B、C 两翼为教学楼，其中 1～3 层为教室，4 层为电化教室及图书馆，A 在 B、C 之间，布置楼梯间和年级办公室，D 为多功能教室，布置在大楼一端。

最后方案的优点：

(1) 教学楼各区之间既方便联系，又适当分隔，教学楼与操场之间干扰小。

(2) 大部分教室都有好的朝向，操场的日照不受影响。

(3) 建筑采用对内封闭的周边式布置，保证了学校与周围环境的协调、美化与安静。

最后方案还存在缺点：尽管该小学位于住宅区内，但主入口选择在街道交汇处仍然不妥，既不安全又妨碍交通。

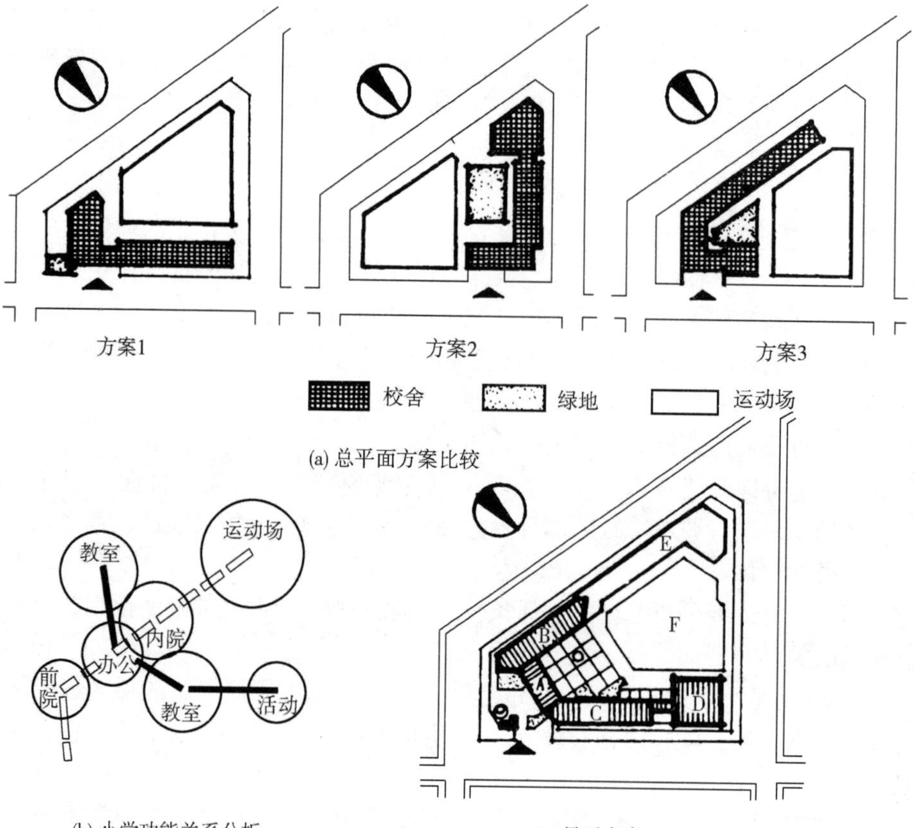

(a) 总平面方案比较

(b) 小学功能关系分析

(c) 最后方案

A—办公；B，C—教学楼；D—多功能教室；E—扩建教学楼；F—操场

图 2－42　某小学总平面设计

思考题

1. 平面设计包含哪些基本内容？
2. 确定房间面积大小时应考虑哪些因素？
3. 影响房间形状的因素有哪些？
4. 房间尺寸指的是什么？确定房间尺寸应考虑哪些因素？
5. 如何确定房间门窗数量、面积大小、具体位置？
6. 辅助使用房间设计应注意哪些问题？
7. 交通联系部分包括哪些内容？如何确定楼梯的数量、宽度和选择楼梯的形式？
8. 举例说明走道的类型、特点及适用范围。
9. 影响平面组合的因素有哪些？如何运用功能分析法进行平面组合？
10. 走道式、套间式、大厅式、单元式等各种组合形式的特点和适用范围是什么？
11. 基地环境对平面组合有什么影响？试举例说明。

第3章　建筑剖面及立面设计

本章学习目标

- 了解剖面设计包括的主要内容，掌握如何确定房间的剖面形状；
- 了解确定房间窗台高度时应考虑的因素；
- 了解确定建筑物的层数时应注意的问题；
- 了解建筑立面的个性表达；
- 掌握如何确定房间的层高与净高；
- 掌握如何确定室内外地面高差。

剖面设计的任务是确定建筑物各部分高度、建筑层数、建筑空间的组合与利用，以及建筑剖面中的结构、构造关系等。剖面设计与平面设计是从两个不同的方面来反映建筑物内部空间的关系，平面设计着重解决内部空间水平方向上的问题，而剖面设计则主要研究内部空间在垂直方向上的问题，两个方面都涉及建筑的使用功能、技术经济条件、周围环境等因素。

剖面设计主要包括以下内容：

（1）确定房间的剖面形状、尺寸及比例关系；

（2）确定房屋的层数和各部分的标高，如层高、净高、窗台高度、室内外地面标高；

（3）解决天然采光、自然通风、保温、隔热、屋面排水问题及选择建筑构造方案；

（4）选择主体结构与围护结构方案；

（5）进行房屋竖向空间的组合，研究建筑空间的利用。

3.1　房间的剖面形状

房间的剖面形状分为矩形和非矩形两类，大多数民用建筑均采用矩形。这是因为矩形剖面简单、规整，便于竖向空间的组合，容易获得简洁而完整的体型，同时结构简单，施工方便。非矩形剖面常用于有特殊要求的房间。

房间的剖面形状主要是根据使用要求和特点来确定，同时也要结合具体的物质技术、经济条件及特定的艺术构思考虑，使之既满足使用要求又能达到一定的艺术效果。

3.1.1　使用要求

在民用建筑中，绝大多数的建筑是属于一般功能要求的，如住宅、学校、办公楼、旅馆、商店等。这类建筑房间的剖面形状多采用矩形。对于某些特殊功能要求（如视线、音质等）的房间，则应根据使用要求选择适合的剖面形状。

有视线要求的房间主要是影剧院的观众厅、体育馆的比赛大厅、教学楼中的阶梯教室等。这类房间除平面形状、大小须满足一定的视距、视角要求外，地面还应有一定的坡度，以保证良好的视觉要求，即舒适、无遮挡地看清对象。

地面的升起坡度与设计视点的选择、座位排列方式（即前排与后排对位或错位排列)、排距、视线升高值 C（即后排与前排的视线升高差）等因素有关。

设计视点是指按设计要求所能看到的极限位置，以此作为视线设计的主要依据。各类建筑由于功能不同，观看对象性质不同，设计视点的选择也不一致。例如，电影院的视点定在银幕底边的中点，这样可保证观众看清银幕的全部；体育馆的视点定在篮球场边线或边线上空300～500mm 处，等等。设计视点选择是否合理，是衡量视觉质量好坏的重要标准，直接影响到地面升起的坡度和经济性。设计视点愈低，视觉范围愈大，但房间地面升起坡度愈大；设计视点愈高，视野范围愈小，地面升起坡度就平缓。一般说来，当观察对象低于人的眼睛时，地面起坡大；反之则起坡小。图 3－1 表示电影院和体育馆设计视点与地面坡度的关系。

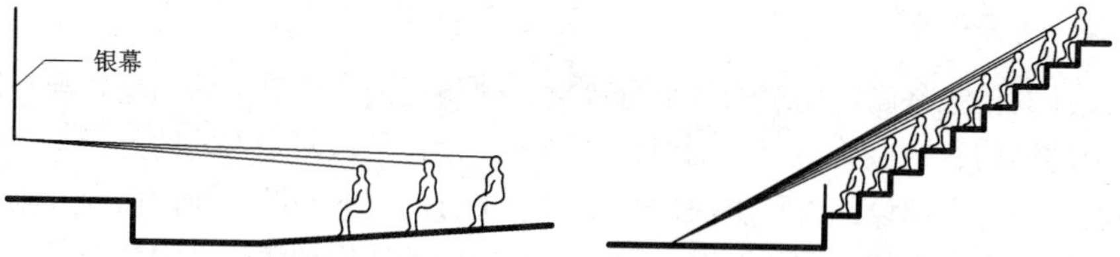

(a) 电影院　　(b) 体育馆

图 3－1　设计视点与地面坡度的关系

视线升高值 C 的确定与人眼到头顶的高度和视觉标准有关，一般定为 120mm。当错位排列（即后排人的视线擦过前面隔一排人的头顶而过）时，C 值取 60mm；当对位排列（即后排人的视线擦过前排人的头顶而过）时，C 值取 120mm。以上两种座位排列法均可保证视线无遮挡的要求，如图 3－2 所示。

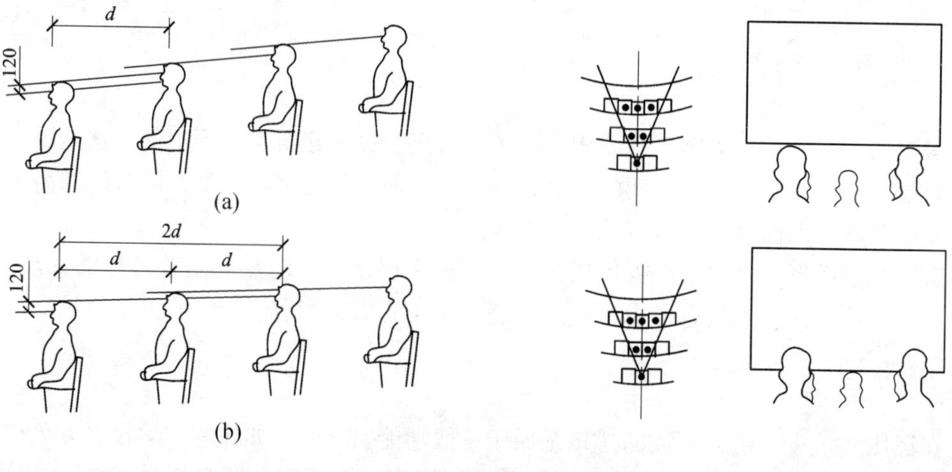

图 3－2　视觉标准与地面升起的关系

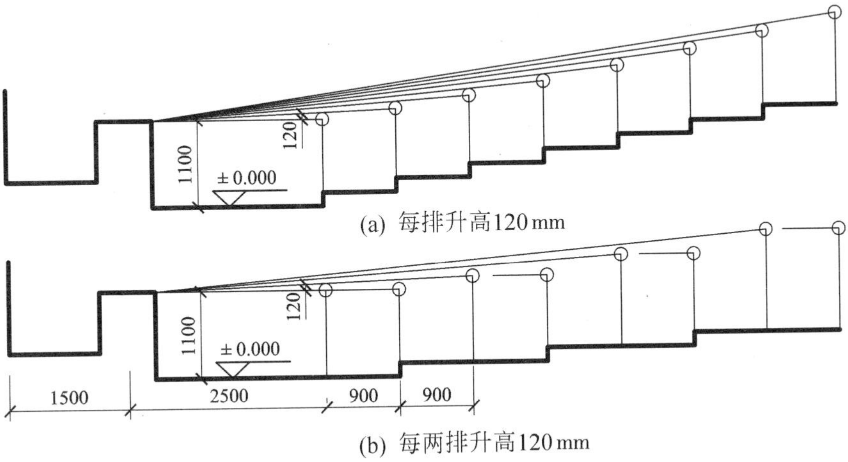

图3-3 中学演示教室的地面升高

图3-3为中学演示教室地面升高，其中图3-3a为对位排列，逐排升高，地面起坡大，图3-3b为错位排列，每两排升高一级，地面起坡小。一般情况下，当地面坡度大于1∶6时，应做成台阶形。

凡剧院、电影院、会堂等建筑，大厅的音质要求对房间的剖面形状影响很大。为保证室内声场分布均匀，防止出现空白区、回声和聚焦等现象，在剖面设计中要注意顶棚、墙面的处理。顶棚的高度和形状是保证听得清、听得好的一个重要因素，它的形状应使大厅各座位都能获得均匀的反射声，同时能加强声压不足的部位。一般说来，凹面易产生聚焦，声场分布不均匀，凸面是声扩散面，不会产生聚焦，声场分布均匀。为此，大厅顶棚应尽量避免采用凹曲面或拱顶。

图3-4为观众厅的几种剖面形状示意。其中，图3-4a平顶棚仅适用于容量小的观众厅；图3-4b降低台口顶棚，并使其向听众席倾斜，声场分布较均匀；图3-3c采用波浪形顶棚，反射声能均匀分布到大厅各座位。图3-4b和图3-4c所示的两种形状都较常用。

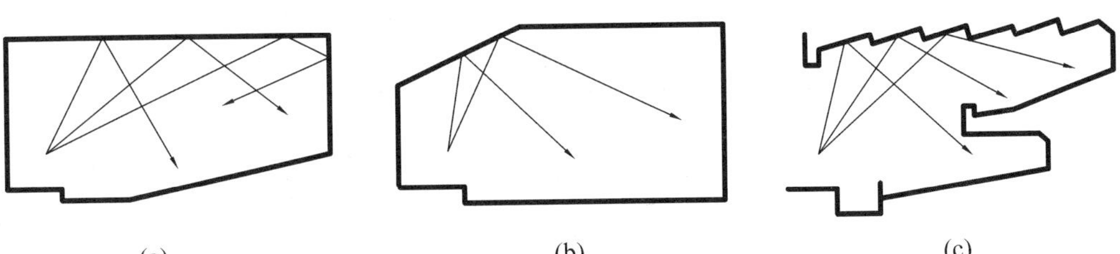

图3-4 观众厅的几种剖面形状示意图

3.1.2 结构、材料和施工的影响

房间的剖面形状不仅要满足使用要求，而且还应考虑结构类型、材料及施工的影响，长方形的剖面形状规整、简洁，有利于梁板式结构布置，同时施工也较简单。即使有特殊要求的房间，在能满足使用要求的前提下，也宜优先考虑采用矩形剖面。

不同的结构类型对房间的剖面形状有一定的影响，大跨度建筑的房间剖面由于结构形式的不同而形成不同于墙体承重结构的内部空间特征，如悉尼超级穹顶多功能体育馆（如图3－5所示）采用悬索钢桁架，既满足使用要求，又具有独特的空间形状。

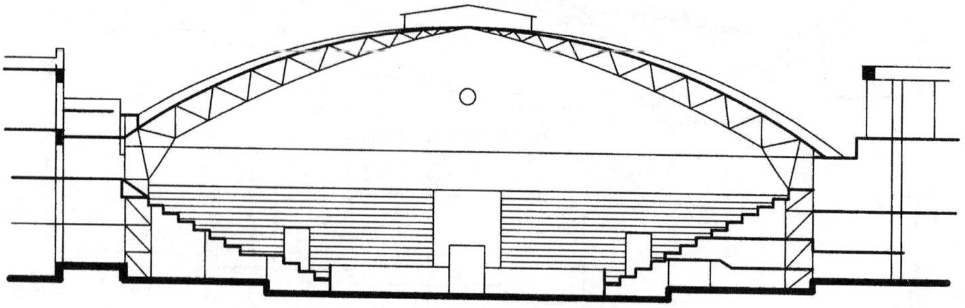

图3－5　悉尼超级穹顶多功能体育馆

3.1.3　采光、通风的要求

一般进深不大的房间，采用侧窗采光和通风已足够满足室内学习、生活及卫生的要求。当房间进深较大，侧窗不能满足要求时，常设置各种形式的天窗，从而形成了各种不同的剖面形状。

有的房间虽然进深不大，但具有特殊要求，如展览馆中的陈列室，为使室内照度均匀、稳定、柔和，并减轻和消除眩光的影响，避免直射阳光损害陈列品，常设置各种形式的采光窗。图3－6为不同采光方式对剖面形状的影响。

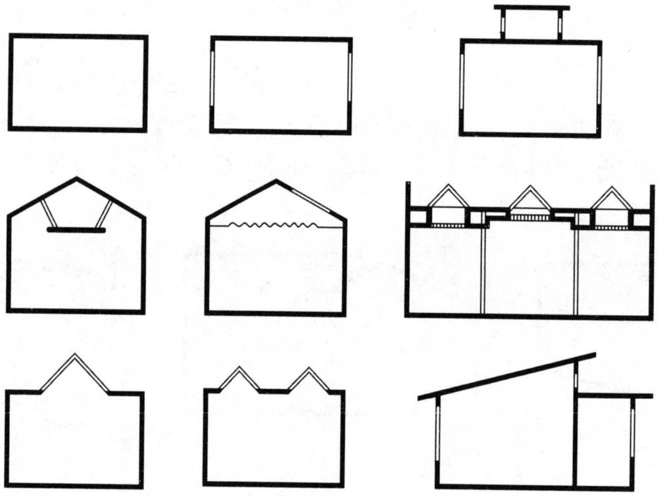

图3－6　不同采光方式对剖面形状的影响

对于在操作过程中散发出大量蒸汽、油烟的房间，可在顶部设置排气窗以加速排除有害气体，如图3－7所示。

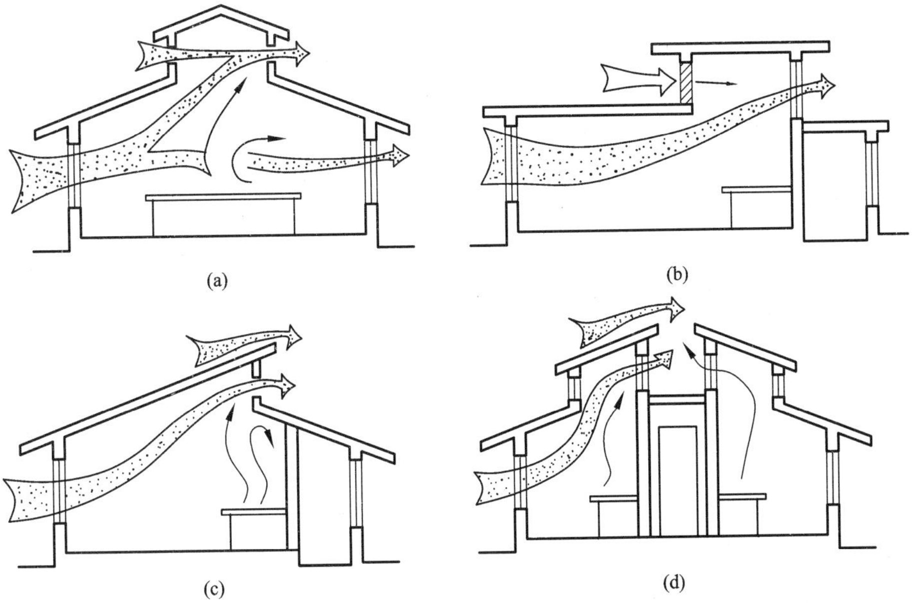

图 3－7　设置顶部气窗的厨房剖面形状

3.2　房屋各部分高度的确定

3.2.1　房间的净高和层高

房间的剖面设计，首先需要确定房间的净高和层高。房间的净高是指楼地面到结构层（梁、板）底面或顶棚下表面之间的距离；层高是指该层楼地面到上一层楼地面之间的距离，如图 3－8 所示。房间的高度恰当与否，直接影响到房间的使用、经济及室内空间的艺术效果，在通常情况下，应从几个方面综合考虑来确定房间高度。

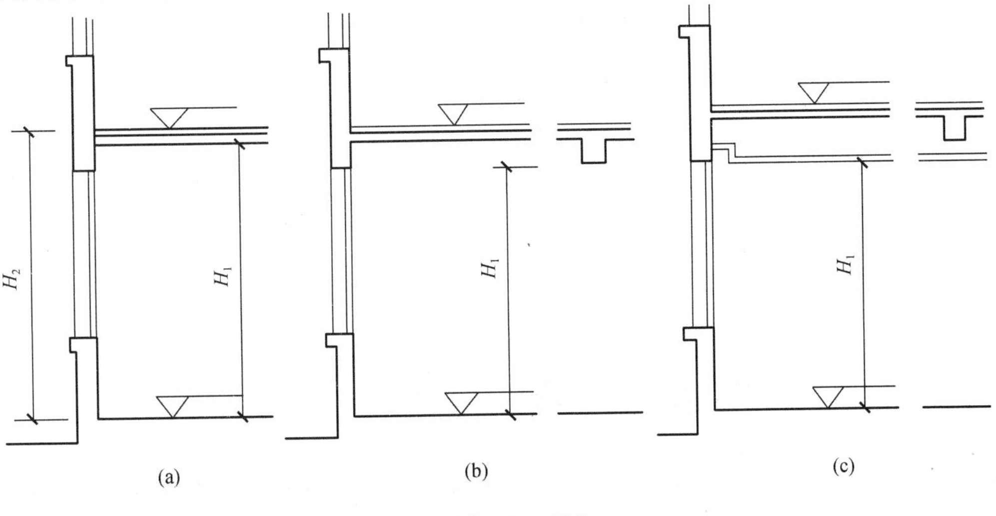

H_1—净高；H_2—层高

图 3－8　净高与层高

1. 人体活动及家具设备的要求

房间的净高与人体活动尺度有很大关系。为保证人们的正常活动，一般情况下，室内最小净高应使人举手不接触到顶棚为宜，因此房间净高应不低于2.20m，如图3－9所示。

不同类型的房间，由于使用人数不同、房间面积大小不同，对房间的净高要求也不相同。卧室使用人数少、面积不大，又无特殊要求，故净高较低，不应小于2.4m；教室使用人数多，面积相应增大，净高宜高一些，一般常取3.30～3.60m；公共建筑的门厅是接纳、分配人流及联系各部分的交通枢纽，也是人们活动的集散地，人流较多，高度可较其他房间适当提高；商店营业厅净高受房间面积及客流量多少等因素的影响，国内大中型营业厅（无空调设备的）底层层高为4.2～6.0m，二层层高为3.6～5.1m。

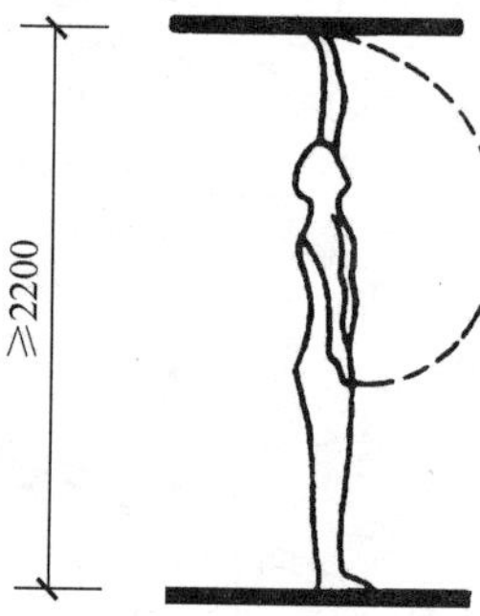

图3－9　房间最小净高

除此以外，房间的家具设备以及人们使用家具设备所需的必要空间，也直接影响到房间的净高和层高。图3－10表示家具设备和使用活动要求对房间高度的影响。

学生宿舍通常设有上层床铺，净高应比一般住宅适当提高，结合楼板层高度考虑，层高不宜大于3.30m；演播室顶棚下装有若干灯具，要求距顶棚有足够的高度，同时为避免灯光直接投射到演讲人的视野范围而引起严重眩光，灯光源距演讲人头顶至少有2.0或2.5m的距离，这样，演播室的净高不应小于4.5m（图3－10a）。医院手术室净高以及层高应考虑手术台、无影灯、手术观摩、风管尺寸及必要的检修空间，如图3－10b所示。

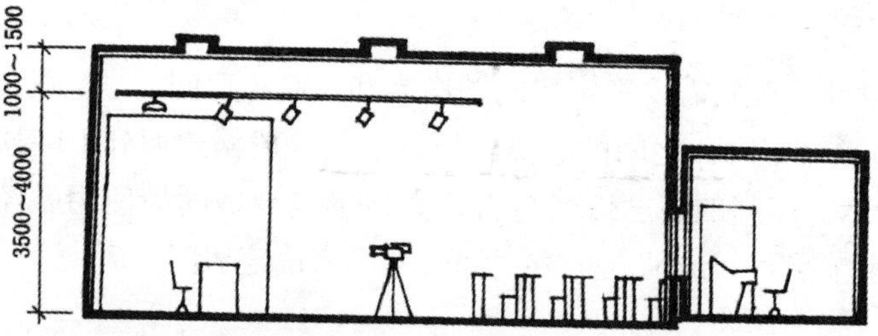

(a) 中学演播室

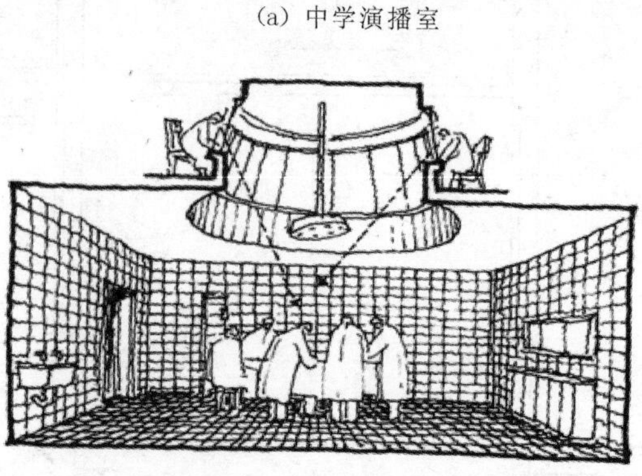

(b) 手术室

图3－10　家具设备和使用活动要求对房间高度的影响

2. 采光、通风要求

房间的高度应有利于天然采光和自然通风，以保证房间必要的学习、生活及卫生条件。

室内光线的强弱和照度是否均匀，除了和平面中窗户的宽度及位置有关外，还和窗户在剖面中的高低有关。房间里光线的照射深度，主要靠窗户的高度来解决，进深越大，要求窗户上沿的位置越高，即相应房间的净高也要高一些。当房间采用单侧采光时，通常窗户上沿离地的高度，应大于房间进深长度的一半。当房间允许两侧开窗时，房间的净高不小于总深度的 1/4。图 3－11 表示了学校教室采光的剖面形式。

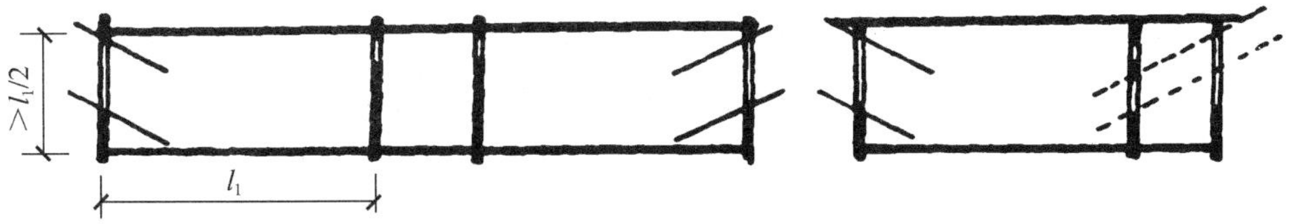

(a) 内廊式组合的单侧窗采光

(b) 外廊式组合的双侧窗采光

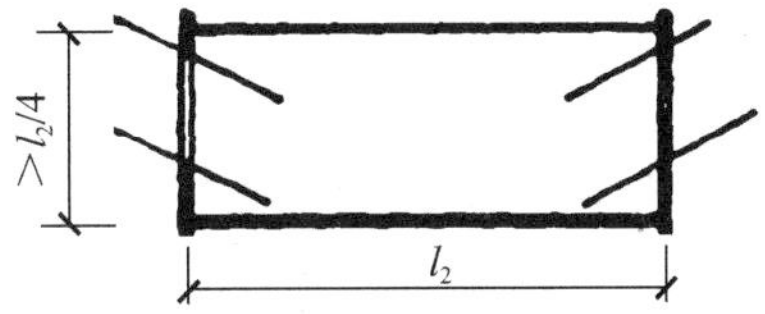

(c) 双侧窗采光

(d) 中廊式组合顶层房间的双侧窗采光

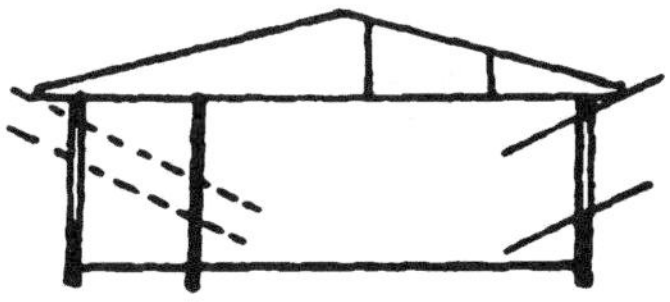

(e) 内廊式组合顶层房间的单侧窗及顶部采光

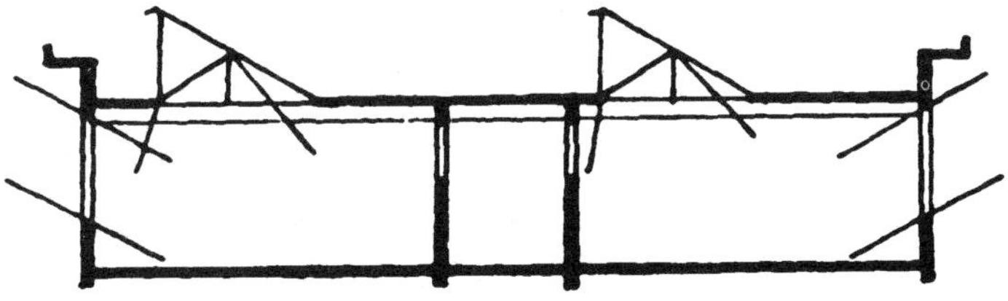

(f) 内廊式组合顶层房间的单侧窗及顶部采光

图 3－11　学校教室的采光方式

房间的通风要求，室内进出风口在剖面上的高低位置，也对房间净高有一定影响。潮湿和炎热地区的房间，经常利用空气的气压差来组织室内穿堂风，如在内墙上开设高窗，或在门上设置亮子等改善室内的通风条件，在这些情况下，房间净高就相应要高一些。

除此以外，容纳人数较多的公共建筑，应考虑房间正常的气容量，保证必要的卫生条件。按照卫生要求，中小学教室每个学生气容量为 3 ～ 5m^3/人，电影院为 4 ～ 5m^3/人。根据房间的容纳人数、面积大小及气容量标准，可以确定出符合卫生要求的房间净高。

3. 结构高度及其布置方式的影响

从图 3 – 8 中可知，层高等于净高加上楼板层（或屋顶结构层）的高度。因此在满足房间净高要求的前提下，其层高尺寸随结构层的高度而变化。住宅建筑的开间进深小，多采用墙体承重，在墙上直接搁板，由于结构高度小，层高可以小一些。随着房间面积加大，如教室、餐厅、商店等，多采用梁板布置方式，板搁置在梁上，梁支承在墙上，结构高度较大，确定层高时，应考虑梁所占的空间高度。图 3 – 12 为梁板结构高度对房间高度的影响，其中图 3 – 12a 预制板直接搁置在墙上，节省了梁所占的空间；图 3 – 12b 房间面积大，增加了大梁，板搁置在墙和梁上。可见在相同净高的情况下，结构布置不同，房屋的层高也相应不同。图 3 – 12c 为采用梁板结构的渥太华加拿大银行大型办公室局部剖面图，梁板结构高度约占层高的 1/4。

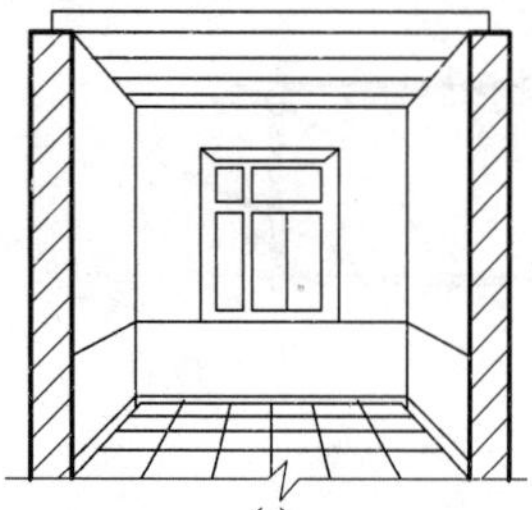
(a)

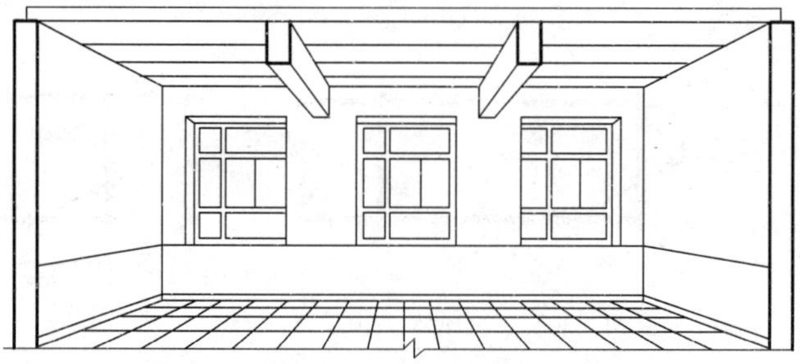
(b)

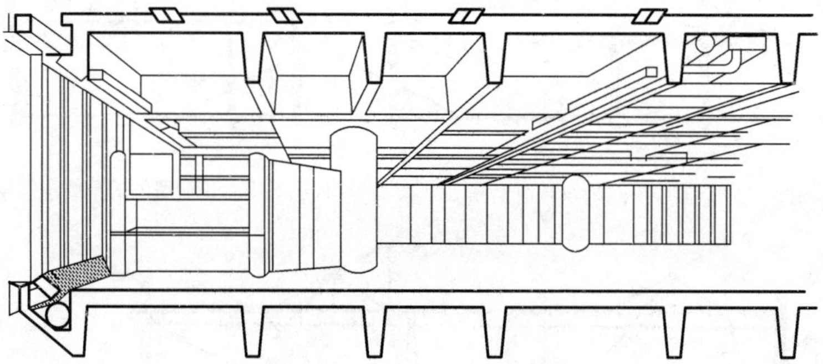
(c)

图 3 – 12　梁板结构高度对房间高度的影响

采用空间网架结构的大厅，如南京五台山体育馆（图 2 – 40b）比赛大厅，面积为 5010m^2，大厅南北长 88.60m，东西宽 76.80m，呈八角形，可容纳一万名观众。室内顶棚高 20m，而三向平板网架屋盖的端部高就有 5m。

坡屋顶建筑的屋顶空间高，不做吊顶时可充分利用屋顶空间，房间高度可较平屋顶建筑低。

4. 建筑经济效果

层高是影响建筑造价的一个重要因素。因此，在满足使用要求和卫生要求的前提下，适当降低层高可相应减小房屋的间距，节约用地，减轻房屋自重，改善结构受力情况，节约材料。寒冷地区以及有空调要求的建筑，从减少采暖空调费用、节约能源出发，层高也宜适当降低。实践表明，普通砖混结构的建筑物，层高每降低100mm可节省投资1%。

5. 室内空间比例

按照上述要求合理地确定房间高度的同时，还应注意房间的高宽比例所产生的视觉效果。一般来说，面积大的房间高度要高一些，面积小的房间则可适当降低。同时，不同的比例尺度往往得出不同的心理感受，高而窄的比例易使人产生兴奋、激昂、向上的情绪，且具有严肃感，但过高就会觉得不亲切；宽而矮的空间使人感觉宁静、开阔、亲切，但过低又会使人产生压抑、沉闷的感觉。住宅建筑要求空间具有小巧、亲切、温馨的气氛；纪念性建筑则要求高大的空间以造成严肃、庄重的气氛；大型公共建筑的休息厅、门厅要求具有开阔、博大的气氛。巧妙地运用空间比例的变化，使物质功能与精神感受结合起来，就能获得理想的效果。图3－13a所示空间运用高而窄的比例处理门廊空间，从而获得庄严、雄伟的效果；图3－13b所示宽而相对较矮的空间则使人感到亲切与开阔。

(a) 高而较窄的空间比例　　(b) 宽而较矮的空间比例

图3－13　空间比例不同给人以不同的感受

处理空间比例时，在不增加房间高度的情况下，可以借助于以下手法来获得满意的空间效果：

（1）利用窗户的不同处理来调节空间的比例感。图3－14细而长的窗户使房间感觉高一些，宽而扁的窗户则感觉房间低一些。德国萨尔布吕肯画廊门厅，宽而低矮的房间由于侧面开了一排落地窗，将窗外景色引入室内，增大了视野，起到了改变空间比例的效果，如图3－15所示。

（2）运用以低衬高的对比手法，将次要房间的顶棚降低，从而使主要空间显得更加高大，次要空间感到亲切宜人。图3－16为北京火车站中央大厅，以低矮的夹层空间衬托出中央大厅空间的高大。

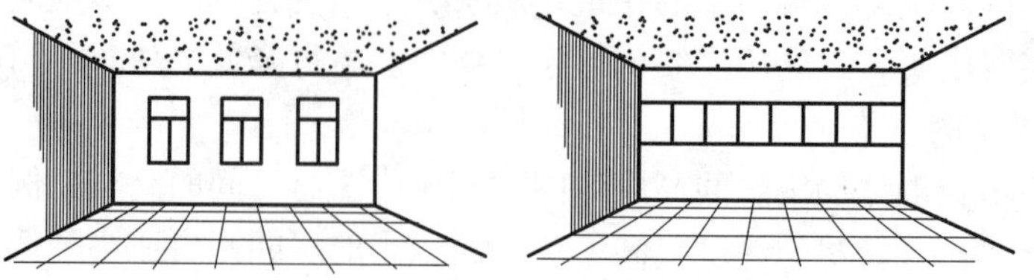

(a) (b)

图 3－14　窗户的比例不同对房间高度感的影响

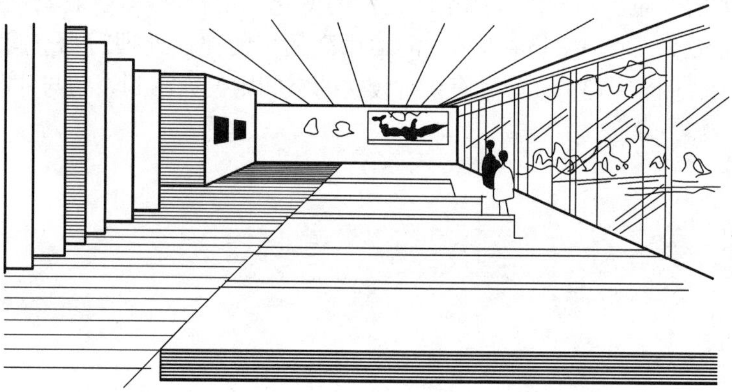

图 3－15　以大片落地窗来改变房间的比例效果

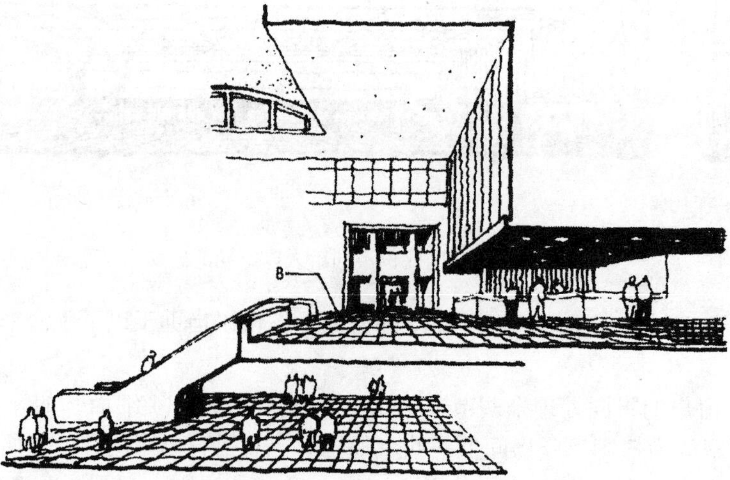

图 3－16　以低矮的夹层空间衬托出中部高大的空间

3.2.2　窗台高度

窗台高度与使用要求、人体尺度、家具尺寸及通风要求等有关。大多数的民用建筑，窗台高度主要考虑方便人们工作、学习，保证书桌上有充足的光线。窗台过高，书桌将全部或大部分处在阴影区，影响使用效果。一般常取 900 ～ 1000mm，这样窗台距桌面高度控制在 100 ～ 200mm，保证了桌面上充足的光线，并使桌上纸张不致被风吹出窗外，如图 3 – 17a 所示。

对于有特殊要求的房间，如图 3 – 17b 设有高侧窗的陈列室，为消除和减少眩光，应避免陈列品靠近窗台布置。实践中总结出窗台到陈列品的距离要使保护角大于 14°。为此，一般将窗下口提高到离地 2.5m 以上。厕所、浴室窗台可提高到 1.8m 左右，如图 3 – 17c 所示。托儿所、幼儿园窗台高度应考虑儿童的身高及较小的家具设备，医院儿童病房为方便护士照顾病儿，窗台高度均应较一般民用建筑低一些，如图 3 – 17d、图 3 – 17e 所示。

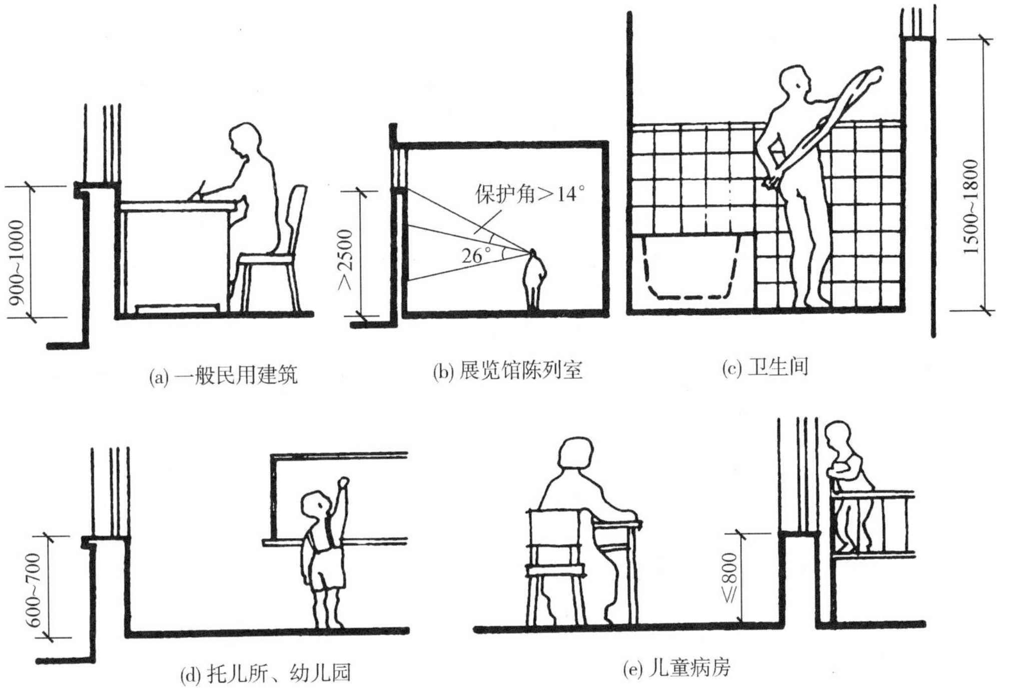

图 3 – 17　窗台高度

除此以外，某些公共建筑的房间如餐厅、休息厅、娱乐活动场所，以及疗养建筑和旅游建筑，为使室内阳光充足和便于观赏室外景色，丰富室内空间，常将窗台做得很低，甚至采用落地窗。

3.2.3　室内外地面高差

在建筑设计中，一般将底层室内地面标高定为 ±0.000，高于它的为正值，低于它的为负值。

为了防止室外雨水流入室内，并防止墙身受潮，一般民用建筑常把室内地坪适当提高，以使建筑物室内外地面形成一定高差。高差的确定要根据多种因素综合考虑。

1. 内外联系方便

建筑物室内外高差应方便联系，室外踏步的级数一般不超过三级，即室内外地面高差不大于450mm为好。对于仓库一类建筑，在入口处常设置坡道，为避免坡道过长影响室外道路布置，室内外地面高差以不超过300mm为宜。

2. 防水、防潮要求

为了防止室外雨水流入室内，并防止墙身受潮，底层室内地面应高于室外地面，一般为300mm或300mm以上。对于地下水位较高或雨量较大的地区，以及防潮要求较高的建筑物，还可以适当提高室内地面标高。

3. 地形及环境条件

位于山地和坡地的建筑物，应结合地形的起伏变化和室外道路布置等因素，综合确定底层地面标高，使其既方便内外联系，又有利于室外排水和减少土石方工程量。

3.3 房屋的层数

影响确定房屋层数的因素很多，概括起来有以下几方面。

3.3.1 使用要求

住宅、办公楼、旅馆等建筑，使用人数不多、室内空间高度较低，多由若干面积不大的房间组成，即使是灵活分隔的大空间办公室，其空间高度、房间荷载也不大。因此，这一类建筑可采用多层和高层，利用楼梯、电梯作为垂直交通工具。

对于托儿所、幼儿园等建筑，考虑到儿童的生理特点和安全性，同时为便于室内与室外活动场所的联系，其层数不宜超过三层。

影剧院、体育馆等一类公共建筑都具有面积和高度较大的房间，人流集中，为迅速而安全地进行疏散，宜建成低层。

3.3.2 建筑结构、材料和施工的要求

建筑结构类型和材料是决定房屋层数的基本因素。混合结构的建筑是以墙或柱承重的梁板结构体系，墙体材料自重大、整体性差，墙体厚度随层数的增加，下部墙体愈来愈厚，既费材料又减少有效的使用空间，因此，混合结构的建筑一般为1～6层，常用于大量性民用建筑，如住宅、宿舍、中小学教学楼、中小型办公楼、医院、食堂等。

多层和高层建筑，可采用梁柱承重的框架结构、剪力墙结构或框架剪力墙结构等结构体系。表3－1、图3－18分别表示各种结构体系的适用层数及高层建筑的结构体系。

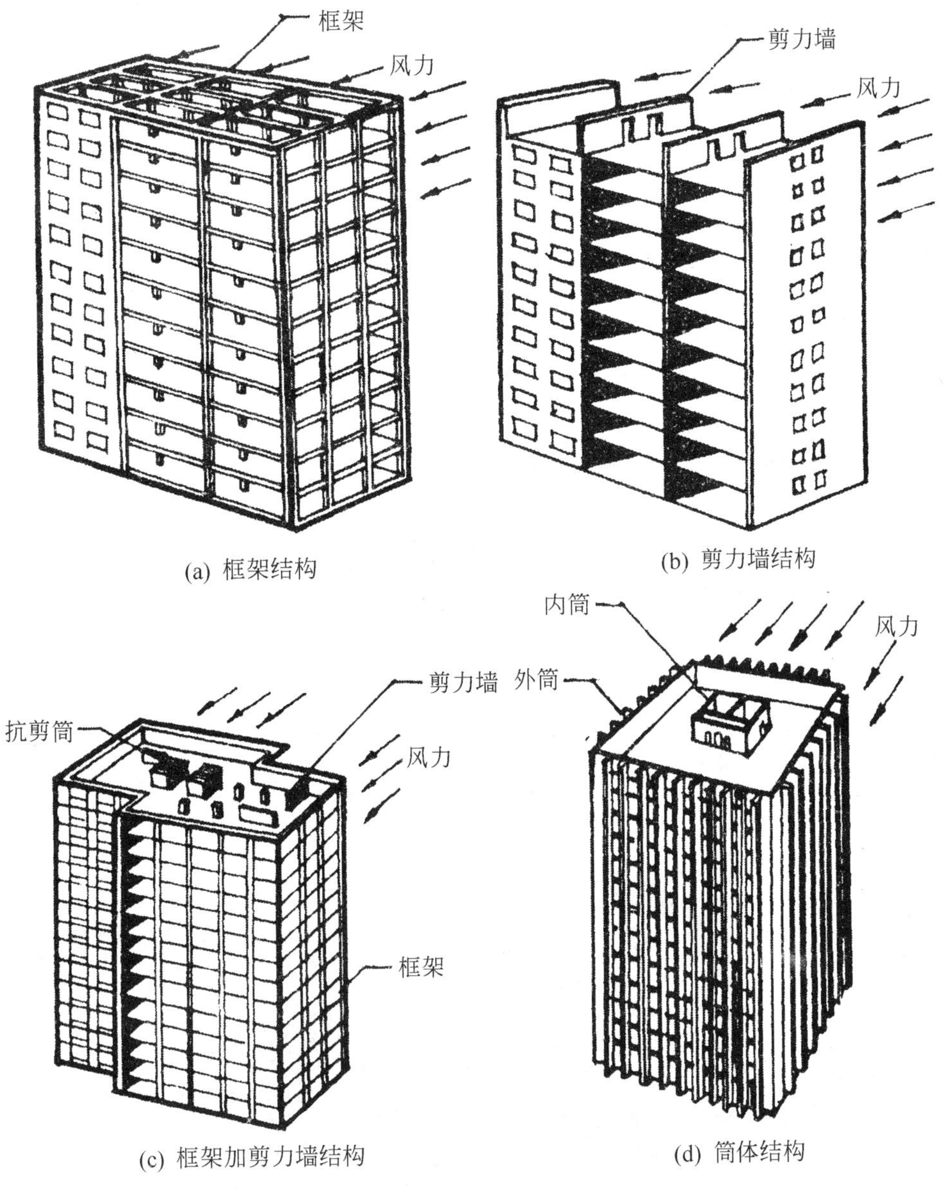

(a) 框架结构　(b) 剪力墙结构　(c) 框架加剪力墙结构　(d) 筒体结构

图 3－18　高层建筑结构体系

表 3－1　各种结构体系的适用层数

体系名称	框架	框架剪力墙	剪力墙	框筒	筒体	筒中筒	束筒	带钢臂框筒
适用功能	商业娱乐、办公	酒店、办公	住宅、公寓	办公、酒店、公寓	办公、酒店、公寓	办公、酒店、公寓	办公、酒店、公寓	办公、酒店、公寓
适用高度	12 层 50m	24 层 80m	40 层 120m	30 层 100m	100 层 400m	110 层 450m	110 层 450m	120 层 500m

空间结构体系，如薄壳、网架、悬索等则适用于低层大跨度建筑，如影剧院、体育馆、仓库、食堂等。

确定房屋层数除受结构类型的影响外，建筑的施工条件、起重设备、吊装能力，以及施工方法等均对层数有所影响。如吊装能力的大小对构件的质量、建筑总高度的限制；又如滑模施工，由于是利用一套提升设备使模板随着浇筑的混凝土不断向上滑升，直至完成全部钢筋混凝土工程量，建筑结构整体性较预制装配好，同时可以节约大量模板，缩短工期，降低造价，因此，对于多层和高层钢筋混凝土结构的建筑是适宜的，而且层数愈多，经济效益也愈显著。

3.3.3 建筑基地环境与城市规划的要求

房屋的层数与所在地段的大小、高低起伏变化有关。如在相同建筑面积的条件下，基地范围小，底层占地面积也小，相应层数也可能多一些；地形变化陡，从减少土石方、布置灵活考虑，建筑物的长度、进深不宜过大，从而建筑物的层数也可相应增加。

此外，确定房屋的层数也与建筑设计的其他部分一样，不能脱离一定的环境条件。特别是位于城市街道两侧、广场周围、风景园林区等的建筑，必须重视其与环境的关系，做到与周围建筑物、道路、绿化等协调一致。同时要符合各地区城市规划部门对整个城市面貌的统一要求。而风景园林区显然与街道的环境特点不同，应以自然环境为主，充分借助大自然的美来丰富建筑空间，并通过建筑处理使风景更加增色，因此宜采用小巧、低层的建筑群，避免采用多层和高层而喧宾夺主。图3－19为苏州怡园，采用分散低层的建筑布局，使建筑与景色融为一体。

图3－19 苏州怡园

3.3.4 建筑防火要求

按照《建筑设计防火规范》的规定，建筑物层数应根据不同建筑的耐火等级来决定。例如，一、二级的民用建筑物，其层数不受限制；三级的民用建筑物，允许层数为1～5层（如表3－2所示）。

表 3－2　民用建筑的耐火等级层数及长度和面积表

耐火等级	最多允许层数	防火分区间		备　注
		最大允许长度（m）	每层最大允许建筑面积/m^2	
一、二级	按本规范第 1.0.3 条的规定	150	2500	①剧院、体育馆等的长度和面积可以放宽 ②托儿所、幼儿园的儿童用房不应设在四层及四层以上
三级	5	100	1200	①托儿所、幼儿园的儿童用房不应设在三层及三层以上 ②电影院、剧院、礼堂、食堂不应超过二层 ③医院疗养院不应超过三层
四级	2	60	600	学校、食堂、菜市场等不应超过一层

3.4　建筑空间的组合与利用

建筑空间组合就是根据内部使用要求，结合基地环境等条件将各种不同形状、大小、高低的空间组合起来，使之成为使用方便、结构合理、体型简洁完美的整体。空间组合包括水平方向及垂直方向的组合关系，前者除反映功能关系外，还反映出结构关系以及空间的艺术构思，而剖面的空间关系也在一定程度上反映出平面关系，因而将两方面结合起来就成为一个完整的空间概念。

3.4.1　建筑空间的组合

在进行建筑空间组合时，应根据使用性质和使用特点将各房间进行合理的垂直分区，做到分区明确，使用方便，流线清晰，合理利用空间，同时应注意结构合理，设备管线集中。对于不同空间类型的建筑也应采取不同的组合方式。

3.4.1.1　重复小空间的组合

这类空间的特点是大小、高度相等或相近，在一幢建筑物内房间的数量较多，功能要求各房间应相对独立。因此常采用走道式和单元式的组合方式，如住宅、医院、学校、办公楼等。组合中常将高度相同、使用性质相近的房间组合在同一层上，以楼梯将各垂直排列的空间联系起来构成一个整体。由于空间的大小、高低相等，对于统一各层楼地面标高、简化结构是有利的。

有的建筑由于使用要求或房间大小不同，出现了高低差别。如学校中的教室和办公室，由于容纳人数不同，使用性质不同，教室的高度相应比办公室大些。为了节约空间、降低造价，可将它们分别集中布置，采取不同的层高，以楼梯或踏步来解决两部分空间的联系，如图 3 - 20 所示。

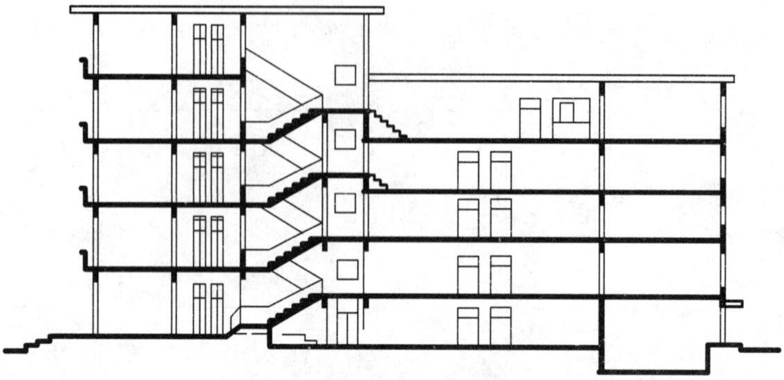

图 3 - 20　教学楼不同层高的剖面处理

3.4.1.2　大小、高低相差悬殊的空间组合

1. 以大空间为主体，穿插布置小空间

有的建筑如影剧院、体育馆等，虽然有多个空间，但其中有一个空间是建筑主要功能所在，其面积和高度都比其他房间大得多。空间组合常以观众厅和比赛大厅等大空间为中心，在其周围布置小空间，或将小空间布置在大厅看台下面，充分利用看台下的结构空间。这种组合方式应处理好辅助空间的采光、通风以及运动员、工作人员的人流交通问题。例如，天津市体育馆，以比赛大厅为中心将运动员休息室、更衣室、贵宾室以及设备用房等布置在看台下，并利用四周的休息廊将辅助空间和比赛大厅、门厅联系起来，既充分利用了空间又利于比赛大厅的保温，如图 3 - 21 所示。

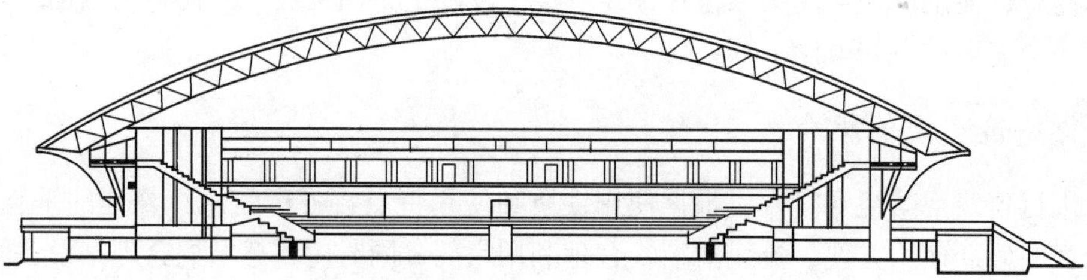

图 3 - 21　天津体育馆剖面图

2. 以小空间为主，灵活布置大空间

某些类型的建筑，如教学楼、办公楼、旅馆、临街带商店的住宅等，虽然构成建筑物的绝大部分房间为小空间，但由于功能要求还需布置少量大空间，如教学楼中的阶梯教室，办公楼中的大会议室，旅馆中的餐厅、临街住宅中的营业厅等。这类建筑在空间组合中常以小空间为主，将大空间附建于主体建筑旁，避免受到层高与结构的限制；或将大小空间上下叠合起来，分别将大空间布置在顶层或一、二层，如图 3 - 22 所示。

3. 综合性空间组合

有的建筑需满足多种功能的要求，常由若干大小、高低不同的空间组合起来形成多种

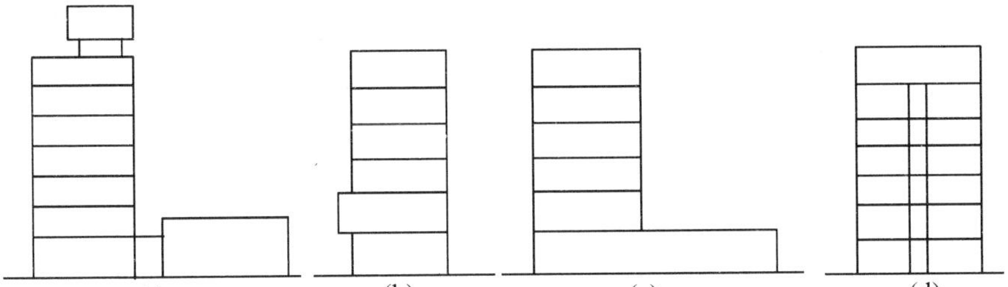

图 3－22　大小、高低不同的空间组合

空间的组合形式。例如，文化宫建筑中有较大空间的电影厅、餐厅、健身房等，又有阅览室、门厅、办公室等空间要求不同的房间。又如，图书馆建筑中的阅览室、书库、办公等用房在空间要求上也不一致，阅览室要求较好的天然采光和自然通风，层高一般为 4～5m；而书库是为了保证最大限度地藏书及取用方便的要求，一般层高 2.2～2.5m。对于这一类复杂空间的组合不能仅局限于一种方式，必须根据使用要求，采用与之相适应的多种组合方式。湖南大学图书馆（图 3－23）采用集中式布置，阅览室与书库组合在一起，高度比为 1:2，有利于结构的简化。

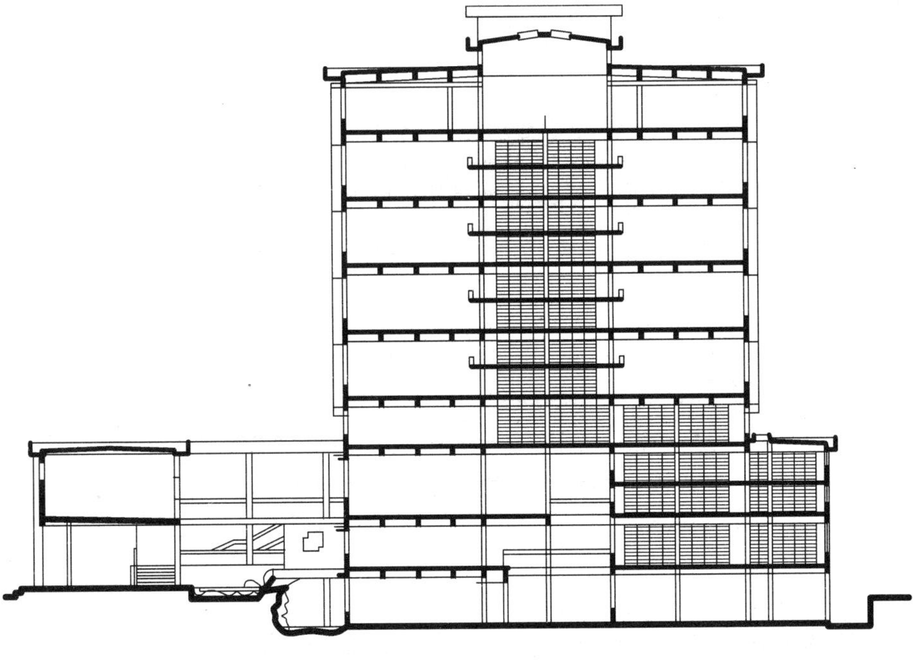

图 3－23　湖南大学图书馆剖面图

3.4.1.3　错层式空间组合

当建筑物内部出现高低差，或由于地形的变化使房屋几部分空间的楼地面出现高低错落现象时，可采用错层的处理方式使空间取得和谐统一。

具体处理方式如下：

1．以踏步或楼梯联系各层楼地面以解决错层高差

有的公共建筑，如教学楼、办公楼、旅馆等主要使用房间空间高度并不高，为了丰富门厅空间变化并得到合适的空间比例，常将门厅地面降低。这种高差不大的空间联系常借助少量踏步来解决，如图3－24所示。

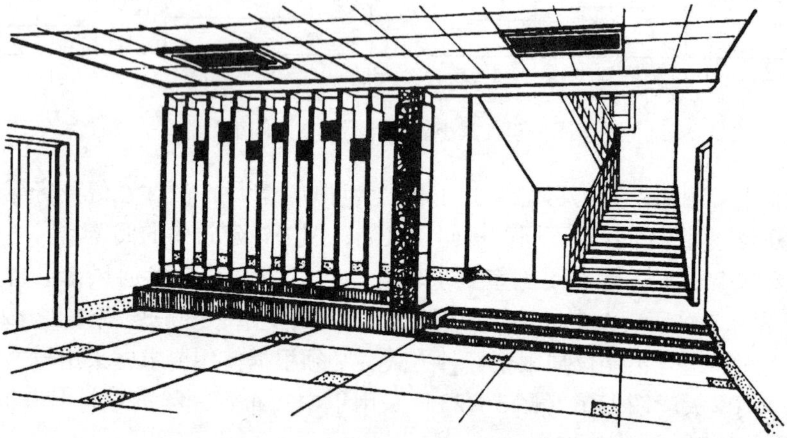

图3－24　以踏步解决错层高差

当组成建筑物的两部分空间高差较大，或由于地形起伏变化，房屋几部分之间楼地面高低错落，这时常利用楼梯间解决错层高差。通过调整梯段踏步的数量，使楼梯平台与错层楼地面标高一致。这种方法能够较好地结合地形灵活地解决纵横向的错层高差。图3－25两部分房间层高比为3:2，分别通过两个平台进入各层房间。

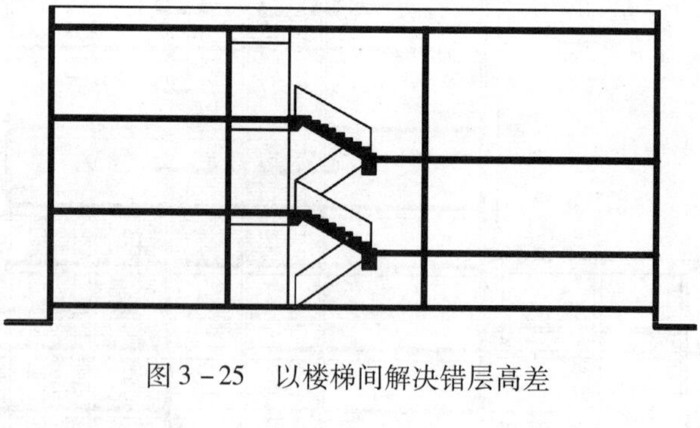

图3－25　以楼梯间解决错层高差

2．以室外台阶解决错层高差

图3－26为垂直等高线布置的住宅建筑，各单元垂直错落，错层高差为一层，均由室外台阶到达楼梯间。这种错层方式较自由，可以随地形变化相当灵活地进行随意错落。

3.4.1.4　台阶式空间组合

台阶式空间组合的特点是建筑由下至上形成内收的剖面形式，从而为人们提供了进行户外活动及绿化布置的露天平台。此种建筑形式如用于连排的总体布置中，可以减少房屋间距，取得节约用地的效果。同时由于台阶式建筑采用了竖向叠层、向上内收、垂直绿化

图 3－26　以室外台阶解决错层高差

等手法，从而丰富了建筑外观形象，如图 3－27 所示。

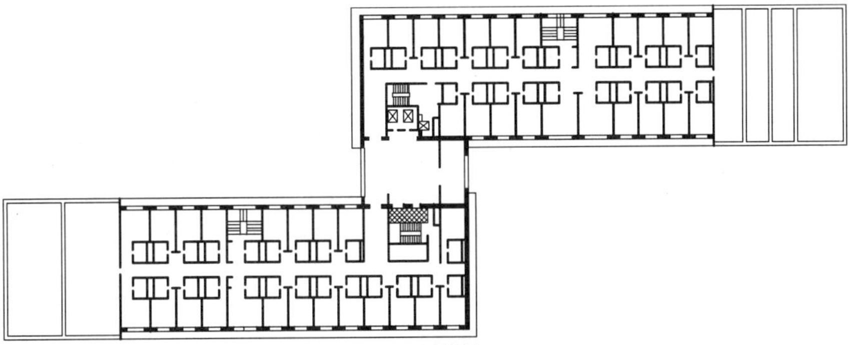

(a) 平面

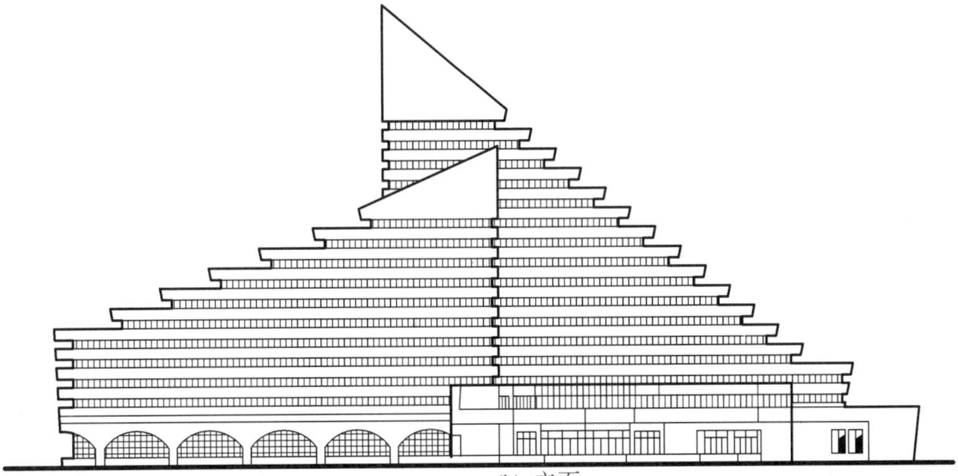

(b) 立面

图 3－27　台阶式建筑（大连银帆宾馆）

3.4.2　建筑空间的利用

建筑空间的利用涉及建筑的平面及剖面设计，充分利用室内空间不仅可以增加使用面积、节约投资，而且，如果处理得当还可以起到改善室内空间比例、丰富室内空间的艺术效果。

1. 夹层空间的利用

在公共建筑中的营业厅、体育馆、影剧院、候机楼等，其主体空间与辅助空间的面积和层高要求是不一致的，因此常采取在大空间周围布置夹层的方式，达到利用空间及丰富室内空间的效果，如图 3－28 所示。

图 3－28　夹层空间的利用

在设计夹层的时候，特别在多层公共大厅中应特别注意楼梯的布置和处理，应充分利用楼梯平台的高差来适应不同层高的需要。

2. 结构空间的利用

在建筑物中，随着墙体厚度的增加，所占用的室内空间也相应增加，因此充分利用墙体空间可以起到节约空间的作用。通常多利用墙体空间设置壁龛、窗台柜，以及利用角柱布置书架及工作台，如图 3－29 所示。

除此以外，设计中还应将结构空间与使用功能要求的空间在大小、形状、高低上尽量统一起来，以达到最大限度地利用空间。

3. 楼梯间及走道空间的利用

一般民用建筑楼梯间底层休息平台下至少有半层高，为了充分利用这部分空间，可采取降低平台下地面标高或增加第一梯段高度以增加平台下的净空高度，作为布置贮藏室及辅助用房和出入口之用，如图 3－30a 所示。

民用建筑走道主要用于人流通行，其面积和宽度都较小，因此高度也相应要求低些。但从简化结构考虑，走道和其他房间往往采取相同的层高。为充分利用走道上部多余的空间，常利用走道上空布置设备管道及照明线路，如图 3－30b 所示。

3.5　建筑立面设计

建筑立面设计就是以三度空间的概念审视立面诸要素的设计内容。诸如立面的多样性、立面的轮廓、立面材料与色彩的处理、各部分的比例与尺度、门窗的构成与组织，以

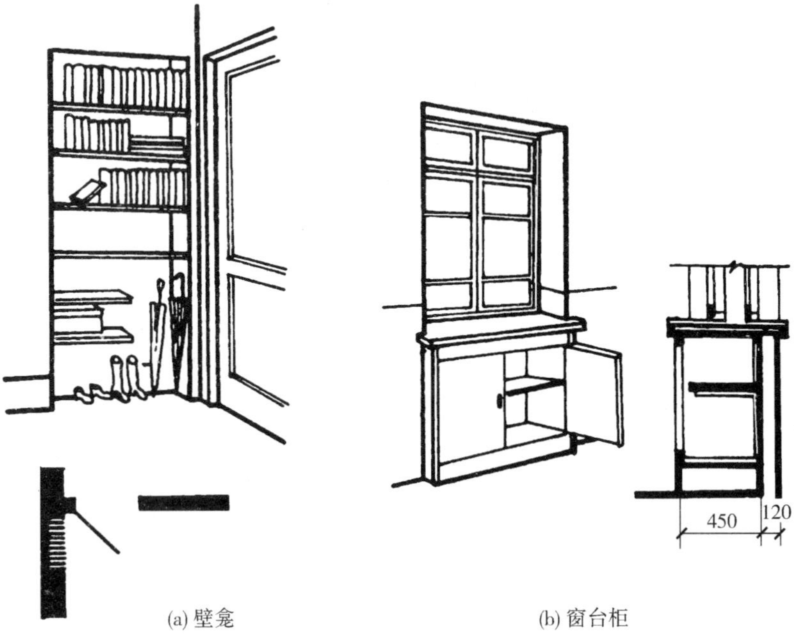

(a) 壁龛　　(b) 窗台柜

图 3－29　利用墙空间设壁龛、窗台柜

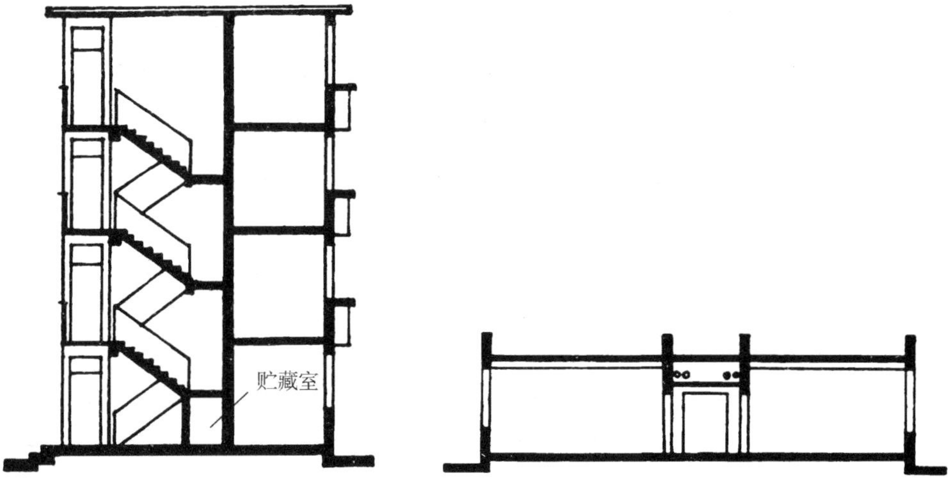

(a) 楼梯间上下空间作贮藏室　　(b) 走道上空作技术层

图 3－30　走道及楼梯间空间的利用

及立面个性的表达，等等。上述立面设计内容都涉及建筑美学问题，而建筑形式美的创作规律经过人类长时期的实践与总结，已形成约定俗成的美的法则。如对比律、同一律、节韵律、均衡律、数比律等，在建筑立面设计时，我们都应善于运用这些形式美的构图规律，更加完美地体现出所追求的立面意图和效果。

但是，建筑立面的形式美不是纯艺术的创作，它不能像其他艺术形式那样再现生活，它只能通过构成空间的物质手段来实现。因此，它要受到平面内容、结构形式、材料技术的制约。另外，建筑是一定社会、经济、政治、文化、科技、地域等各种因素综合作用的结果。社会的差异与变化必然给建筑带来相应的变化，社会及其文化观念上的更新会导致建筑观念的更新，进而影响到建筑立面设计的观念与手法的更新。因此，建筑立面设计又不能被传统的构图原理所束缚，要善于运用熟练的艺术技巧和新的技术成就，为创造新的立面形象做不懈的努力。

立面的个性是立面设计碰到的首要问题，一般而言，立面个性是建立在造型个性表达的基础上。因为，不同公共建筑的空间组成与结构特征都是有差异的，这种差异正是个性表达的外露。立面设计的任务就是通过各种手法加强这种个性的表达。

例如，表达一座博览建筑的立面个性，为什么常常以实墙居多？这是因为博览建筑的陈列厅需要尽可能多的完整墙面以展示陈列品。并且，展厅需要隔绝外界某些不利因素的干扰，如空气污染、阳光直射、噪声影响、温度变化以及防盗等，只有封闭的空间才能满足展出的各种技术和安全要求。这样，在立面上强调实体的比重及把特殊的采光口装置作为一种博览建筑性格的符号表达，这种立面形象才能有力地表达出博览建筑立面的强烈个性，如图 3－31 所示。

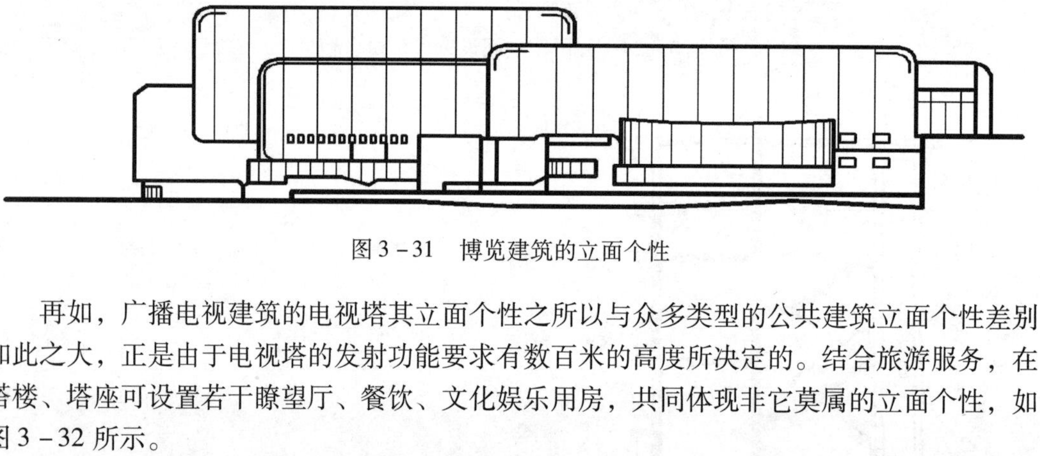

图 3－31　博览建筑的立面个性

再如，广播电视建筑的电视塔其立面个性之所以与众多类型的公共建筑立面个性差别如此之大，正是由于电视塔的发射功能要求有数百米的高度所决定的。结合旅游服务，在塔楼、塔座可设置若干瞭望厅、餐饮、文化娱乐用房，共同体现非它莫属的立面个性，如图 3－32 所示。

交通类建筑的立面特征应反映流畅、便捷的个性，如图 3－33 所示。同时，从功能需要考虑应有室外等候场所，以及高大候车（机）厅等。因此，立面形象应简洁、明快，有宽大的外廊，以及表达时间的时钟标志等。这些要素的有机结合产生了与其他公共建筑不同个性的立面表达。

立面个性的表达又与使用对象有密切关系。例如，幼儿园建筑的立面应区别于其他建筑的形象，不但在尺度、色彩、细部处理等方面体现小体量建筑的特征，更重要的是表达童心的个性。诸如积木造型的立面、乐园造型的立面等，这些为幼儿熟知的形象，不但为幼儿园建筑创造了独特的活泼个性，也成为增长幼儿知识的形象教学手段，如图 3－34 所示。但是，同一类型公共建筑的立面表达又不是千篇一律的，由于地域、场所、气候、文化、历史等条件不同，其立面个性也会有差别，设计手法更是千变万化，如图 3－35 所示。

图 3－32　电视塔的立面个性

图 3－33　交通建筑的个性

全国幼儿园建筑设计竞赛一等奖方案

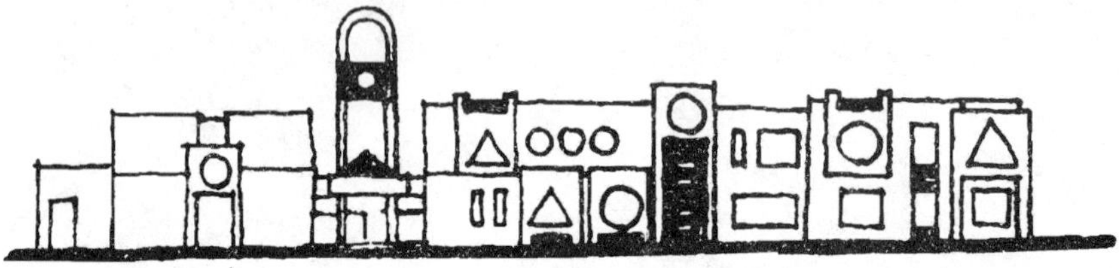

全国幼儿园建筑设计竞赛一等奖方案

图 3－34　幼儿园建筑的立面个性

(a) 亚利桑那州立大学美术馆

(b) 河南博物院

(c) 北京丰泽园饭店

(d) 外研社办公楼

(e) 北京独一居酒家　　(f) 北京香山饭店

图 3－35　具有文化内涵的建筑立面

思考题

1. 如何确定房间的剖面形状？试举例说明。
2. 什么是层高、净高？确定层高与净高应考虑哪些因素？试举例说明。
3. 房间窗台高度如何确定？试举例说明。
4. 室内外地面高差由什么因素确定？
5. 确定建筑物的层数应考虑哪些因素？试举例说明。
6. 建筑空间组合有哪几种处理方式？试举例说明。
7. 建筑空间的利用有哪些处理手法？
8. 建筑立面设计的主要内容有哪些？
9. 建筑立面个性表达的依据是什么？

第4章 建筑构造概论

本章学习目标

- 了解建筑构造所研究的目的及内容；
- 熟悉建筑物的构造组成；
- 掌握建筑构造的设计原则及影响因素。

4.1 建筑构造研究的对象与目的

建筑构造是建筑设计不可分割的一部分，其研究建筑物各组成部分的构造原理和构造方法，具有很强的实践性和综合性，内容涉及建筑材料、建筑物理、建筑力学、建筑结构、建筑施工，以及建筑经济等有关方面的知识。研究建筑构造的主要目的是根据建筑物的功能要求，提供符合适用、安全、经济、美观的构造方案，以此作为建筑设计中综合解决技术问题、进行施工图设计、绘制大样图等的依据。

解剖一座建筑物，不难发现它是由许多部分所构成，这些构成部分在建筑工程上被称为构件或配件。

建筑构造原理是综合多方面的技术知识，根据各种客观条件，以选材、造型、工艺、安装等为依据，研究这些构配件及其细部构造的合理性和经济性，更有效地满足建筑使用功能的理论。

构造方法是指运用各种材料，有机地制造、组合各种构配件，并提出解决各构配件之间互相组合的技术措施。

4.2 建筑物的构造组成及各组成部分的作用

一幢建筑物，一般由基础、墙或柱、楼板层及地坪、楼梯、屋顶和门窗等六大部分所组成，如图4-1所示。这些构件处在建筑物的不同部位，具有各自的功能及作用。

基础：是位于建筑物最下部的承重构件，它承受着建筑物的全部荷载，并将这些荷载传给地基，因此，基础必须具有足够的强度，并能抵御地下各种有害因素的侵蚀。

墙：是建筑物的承重构件和围护构件。作为承重构件，它承受着建筑物由屋顶、楼板层等传来的荷载，并将这些荷载再传给基础；作为围护构件，外墙抵御自然界各种有害因素对室内的侵袭；内墙起着分隔空间、组成房间、隔声，以及保证舒适环境的作用。因此，要求墙体具有足够的强度、稳定性以及保温、隔热、隔声、防火等功能并符合经济性

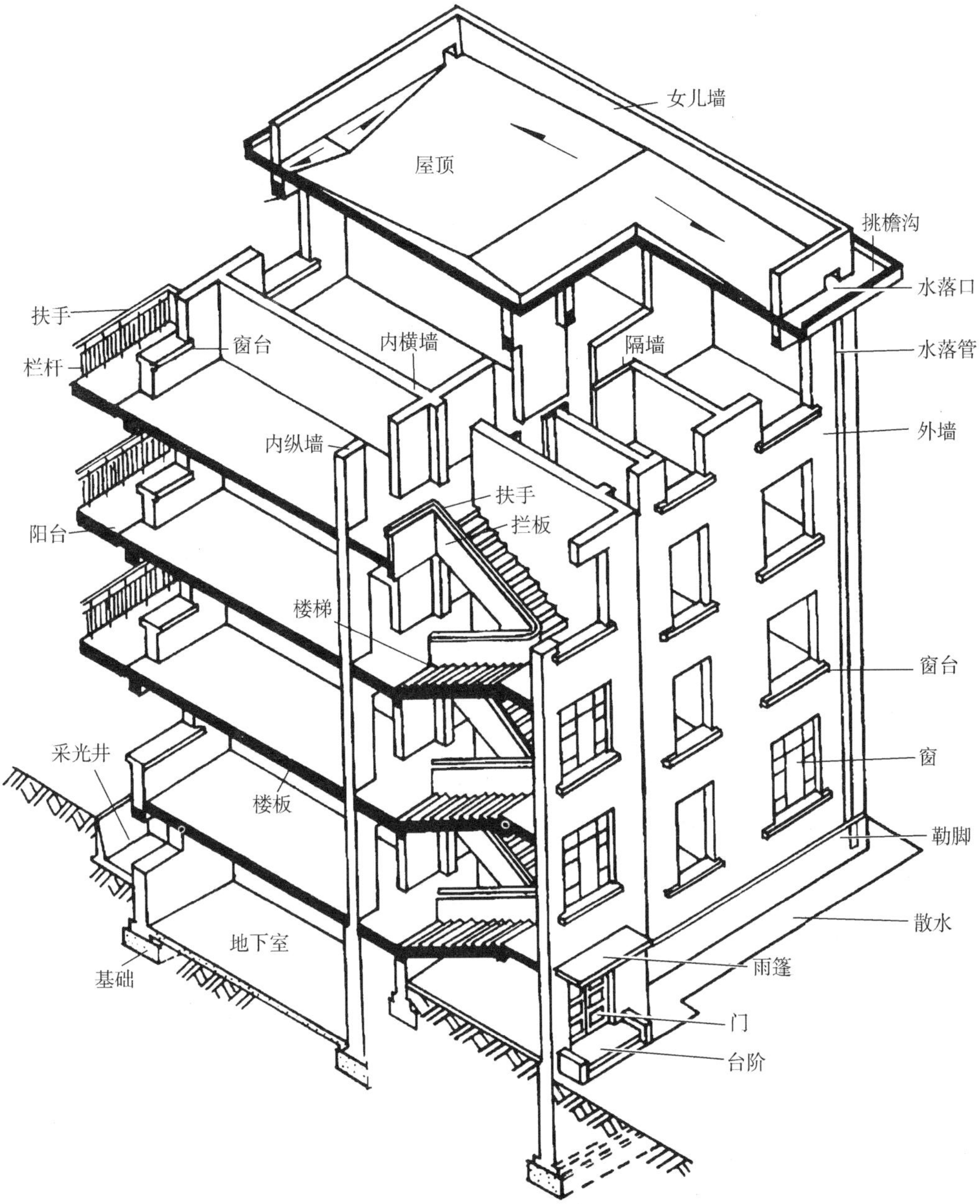

图 4－1　房屋的构造组成

和耐久性的要求。

柱：是框架或排架结构的主要承重构件，和承重墙一样，承受着屋顶、楼板层等传来的荷载。柱所占空间小，受力比较集中，因此它必须具有足够的强度和刚度。

楼板层：是楼房建筑中水平方向的承重构件，将整幢建筑物沿水平方向分为若干部分。楼板层承受着家具、设备和人体荷载，以及本身自重，并将这些荷载传给墙或柱。同时，它还对墙身起着水平支撑的作用。因此，作为楼板层，要求具有足够的强度、刚度和隔声能力；对有水侵蚀的房间，则要求楼板层具有防潮、防水的能力。

地坪：是底层房间与土层相接触的构件，它承受底层房间的荷载。作为地坪则要求具有耐磨、抗压、防潮、防水和保温的能力。

楼梯：是建筑的垂直交通设施，供人们上下楼层和紧急疏散之用。故要求楼梯具有足够的通行能力，并采取防火、防滑等技术措施。

屋顶：是建筑物顶部的围护构件和承重构件，由屋面层和结构层所组成。屋面层抵御自然界风、雨、雪及太阳热辐射与寒冷对顶层房间的侵袭；结构层承受房屋顶部荷载，并将这些荷载传给墙或柱。因此屋顶必须满足足够的强度、刚度及防水、保温、隔热等要求。

门与窗：属非承重构件。门主要供人们内外交通和分隔房间之用；窗则主要起采光、通风以及分隔、围护的作用。对某些有特殊要求的房间，则要求门窗具有保温、隔热、隔声、防射线等能力。

上述是一座建筑物基本组成构件，对于不同使用功能的建筑，还包含许多其他的构件和配件，可按建筑设计的具体要求来设置。

4.3　影响建筑构造的因素

一幢建筑物的使用质量和耐久性能，经受着自然界各种因素的检验。为了提高建筑物对外界各种影响的抵御能力以及延长建筑物的使用年限，更好地满足各类建筑的使用功能，在进行建筑构造设计时，必须充分考虑各种因素对它的影响，根据影响程度，提供合理的构造方案。影响建筑构造的因素很多，归纳起来大致可分为以下几方面。

1. 外力作用的影响

作用到建筑物上的外力通称荷载。荷载有静荷载（如结构自重）和活荷载之分（如人、家具、设备、风、雪，以及地震荷载等）。荷载的大小是结构设计和结构选型的主要依据，决定着构件的尺度和用料，而构件的选材、尺寸、形状等又与建筑构造密切相关。因此，在确定建筑构造方案时，必须考虑外力的影响。

作用于建筑物的活荷载有垂直荷载和水平荷载之分，所有建筑物都必须考虑垂直荷载的影响，对于某些地区或某种结构形式的建筑来说，其水平荷载的影响也不容忽视。例如风荷载和地震荷载，风力往往是高层建筑水平荷载中的主要因素，特别是沿海地区的建筑更要考虑水平荷载的影响。此外，我国是地震多发的国家之一，在构造设计中应根据各地区地震烈度采取不同的技术措施。

2. 自然气候的影响

自然气候的影响多有差异，从炎热的南方到寒冷的北方，气候特点各不相同。气温变化、太阳的热辐射、自然界的风霜雨雪等是构造设计中必须考虑的重要因素。有些构配件会因材料热胀冷缩而开裂，出现渗漏水现象，还有些会因室内过冷、过热、过潮湿而妨碍正常使用等。因此在构造设计时，须针对建筑物所受影响的性质和程度，对各有关部位采取相应的防范措施，如防潮、防水、保温、隔热、设变形缝和隔蒸气层等。

3. 各种人为因素的影响

人们所从事的生产和生活活动，也往往会对建筑物产生不利影响，如机械振动、化学腐蚀、爆炸、火灾、噪声等。因此，在进行建筑构造设计时，还必须采取防振、防腐、防爆、防火、防虫、隔声等相应的构造措施，以避免建筑物遭受不应有的损失。

4. 物质技术和经济条件的影响

建筑材料和建筑结构等物质技术条件是构成建筑的基本要素。材料是建筑物的物质基础，结构则是构成建筑物的骨架，这些都与建筑构造密切相关。

随着建筑技术的不断发展和人们生活水平的提高，各种新材料、新技术、新设备都在不断改进和更新，同时随着经济条件的改善，人们对建筑的使用要求也随之改变。因此构造方式的多样化和多变性成为一种趋势。

4.4　建筑构造的设计原则

1. 必须满足建筑使用功能要求

根据建筑物使用性质和所处环境的不同，对建筑构造设计有不同的要求。例如，北方地区建筑有保温要求，南方地区则强调建筑通风、隔热。不同类型的建筑往往有使用功能方面的特殊要求，如观演建筑要考虑吸声、隔声等构造措施。总之，为了满足使用功能需要，在构造设计时，必须综合有关技术知识，进行合理的设计，选择最经济实用的构造方案。

2. 必须有利于结构安全

建筑物除根据荷载大小、结构的要求确定构件的必需尺度外，对一些附加部件的设计，如阳台、楼梯的栏杆、顶棚、墙面的装修等都应在构造上采取措施，确保建筑物在使用时的安全。

3. 适应建筑工业化需要

在建筑构造设计中，应大力改进传统的建筑方法，广泛采用标准设计、标准构配件及其制品，使构配件生产工厂化、节点构造定型化，以适应建筑工业化发展的需要。与此同时，在开发新材料、新结构、新设备的基础上，注意促进对传统材料、结构、设备和施工方式的更新与改造。

4. 正确处理经济利益与工程质量的关系

构造设计既要注意控制建筑造价、降低材料的能源消耗，又要有利于降低运行、维修和管理的费用。另外，在保证工程质量前提下，既要避免单纯追求效益而偷工减料，粗制滥造，也要防止出现浪费现象。

5. 注意美观

一座建筑物的美观除了取决于建筑设计中的体型组合和立面处理外，一些细部构造对整体美观也有很大影响，例如，栏杆的形式，室内外的细部装修，各种转角、收头、交接的做法等都应合理处置，相互协调。

总之，在构造设计中，要全面考虑坚固适用、技术先进、经济合理、美观大方等最基本的原则。

思考题

1. 学习建筑构造的目的是什么？
2. 建筑物的基本构造组成有哪些？它们的主要作用是什么？
3. 影响建筑构造的主要因素有哪些？
4. 建筑构造设计应遵循什么原则？

第5章　基础构造

本章学习目标

- 了解地基与基础的基本概念及其在建筑中所起的作用；
- 掌握各种基础的特点、构造做法及适用范围。

5.1　地基与基础概述

5.1.1　地基与基础的关系

基础：是建筑物的重要组成部分，是位于建筑物的地面以下的承重构件，承受着建筑物的全部荷载，并将这些荷载连同自重传给地基。

地基：基础下面承受建筑物总荷载的土壤层，不是建筑物的重要组成部分。地基承受建筑物荷载而产生的应力和应变是随着土层的深度增加而减小，在达到一定深度以后可以忽略不计。地基、基础与荷载传递如图5-1所示。

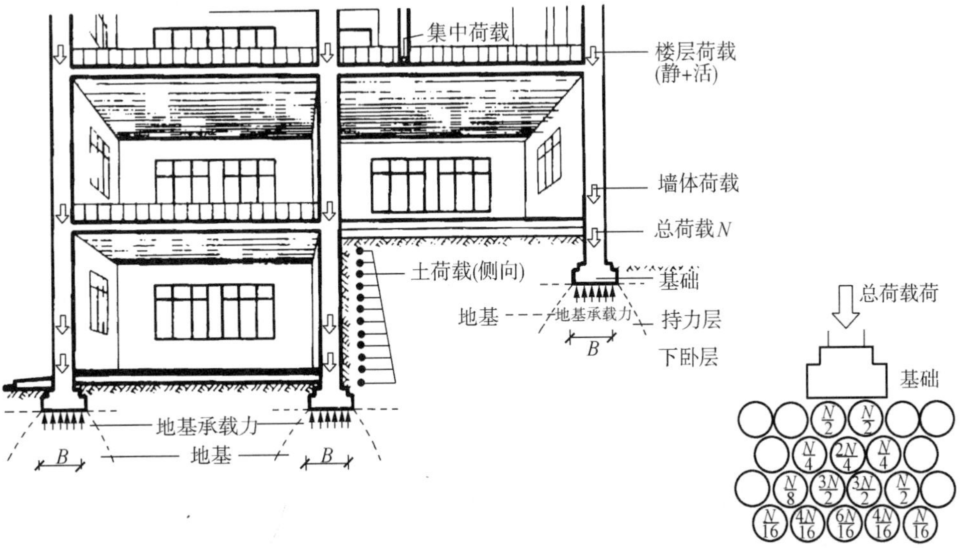

图5-1　地基、基础与荷载传递

地基每平方米所承受的最大压力，称为地基的允许承载力（也叫地耐力）。地基承受荷载的能力有一定的限度，允许承载能力主要应根据地基本身土（石）的特性确定。当基础对地基的压力超过允许承载能力时，地基将出现较大的沉降变形，甚至地基土会滑动挤出而破坏。地基和基础共同作用，来保证建筑的稳定、安全及坚固耐久。要满足基础底面的平均压力不超过地基的允许承载力，即应满足下列不等式：$F \geq N/R$，其中 F 为基础底面积，N 为建筑物总荷载，R 为地耐力。

从上式可以看出，当地基承载力不变时，建筑物总荷载越大，基础底面积也要求加大。或者说当建筑物总荷载不变时，地基承载力越小，基础底面积将加大。

5.1.2 地基与基础的设计要求

1. 对地基强度的要求

建筑物的建造地址尽可能选在地基土的地耐力较高且分布均匀的地段，如岩石、碎石类等，应优先考虑采用天然地基。

2. 地基变形方面的要求

要求地基有均匀的压缩量，以保证有均匀的下沉。若地基土质不均匀，会给基础设计增加困难。若地基处理不当将会使建筑物发生不均匀沉降，而引起墙身开裂，甚至影响建筑物的使用。

3. 地基稳定方面的要求

要求地基有防止产生滑坡、倾斜方面的能力。必要时（如有较大的高差）应加设挡土墙，以防止滑坡变形的出现。

4. 基础强度与耐久性的要求

基础是建筑物的重要承重构件，对整个建筑的安全起保证作用。因此，基础所用的材料必须具有足够的强度，才能保证基础能够承担建筑物的荷载并传递给地基。另外，基础是埋在地下的隐蔽工程，在土中受潮、浸水，建成后检查和加固都很困难，所以在选择基础的材料和构造形式等时应与上部结构的耐久性相适应。

5. 基础工程应注意经济问题

基础工程占建筑总造价的10%～40%，降低基础工程的投资是降低工程总投资的重要一环。因此，在设计中应选择较好的土质地段，对需要特殊处理的地基和基础尽量选用地方材料，并采用恰当的形式及构造方法，从而节约工程投资。

5.2 常用地基构造

5.2.1 地基的分类及处理方法

天然地基：指具有足够承载能力的天然土层，可直接在天然土层上建造基础。岩石、碎石、砂石、黏性土等，一般均可作为天然地基。

人工地基：指天然土层的承载力较差或土层质地较好，但由于层数或结构类型的因素不能满足荷载的要求，为使地基具有足够承载能力，应对土层进行加固。这种为提高地基承载力，改善其变形性质或渗透性质而采取的人工处理地基的方法叫人工地基。

常用的人工地基的加固处理方法有以下几种：

（1）换填垫层法。挖去地表浅层软弱土层或不均匀土层，回填坚硬、较粗粒径的材料，并夯压密实，形成垫层的地基处理方法。当建筑物基础下的地基持力层比较软弱，不能满足上部荷载对地基的要求时，常采用换土垫层的方法来处理。即将基础下一定范围内的软土层挖去，然后回填以强度较大的砂、碎石或灰土等，并夯至密实。换土垫层可以有效地处理一些荷载不大的建筑物地基问题，其回填的材料可用砂垫层、碎石垫层、素土垫层、灰土垫层等。换填垫层法示意如图 5－2 所示。

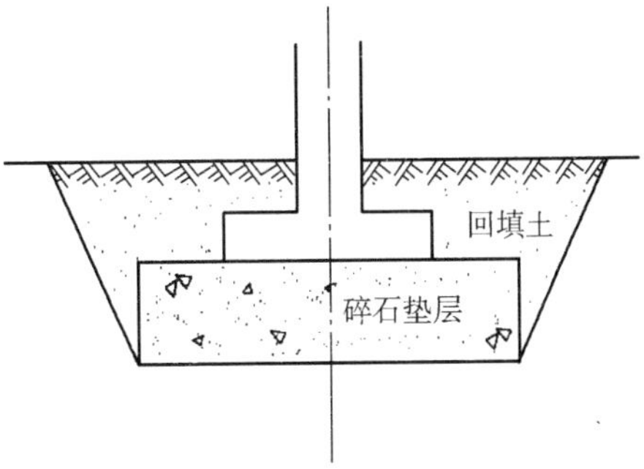

图 5－2　换填垫层法示意图

（2）压实法（如强夯法）。强夯法是指反复将几吨或几十吨夯锤提到高处使其自由落下，给地基以冲击和振动能量，将地基土夯实的地基处理方法。此方法影响地基土深度可达 10m 以上。经强夯后地基的承载力可提高 2 ～ 5 倍，压缩性可增强 2 ～ 5 倍。适用于碎石土、砂土、低饱和度的粉土和黏土、素填土、杂填土。这种方法具有施工简单，速度快，节省材料等特点，工程中应用较广。

（3）水泥搅拌法（搅拌桩）。水泥搅拌法是利用水泥（或石灰）作为固化剂，通过深层搅拌机械，在一定深度范围内把地基土与水泥（或其他固化剂）强行拌和固化，形成具有水稳定性和足够强度的水泥土，形成桩体、块体和墙体等。经过处理以后的地基与原地基土共同作用，从而提高地基承载力，改善地基变形特性。深层搅拌法工艺流程如图 5－3 所示。水泥深层搅拌适用于处理淤泥质土、粉质黏土和低强度的黏性土地基。该法具有施工方便、无噪声、无振动、无泥浆废水等污染，造价较低等特点。

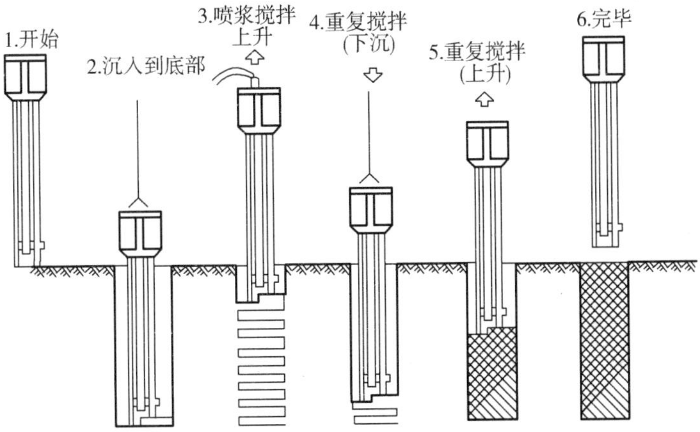

图 5－3　深层搅拌法工艺流程

（4）挤密法。挤密法是以振动或冲击方法成孔，然后在孔中填入砂、石、石灰、灰土或其他材料，并加以捣实，成为桩体。按填入材料的不同可分别称为砂桩、碎石桩、石灰桩、灰土桩等。挤密法一般采用打桩机成孔，桩管打入地基对土体产生横向挤密作用，土体颗粒彼此靠近，空隙减少，使土体密实度得以提高，地基土强度亦随之增加。由于桩体本身具有较大的强度，桩的断面也较大，故桩与土组成复合地基共同承担建筑物荷载。

（5）化学注浆法。化学注浆法是利用高压射流技术，喷射化学浆液，破坏地基土体，并强制土与化学液混合，形成具有一定强度的加固体来处理软土地基的一种方法。一般用高压水泥浆通过钻杆由水平方向的喷嘴喷出，形成喷射流，以此切割土体并与土拌和形成水泥土加固体。它的施工过程如图 5－4 所示。首先用钻机钻孔至预定深度，然后用高压脉冲泵，通过安装在钻杆下端的特殊喷射装置，向四周喷射化学浆液，同时，钻杆以一定的角度和速度旋转，并逐渐往上提升。

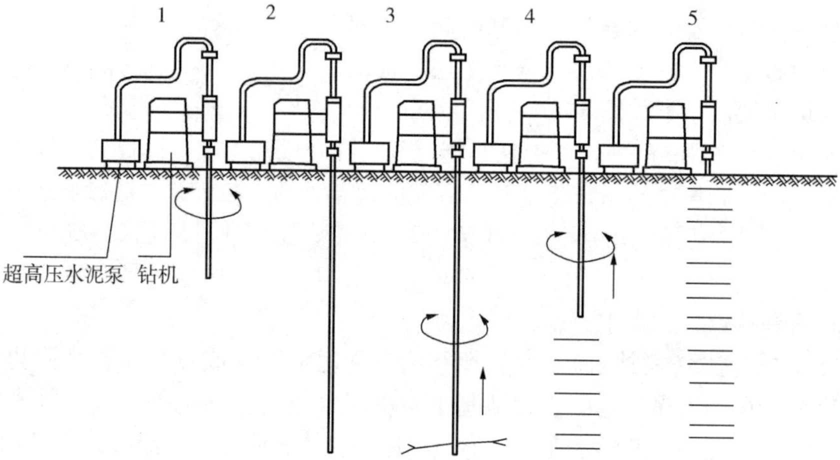

1—开始钻进；2—钻进结束；3—高压旋喷开始；4—喷嘴边旋转边提升；5—旋喷结束

图 5－4　深层搅拌法工艺流程

5.3　常用基础构造

5.3.1　基础的埋置深度及影响因素

5.3.1.1　基础埋置深度

基础埋置深度指从室外设计地坪到基础底面的距离，如图 5－5 所示。

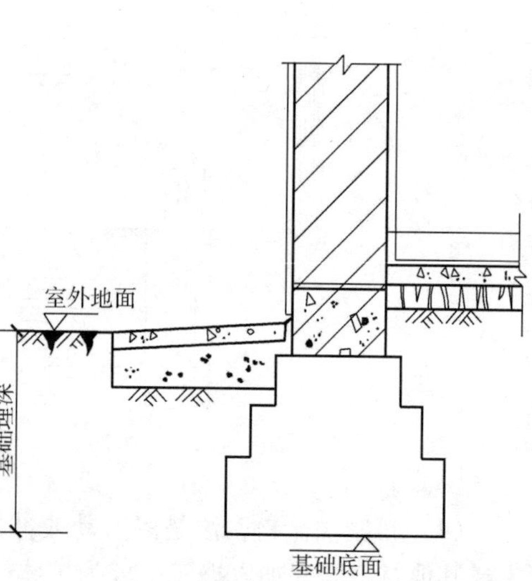

图 5－5　基础埋置深度

室外地坪分为自然地坪和设计地坪。自然地坪指施工地段的现有地坪；设计地坪指按设计要求，工程竣工后室外场地经整平的地坪。

根据基础埋置深度的不同，基础分为浅基础和深基础。一般情况下，基础埋置深度≤5 m 或基础埋深小于或等于基础宽度的 4 倍时为浅基础；基础埋置深度 >5 m 或基础埋深大于基础宽度的 4 倍时为深基础。在确定基础埋深时应优先选择浅基础。它的特点是：构造简单，施工方便，造价低廉且不需要特殊施工设备。

只有在表层土质极弱、总荷载较大，或其他特殊情况下，才选用深基础。除此，基础埋置深度也不能过小，因为地基受到建筑荷载作用后可能将四周土挤走，使基础失稳，或地面受到雨水的冲刷、机械破坏而导致基础暴露，影响建筑的安全。基础的最小埋置深度不应小于 500mm。

5.3.1.2　确定基础埋置深度的原则

1. 建筑物的特点及使用性质的影响

应根据建筑物是多层建筑还是高层建筑、有无地下室、设备基础、建筑的结构类型等确定基础埋置深度。一般来说，高层建筑的基础埋深是地上建筑物总高度的 1/15 ～ 1/18，而多层建筑则依据地下水位及冻土深度来确定埋深尺寸。

2. 工程地质条件的影响

当地基的土层较好、承载力高，基础可以浅埋；但基础最少埋置深度不宜小于 0. 5m。如果遇到土质差、承载力低的土层，则应该将基础深埋至合适的土层上，或结合具体情况另外进行加固处理。

3. 水文地质条件的影响

地基土含水量的大小对承载力的影响很大，所以地下水位的高低直接影响地基承载力。如黏性土遇水后，因含水量增加体积膨胀，使土的承载力下降。而含有侵蚀性物质的地下水，对基础会产生腐蚀，故基础应争取埋置在地下水位以上，如图 5 －6a 所示。

当地下水位较高，基础不能埋置在地下水位以上时，应将基础底面埋置在最低地下水位 200mm 以下，不应使基础底面处于地下水位变化的范围之内，以减小和避免地下水的浮力等的影响，如图 5 －6b 所示。

埋在地下水位以下的基础，其所用材料应具有良好的耐水性能，如选用石材、混凝土等。当地下水含有侵蚀性物质时，基础应采取防腐蚀措施。

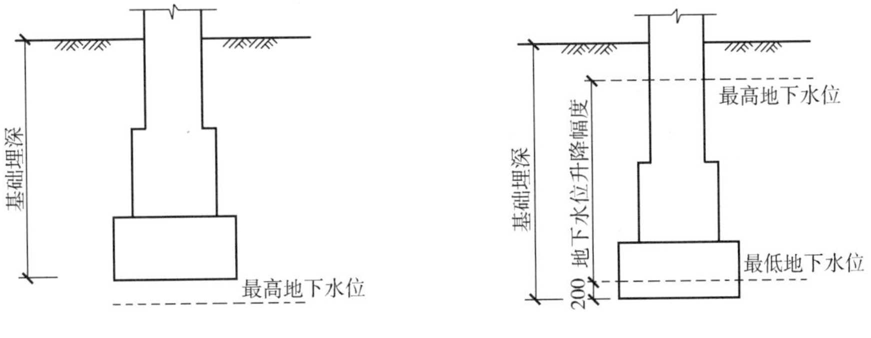

(a) 地下水位较低时基础埋置位置　　(b) 地下水位较高时基础埋置位置

图 5 －6　地下水位与基础埋置

4. 土的冻结深度的影响

地面以下的冻结土与非冻结土的分界线称为冰冻线。土的冻结深度取决于当地的气候条件，如北京地区为地下 0. 8 ～ 1. 0 m，哈尔滨为地下 2. 0 m。冬季，土的冻胀会把基础抬起；春天，气温回升土层解冻，基础会下沉，使建筑物同期性地处于不稳定状态。由于土中各处冻结和融化并不均匀，建筑物会产生变形，如墙身的开裂、门窗变形等情况。

土壤冻胀现象及其严重程度与地基土的颗粒粗细、含水量、地下水位高低等因素有关。碎石、卵石、粗砂、中砂等土壤颗粒较粗，颗粒间孔隙较大，水的毛细作用不明显，冻而不胀或冻胀轻微，其埋深可不考虑冻胀的影响。粉砂、轻亚黏土等土壤颗粒细、孔隙小、毛细作用显著，具有冻胀性，此类土壤称为冻胀土。冻胀土中含水量越大，冻胀就越严重；地下水位越高，冻胀就越强烈。因此，对于有冻胀性的地基土，基础应埋置在冰冻线以下 200mm 处，如图 5－7 所示。

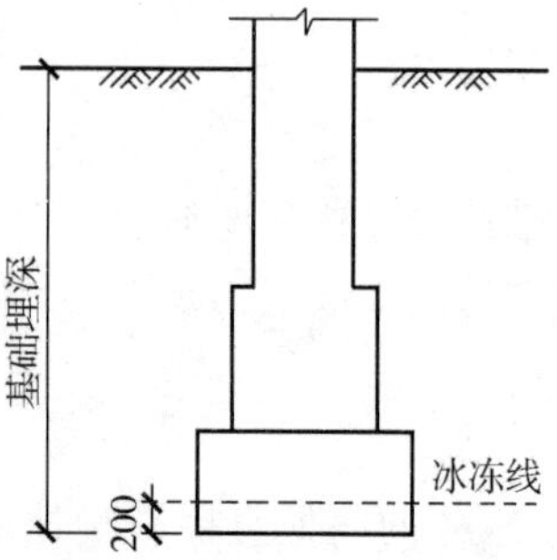

图 5－7　冻胀深度对基础埋置的影响

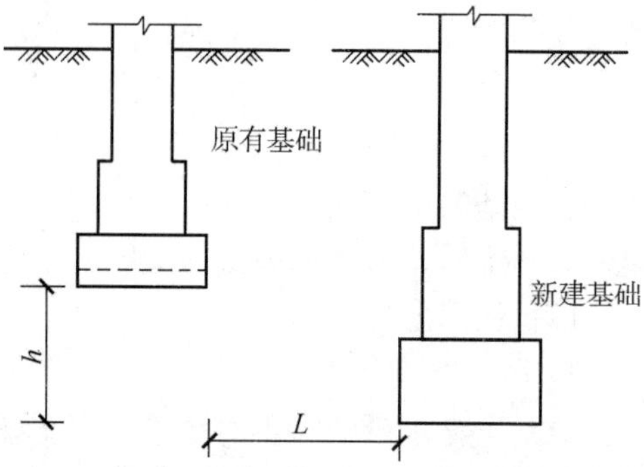

图 5－8　相邻基础的埋置位置

5. 相邻建筑物基础的影响

当新建房屋的基础埋深小于或等于原有房屋的基础埋深时，可不考虑相互影响；当新建房屋的基础埋深大于原有房屋的基础埋深时，应考虑相互影响，如图 5－8 所示。具体做法应满足下列条件：$h/L \leqslant 0.5-1$ 即 $L=1.0h-2.0h$。式中：h 为新建筑与原有建筑物基础底面标高之差；L 为新建筑与原有建筑物基础边缘的最小距离。当上述要求不能满足时，应采取分段施工，设临时加固支撑，打板桩或地下连续墙等施工措施，或加固原有建筑地基。

5.3.2　基础的类型与构造做法

基础的类型很多，划分方法也不尽相同。从基础的材料及受力来划分，可分为无筋扩展基础（刚性基础）和扩展基础（柔性基础）；从基础的构造形式划分，可分为条形基础、独立基础、筏形基础、箱形基础、不埋基础等。

5.3.2.1　按所用材料及受力特点分类

1. 无筋扩展基础

无筋扩展基础又称为刚性基础，指用砖、灰土、混凝土、三合土、毛石等受压强度大而受拉强度小的刚性材料建成的基础。由于刚性材料的特点，这种基础只适合于受压而不适合于受弯、拉和剪力，因此基础剖面尺寸必须满足刚性条件的要求。

由于地基承载力的限制，上部结构通过基础将其荷载传给地基时，为使其单位面积所传递的力与地基承载力设计值相适应，以台阶的形式逐渐扩大其传力面积，这种逐渐扩大的台阶称为大放脚。根据实验得知，刚性材料建成的基础在传力时只能在材料允许的范围内控制，这个控制范围的夹角称为刚性角，以 α 表示，即控制基础挑出长度 B 与 H 之比

(通常称宽高比)。如图5－9所示，在刚性角控制范围内，基础底面不会产生拉应力，基础不会破坏。如果基础底面宽度超过刚性角控制范围，即 B_0 增大为 B，这时，从基础受力方面分析，挑出的基础相当于一个悬臂梁，基础底面将受拉。当拉应力超过材料的抗拉强度时，基础底面将因受拉而开裂，并由于裂缝扩展使基础破坏。所以，刚性基础宽度的增大要受到刚性角的控制。不同材料的刚性角是不同的，如表5－1所示。例如，砖基础的宽高比为1:1.50，刚性角通常为26°～33°；混凝土基础的宽高比为1:1，刚性角则小于45°。

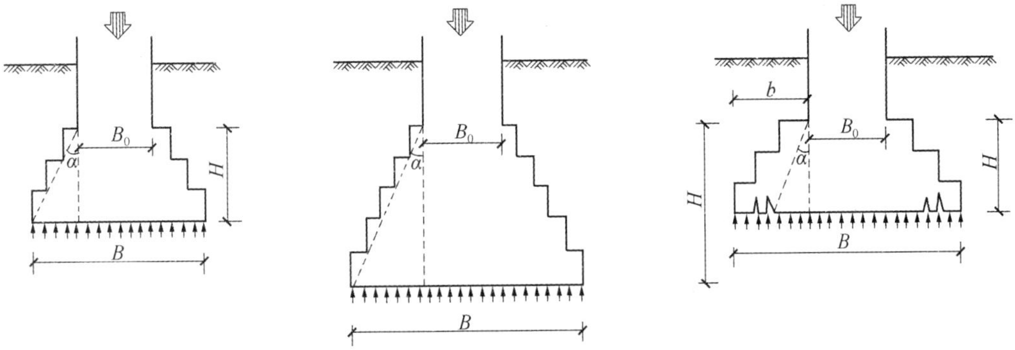

(a) 基础在刚性角范围内　　(b) 基础底面超出刚性角的范围

图5－9　无筋扩展基础的受力、传力特点

表5－1　无筋扩展基础台阶宽高比

基础名称	质量要求		台阶宽高比的容许值		
			$p_k \leqslant 100$	$100 < p_k \leqslant 200$	$200 < p_k \leqslant 300$
混凝土基础	C15混凝土		1:1.00	1:1.00	1:1.25
砖基础	砖不低于MU10	砂浆不低于M15	1:1.50	1:1.50	1:1.50
毛石混凝土基础	C15混凝土		1:1.00	1:1.25	1:1.50
毛石基础	砂浆不低于M5		1:1.25	1:1.50	
灰土基础	体积比为3:7或2:8的灰土，其最小干密度：粉土1.55t/m^3，粉质黏土1.50t/m^3，黏土1.45t/m^3		1:1.25	1:1.50	
三合土基础	体积比为1:2:4～1:3:6（石灰:砂:骨料），每层约虚铺220mm，夯至150mm		1:1.50	1:2.00	

注：p_k 为基础底面处的平均压力值（kPa）。

无筋扩展基础常用于建筑物荷载较小、地基承载力较好、压缩性较小的地基上。

(1) 砖基础

砌筑砖基础的普通黏土砖，其强度等级要求在MU7.5以上，砂浆强度等级一般不低于M5。砖基础采用逐级放大的台阶式，为了满足刚性角的限制，其台阶的宽高比应小于1:1.50，一般采用每2皮砖挑出1/4砖或每2皮砖挑出1/4砖与每1皮砖挑出1/4砖相间的砌筑方法，如图 5－10 所示。砌筑前基槽底面要铺 20mm 厚的砂垫层或灰土垫层。

砖基础具有取材容易、价格低廉、施工方便等特点，由于砖的强度及耐久性较差，故砖基础常用于地基土质好、地下水位较低、五层以下的砖混结构中。

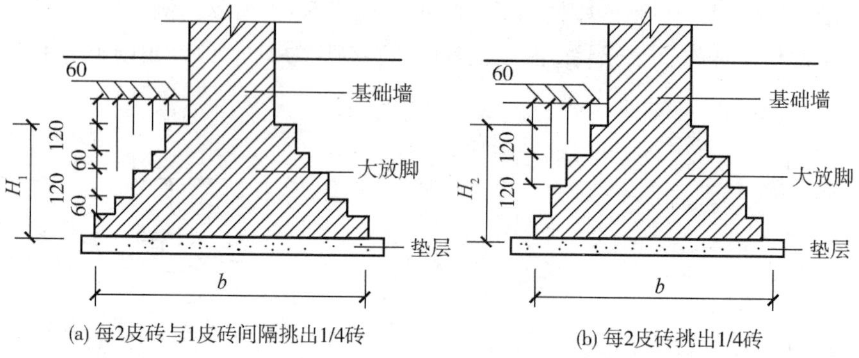

图 5－10　砖基础构造

（2）毛石基础

毛石基础是由石材和不小于 M5 砂浆砌筑而成，毛石是指开采未经雕凿成型的石块，形状不规则。由于石材抗压强度高、抗冻、抗水、抗腐蚀性能均较好，所以毛石基础可以用于地下水位较高、冻结深度较大的低层或多层民用建筑，但其整体性欠佳，有震动的房屋很少采用。

毛石基础的剖面形式多为阶梯形，如图 5－11 所示。基础顶面要比墙或柱每边宽出 100mm，基础的宽度、每个台阶挑出的高度均不宜小于 400mm，每个台阶挑出的宽度不应大于 200mm。为满足刚性角的限制，其台阶的宽高比应小于 1∶1.25 或 1∶1.50，当基础底面宽度小于 700mm 时，毛石基础可做成矩形截面。

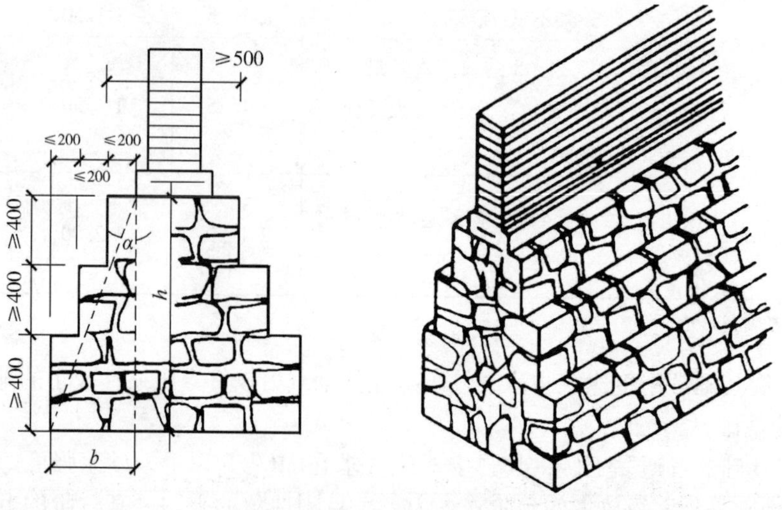

图 5－11　毛石基础构造

（3）灰土与三合土基础

灰土基础是由粉状的石灰与松散的粉土加适量水拌和而成，用于灰土基础的石灰与粉土的体积比为 3:7 或 4:6，灰土每层均需铺 220mm 厚，夯实后厚度为 150mm。由于灰土的抗冻、耐水性差，灰土基础适用于地下水位较低的低层建筑。三合土是指石灰、砂、骨料（碎石、碎砖或矿渣），按体积比 1:3:6 或 1:2:4 加水拌和而成。三合土基础的总厚度 $H > 300\text{mm}$，宽度 $B > 600\text{mm}$。三合土基础广泛用于南方地区，适用于四层以下的建筑。与灰土基础一样，三合土基础应埋在地下水位以上，顶面应在冰冻线以下。灰土与三合土基础如图 5－12 所示。

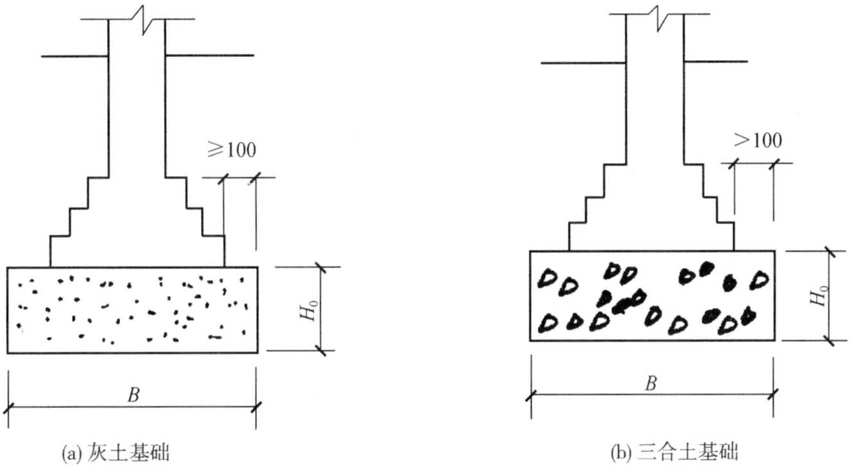

图 5－12　灰土与三合土基础

（4）混凝土基础

混凝土基础具有坚固、耐久、耐腐蚀、耐水等特点，与前几种基础相比刚性角较大，可用于地下水位较高和有冰冻的地方。由于混凝土可塑性强，基础断面形式可做成矩形、阶梯形和锥形。为了方便施工，当基础宽度小于 350mm 时，多做成矩形；大于 350mm 时，多做成阶梯形。当基础底面宽度大于 2000mm 时，还可做成锥形，锥形断面能节约混凝土，从而减轻基础自重。

混凝土基础的刚性角 α 为 45°，阶梯形断面宽高比应小于 1:1.0 或 1:1.5。混凝土标号为 C15，混凝土基础如图 5－13 所示。

（5）毛石混凝土基础

为了节约水泥用量，对于体积较大的混凝土基础，可以在浇注混凝土时加入 20%～30% 的粒径不超过 300mm 的毛石，这种基础叫作毛石混凝土基础。所用毛石尺寸应小于基础宽度的 1/3，且毛石在混凝土中应分布均匀。当基础埋深较大时，也可将毛石混凝土做成台阶形，每阶宽度不应小于 400mm。如果地下水对普通水泥有侵蚀作用，应采用矿渣水泥或火山灰水泥拌制混凝土。

2. 扩展基础（柔性基础）

扩展基础一般指钢筋混凝土基础。当建筑物的荷载较大，地基承载力较小时，基础底面 B 必须加宽。如果仍采用砖、混凝土等刚性材料作基础，势必加大基础的深度。这样

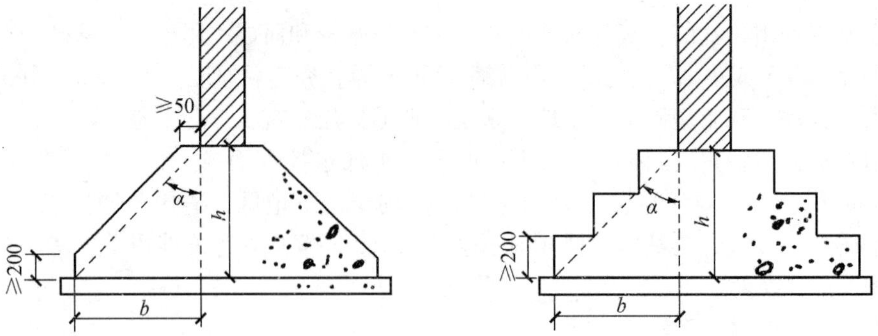

(a) 梯形　　(b) 台阶形

图 5－13　混凝土基础

既增加了土方工程量，又增加了材料的用量。特别是基础遇到有软弱土层而不宜深埋时，应充分利用持力层好的土的承载力。在混凝土基础的底部配以钢筋，利用钢筋来承受拉应力，使基础底部能够承受较大的弯矩，这时，基础宽度的加大不受刚性角的限制，故称钢筋混凝土基础为扩展基础。钢筋混凝土基础如图 5－14 所示。

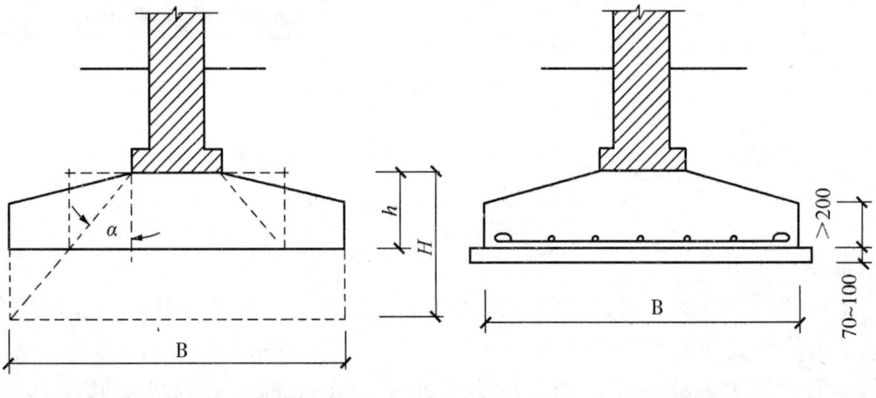

(a) 混凝土与钢筋混凝土基础的比较　　(b) 钢筋混凝土基础

图 5－14　钢筋混凝土基础

钢筋混凝土基础可尽量浅埋，这种基础相当于一个受均布荷载的悬臂梁，所以它的截面高度向外逐渐减少，最薄处的厚度应≥200mm，受力钢筋的数量应通过计算确定，但钢筋直径不宜小于 8mm，混凝土强度等级不宜低于 C15。为使基础底面均匀传递对地基的压力，常在基础底面用 C7. 5 或 C10 的混凝土做垫层，其厚度宜为 60 ～ 100mm。有垫层时，钢筋距基础底面的保护层厚度不宜小于 35mm；不设垫层时，钢筋距基础底面不宜小于 70mm，以保护钢筋免遭锈蚀。

5. 3. 2. 2　按基础的构造形式分类

基础形式的确定是根据建筑物上部结构形式、荷载大小及地基允许承载力情况而定。常见有以下几种：

1. 条形基础

当建筑物为砖或石墙承重时，承重墙下一般采用通常的长条形基础，具有较好的纵向整体性，可减缓局部不均匀下沉，这种基础称为条形基础或带形基础，如图 5－15 所示。一般中、小型建筑常采用砖、混凝土、石或三合土等材料的刚性条形基础。

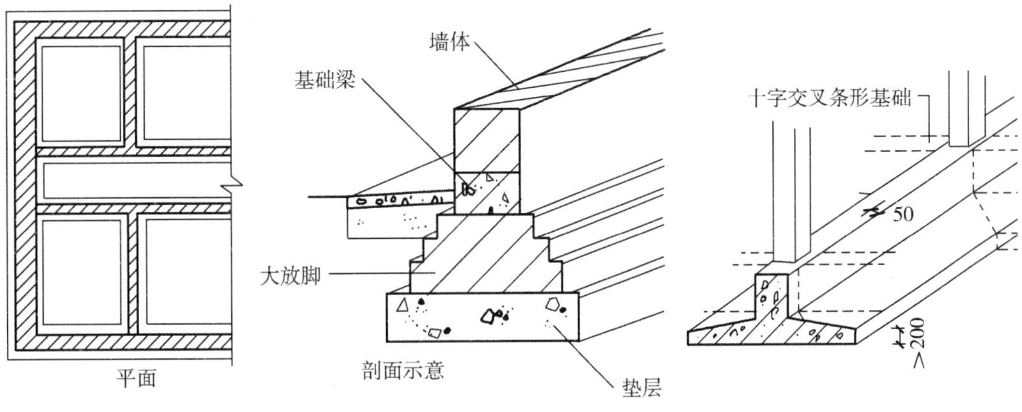

(a) 墙下条形基础　　(b) 柱下条形基础

图 5－15　条形基础

当建筑物为框架结构柱承重时，若柱间距较小或地基较弱，也可采用柱下条形基础，将柱下的基础连接在一起，使建筑物具有良好的整体性。柱下条形基础还可以有效地防止不均匀沉降。

2. 独立基础

当建筑物为框架结构或单层排架结构承重且柱间距较大时，基础常采用方或矩形的独立基础，称为独立基础或柱墩式基础，如图 5－16 所示。其常用的断面形式有阶梯形、锥形、杯形等，其优点可减少土方工程量，便于管道穿过，节约材料。但独立基础间无构件连接，整体性较差，因此，适用于土质均匀、荷载均匀的框架结构建筑。当柱采用预制构

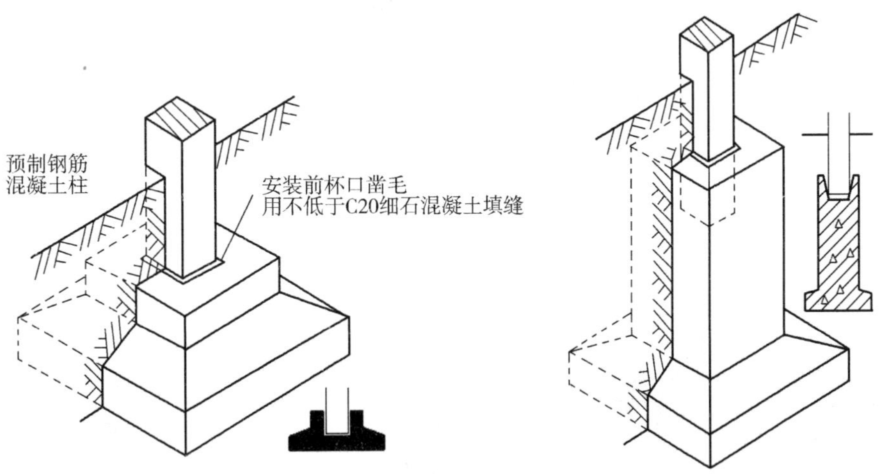

(a) 阶梯形独立基础　　(b) 锥形独立基础

图 5－16　独立基础

件时，则基础做成杯口形，柱插入并嵌固在杯口内，故又称为杯形基础，如图 5－17a 所示。有时考虑建筑场地起伏、局部工程地质条件变化，以及避开设备基础等原因，可降低个别柱基础底面，做成高杯口基础，或称长颈基础，如图 5－17b 所示。

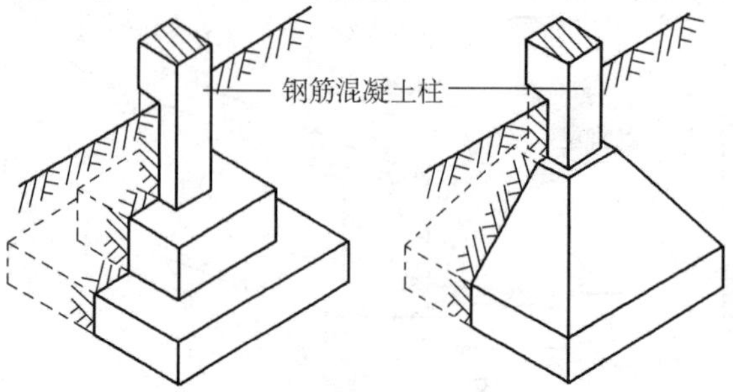

(a) 普通杯形独立基础　　(b) 高杯口独立基础

图 5－17　杯形独立基础

3. 井格基础

当框架结构处于地基条件较差或上部荷载较大时，为了提高建筑物的整体刚度，避免不均匀沉降，常将独立基础沿纵横向连接在一起，形成十字交叉的井格基础，如图 5－18 所示。

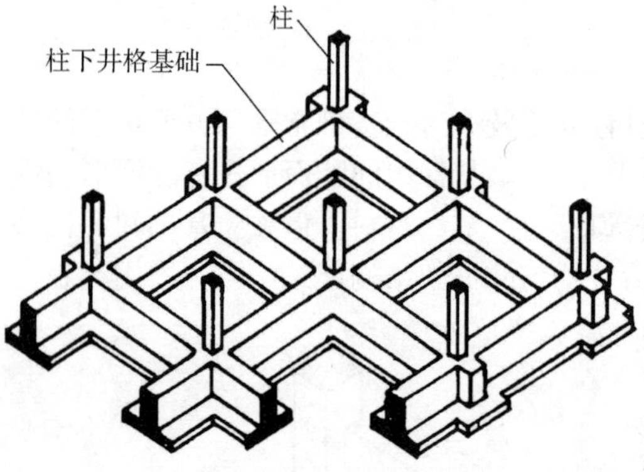

图 5－18　井格基础

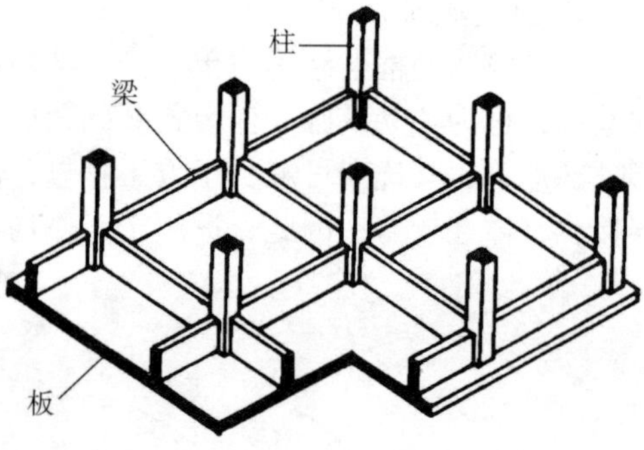

图 5－19　梁板式筏形基础

4. 满堂基础

满堂基础包括筏形基础和箱形基础。

（1）筏形基础

当地基条件较弱或建筑物的上部荷载较大，如采用简单条形基础或井格基础不能满足要求时，常将墙或柱下基础连成一片，使建筑物的荷载承受在一块整板上，成为筏形基础。筏形基础有平板和梁板式两种，前者板的厚度大，构造简单；后者板的厚度较小，但增加了双向梁，构造较复杂。图 5－19 所示为梁板式筏形基础。

不埋板式基础是筏形基础的另一种形式，是在天然地表面上，用压路机将地表土碾压密实，在较好的持力层上浇注钢筋混凝土基础，在构造上使基础如同一只盘子反扣在地面上，以此来承受上部荷载。这种基础大大减少了土方工程量，且适宜于较弱地基，特别适宜于五、六层整体刚度较好的居住建筑，但在冻土深度较大地区不宜采用，故多用于南方。不埋板式基础如图 5－20 所示。

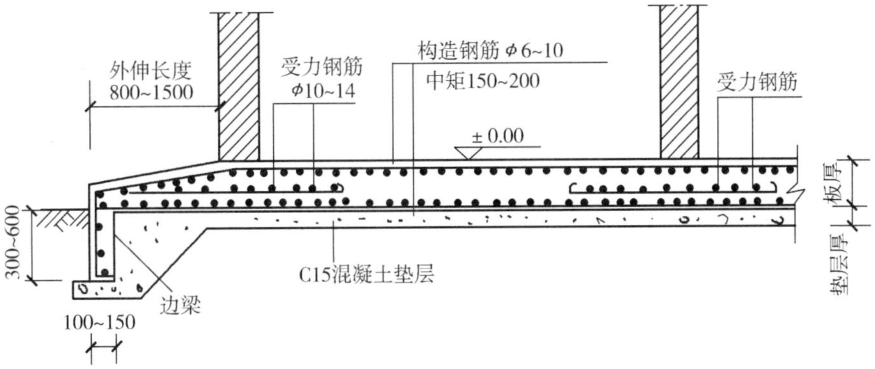

图 5－20　不埋板式基础

（2）箱形基础

当地基条件较差，建筑物的荷载很大或荷载分布不均而对沉降要求甚为严格时，可采用箱形基础。箱形基础是由底板、顶板、侧墙及一定数量的内墙构成的刚度较好的钢筋混凝土箱形结构，是高层建筑的一种较好的基础类型，人防地下室的基础类型一般为箱形基础，造价较高。箱形基础的内部空间可作为地下室的使用房间，如图 5－21 所示。在确定高层建筑的基础埋置深度时，应考虑建筑物的高度、体型、地基土质、抗震设防烈度等因素，并应满足抗倾覆和抗滑移的要求。抗震设防区天然土质地基上的箱形和筏形基础，其埋深不宜小于建筑物高度的 1/15。

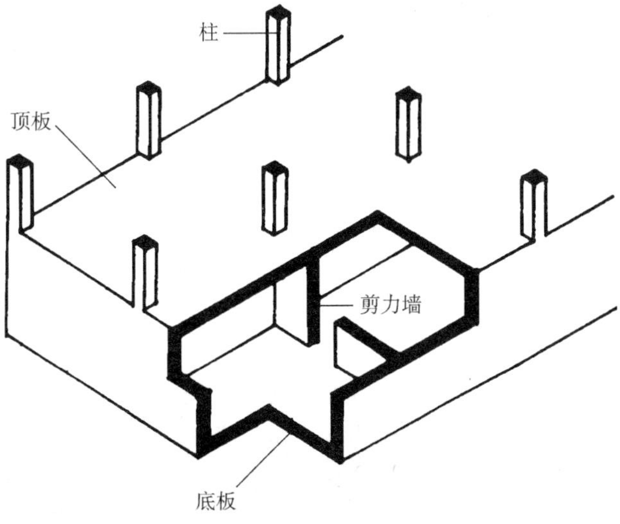

图 5－21　箱形基础

5. 桩基础

桩基础是一种常用的处理软弱地基的基础形式，属于应用最为广泛的基础之一。当建筑物荷载大、层数多、高度高、地基承载力差，浅基础不能满足要求，而沉降量又过大或地基稳定性不能满足建筑物规定时，常采用桩基础。桩基础具有承载力高、沉降速率低、沉降量小且均匀等特点。

（1）桩基础的组成

桩基础由基桩和连接于桩顶的承台共同组成，如图 5－22 所示。若桩身全部埋于土中，承台底面与土体接触，则称为低承台桩基；若桩身上部露出地面而承台底位于地面以上，则称为高承台桩基。建筑桩基通常为低承台桩基础。桩可以单独起作用，也可以是以二根、三根或更多根组合在一起共同起作用。单独作用的桩称单桩，多根桩共同作用的桩称群桩。

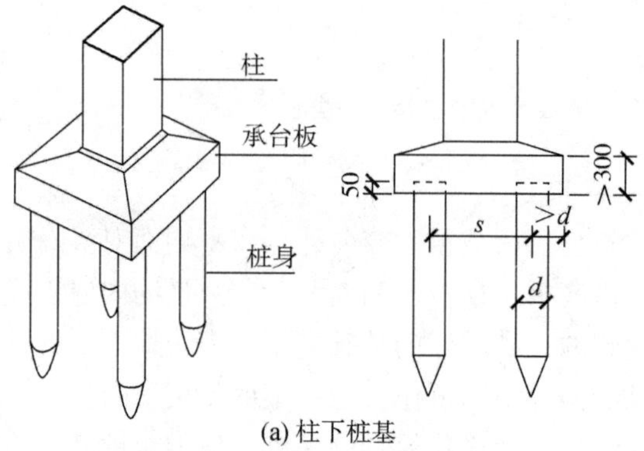

(a) 柱下桩基

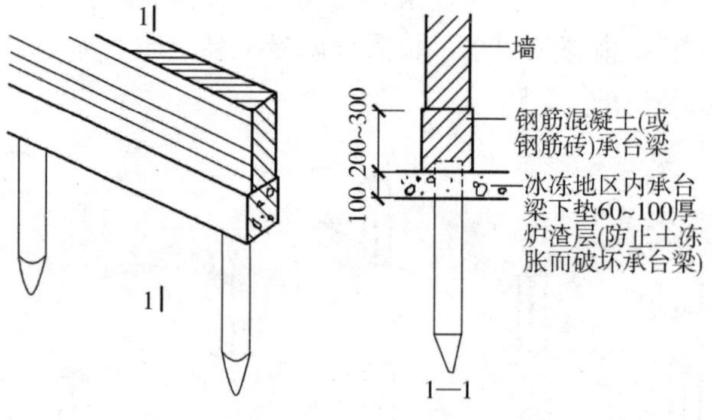

(b) 墙下桩基

图 5－22　桩基础的构成

（2）桩基础的分类

桩的种类很多，可以从不同的角度对桩进行分类。

①按桩的受力状态分类，桩可分为端承桩和摩擦桩。端承桩的桩顶荷载主要是靠桩端阻力承受；摩擦桩的桩顶荷载主要是靠桩身摩擦阻力承受，如图 5－23 所示。

端承桩是将桩尖直接支承在岩石或硬土层上，用桩尖支承建筑物的总荷载，并通过桩尖将荷载传递给地基。这种桩适用于坚硬土层较浅、荷载较大的工程。摩擦桩则是用桩挤实软弱土层，靠桩壁与土壤的摩擦力承担总荷载。这种桩适用于坚硬土层较深、荷载较小

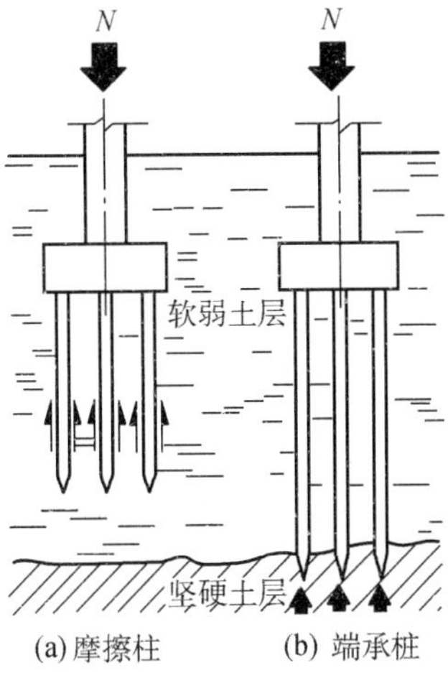

图 5－23　桩基的受力分类

的工程。

②按桩身材料分类，分为钢桩、混凝土桩、木桩等。

③按桩的受力状态分类，可分为抗压桩、抗拔桩、水平受力桩和复合受力桩。

④按桩的形状分类，可分为方桩、圆形桩、管状桩等。

⑤按桩的成桩方法分类，可分为非挤土桩、部分挤土桩和挤土桩。

钢筋混凝土桩是工程中最常应用的。钢筋混凝土桩按桩的施工工艺分类，可分为锤击预制桩、沉管灌注桩、钻孔灌注桩、人工挖孔桩等。

5.3.3　管道穿越基础的处理

当设备管道（如给排水管、煤气管等）穿越条形基础时，如从基础墙上穿过，可在墙上留洞；如从基础大放脚穿过则应将此段大放脚相应深埋。为防止建筑物沉降压断管道，管顶与预留洞上部留有不小于建筑物最大沉降量的距离，一般不小于 150mm，如图 5－24 所示。

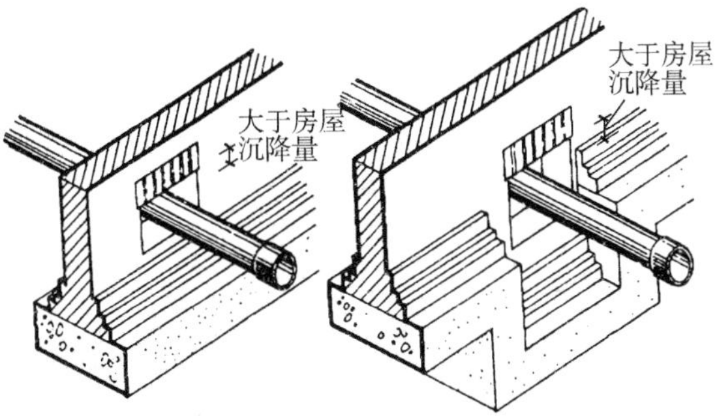

图 5－24　管道穿越基础的处理

思考题

1. 简述地基与基础的关系。
2. 简述地基土层的分类。
3. 简述人工地基的加固方法。
4. 简述常见桩基的种类。
5. 简述地基与基础的设计要求。
6. 绘图说明什么是基础的埋置深度。
7. 简述确定基础埋置深度的原则。
8. 简述刚性基础的受力特点。什么是刚性角?
9. 什么是柔性基础?绘图说明柔性基础的构造要求。
10. 说明不同形式的基础分类。
11. 简述管道穿越基础的处理。

第6章　墙体构造

本章学习目标

- 了解墙体的设计要求；
- 了解外墙保温隔热的措施及构造；
- 熟悉墙体砌筑方法和构造要点；
- 掌握各种隔墙的设计及构造要点；
- 掌握实砌墙体的细部构造。

6.1　墙体概述

6.1.1　墙体的类型

1. 按所在位置及方向分类

墙体按所处位置可以分为外墙和内墙。外墙位于房屋的四周，又称为外围护墙。起遮挡风雨、保温、隔热的维护作用，内墙位于房屋内部，主要起分隔内部空间的作用。墙体按布置方向又可以分为纵墙和横墙。沿建筑物长轴方向布置的墙称为纵墙，沿建筑物短轴方向布置的墙称为横墙，外横墙俗称山墙。另外，根据墙体与门窗的位置关系，窗洞口之间的墙体可以称为窗间墙，窗洞下部的墙体可以称为窗下墙。墙体分类如图6－1所示。

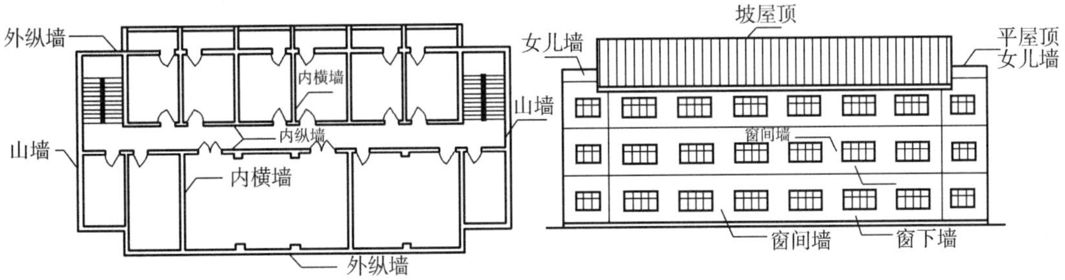

图6－1　不同位置的墙体名称

2. 按受力情况分类

墙按结构竖向的受力情况分为承重墙和非承重墙两种。承重墙直接承受楼板及屋顶传下来的荷载；非承重墙不承受外来荷载，仅起围护与分隔作用。

在砖混结构中，非承重墙可以分为自承重墙和隔墙。自承重墙仅承受自身重量，并把自重传给基础；隔墙则把自重传给楼板层或附加的小梁。在框架结构中，非承重墙可以分为填充墙和幕墙。填充墙是位于框架梁柱之间的墙体。当墙体悬挂于框架梁柱的外侧起围护作用时，称为幕墙，幕墙的自重由其连接固定部位的梁柱承担。

3. 按材料及构造方式分类

墙体按所用材料不同，分为砖墙、石墙、土墙、钢筋混凝土墙、砌块墙及多种材料结合的组合墙等。墙体按构造方式可以分为实体墙、空体墙和组合墙三种，如图 6－2 所示。实体墙由单一材料组成，如普通砖墙、实心砌块墙、混凝土墙、钢筋混凝土墙等。空体墙也是由单一材料组成，既可以是由单一材料砌成内部空心墙体，如空斗砖墙（图 6－3），也可以用具有孔洞的材料建造墙，如空心砌块墙（图 6－4）、空心板材墙等。组合墙由两种以上材料组合而成，如钢筋混凝土外贴保温板的组合墙体，其中钢筋混凝土起承重作用，保温板起保温隔热作用。

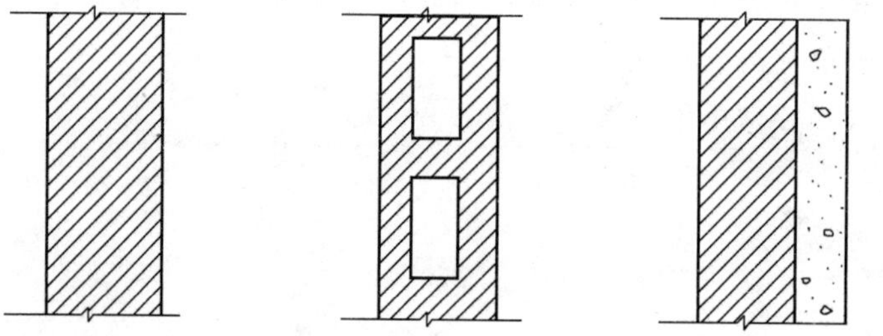

(a) 实体墙　(b) 空体墙　(c) 组合墙

图 6－2　墙体构造形式

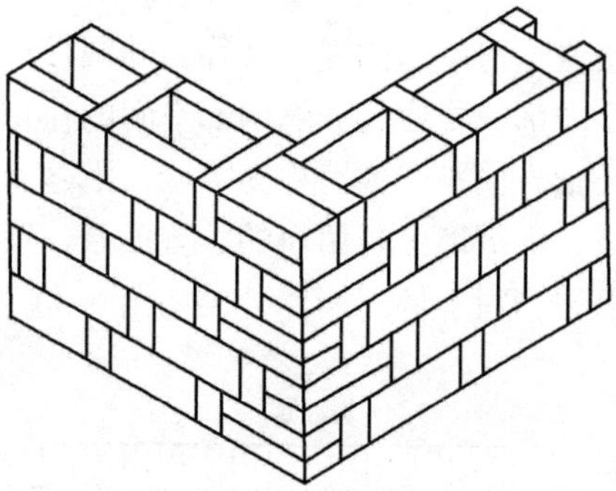

图 6－3　空斗砖墙

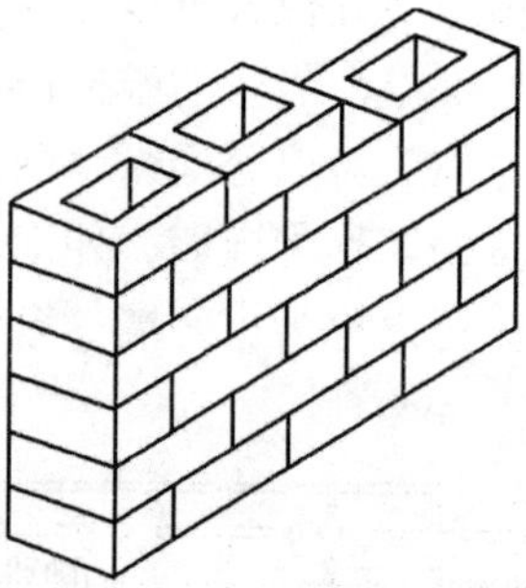

图 6－4　空心砌块墙

4. 按施工方法分类

按施工方法可分为砌体墙、板筑墙及板材墙三种。砌体墙是用砂浆等胶结材料将砖石块材等组砌而成，如砖墙、石墙及各种砌块墙等。板筑墙是在现场立模板，现浇而成墙体，如现浇混凝土墙等。板材墙是预先制成墙板，施工时安装而成的墙，如预制混凝土大板墙、各种轻质条板内隔墙等。

6.1.2　墙体的设计要求及结构布置

6.1.2.1　设计要求

因墙体的作用不同，在选择墙体材料和确定构造方案时，应根据墙体的性质和位置，分别满足结构、热工、隔声、防火、防潮、工业化等要求。

1. 具有足够的强度和稳定性

强度是指墙体承受荷载的能力。它与墙体所用材料、墙体尺寸、构造方式和施工方法有关。例如，钢筋混凝土墙体比同截面的砖墙强度高；强度等级高的砖和砂浆所砌筑的墙体比强度等级低的砖和砂浆所砌的墙体强度高；相同材料和相同强度等级的墙体相比，截面积大的墙体强度要高。作为承重的墙体，必须具有足够的强度以保证结构的安全。

稳定性与墙体的高度、长度和厚度有关。高度和长度是对建筑物的层高、开间或进深尺寸而言的。高而薄的墙体比矮而厚的墙体稳定性差；长而薄的墙体比短而厚的墙体稳定性差；两端有固定的墙体比两端无固定的墙体稳定性好。实际工程墙体的高厚必须控制在允许高厚限值以内。

2. 满足保温、隔热等热工方面的要求

适宜的室内温度和温度状况是人们生活和生产的基本要求。对于建筑的外围护结构来说，由于在大多数情况下，建筑的室内外都会存在温差，特别是处于寒冷地区冬季需要采暖的建筑和在有些地区因夏季炎热而需要在室内使用空调制冷的建筑，其围护结构两侧的温差在这样的情况下相差较大。从舒适和节能的角度出发，要求作为围护结构的外墙具有良好的热稳定性，使室内温度环境在外界环境气温变化的情况下保持相对的稳定，减少对空调和采暖设备的依赖。

3. 满足隔声要求

不同类型的建筑具有相应的噪声控制标准。例如，住宅中卧室为40dB，学校的一般教室为50dB，医院的门诊室为55dB等。噪声通常是指由各种不同强度、不同频率的声音混杂在一起的嘈杂声。噪声传递有两种形式，一种是声响发生后，通过空气、透过墙体再传递到人耳，叫空气声，如说话声、汽车喇叭声等。另一种是直接撞击墙体或楼板，发出的声音再传递到人耳，叫固体声或撞击声，如关门时产生的撞击声、在楼板上行走的脚步声等。

墙体主要隔离空气声。空气声在墙体中的传播途径有两种：一是通过墙体的缝隙和微孔传播；二是在声波作用下墙体受到振动，声音透过墙体而传播。控制噪声，对墙体一般采取以下措施：

（1）加强墙体的密缝处理，特别是对墙体与门窗等缝隙进行处理。

（2）增加墙体密实性及厚度，避免噪声穿透墙体及墙体振动，砖墙隔声能力较好。例如，24砖墙隔声量为48～53dB，12砖墙的隔声量为43～47dB，但应避免一味地依靠墙体厚度来提高隔声能力。

（3）采用有空气间层或多孔性材料的夹层墙，提高墙体的减振和吸音能力。

（4）充分利用垂直绿化带降低噪音。

4. 其他方面的要求

（1）防火要求。防火规范中对不同耐火等级建筑各部位墙体的耐火性能做了规定，在选择墙体材料时应符合防火规范规定的燃烧性能和耐火极限。在较大的建筑中还应设置防火墙，把建筑分成若干区段，以防止火灾蔓延。

（2）防水防潮要求。在卫生间、厨房、实验室等有水的房间及地下室的墙应采取防水防潮措施。选择良好的防水材料以及恰当的构造做法，保证墙体的坚固耐久性，使室内有良好的卫生环境。

（3）建筑工业化要求。在大量性民用建筑中，墙体工程量占相当的比重。因此，建筑工业化的关键是墙体的改革，改变手工生产及操作，提高机械化施工程度，提高工效，降低劳动强度，推广应用轻质高强的墙体材料，以减轻自重、降低成本。

6.1.2.2 墙体的结构布置

墙体是多层砖混房屋的围护构件，也是主要的承重构件。墙体布置必须同时考虑建筑和结构两方面的要求，选择合理的墙体承重结构布置方案，使之安全承担作用在房屋上的各种荷载，坚固耐久、经济合理。结构布置指梁、板、柱等结构构件在房屋中的总体布局。砖混结构建筑的结构布置方案，通常有横墙承重、纵墙承重、纵横墙双向承重、部分框架承重几种方式，如图 6－5 所示。

1. 横墙承重

横墙承重是指将楼板及屋面板等水平承重构件均搁置在横墙上，纵墙只起纵向稳定和拉结，以及承自重的作用，如图 6－5a 所示。其特点是：横墙间距小，建筑的整体性好，横向刚度大，利于抵抗水平荷载和地震作用；但房间的开间尺寸不灵活，墙的结构面积较大。因此，横墙承重方案适用于房间开间尺寸不大的宿舍、旅馆、住宅、办公室等建筑。

2. 纵墙承重

纵墙承重是指楼板及屋面板等水平承重构件均搁置在纵墙上，横墙只起分隔空间和连接纵墙的作用，如图 6－5b 所示。其特点是：横墙只起分隔作用，房屋开间划分灵活，可满足较大空间的要求；但其整体刚度差，抗震性能差。因此，纵墙承重方案适用于非地震区、房间开间较大的建筑物，如餐厅、商店、教学楼等。

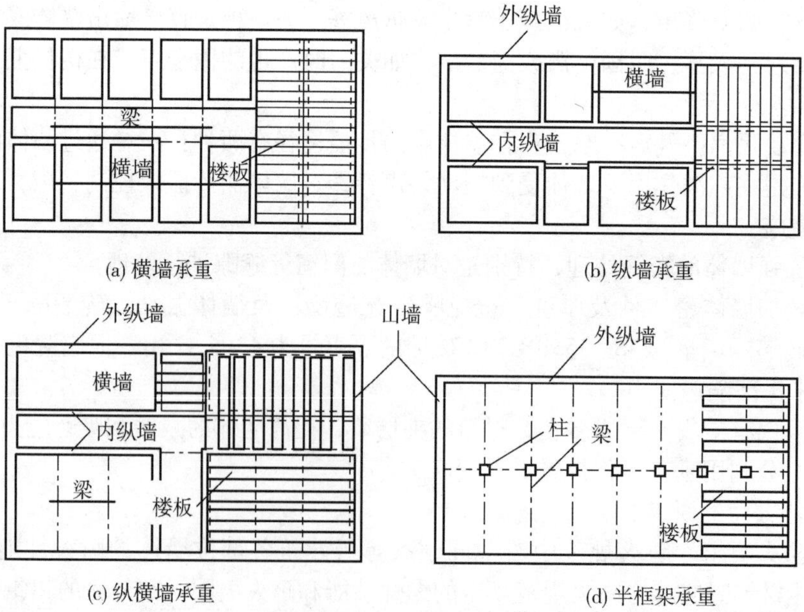

图 6－5　墙体承重结构布置方案

3. 纵横墙混合承重

纵横墙混合承重是指房间的纵向和横向的墙共同承受楼板和屋面板等水平承重构件传

来的荷载，如图6－5c所示。其特点是：房屋的纵墙和横墙均可起承重作用，建筑平面布局较灵活，建筑物的整体刚度、抗震性能较好。因此，该方案目前采用较多，多用于房间开间、进深尺寸较大且房间类型较多的建筑，如教学楼、住宅、综合商店等。

4. 部分框架承重

部分框架承重结构即墙、柱混合承重结构，是指房屋的外墙和内柱共同承受楼板、屋面板等水平承重构件传来的荷载，此时内柱和梁组成内部框架结构，梁的另一端搁置在外墙上，如图6－5d所示。该方案具有内部空间大的特点，常用于内柱不影响使用的大房间，如商场、展室、车库等。

墙体进行结构平面布置时，应使结构承重墙体在横向和纵向均尽量连续并对齐，以便更有效地传递风荷载和地震作用等水平荷载。此外，结构承重墙体在平面中应尽可能布置得均匀对称，以使整个建筑的结构刚度均匀对称，这一点对建筑物的抗震十分重要。结构承重墙体在剖面布置时，应使承重墙体在各楼层之间上下连续并对齐，以保证墙体更有效地承受和传递竖向荷载。

6.2　砌体墙构造

6.2.1　砖墙构造

砖墙是由砖和砂浆按一定的砌筑方式砌成，具有保温、隔热、隔声和承载能力。砖墙生产制造及施工操作简单，曾在大量民用建筑中使用较为广泛，近年来为节约耕地其使用受到限制。

6.2.1.1　砖墙材料

砖墙主要由砖和砂浆两种材料砌筑成。

1. 砖

砖的种类很多，从材料上分有黏土砖、灰砂砖、页岩砖、煤矸石砖、水泥砖，以及各种工业废料砖，如炉渣砖等。从形状上分为实心砖、空心砖和多孔砖。从其制作工艺看，有烧结和蒸压养护成型等方式。目前常用的有烧结普通砖、烧结空心砖和烧结多孔砖，以及蒸压粉煤灰砖、蒸压灰砂砖等。

（1）烧结普通砖。指各种烧结的实心砖，以黏土、粉煤灰、煤矸石和岩石等为主要原材料。黏土砖具有较高的强度和热工、防火、抗冻性能，但由于黏土材料毁坏农田，我国已逐步禁止使用实心黏土砖，取而代之以多孔砖、空心砖、工业小砖（灰砂砖、高压粉煤灰砖、煤矸石砖等）、承重及非承重混凝土砌块、加气混凝土制品及各种轻质板材。例如，北京市在取代黏土实心砖后的代用材料主要为两大类，它们分别是多孔砖和承重混凝土空心砌块。

常用的实心砖规格（长×宽×厚）为240mm×115mm×53mm，加上砌筑时所需的灰缝尺寸（10mm），正好形成4:2:1的尺度关系，便于砌筑时相互搭接和组合，规格如图6－6所示。

（2）烧结空心砖和烧结多孔砖都是以黏土、页岩、煤矸石等为主要原料经焙烧而成。这两种砖主要适用于非承重墙体，但不应用于地面以下或防潮层以下的砌体。

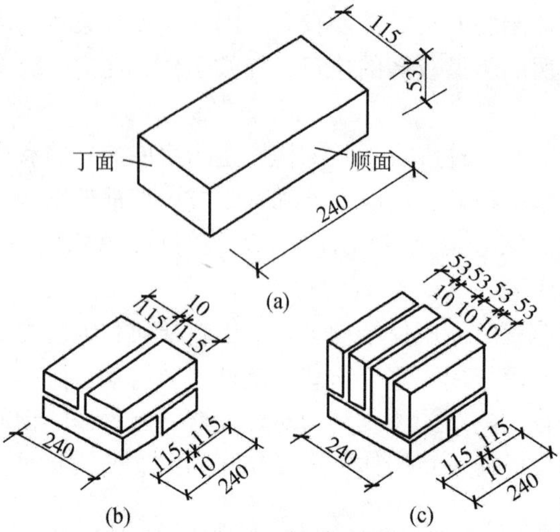

图 6－6　标准砖的尺寸关系

黏土多孔砖分为模数多孔砖（DM 型又称为 M 型）和普通多孔砖（KP1 型又称为 P 型）两种。DM 型多孔砖采用 1M 模数制进行组合拼装，其主要形状与规格尺寸如图 6－7 所示；KP1 型多孔砖采用的是 2.5 制，与实心砖非常相似，其形状与规格尺寸如图 6－8 所示。

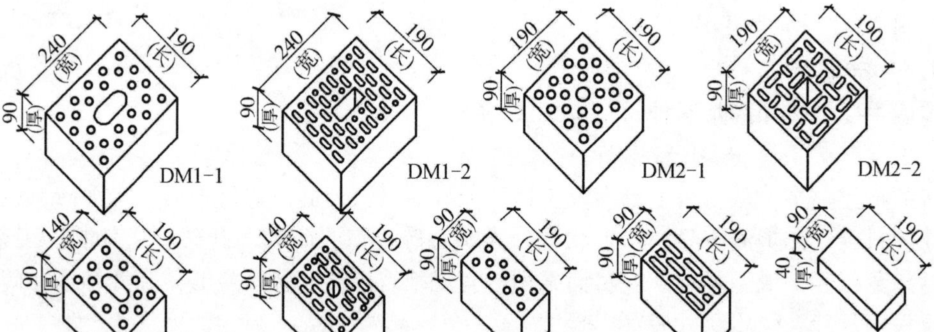

图 6－7　DM 型黏土多孔砖

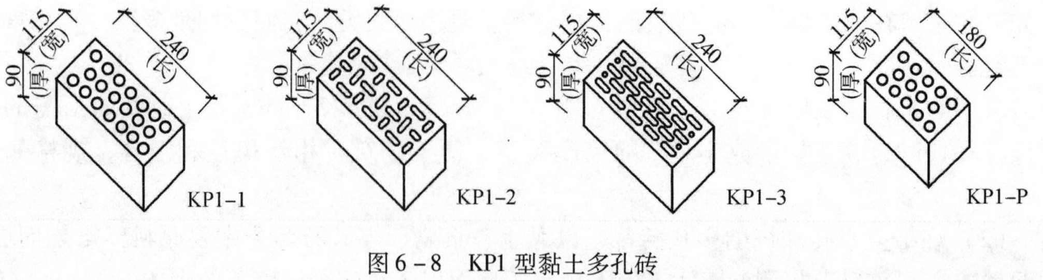

图 6－8　KP1 型黏土多孔砖

（3）蒸压粉煤灰砖是以粉煤灰、石灰、石膏和细集料为原料，压制成型后经高压蒸汽养护制成的实心砖，其强度高，性能稳定。蒸压灰砂砖是以石灰和砂子为主要原料，成型后经蒸压养护而成，是一种比烧结砖质量大的承重砖，隔声能力和蓄热能力较好，有空心砖和实心砖两种。

2. 砂浆

砂浆是砌体的黏结材料，它将砖块胶结成为整体，并将砖块之间的空隙填平，密实，便于使上层砖块所受的荷载逐层均匀地传至下层砖块，保证砌体的强度。

砌筑墙体的砂浆常用的有水泥砂浆、石灰砂浆和混合砂浆三种。水泥砂浆属水硬性材料，强度高，防潮性能好，通常在需要防潮的位置用水泥砂浆砌筑，如工程中常规定 ±0.000mm 以下或防潮层以下用水泥砂浆砌筑墙体。混合砂浆强度较高，和易性、保水性优于水泥砂浆，常用于砌筑地面以上的砌体，是大量使用的砌筑砂浆。石灰砂浆属气硬性材料，强度和防潮性均差，和易性好，用于砌筑次要民用建筑中地面以上强度要求低的墙体。砌筑砂浆的强度也用强度等级表示，共有 M15、M10、M7.5、M5 和 M2 五级。

6.2.1.2　墙体的组砌方式

墙体的组砌方式是指多种不同块材在砌体中的排列方式，墙体的组砌方式直接影响到墙体结构的强度、稳定性和整体性。各种块材的墙体组砌时均应满足“灰缝横平竖直、错缝搭接，灰浆饱满、厚薄均匀”的要求。砌筑工程中将砖的侧边叫“顺”，将其顶端称为“丁”，以标准砖为例，实体墙常用的组砌方式如图 6－9 所示，常见的墙体厚度如表 6－1 所示。承重墙至少应为 18 墙。当采用复合材料或带有空腔的保温隔热墙体时，墙体厚度尺寸根据构造层次计算即可。

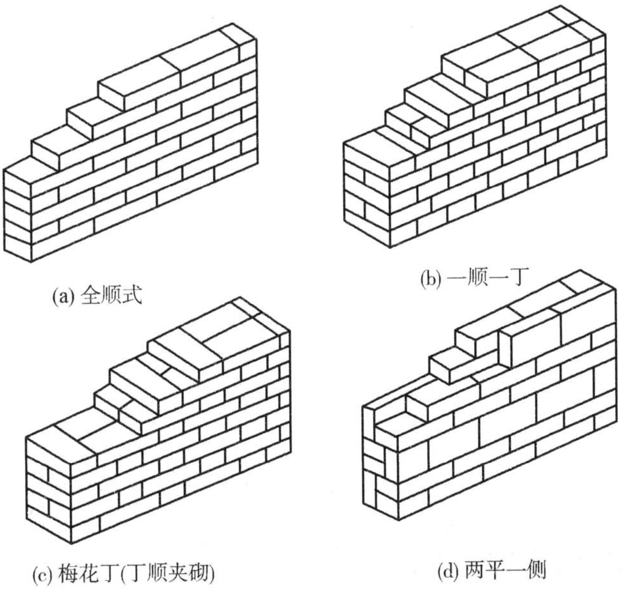

(a) 全顺式　(b) 一顺一丁　(c) 梅花丁(丁顺夹砌)　(d) 两平一侧

图 6－9　砖墙组砌方式

表 6－1　常见砖墙厚度

墙厚	断面图	名称	尺寸/mm
1/2	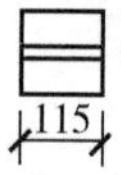	12 墙	115
3/4	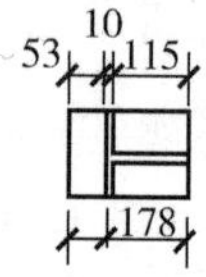	18 墙	178
1	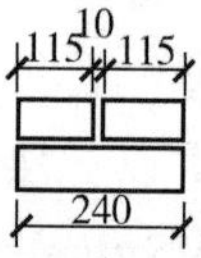	24 墙	240
3/2	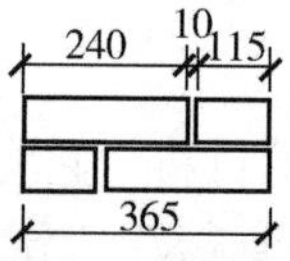	37 墙	365
2	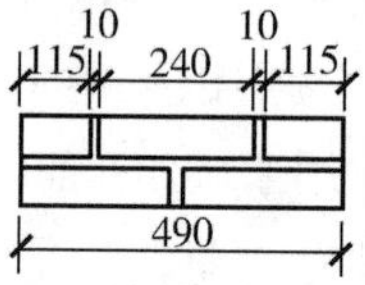	49 墙	490

在工程中，较短的墙段（门垛、壁柱等）应尽量满足砖砌筑的模数，如 370mm，490mm，620mm，740mm，870mm 等，以避免剁砖及保证错缝搭接砌筑。

此外，为保证建筑的安全，GB 50011—2010《建筑抗震设计规范》对砖墙的局部尺寸也做了相应的规定，如表 6－2 所示。

表 6－2　房屋的细部尺寸限制　　单位：m

部　　位	烈　　度			
	6	7	8	9
承重窗间墙最小宽度	1.0	1.0	1.2	1.5
承重外墙尽端至门窗洞边的最小距离	1.0	1.0	1.2	1.5
非承重外墙尽端至门窗洞边的最小距离	1.0	1.0	1.0	1.0
内墙阳角至门窗洞边的最小距离	1.0	1.0	1.5	2.0
无锚固女儿墙（非出入口处）的最大高度	0.5	0.5	0.5	0.0

6.2.1.3　墙体的细部构造

为保证墙体的耐久性，满足其使用功能要求和墙体与其他构件的连接，应在相应的位置进行细部构造处理。墙体细部构造包括墙脚构造、门窗过梁及窗台构造、墙体加固措施、变形缝（将在变形缝一章中详细介绍）等。

1. 墙脚构造

墙脚是指室内地面以下、基础以上的这段墙体。内外墙都有墙脚，墙脚直接接触土壤，容易遭受地下水、雨水、外力碰撞等影响。因此，必须做好墙脚防潮，并增强勒脚的坚固及耐久性，排除房屋四周地面水。

（1）墙体防潮层

墙体防潮包括水平防潮和垂直防潮两种情况的防潮处理。

墙体水平防潮层是对建筑物的内外墙，在墙脚范围内一定高度设置的水平方向的防潮层。在墙体中设置防潮层的目的是防止土壤中的水分沿基础墙上升和勒脚部位的地面水影响墙身，从而提高墙体的耐久性，保持室内干燥卫生。

水平防潮层设在建筑物内外墙体沿地坪层的刚性垫层之间。如果建筑物底层室内采用实铺地面的做法，水平防潮一般设在地面素混凝土垫层（不透水材料）的厚度范围之内。工程中常将其设于 -0.060m 处，如图 6-10a 所示。如果底层地面设地梁，则地梁可以兼作水平防潮层。若地面垫层采用碎砖、三合土等透水材料，则水平防潮层设在地面垫层的厚度范围之上，工程中常将其设于 0.060m 处，如图 6-10b 所示。

水平防潮层的构造做法常用的有以下三种：

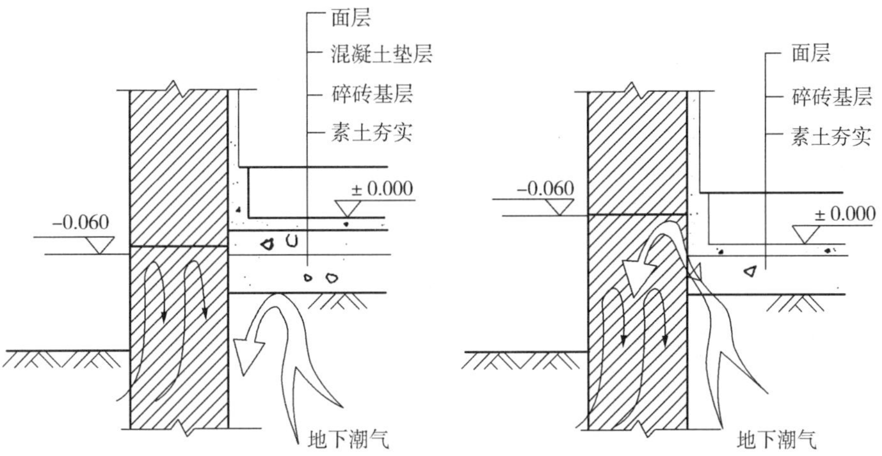

(a) 垫层不透水　　(b) 垫层透水

图 6-10　水平防潮层

①卷材防潮层。在防潮层部位先抹 20mm 厚水泥砂浆找平，上干铺卷材一层或用热沥青粘贴一毡二油，卷材的宽度应每侧宽于墙厚 20mm。此种做法防潮效果好，但卷材使基础墙与上部墙身隔离开，减弱了砖墙的抗震能力，如图 6-11a 所示。

②防水砂浆防潮层。具体做法是抹 20～25mm 的水泥砂浆加 5% 的防水剂拌合而成的防水砂浆，或用防水砂浆砌筑 4～6 皮砖，如图 6-11b 所示，由于砂浆易开裂，故不适用于地基会产生变形的建筑。

③细石混凝土防潮层。由于混凝土本身具有一定的防水性能，常把防水要求和结构做法合并考虑，采用 60mm 厚细石混凝土，内配 3ϕ6，ϕ4@250mm 钢筋网片，其防潮性能较好，如图 6-11c 所示。

上述三种做法，在抗震设防区应选取细石混凝土防潮层。如果墙脚采用不透水材料（如条石或混凝土等），或设有钢筋混凝土地圈梁时，可以不设防潮层。

有时建筑物室内地坪会出现高差或室内地坪低于室外地面的标高，此时不仅要求按地坪高差的不同在墙身与之相适应的部位设两道水平防潮层，而且还应该对有高差部分的垂直墙面采取垂直防潮措施，以避免有高差部位填土中的潮气侵入低地坪部分的墙身，如图 6-12 所示。垂直防潮层的做法是在墙体迎向潮气的一面做 20～25mm 厚 1:2 的防水砂浆，或者用 15mm 厚 1:3 的水泥砂浆找平后，再涂防水涂膜 2～3 道或贴高分子防水卷材

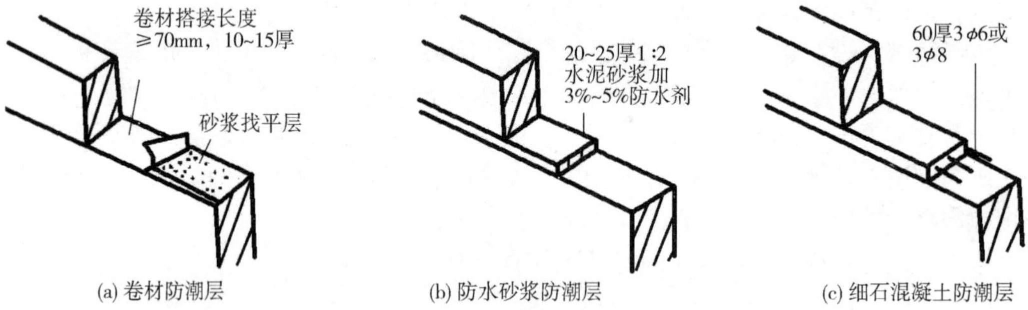

图6－11　水平防潮层

一道。

（2）勒脚

外墙的墙脚（即建筑物四周与室外地面接近的那部分墙体）称为勒脚，一般是指室内首层地坪与室外地坪之间的这一段墙体。为了防御多方面水的作用及可能的人为机械碰撞，勒脚部位应进行防水处理和加固处理。同时，勒脚还有美化建筑外观的作用，其做法、高度、色彩等应结合建筑造型，选用耐久性好的材料或防水性好的外墙饰面。勒脚构造做法如图6－13所示。

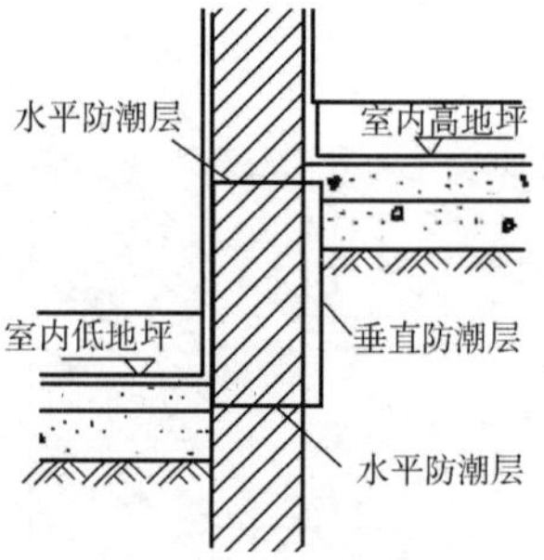

图6－12　水平与垂直防潮层

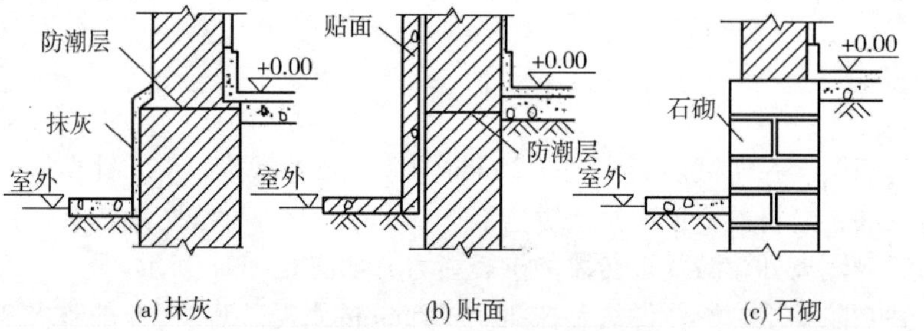

图6－13　勒脚的构造做法

①勒脚表面抹灰。可用8～15mm厚1:3水泥砂浆打底，12mm厚1:2水泥白石子浆水刷石或斩假石抹面。此法多用于一般建筑。

②勒脚贴面。可用天然石材或人工石材贴面，如花岗石、水磨石板等。贴面勒脚耐久性强、装饰效果好，用于标准较高的建筑。

③勒脚采用坚固耐久材料，如条石、混凝土等材料砌筑。

勒脚的高度一般为室内外地坪之高差，也可以根据需要提高勒脚高度，直到首层窗台下。

（3）散水与明沟

为保护墙基不受雨水的侵蚀，常在外墙四周将地面做成向外倾斜的坡面，以便将屋面雨水排至远处，这一坡面称散水。还可以在外墙四周做明沟，将通过水落管流下的屋面雨水等有组织地导向地下集水井（又称集水口），然后流入排水系统。散水所用材料与明沟相同，做法一般是在夯实素土上铺砖、块石、碎石、三合土、混凝土等材料，厚度 60 ～ 80mm。散水坡度为 3%～5%，宽度一般为 600 ～ 1000mm，散水构造如图 6 – 14 所示。明沟宽一般在 200mm 左右，沟底应有 0.5% 左右的纵坡，可用砖砌、石砌和混凝土现浇，如图 6 – 15 所示。

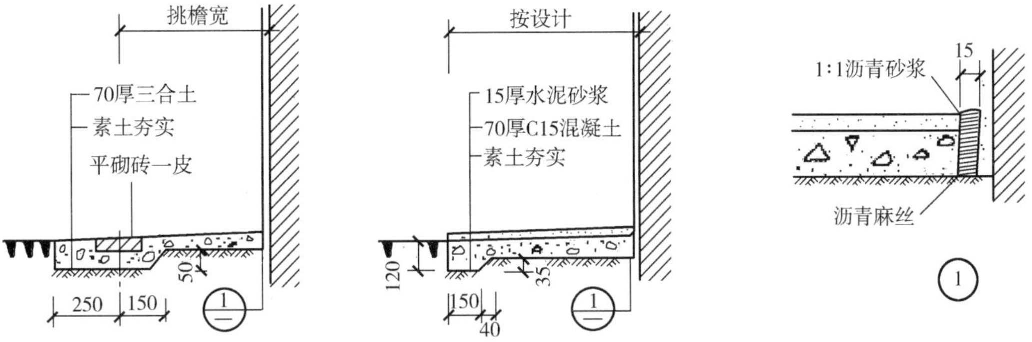

图 6 – 14　散水构造做法

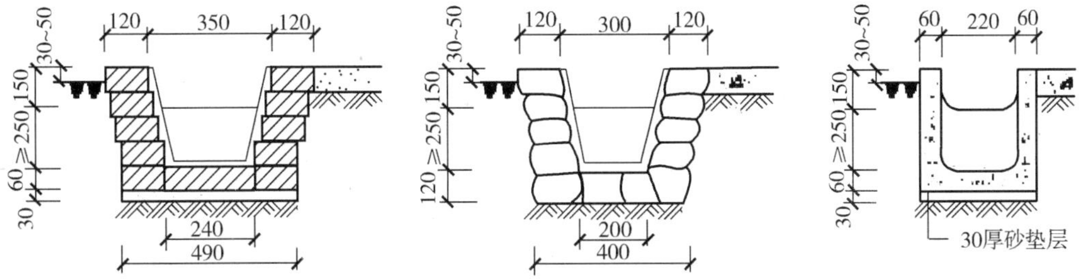

(a) 砖砌明沟　(b) 石砌明沟　(c) 混凝土明沟

图 6 – 15　明沟构造做法

散水、明沟与建筑物主体之间应当留有变形缝，缝宽为 20 ～ 30mm，并用沥青麻丝和沥青砂浆填缝，防止外墙下沉时拉裂散水。当采用无组织排水时，散水的宽度应比檐口线宽出 200 ～ 300mm。当采用混凝土散水时，宜按 10 ～ 12m 间距沿纵向及转角处设置伸缩缝。

2. 门窗过梁

当墙体上开设门窗洞口时，为承受门窗洞口上部的荷载，并把它传到门窗两侧的墙上，避免压坏门窗框，在其上部要加设过梁。过梁上的荷载一般呈三角形分布，为计算方便，可以把三角形荷载折算成 1/3 洞口宽度。过梁只承受其上部 1/3 洞口宽度的荷载，因而过梁的断面不大，梁内配筋也较小。过梁一般可分为钢筋混凝土过梁、砖砌拱过梁、钢筋砖过梁等几种。过梁一般与圈梁、悬挑雨篷、窗楣板或遮阳板等结合起来设计。

（1）钢筋混凝土过梁

钢筋混凝土过梁承载能力强，可用于较宽的门窗洞口，对房屋不均匀下沉或振动有一定的适应性。

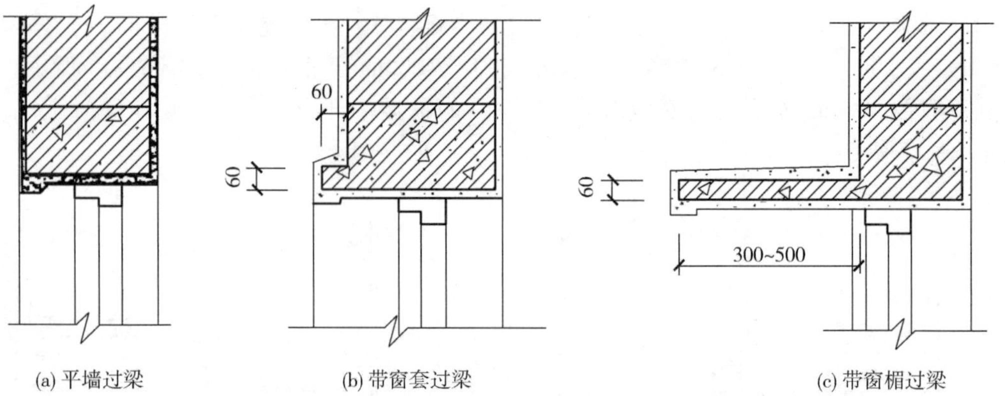

图 6－16　钢筋混凝土过梁

矩形截面过梁主要用于内墙洞口和混水墙，如图 6－16a 所示。过梁宽度一般同墙厚、高度按结构计算确定，为施工方便，梁高应与砖皮数相适应，过梁两端伸进墙内的支承长度不小于 240mm。过梁的形式还应配合不同形式的窗来处理。如有窗套的窗，过梁截面则为 L 形，挑出 60mm，如图 6－16b 所示。有窗楣板或遮阳板时，可按设计要求出挑，一般可挑 300～500mm，如图 6－16c 所示。

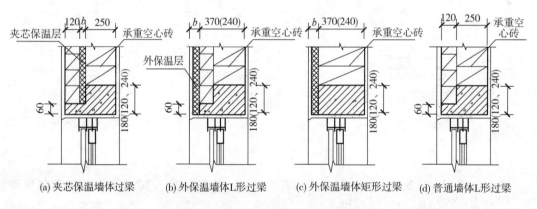

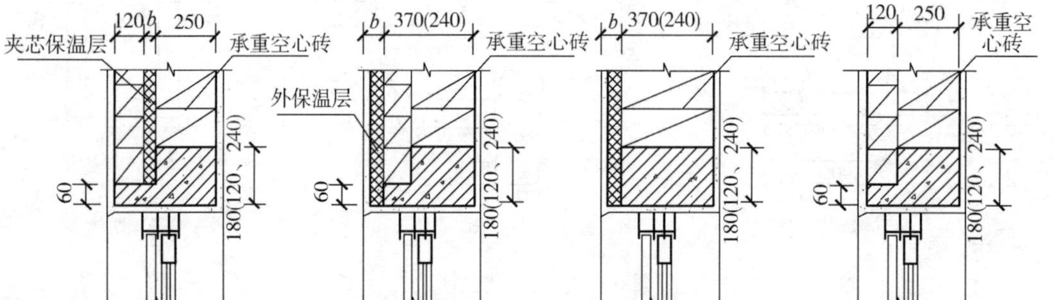

图 6－17　寒冷地区钢筋混凝土过梁类型

钢筋混凝土的导热系数大于块材的导热系数，在寒冷地区为了避免在过梁内表面产生凝结水，常采用 L 形过梁或组合过梁，使外露部分的面积减少或外做保温层，如图 6－17 所示。预制装配式过梁施工速度快，是较常用的一种做法，如图 6－18 所示。

（2）钢筋砖过梁

这种过梁是在砖缝中配置钢筋，形成可以承受荷载的加筋砌体。过梁的用砖应不低于 MU10，砂浆不低于 M5，砌筑 5～7 皮砖。洞口上部应先支木模，上放直径不小于 5mm 的钢筋，间距≤120mm，伸入两边墙内应不小于 240mm。钢筋上下应抹不小于 30mm 的砂浆层。这种过梁的最大跨度为 1.5m，如图 6－19 所示。

由于钢筋砖过梁整体性较差，对于抗震设防地区和有较大振动的建筑不应使用。

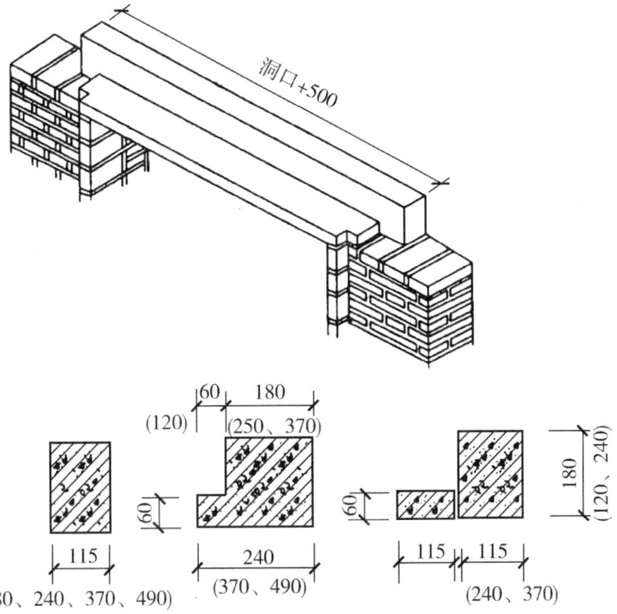

(a) 矩形预制过梁　(b) L形预制过梁　(c) 组合预制过梁

图 6－18　预制钢筋混凝土过梁

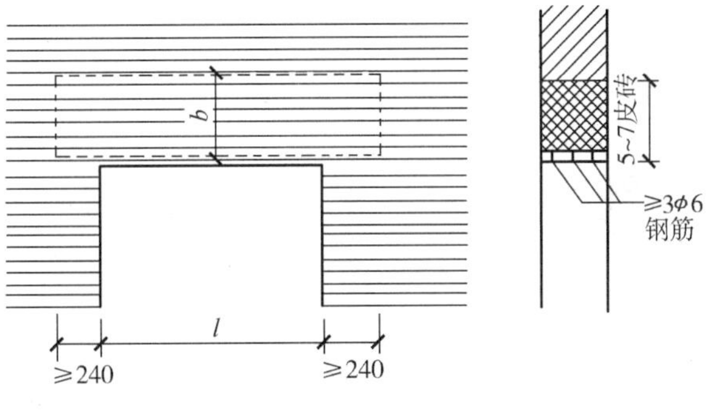

(h高度范围内用M5砂浆砌筑，h不小于l/4)

图 6－19　钢筋砖过梁图

（3）平拱砖过梁

平拱砖过梁是将砖侧砌而成，灰缝上宽下窄使侧砖向两边倾斜，相互挤压形成拱的作用，两端下部伸入墙内 20 ～ 30mm，中部的起拱高度约为跨度的 1/50。平拱砖过梁的优点是水泥用量少，缺点是施工速度慢，只用于非承重墙上的门窗，洞口宽度应小于 1. 2m，砖不应低于 MU10，砂浆不低于 M5。有集中荷载或半砖墙不宜使用。平拱砖过梁可以满足清水砖墙的统一外观效果，如图 6－20 所示。除平拱外，还可以砌筑成弧拱和半圆拱。

3. 窗台

窗洞口的下部应设置窗台。窗台根据窗子的安装位置可形成内窗台和外窗台。外窗台是为了防止在窗洞底部积水，并流向室内。内窗台则为了排除窗上的凝结水，以保护室内墙面，以及存放东西、摆放花盆等。窗台高通常为 900 ～ 1000mm，幼儿园建筑常取

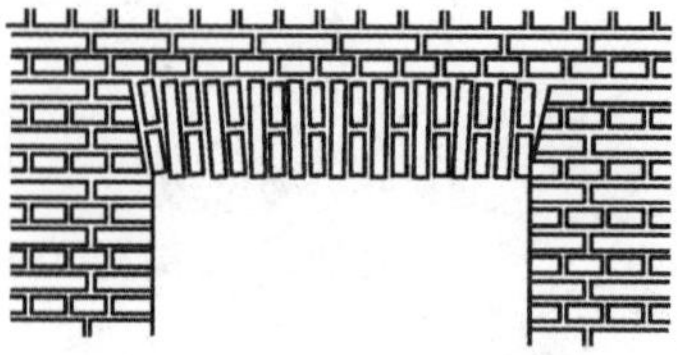

图 6－20 平拱砖过梁

600mm。窗台高度低于 800mm（住宅窗台低于 900mm）时，应采取防护措施。窗台有悬挑窗台和不悬挑窗台两种，由于悬挑窗台容易积灰，在风雨作用下易污染窗台下的墙面，影响建筑的美观，因此，现在采用不悬挑窗台的较多，利用雨水冲刷洗去灰尘。

按材料不同外窗台有两种做法：

（1）砖窗台。砖窗台应用较广，有平砌挑砖和立砌挑砖两种做法，表面可抹 1:3 水泥砂浆，并应有 10% 左右的坡度，挑出尺寸大多为 60mm。挑砖下缘滴水线，雨水沿滴水槽下落，其构造如图 6－21a 和图 6－21b 所示。

（2）混凝土窗台。这种窗台一般是现场浇筑而成或采用预制混凝土窗台，混凝土窗台的形式如图 6－21c 所示。

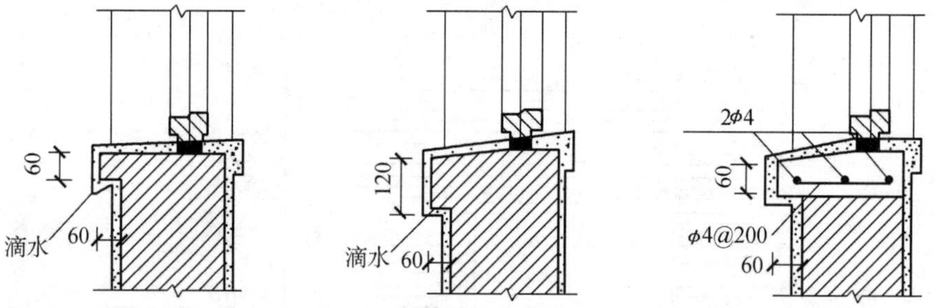

(a) 60mm厚砖窗台　(b) 120mm厚砖窗台　(c) 混凝土窗台

图 6－21 窗台构造做法

内窗台的做法也有两种：

（1）水泥砂浆抹窗台。一般在窗台上表面抹 20mm 厚的水泥砂浆，并应突出墙面 5mm 为好。

（2）窗台板。对于装修要求较高而且窗台下设置暖气片的空间一般均采用窗台板，窗台板可以用预制水泥板、水磨石板。装修要求较高的房间还可以用木窗台板、天然石材板等。

4. 墙身加固措施

由于砌体墙属刚性材料砌筑，整体性不强，当受到集中荷载、墙上开洞以及地震等因素的影响，可使墙体承载力和稳定性有所降低，因此需要对墙体采取加固措施。

（1）垛和壁柱

在墙体上开设门洞一般应设门垛，特别是在墙体转折处或丁字墙处，用以保证墙身稳定和门框安装。门垛宽度同墙厚，长度与块材尺寸规格相对应，如砖墙的门垛长度一般为

120mm 或 240mm，门垛不宜过长，以免影响室内使用。

当墙体受到集中荷载而墙厚不够承受其荷载或墙体长度和高度超过一定限度影响墙体的稳定时，应增设壁柱，使之和墙体共同承担荷载并稳定墙身。壁柱的尺寸应符合块材规格，如砖墙壁柱通常突出墙面 120mm 或 240mm，宽 370mm 或 490mm，如图 6－22 所示。

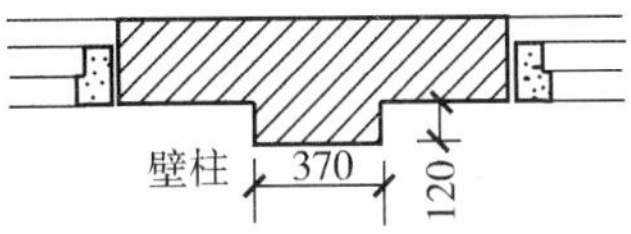

(a) 壁柱

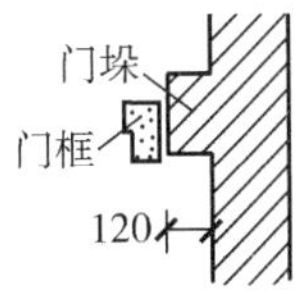

(b) 门垛

图 6－22　壁柱和门垛

（2）设置圈梁和构造柱

砌体墙由于用砖或者各类空心承重砌块等小规格的刚性材料砌筑而成，在地震力作用下如无措施来保证其整体刚度是很容易遭到破坏的，主要的抗震措施是在墙体中设置钢的圈梁和构造柱。

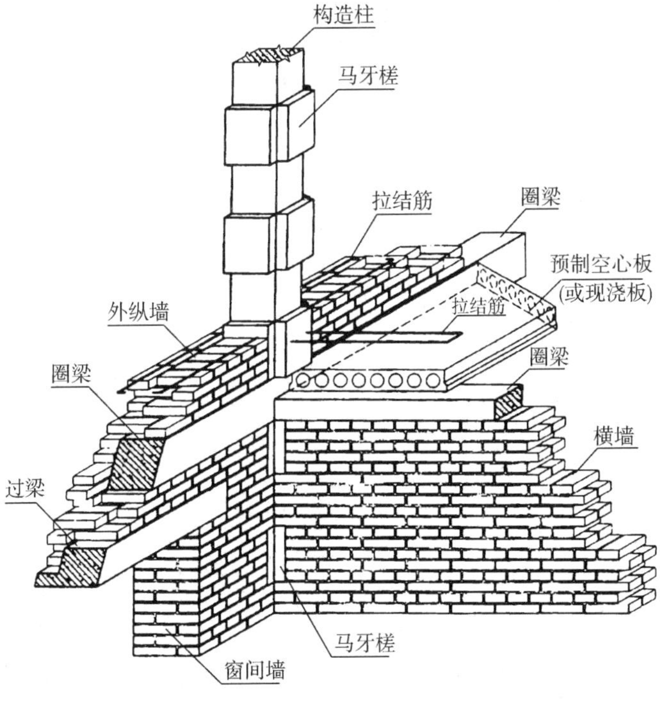

图 6－23　圈梁与构造柱

圈梁是沿着建筑物的全部外墙和部分内墙设置的连续封闭的梁，如图 6－23 所示，其作用是增加房屋的整体刚度和稳定性，减少由于地基不均匀沉降而引起的墙体开裂，提高墙体的抗震能力。设置部位在建筑物的屋盖及楼盖处，外墙圈梁一般与楼板相平，内墙圈梁一般在板下。表 6－3 按照不同的抗震设防等级给出了圈梁设置要求。

表 6－3　钢筋混凝土圈梁的设置原则

圈梁设置及配筋		抗震设防烈度		
		6、7 度	8 度	9 度
圈梁设置	沿外墙及内纵墙	屋盖处及每层楼盖处设置	屋盖处及每层楼盖处设置	同左
	沿内横墙	同上，屋盖处间距不大于 7m；楼盖处间距不大于 15m；构造柱对应部位	同上，屋盖处沿所有横墙且间距不大于 7m；楼盖处间距不大于 7m；构造柱对应部位	同上，各层所有横墙
配　筋		4ϕ10 ϕ6 @250	4ϕ12 ϕ6@200	4ϕ14 ϕ6@150

圈梁有钢筋混凝土圈梁和钢筋砖圈梁两种，目前应用广泛的是钢筋混凝土圈梁。

钢筋混凝土圈梁必须全部现浇而且全部闭合，并最好能够在同高度上闭合，在抗震设防地区，尤其以完全闭合为好，当遇到门、窗洞口致使圈梁不能在同一高度闭合时，应设置附加圈梁，附加圈梁与圈梁的搭接长度不应小于两梁高差的两倍，且不得小于 1m，如图 6－24a 所示。另一方法是将圈梁与附加圈梁沿洞口周边整体浇筑在一起形成闭合式，也可以通过构造柱向上或向下连接使得各段圈梁连通，如图 6－24b 所示。

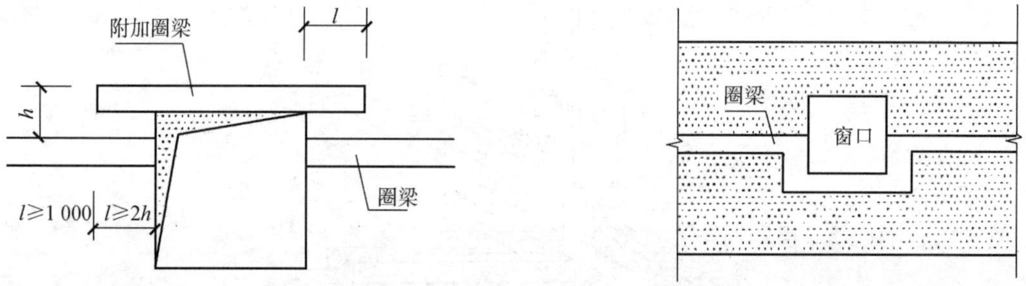

(a) 搭接法　　(b) 闭合法

图 6－24　附加圈梁

圈梁的高度一般不小于 120mm，圈梁的截面宽度宜与墙同厚，当墙厚为 240mm 以上时，其宽度可为墙厚的 2/3，且不小于 240mm。基础中圈梁的最小高度为 180mm。

钢筋砖圈梁用 M5 的砂浆砌筑，高度不小于 5 皮砖，4ϕ6 通长钢筋，分上下两层布置，做法同钢筋砖过梁，用于非抗震设防区。

构造柱一般设在建筑易于发生变形的部位，如房屋的四角、内外墙交接楼梯间、电梯间、有错层的部位，以及某些较长的墙体中部，构造柱必须与圈梁紧密联合，表 6－4 是一般多层黏土砖房构造柱的设置要求。

表6－4 钢筋混凝土构造柱的设置原则

<table>
<tr><th colspan="4">抗震设防烈度</th><th colspan="2" rowspan="3">设置部位</th></tr>
<tr><th>6度</th><th>7度</th><th>8度</th><th>9度</th></tr>
<tr><th colspan="4">房屋层数</th></tr>
<tr><td>4、5</td><td>3、4</td><td>2、3</td><td></td><td rowspan="3">外墙四角，较大洞口两侧，大房间内外墙交接处；
错层部位横墙与外纵墙交接处</td><td>7、8度的楼、电梯间的四角、每隔15m或单元的横墙与外墙交接处</td></tr>
<tr><td>6、7</td><td>5</td><td>4</td><td>2</td><td>隔开间横墙（轴线）与外墙交接处，山墙与内纵墙交接处，7～9度的楼、电梯间四角</td></tr>
<tr><td>8</td><td>6、7</td><td>5、6</td><td>3、4</td><td>内墙（轴线）与外墙交接处，内墙局部较小墙垛处，7～9度的楼、电梯间四角，9度的内纵墙与横墙（轴线）交接处</td></tr>
</table>

构造柱不单独承重，因此不需设独立基础，其下端应锚固于钢筋混凝土基础或基础梁内。在施工时必须先砌墙，墙体砌成马牙槎的形式，从下部开始先退后进，用相邻的墙体作为一部分模板。柱截面应不小于180mm×240mm；箍筋采用$\phi4$～$\phi6$，间距不大于250mm。在离圈梁上下不小于1/6层高或450mm范围内，箍筋需加密至间距100mm。在构造柱与墙之间应沿墙高每500mm设2$\phi6$钢筋连接，每边伸入墙内不少于1000mm，如图6－25所示。

构造柱和圈梁都是墙体的一部分，是与墙体同步施工的，而不是像框架结构中的梁与柱作为独立的承重构件。它们的配筋也不需经结构计算，而是构造配筋。构造柱和圈梁的作用是在墙中形成一个内骨架，以加强建筑物的整体刚度，达到抗震的目的。

6.2.2 砌块墙

砌块墙是使用预制块材所砌筑的墙体，块材在工厂预制，施工时现场组砌。砌块多是利用工业废料和地方资源制作而成，它既能减少对耕地的破坏且施工方便，还能改善墙体功能。其适应性强，便于就地取材，造价低廉，我国目前许多地区都在提倡采用。一般六层以下的民用建筑及单层厂房，均可使用砌块替代黏土砖。砌块建筑是由预制好的砌块作为墙体主要材料的建筑。

6.2.2.1 砌块的材料与规格

砌块的材料有混凝土、加气混凝土、多种工业废料（粉煤灰、煤矸石、矿渣等），由于产地的不同，规格类型较多，目前尚未统一。由于砌筑的灵活性及不动用起重设备，目前国内工程中，各地生产的砌块中以中、小型砌块和空心砌块较多，小型砌块的使用较为普遍。

确定砌块的规格，首先必须符合GBJ 2—86《建筑模数协调统一标准》的规定，砌块的长、宽、高应能组合出最常用的房间的开间、进深、层高，以及门窗洞口的尺寸，其次是砌块的尺度要考虑生产工艺条件、施工和起重吊装的能力，以及砌筑时错缝、搭接的可

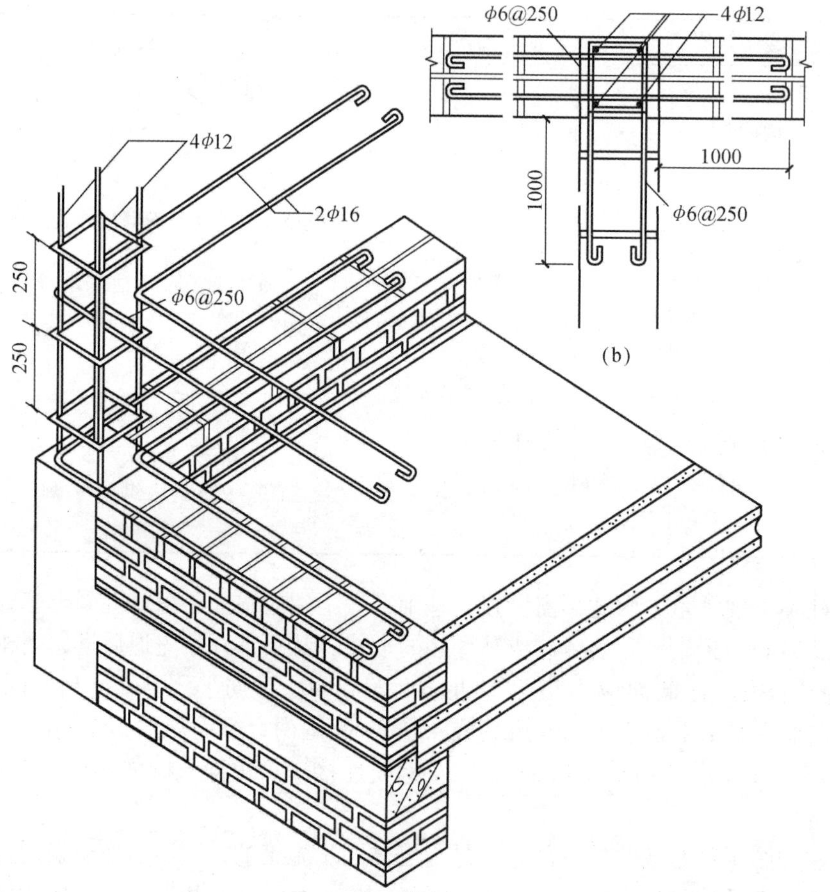

(a) 外墙转角处；(b) 内外墙交接处

图 6-25　砖砌体中的构造柱

能性；还要考虑砌体的强度和稳定性及墙体的热工性能。另外，砌块的型号越少越好。GB 50003—2001《砌体结构设计规范》中规定：砌块的强度等级为 MU25，MU20，MU15，MU10，MU7.5 和 MU5。

小型砌块有实心砌块和空心砌块之分，一般砌块高度规格大于 115mm 且小于 380mm。其外形尺寸多为 190mm × 190mm × 390mm，辅助块尺寸为 90mm × 190mm × 190mm 和 190mm × 190mm × 190mm。

中型砌块也有空心砌块和实心砌块之分。砌块的形式应首先满足建筑热工使用要求，并具有良好的受力性能。砌块的形状力求简单，细部尺寸合理。空心砌块有单排方孔、单排圆孔和多排扁孔三种形式，多排扁孔对保温有利。常见中型空心砌块尺寸为 180mm × 630mm × 845mm、180mm × 1280mm × 845mm、180mm × 2130mm × 845mm（厚 × 长 × 高）。实心砌块的尺寸为 240mm × 280mm × 380mm、240mm × 430mm × 380mm、240mm × 580mm × 380mm、240mm × 880mm × 380mm（厚 × 长 × 高）。蒸压加气混凝土砌块的长度则多为 600mm，厚度为 150mm、200mm、250mm 和 300mm 等。

6.2.2.2　砌块墙的组砌与构造

1. 组砌

用砌块砌筑墙体时，由于砌块的尺寸比砖大很多，必须采取加固措施。同时，由于砌块为配合组砌有多种规格，按砌块在组砌中的位置及作用不同可分为主砌块及辅助砌块两种。因此，为了适应砌筑的需要，使砌块墙组砌合理并搭接牢固，建筑施工图设计时必须根据建筑初步设计和现场需要做砌块的试排工作，即按建筑物的平面图尺寸、层高，对墙体进行合理的分块和搭接，并画出专门的砌块排列图，以便正确选定砌块的规格、尺寸。砌块排列应做到如下几点：

（1）砌块排列整齐，有规律性，上、下皮砌块应错缝搭接，避免通缝。

（2）内、外墙的交接处应咬砌，使其结合紧密，排列有致。

（3）多使用主要砌块，并使其占砌块总数的 70% 以上。

（4）使用混凝土空心砌块时，上、下皮砌块应尽量孔对孔、肋对肋，以便于穿钢筋，灌注构造柱。

中型砌块的排列应考虑施工方式和施工机具的起重能力，当起重能力在 0.5t 以下时，可用多皮划分，如图 6－26a 所示。即由许多皮“墙砌块”和一皮“过梁块”组成；当起重能力在 1.5t 左右时，可采用四皮划分，如图 6－26b 所示，即由两皮“窗间墙块”、一皮“过梁块”和“窗台块”组成。

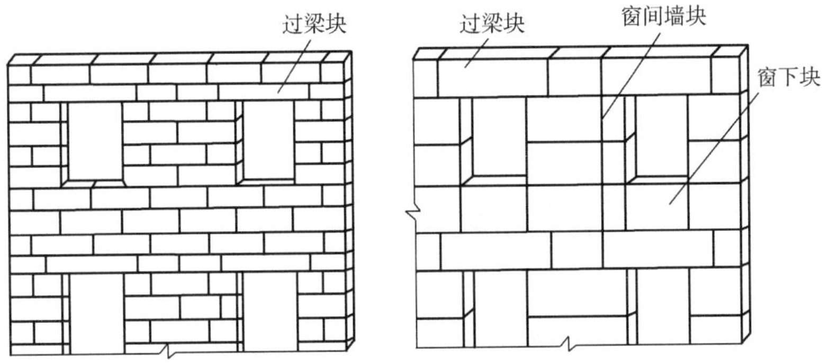

(a) 多皮划分　　(b) 四皮划分

图 6－26　中型砌块墙面的划分

2. 构造

（1）砌块墙的搭接

砌块的尺寸比砖块大，所以墙体接缝必须要处理好。在中型砌块的两端一般设有封闭的灌浆槽，在砌筑安装时，必须使竖缝填灌密实、水平缝砌筑饱满，使上、下、左、右砌块能更好地连接。一般砌块需采用 M5 级砂浆砌筑，水平灰缝、垂直灰缝一般为 15～20mm。当垂直灰缝大于 30mm 时，须用 C20 细石混凝土灌密实。中型砌块上下皮的搭缝长度不得小于 150mm。当搭缝长度不足时，应在水平灰缝内增设钢筋网片，如图 6－27 所示。砌块墙体的墙脚构造同砖墙。用混凝土空心砌块砌筑的房屋，在建筑防潮层以下一般用实心砖砌筑，如用空心砖砌筑，则孔洞应用不低于 C15 的混凝土灌实。

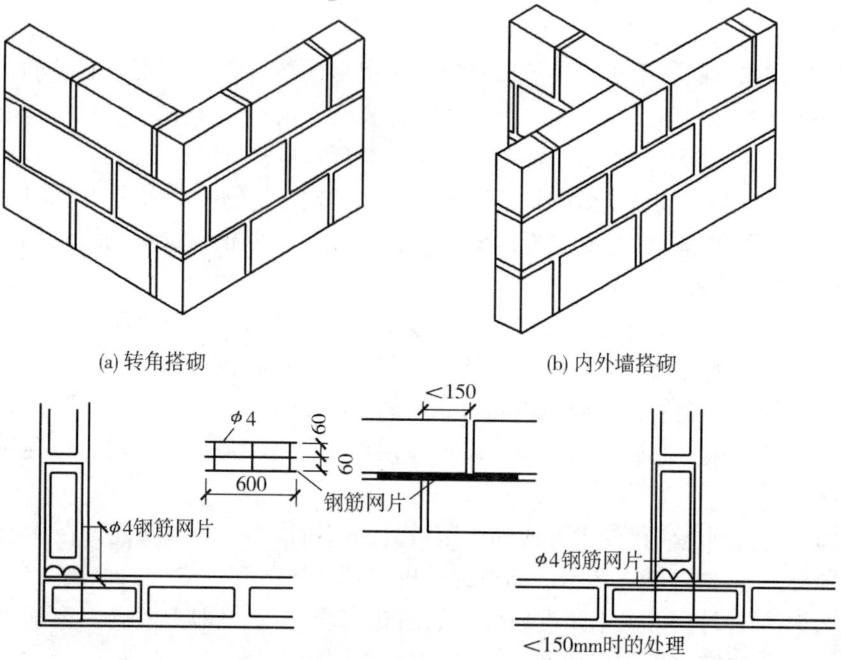

(a) 转角搭砌　(b) 内外墙搭砌

(c) 上下皮垂直缝

图 6－27　砌块墙构造

（2）设置过梁与圈梁

当砌块墙中遇到门窗洞口时，应设置过梁。过梁承受门窗孔洞上部荷载并起联系梁的作用，另外可以利用过梁高度调节砌块的尺寸，增加砌块的通用性。

多层砌块建筑应设置圈梁以加强砌块建筑的整体性，当圈梁与过梁位置接近时，二者才可合二为一。圈梁有现浇、预制两种形式。现浇圈梁整体性强，有利于加固墙身，但施工比较复杂。实际工程中可采用 U 形预制砌块来代替模板，然后在凹槽内配置钢筋，并浇注混凝土。多层砌块建筑圈梁设置如图 6－28 所示。

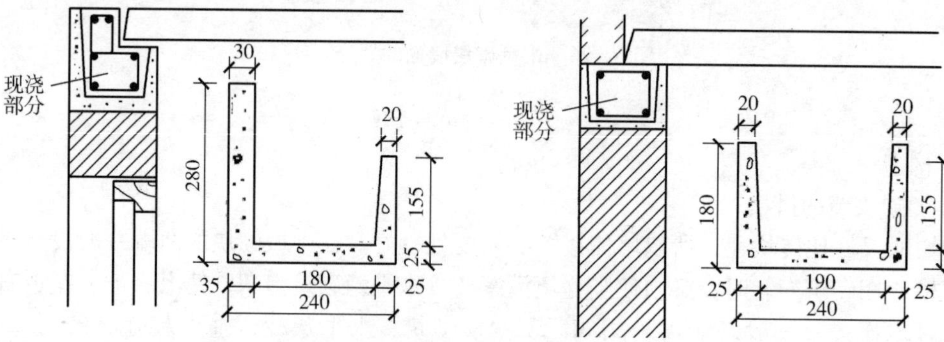

图 6－28　砌块现浇圈梁

（3）设置构造柱

为了保证砌块墙的整体刚度和稳定性，应于外墙转角处和必要的内外墙交接处设置构造柱，如图 6－29 所示。构造柱多利用空心砌块的孔洞做成。排列时应将孔洞上下对齐，孔中穿入 ϕ10～ϕ12 的钢筋，然后用 C20 细石混凝土分层浇灌，浇灌时应分段进行。为加强抗震，构造柱应与圈梁有完好的连接，构造柱应伸入室外地面以下 500mm 或锚于基础圈梁内。

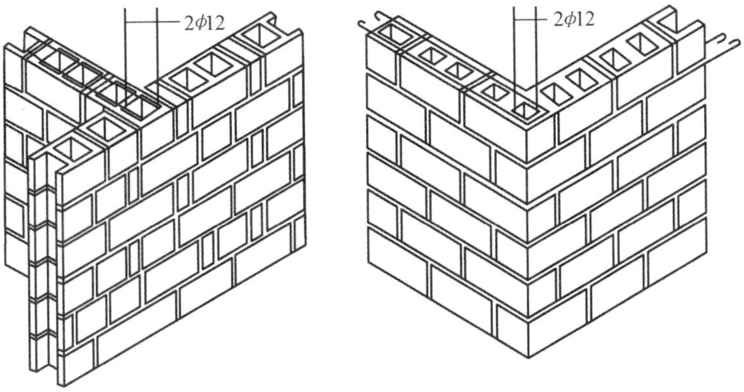

(a) 内外墙交接处构造柱　　(b) 外墙转角处构造柱

图 6－29　砌块墙构造柱

6.3　隔墙构造

隔墙是分隔室内空间的非承重墙，隔墙本身不承受外来荷载，其自身的重量由梁、板等构件承受。根据所处位置不同，隔墙应具有自重轻、隔声、防火、防水、防潮、便于拆卸等要求。

隔墙按其构成可分为砌筑隔墙、骨架隔墙和条板类隔墙等。

6.3.1　砌筑隔墙

砌筑隔墙是用普通砖、多孔空心砖、空心砌块，以及各种轻质砌块等砌筑的墙体。

1. 砖隔墙

半砖隔墙（120mm）用普通砖顺砌，在构造上应与主体结构墙体或柱拉接，一般沿高度每隔 0.5m 预埋 ϕ6 拉结钢筋两根，砌筑砂浆宜大于 M2.5。为保证其稳定性，当墙体高度大于 3m、长度超过 5m 时还应采取加固措施，可在墙身每隔 1.2～1.5m 设一道 30～50mm 厚的水泥砂浆层，内置两根 ϕ6 钢筋并与墙体或柱拉接；长度超过 5m 则应加扶墙壁柱。隔墙顶部与楼板相接处用立砖斜砌，使墙与楼板挤紧，以避免因楼板结构产生的挠度将隔墙压坏。隔墙上有门时，要预埋铁件或将带有木楔的混凝土预制块砌入隔墙中以固定门窗。半砖隔墙构造如图 6－30 所示。半砖隔墙坚固耐久，一般可满足隔声、防水、防火的要求。

多孔砖或空心砖隔墙多采用立砌，常用规格为 190mm × 190mm × 90mm，隔墙厚度为 90mm。其加固措施可参照半砖隔墙的构造，在靠近外墙的地方和窗洞口两侧，常采用普通黏土砖砌筑。为了防潮防水，往往先在楼地面上砌 3～5 皮砖。

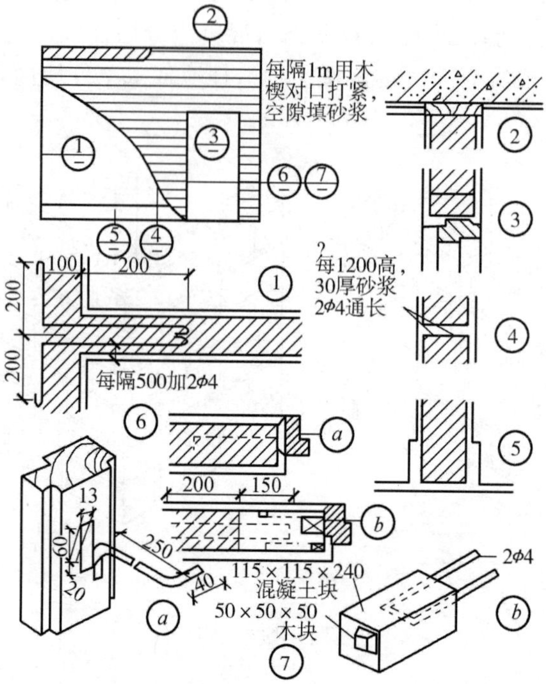

图 6－30　砖隔墙

2. 砌块隔墙

为了减少隔墙的重量，可采用质轻块大的各种砌块，目前最常用的是加气混凝土砌块、粉煤灰硅酸盐砌块等。隔墙厚度由砌块尺寸而定，一般为 90 ～ 120mm。砌块大多具有质轻、孔隙率大、隔热性能好等优点，但吸水性强。因此，有防水、防潮要求时应在墙下先砌 3 ～ 5 皮吸水率小的砖。

砌块隔墙厚度较薄，也需采取加强稳定性措施，通常是沿墙身预先在其连接的墙上留出拉结筋，并伸入隔墙中，钢筋设置应符合抗震设计规范的要求，具体做法与半砖隔墙类似，如图 6－31 所示。

3. 填充墙

框架结构中，以砌筑方式做成的内、外墙体均为填充墙。填充墙支承在梁上或楼板等结构构件上，起外围护墙和分隔室内空间的作用。这些墙体的结构性能与隔墙相同，都是非承重墙，并且自身重量由其他构件承受。为了减轻自重，通常采用空心砖或轻质砌块，墙体的厚度根据保温、隔热、隔声，以及块材尺寸而定。用于外围护墙时不宜过薄，一般在 200mm 左右。为保证填充墙的稳定性，在框架结构中，柱子上面每隔 500mm 左右就会留出拉结钢筋来，以便在砌筑填充墙时将拉结钢筋砌入墙体的水平灰缝内。拉结筋不少于 2ϕ6，深入墙内距离一、二级框架沿全长设置；三、四级框架不小于 1/5 墙长，并不小于 700mm。高大的填充墙还可以采取局部添加钢筋混凝土小梁或构造柱的方法，增加其稳定性。

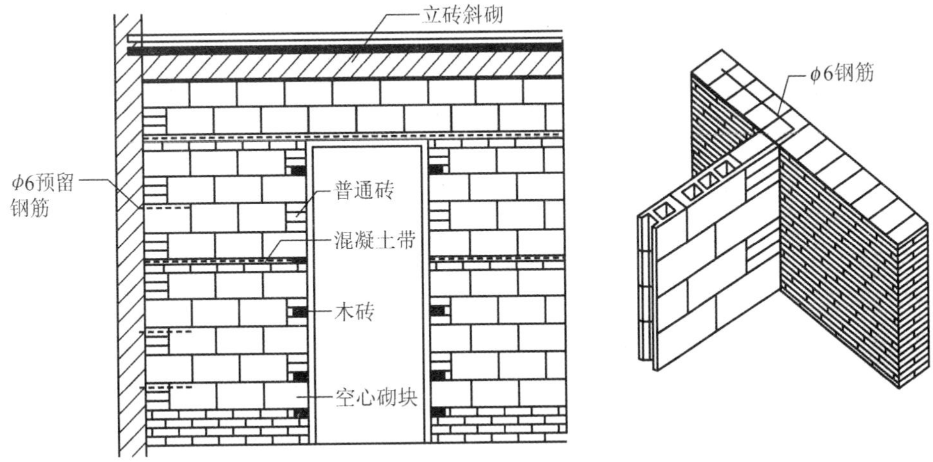

图 6－31　砌块隔墙

6.3.2　骨架隔墙

骨架隔墙又称为立筋隔墙，主要有木骨架隔墙和金属骨架隔墙两种。

6.3.2.1　木骨架隔墙

木骨架隔墙具有重量轻、厚度小、施工方便等优点，但其防火、防潮、隔声较差，应用受到一定的限制。

木骨架是由上槛、下槛、立柱、斜撑或横撑等构件组成。上、下槛和边立柱组成边框，中间每隔 400～600mm 设一截面尺寸为 50mm×70mm 或 50mm×100mm 的立柱。在高度方向每隔 1500mm 左右设一斜撑或横撑以减小骨架的变形。木骨架的固定主要依靠上、下槛及边立柱与周围梁、板、墙的连接。为了防潮，往往先在楼地面上砌 2～3 皮砖，再立下槛。木骨架隔墙可采用木板条抹灰的灰板条隔墙，钢丝网抹灰的钢板网隔墙，以及铺钉多种薄型面板来做两侧的装饰面层的各类隔墙。而木板条抹灰和钢丝抹灰均为现场湿作业，施工操作相对复杂，目前已较少采用。

1. 灰板条隔墙

灰板条隔墙又称板条抹灰隔墙，是一种传统做法，如图 6－32a 所示。由木质上槛、下槛、墙筋、斜撑或横档等部件组成木骨架，并在木骨架的两侧钉灰板条，然后抹灰，形成隔墙。其构造做法为先立边框墙筋，撑住上、下槛。在上、下槛中每隔 400mm 立墙筋。墙筋之间沿高度方向每隔 1～1.2m 设一道横档或斜撑。上下槛和墙筋断面为 50mm×75mm 或 50mm×100mm。横档的断面可略小些，两端撑紧、钉牢，以增强骨架的坚固性。板条的厚×宽×长为 6mm×30mm×1200mm。板条横钉在墙筋上，为了便于抹灰，保证拉结，板条之间应留有 7～9mm 的缝隙，使灰浆挤到板条缝的背面，咬住板条。钉板条时，通常一根板条，搭接三个墙筋间距。考虑到板条有湿胀干缩的特点，在接头处要留出 3～5mm 的伸缩余地。板条与墙筋的拼接，要求在墙筋上每隔 500mm 左右错开一档墙筋，以避免板条接缝集中在一条墙筋上。为了便于制作水泥踢脚和防潮要求，板条隔墙的下槛下边可加砌 2～3 皮砖。板条隔墙的门、窗框应固定在墙筋上。板条墙由于质轻、壁薄、拆除方便，可直接安装在钢筋混凝土空心楼板上。

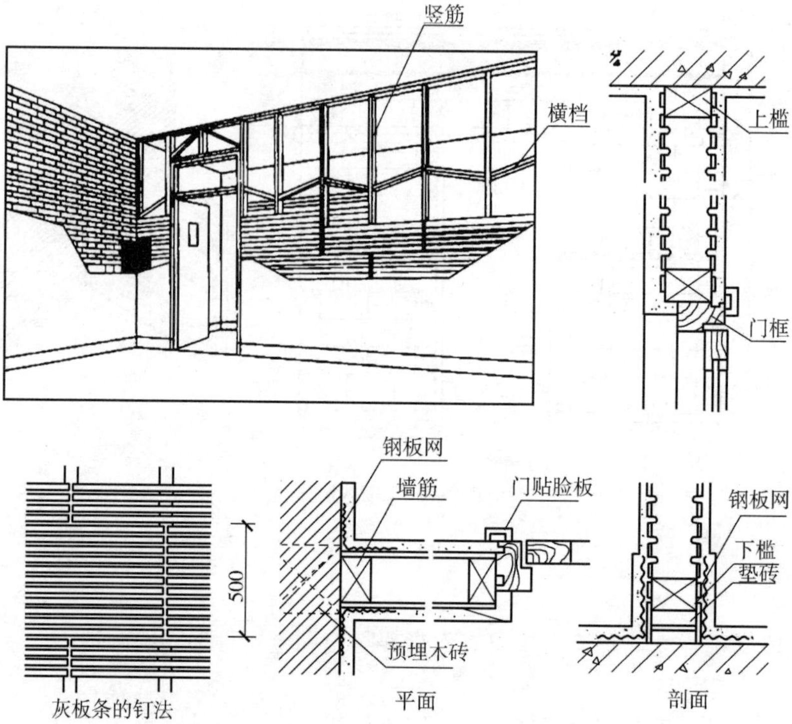

(a) 板条抹灰隔墙

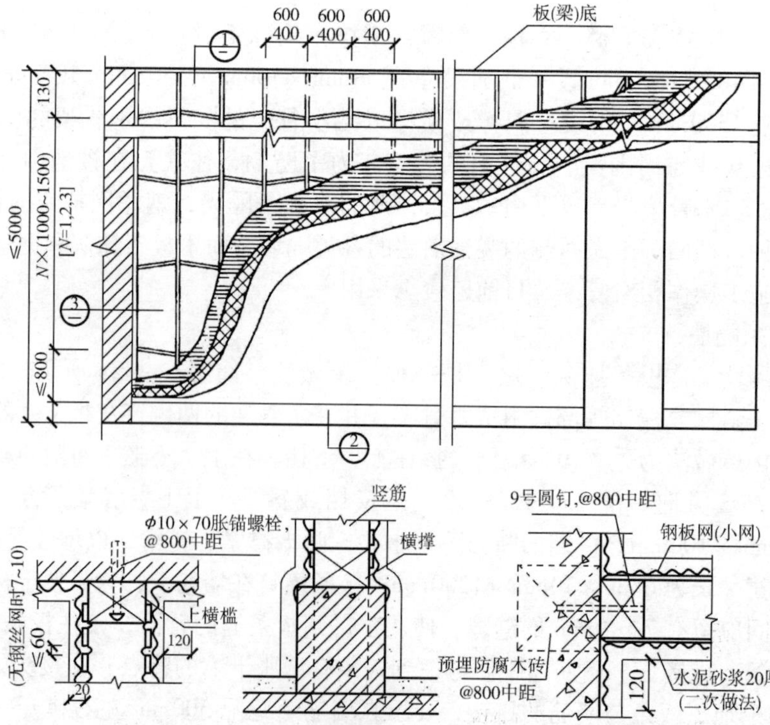

(b) 钢板网抹灰隔墙

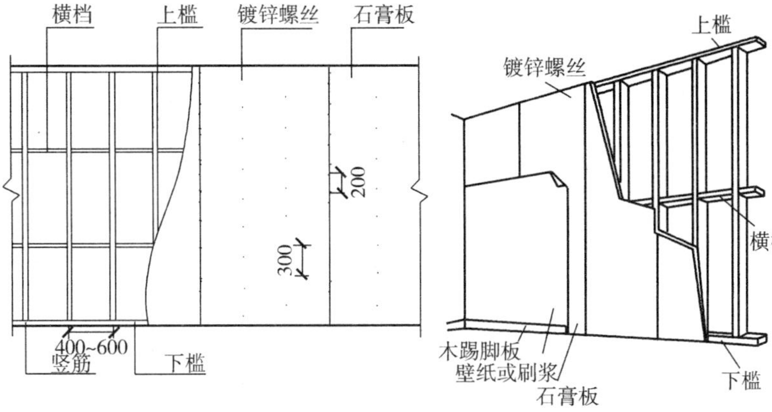

(c) 木龙骨纸面石膏板隔墙

图 6－32　木骨架隔墙构造

2. 钢丝（板）网抹灰隔墙

钢丝（板）网隔墙是在木质墙筋骨架上以钢丝网作抹灰基层构成的隔墙，如图 6－32b 所示。钢板网墙面一般系采用网孔为斜方形的拉花式钢板网，然后在钢板网上抹水泥砂浆或做其他面层。钢板网抹灰隔墙的强度、防火、防潮及隔声性能均高于板条抹灰隔墙。

3. 木龙骨纸面石膏板隔墙

木龙骨由上槛、下槛、墙筋和横档等部件组成，如图 6－32c 所示，墙筋靠上、下槛固定，上下槛及墙筋断面为 50mm × 75mm 或 50mm × 100mm。墙筋之间沿高度方向每隔 1.2m 左右设一道横档，墙筋间距为 450mm 或 600mm，用对楔挤牢。作为面层材料的纸面石膏板厚度为 12mm，宽度为 900 ～ 1200mm，长度为 2000 ～ 3000mm，取用长度一般为房间净高尺寸。施工中在龙骨上钉石膏板或用黏结剂安装石膏板，板缝处用 50mm 宽的玻璃纤维接缝带封贴，面层材料可根据需要再贴壁纸或装饰板等。

在木骨架两侧铺钉各种薄型面板，施工简便，便于拆装。为提高隔声能力，可在板间填岩棉、泡沫塑料等轻质材料或铺钉双层面板。除纸面石膏板外，面板常用的材料有木质板材、硅钙板、金属及其复合层板等，面板与墙筋之间一般直接钉固。面板的接缝处理，可以留出间距用金属或木条、塑料条等嵌缝，也可以在接缝处用腻子和玻璃纤维带加强以及嵌平，再做表面涂层。

6.3.2.2　金属骨架隔墙

金属骨架通常由厚度为 0.6 ～ 1.5mm 的薄钢板冷轧成型为槽形截面，尺寸为 100mm × 50mm 或 75mm ×45mm，常称为轻钢龙骨，骨架两侧铺钉各种装饰面板构成隔墙。其构造方法与木骨架隔墙相似，其安装方法是先用螺钉将上、下槛（也称导向龙骨）固定在楼板上，上下槛固定后安装墙筋龙骨，间距为 400 ～ 600mm，龙骨或踢脚内留有走线孔。墙筋龙骨上铺钉面板，面板与墙筋可以采用钉、粘、卡式连接，如图 6－33、图 6－34 所示。轻钢龙骨与结构之间的固定方式有射钉固定、膨胀螺栓固定、预埋件固定等几种方式，如图 6－35

所示。

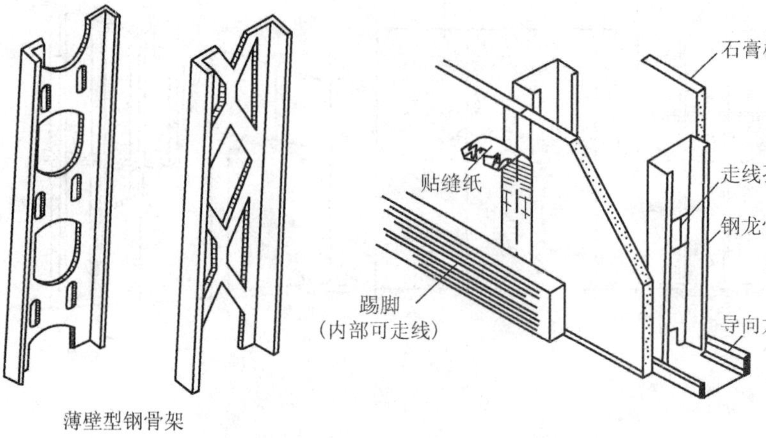

图 6-33　薄壁轻钢骨架

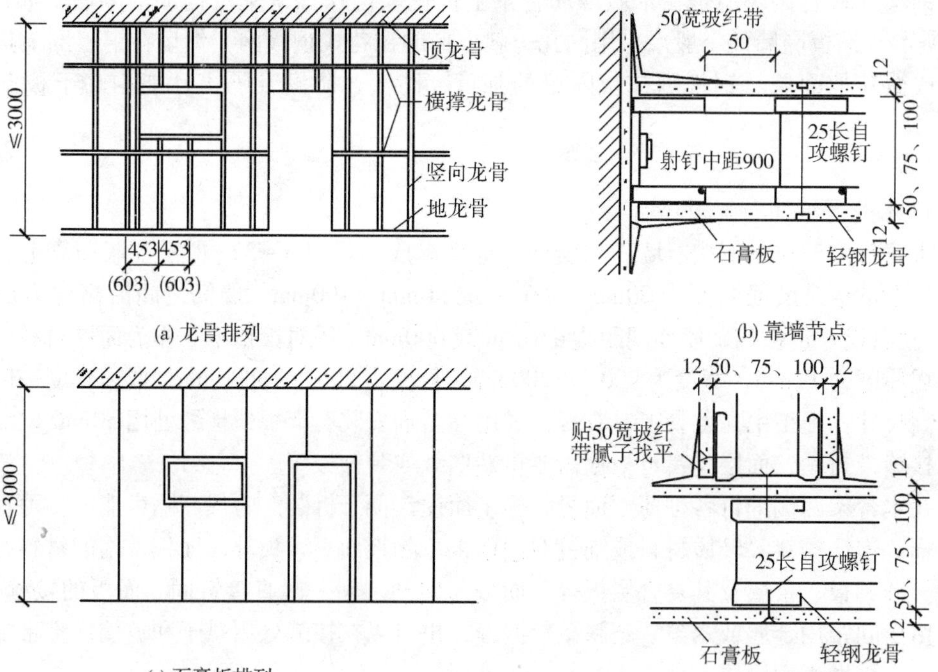

图 6-34　轻钢龙骨石膏板隔墙

金属骨架隔墙强度高、刚度大、自重轻、防火、防潮、易于加工和大批量生产，还可根据需要拆卸和组装，施工方便，速度快，应用广泛。为了提高隔墙的隔声能力，可采用在龙骨间填以岩棉、泡沫塑料等弹性材料的措施。

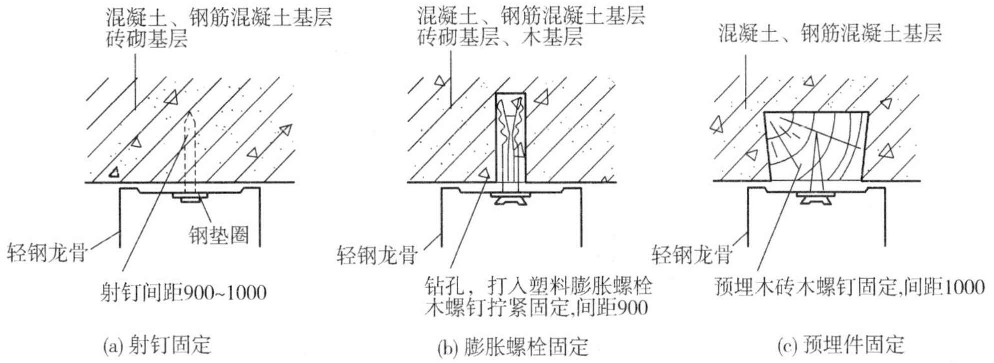

(a) 射钉固定　　(b) 膨胀螺栓固定　　(c) 预埋件固定

图 6－35　轻钢龙骨固定方式

6. 3. 3　条板隔墙

条板隔墙是采用具有一定厚度和刚度的条形板材，用各类黏结剂或连接件安装固定拼合在一起形成的隔墙。一般有石膏条板隔墙、加气混凝土条板隔墙、碳化石灰条板隔墙、水泥玻纤空心条板隔墙、钢丝网泡沫塑料水泥砂浆复合板隔墙、内置发泡材料或复合蜂窝板的彩钢板隔墙等。条板隔墙自重轻，安装方便，施工速度快，工业化程度高。为改善隔声，可采用双层条板隔墙。条板墙体厚度应满足建筑防火、隔声、隔热等功能要求。

单层条板墙体用作分户墙时，其厚度不宜小于 120mm；用作户内分隔墙时，其厚度不小于 90mm。由条板组成的双层条板墙体用于分户墙或隔声要求较高的隔墙时，单块条板的厚度不宜小于 60mm，宽度为 600 ～ 1200mm，为便于安装，条板高度略小于房间净高。

1. 加气混凝土板隔墙

加气混凝土板规格为长 2700 ～ 3000 mm，宽 600 ～ 800 mm，厚 80 ～ 100mm。它具有质量轻、保温效果好、切割方便、易于加工等优点。安装时，条板下部先用小木楔顶紧，然后用细石混凝土堵严。隔墙条板之间用水玻璃矿渣黏结剂黏结，并用胶泥刮缝，平整后再做表面装修，如图 6－36 所示。

2. 石膏空心条板隔墙

石膏空心板有普通条板、钢木窗框条板及防水条板三种，规格尺寸一般为（2400 ～ 3000mm）×600mm（60 ～ 12m），7 孔或 9 个孔，孔径 38mm，空隙率 28%，能满足防火、隔声及抗撞击的要求，如图 6－37 所示。

3. 碳化石灰空心板隔墙

碳化石灰空心板是以磨细生石灰为主要原料，掺入 6% ～ 4% 短玻璃纤维，加水搅拌振动成型，利用石灰窑废气进行碳化，经干燥而成。其规格长为 2700 ～ 3000mm，宽为 500 ～ 800mm，厚为 90 ～ 100mm。板的安装同加气混凝土条板隔墙。碳化石灰空心板隔墙可做成单层或双层，90mm 厚或 120mm 厚。用水玻璃矿渣作黏结剂，安装以后用腻子刮平，表面粘贴塑料壁纸。碳化石灰空心板材料来源广泛，生产工艺简易，成本低廉，密度小，隔声效果好。

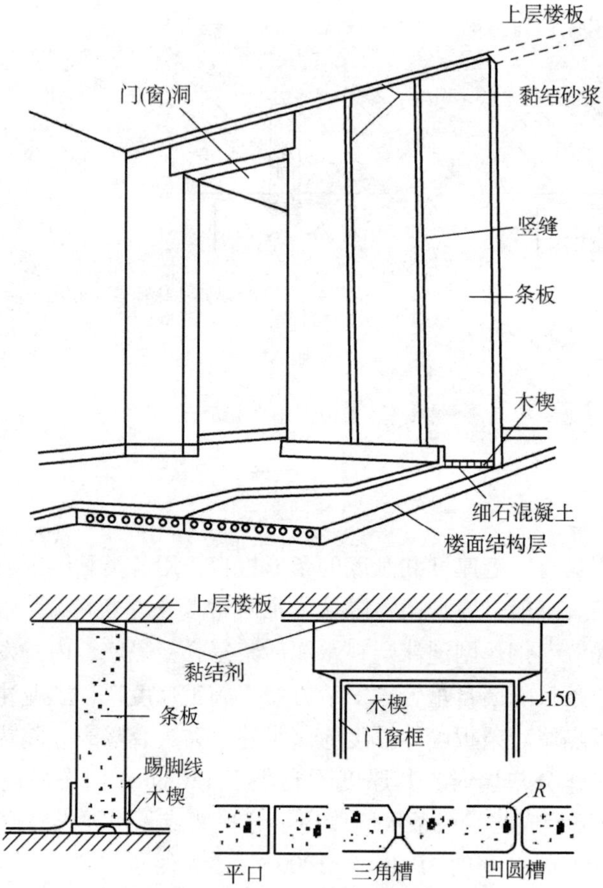

图 6－36　加气混凝土隔墙

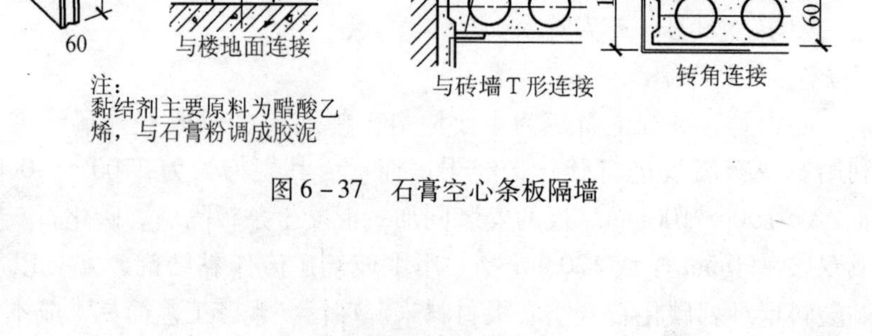

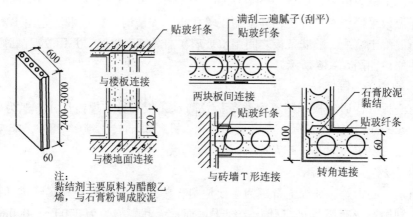

图 6－37　石膏空心条板隔墙

6.4　墙体节能构造

6.4.1　外墙的保温构造

我国幅员辽阔，地区气候差异较大，不同季节温度悬殊，同时面对目前环境恶化、能源日益紧张的趋势，对于外围护构件的墙体，外墙在围护结构中所占比重最大，其散失的热（冷）量约占围护结构散热量的30%左右。加强保温隔热和提高气密性的要求也就显得格外重要。近几年，随着经济的发展及对可持续发展观的重视，我国正逐步限制黏土实心砖的生产和使用，加快墙体材料的革新，积极大力探索发展节能、保温、隔热的新型墙体材料及构造做法。由于围护结构两侧存在温差，热量就会从高温一侧通过围护结构（外墙、屋顶和门窗等）流向低温一侧。如果围护结构的保温隔热性能不好，热（冷）量散失大，就会消耗更多的能源。如图6－38所示外墙冬季传热过程示意图就表达了这一点。

提高外墙保温能力、减少热损失，一般有三种方法：① 单纯增加外墙厚度，使传热过程延缓，达到保温隔热的目的。② 采用导热系数小、保温效果好的材料作外墙围护构件。③ 采用多种组合材料的组合墙解决保温隔热问题。

随着国内墙体改革浪潮的兴起，建筑节能已纳入国家强制性规范的设计要求。

外墙按其保温层的组成及所在位置分，目前有以下几种类型：外墙外保温墙体、外墙内保温墙体、外墙夹芯保温构造。

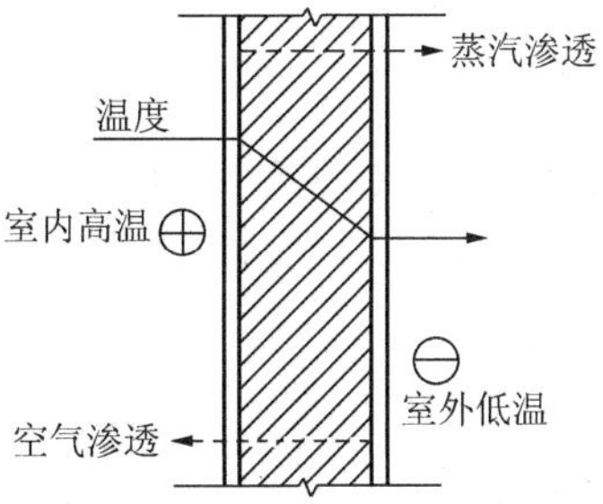

图6－38　外墙冬季传热过程示意图

1. 外墙外保温墙体

外墙外保温，是将保温隔热体系置于外墙外侧（即低温一侧）的复合墙体，使建筑达到保温的施工方法。由于外保温是将保温隔热体系置于外墙外侧，从而使主体结构所受温差作用大幅度下降，温度变形减小，具有较强的耐候性、防水性和防水蒸气渗透性。同时具有绝热性能优越，能消除热桥，减少保温材料内部凝结水的可能性，便于室内装修，对结构墙体起到保护作用并可有效阻断冷（热）桥，有利于结构寿命的延长等优点。因此，从有利于结构稳定性方面来说，外保温隔热具有明显的优势，在可选择的情况下应首选外保温隔热。但是由于保温材料直接做在室外，需承受的自然因素，如风雨、冻晒、磨损与撞击等影响较多，因而对此种墙体的构造处理要求很高，必须对外墙面另加保护层和防水饰面。在我国寒冷地区外保护层厚度要达到30～80mm（具体厚度根据气候条件、个体建筑设计特点及材料选用计算而定），其构造如图 6－39 所示。

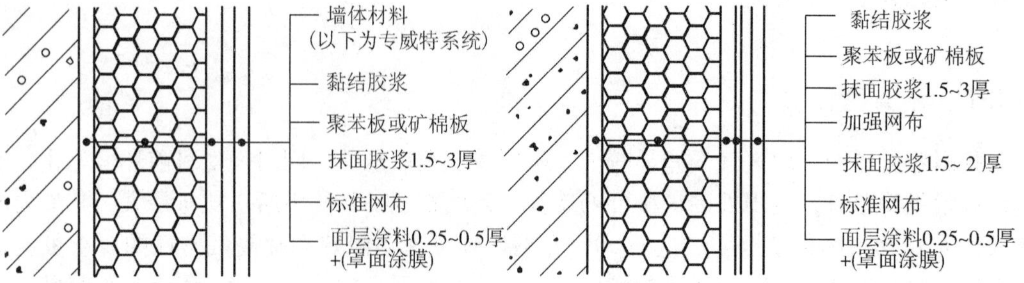

图 6－39　外墙外保温构造

2. 外墙内保温墙体

外墙内保温复合墙体常用的构造方式有粘贴式、挂装式、粉刷式三种。外墙内保温就是外墙的内侧使用苯板、保温砂浆等保温材料，从而使建筑达到保温节能作用的施工方法。该施工方法具有施工方便，对建筑外墙垂直度要求不高，综合造价低、施工进度快等优点，特别适用于夏热冬冷地区及间歇采暖建筑。近年来，在工程上也经常被采用。然而，外墙内保温在寒冷地区的应用由于墙体传热原理所带来的质量问题也随之而来。

外墙内保温的一个明显缺陷就是：结构冷（热）桥的存在使局部温差过大导致产生结露现象。由于内保温保护的位置仅仅在建筑的内墙及梁内侧，内墙及板对应的外墙部分得不到保温材料的保护，因此，在此部分形成冷（热）桥，冬天室内的墙体温度与室内墙角（保温墙体与不保温板交角处）温度差在 10℃左右，与室内的温度差可达到 15℃以上，一旦室内的湿度条件适合，在此处即可形成结露现象。而结露水的浸渍或冻融极易造成保温隔热墙面发霉、开裂。另外，在冬季采暖、夏季制冷的建筑中，室内温度随昼夜和季节的变化幅度通常不大（10℃左右），这种温度变化引起建筑物内墙和楼板的线性变形和体积变化也不大。但是，外墙和屋面受室外温度和太阳辐射热的作用而引起的温度变化幅度较大。当室外温度低于室内温度时，外墙收缩的幅度比内保温隔热体系的速度快；当室外温度高于室内气温时，外墙膨胀的速度高于内保温隔热体系。这种反复形变使内保温隔热体系始终处于一种不稳定的墙体基础上，在形变应力的反复作用下不仅是外墙易遭受温差应力的破坏，也易造成内保温隔热体系的空鼓开裂。

外墙内保温墙体，如图 6－40 所示，用于间歇采暖建筑中，由于保温材料的蓄热系数小，有利于室内温度的快速升高或降低。

3. 外墙夹芯保温构造

在复合墙体保温形式中，为了避免蒸汽由室内高温一侧向室外低温一侧渗透，在墙内形成凝结水，或为了避免受室外各种不利因素的影响，常采用半砖或其他预制板材加以处理，使外墙形成夹芯构件，即双层结构的外墙中间放置保温材料，或留出封闭的空气间层。外墙夹芯保温构造如图 6－41 所示，夹芯保温外墙，由结构层、保温层、保护层组成。结构层采用承重、非承重砌体或混凝土墙体；保温层一般采用 30 ～ 80mm 厚度不等聚苯板（具体厚度根据气候条件、个体建筑设计特点及材料选用计算而定）；保护层采用 90mm 厚或 120mm 厚砌体。结构层、保温层、保护层随砌随放置拉结钢筋网片或拉结钢

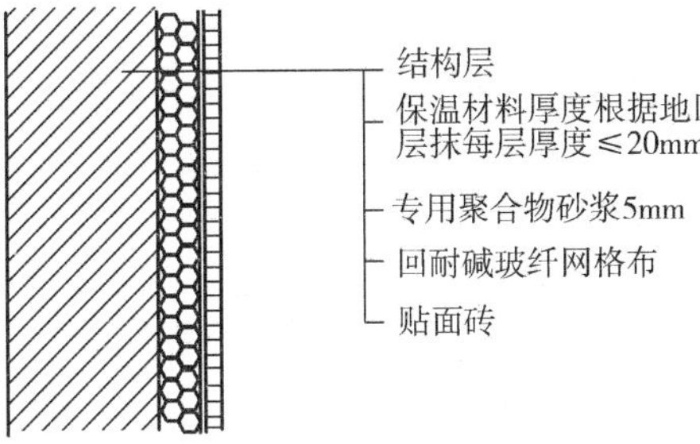

图 6－40　外墙内保温构造

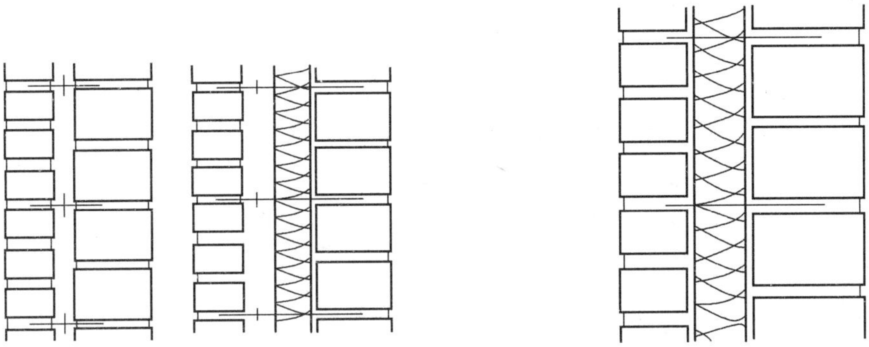

图 6－41　外墙夹芯保温构造

筋，使之三层牢固结合。保护层的作用有使保温材料不易受潮及饰面做法不受限制等优点，夹芯保温墙体构造对保温材料的要求也较低。另外，夹芯保温构造中可在保温层处加设空气间层，空气间层厚度一般为 40 ～ 60mm，并且要求处于密闭状态，以达到保温节能的目的。

6.4.2　外墙的隔热构造

围护结构保温和隔热性能优良的建筑，不仅冬暖夏凉，室内热环境好，而且能耗低，节约能源。围护结构的隔热性能通常是指在夏季自然通风情况下，围护结构在室外综合温度（由室升空气和太阳辐射合成）和室内空气温度波动下，其内表面保持较低温度的能力。外墙中设置保温层也能够阻止来自室外的热量向室内流动，起到隔热的作用，但保温层不透气，容易使人在室内觉得比较闷热。保温性能通常受构造层次的影响较小，而隔热性能受构造层次排列的影响较大。对于外墙来说，由多孔轻质保温材料构成的轻型墙体或内保温墙，其保温性能可能较好，但由于是轻质墙体，热稳定性较差，而内保温墙体，其内侧的热稳定性较差，在夏季室外综合温度和室内空气温度波动作用下，内表面温度容易升得较高，亦即隔热性能不能达到较好的效果。就外墙主体部分而言，相同材料和厚度的复合墙体内保温构造和外保温构造其保温性能相同，但外保温的隔热能力优于内保温。所以，透气性对于夏季炎热地区的建筑很重要，除属于夏热冬冷地区需要兼顾冬季保温，否则不应该考虑用保温材料隔热。

对于不需要考虑冬季保温的炎热地区，可以选用热阻大的外墙材料，如砖墙、保温墙等，这一类材料热稳定性好，能够减小外墙内表面的温度波动，增加其隔热性能，还可以采取用光滑浅色的饰面材料来反射部分辐射热的方法，以及在外墙中设置通风空气间层的方法（如利用外墙基层构件与装饰面板之间的空隙形成通风间层）来带走一部分热量而达到隔热降温的目的。另外，也可以采取夹芯墙体，在夹层中设置具有较强反射功能的铝箔，将铝箔的反射面朝向室外，也能起到一定的隔热效果。

夏季炎热地区常常采用空调来降低室内温度。空调建筑或空调房间应尽量避免东、西朝向，其外表面积宜减少且采用浅色饰面。间歇使用的空调建筑，其外围护结构内侧和内维护结构宜采用重质材料，围护结构的构造设计应考虑防潮要求。

6.5 墙面装饰构造

按材料和施工方式的不同，常见的墙体饰面可分为抹灰类、贴面类、涂料类、裱糊类和铺钉类等，常见抹灰做法及分类见表 6－5。

表 6－5 饰面装修分类

类　别	室外装修	室内装修
抹灰类	水泥砂浆、混合砂浆、聚合物水泥砂浆、拉毛、水刷石、干粘石、斩假石、假面砖、喷涂、滚涂等	纸筋灰、麻刀灰粉面、石膏粉面、膨胀珍珠岩灰浆、混合砂浆、拉毛、拉条等
贴面类	外墙面砖、马赛克、水磨石板、天然石板等	釉面砖、人造石板、天然石板等
涂料类	石灰浆、水泥浆、溶剂型涂料、乳液涂料、彩色胶砂涂料、彩色弹涂等	大白浆、石灰浆、油漆、乳胶漆、水溶性涂料、弹涂等
裱糊类		塑料墙纸、金属面墙纸、木纹壁纸、花纹玻璃、纤维布、纺织面墙纸及锦缎等
铺钉类	各种金属饰面板、石棉水泥板、玻璃	各种木夹板、木纤维板、石膏板及各种装饰面板等

饰面装修一般由基层和面层组成，基层即支托面层的持力层，其表面应平整，并应有一定的强度和刚度。饰面层附着于基层表面起美观和保护作用，应与基层牢固结合，且表面需平整均匀。通常以饰面层最外表面的材料，作为饰面装修构造类型来命名。

思考题

1. 简述墙体的分类方式及类别。
2. 墙体设计在使用功能上应考虑哪些设计要求？
3. 砌体结构墙的组砌方式有几种？
4. 砖墙的细部主要包括哪些部分？简述各部分的构造要点并绘图表达。
5. 提高外墙的保温能力有哪些措施？
6. 墙身加固措施有哪些？有何设计要求？
7. 简述常见隔墙的种类及其构造要点。

第7章 楼地层及阳台雨篷构造

本章学习目标

- 了解楼地层的基本构造和设计要求；
- 了解阳台、雨篷的构造方法；
- 熟悉楼地面防水、保温、隔声等构造方法；
- 熟悉钢筋混凝土楼板的主要类型及特点；
- 熟悉装配式钢筋混凝土楼板的布置原则；
- 掌握现浇钢筋混凝土肋梁式楼板的布置原则；
- 掌握地坪层构造做法。

7.1 楼地层概述

楼板层和地坪，按房间层高将整幢建筑物沿水平方向分为若干层。楼板层是水平方向的承重构件，楼板层承受家具、设备和人体荷载，以及本身的自重，并将这些荷载传给墙或柱；同时对墙体起着水平支撑的作用。因此，要求楼板层具有足够的抗弯强度、刚度和隔声、防潮、防水的性能。

地坪是底层房间与地基土层相接的构件，起承受底层房间荷载的作用。要求地坪具有耐磨防潮、防水、防尘和保温的性能。

7.1.1 楼地层的构造组成

1. 楼板层的构造组成

（1）面层。位于楼板层的最上层，起着保护楼板层、分布荷载和绝缘的作用，同时对室内起美化装饰作用，常有整体面层和块料面层两大类。

（2）结构层。主要功能在于承受楼板层上的全部荷载并将这些荷载传给墙或柱，同时还对墙身起水平支撑作用，以加强建筑物的整体刚度。

（3）附加层。附加层又称功能层，根据楼板层的具体要求而设置，主要作用是隔声、隔热、保温、防水、防潮、防腐蚀、防静电等。根据需要，有时和面层合二为一，有时又和吊顶合为一体。

（4）楼板顶棚层。位于楼板层最下层，主要作用是保护楼板、安装灯具、遮挡各种水平管线，改善使用功能、装饰美化室内空间。楼板层的构造组成如图7－1所示。

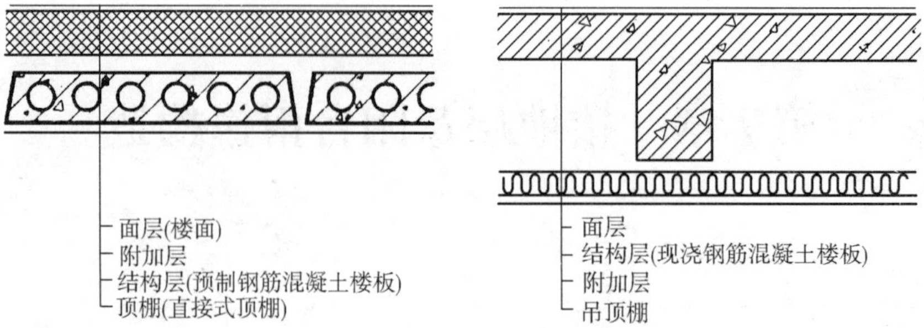

(a) 预制楼板层构造组成　　(b) 现浇楼板层构造组成

图 7－1　楼板层构造

2. 地坪层的构造组成

（1）面层。地坪的面层也称地面，和楼面一样，是直接承受各种物理作用和化学作用的表面层，起着保护结构层和美化室内的作用。根据使用和装修要求的不同，有各种不同的面层和相应的做法。

（2）附加层。主要是满足某些特殊使用要求而在面层与垫层之间设置的构造层次，如防水层、防潮层、保温层和管道敷设层等。

（3）垫层。地坪的承重部分也称结构层，承受着由地面传来的荷载，并传给地基。垫层材料分为刚性和柔性两大类：刚性垫层如混凝土、碎砖三合土等，有足够的整体刚度，受力后不产生塑性变形，多用于整体地面和小块块料地面。柔性垫层如砂、碎石、炉渣等松散材料，无整体刚度，受力后产生塑性变形，多用于块料地面。目前垫层一般采用混凝土，厚度为 60～80mm。

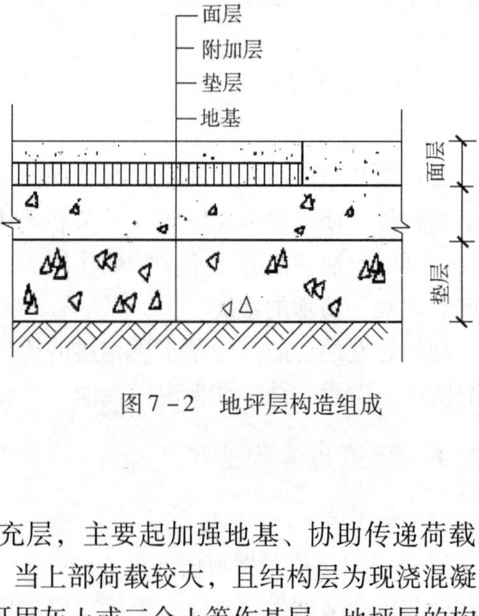

图 7－2　地坪层构造组成

（4）基层。垫层与地基之间的找平层和填充层，主要起加强地基、协助传递荷载的作用。基层材料的选择取决于地面的主要荷载。当上部荷载较大，且结构层为现浇混凝土时，则基层多采用碎砖或碎石；荷载较小时也可用灰土或三合土等作基层。地坪层的构造组成如图 7－2 所示。

7.1.2　楼板的类型

根据所用材料不同，楼板可分为木楼板、钢筋混凝土楼板和钢衬板组合楼板等多种类型，如图 7－3 所示。

（1）木楼板。木楼板自重轻，保温隔热性能好，舒适、有弹性，但耐火性和耐久性均较差，且造价偏高。为节约木材和满足防火要求，现很少采用。

（2）钢筋混凝土楼板。具有强度高，刚度好，耐火性和耐久性好，还具有良好的可

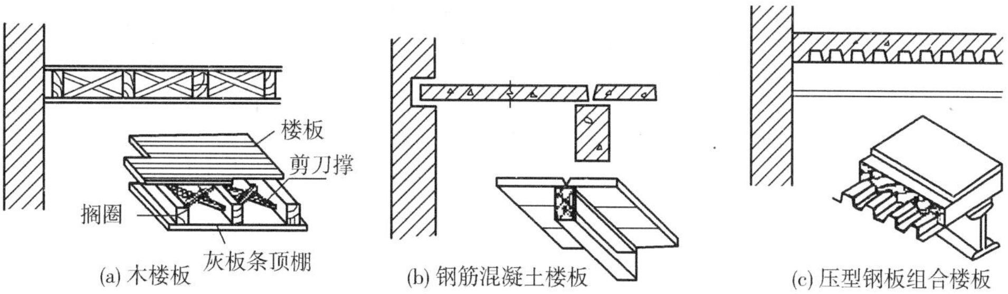

(a) 木楼板　(b) 钢筋混凝土楼板　(c) 压型钢板组合楼板

图 7－3　楼板的类型

塑性，在我国便于工业化生产，应用最广泛。按其施工方法不同，可分为现浇式、装配式和装配整体式三种。

（3）压型钢板组合楼板。它是在钢筋混凝土基础上发展起来的，利用钢衬板作为楼板的受弯构件和底模，既提高了楼板的强度和刚度，又加快了施工进度，是目前正大力推广的一种新型楼板。

7.1.3　楼板层的设计要求

1. 具有足够的强度和刚度

强度要求是指楼板层应保证在自重和活荷载作用下安全可靠，不发生任何破坏。这主要是通过结构设计来满足要求。刚度要求是指楼板层在一定荷载作用下不发生过大变形，以保证正常使用状况。结构规范规定楼板的允许挠度不大于跨度的 1/250，可用板的最小厚度（$1/40L \sim 1/35L$）来保证其刚度。

2. 具有一定的隔声能力

不同使用性质的房间对隔声的要求不同，如我国对住宅楼板的隔声标准中规定：一级隔声标准为 65dB，二级隔声标准为 75dB 等。对一些特殊性质的房间如广播室、录音室、演播室等的隔声要求则更高。楼板主要是隔绝固体传声，如人的脚步声，拖动家具、敲击楼板等都属于固体传声。防止固体传声可采取以下措施：

（1）在楼板表面铺设地毯、橡胶、塑料毡等柔性材料。

（2）在楼板与面层之间加弹性垫层以降低楼板的振动，即“浮筑式楼板”，如图 7－4 所示。

（3）在楼板下加设吊顶，使固体噪声不直接传入下层空间。

3. 具有一定的防火能力

楼板作为结构构件，应保证在火灾发生时，在一定时间内不至于因楼板塌陷而给生命和财产带来损失。

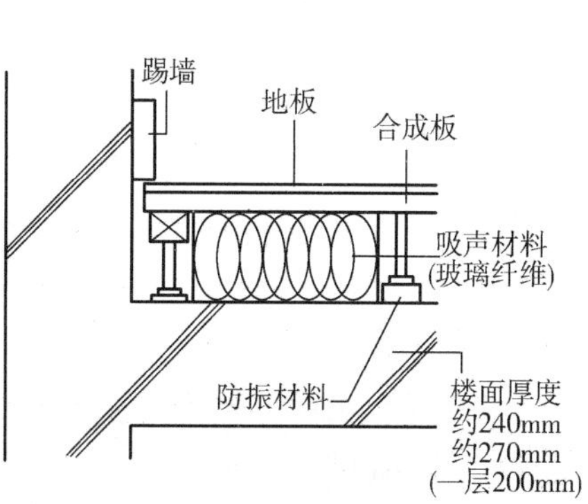

图 7－4　浮筑吸声楼板

表 7-1　楼板的燃烧性能和耐火极限　　单位：h

建筑层数	耐火等级			
	一级	二级	三级	四级
低层、多层建筑	1.5（不燃烧体）	1.0（不燃烧体）	0.5（不燃烧体）	0.25（难燃烧体）
高层建筑	1.5（不燃烧体）	1.0（不燃烧体）	—	—

4. 具有防潮、防水能力

对用水较多的房间，如卫生间、盥洗室、浴室、实验室等，需满足防水要求，都应该进行防潮防水处理。设置防水层选用密实不透水的材料，适当做排水坡，并设置地漏。

5. 满足热工要求

根据所处地区和建筑使用要求，楼面应采取相应的保温、隔热措施，以减少热损失。北方严寒地区，当楼板搁入外墙部分，如果没有足够的保温隔热措施，会形成“热桥”，不仅会使热量散失，且易产生凝结水，影响卫生及构件的耐久性。所以必须重视该部分的保温隔热构造设计，防止发生“热桥”现象。

6. 满足各种管线设置的要求

对管道较多的公共建筑，楼板层设计时，应考虑到管道对建筑物层高的影响问题。如当防火规范要求暗敷消防设施时，应敷设在不燃烧的结构层内，使其能满足暗敷管线的要求。

7. 满足室内装修的要求

根据房间的使用功能和装饰要求，楼板层的面层常选用不同的面层材料和相应的构造做法与装修风格档次相适应。

8. 满足建筑经济的要求

经济方面，楼板层造价占建筑物总造价的20%～30%，而面层装饰材料对建筑造价影响较大。选材时，应综合考虑建筑的使用功能、建筑材料、经济条件和施工技术等因素。

7.1.4　地面设计要求

地面是楼板层和地坪的面层，是人们日常生活、工作和生产时直接接触的部分，属装修范畴；也是建筑中直接承受荷载，经常受到摩擦、清扫和冲洗的部分，因此对地面有一定的功能要求。主要有：

（1）具有足够的坚固性。要求在各种外力作用下不易磨损破坏，且要求表面平整、光洁、易清洁和不起灰。

（2）保温性能好。北方地区对于直接接触土壤的周边地面（即从外墙内侧算起0.5～1.0m范围内的地面），应采取保温措施，使其传热指数满足规范的要求。要求地面材料的导热系数小，给人以温暖舒适的感觉。

（3）具有一定的弹性。当人们行走时不致有过硬的感觉，同时，有弹性的地面对隔撞击声有利。

（4）易清洁，经济、美观。

（5）满足某些特殊要求。地面应满足防水、防潮、防火、耐腐蚀等功能。对于江南的许多地方，还必须考虑到高温高湿气候的特点，因为高温高湿的天气容易引起夏季地面的结露。一般土壤的最高、最低温度，与室外空气的最高与最低温度出现的时间相比，延迟 2 ～ 3 个月（延迟时间因土壤深度而异）。所以在夏天，即使是混凝土地面，温度也几乎不上升。当这类低温地面与高温高湿的空气相接触时，地表面就会出现结露。

当考虑到南方湿热的气候因素，对地面进行全面绝热处理是必要的。在这种情况下，可采取室内侧地面绝热处理的方法，或在室内侧布置随温度变化快的材料（热容量较小的材料）或微孔吸湿、表面粗糙的材料作装饰面层。另外，为了防止土中湿气侵入室内，可加设防潮层。

7.2　钢筋混凝土楼板构造

钢筋混凝土楼板按其施工方法不同，可分为现浇式、装配式和装配整体式三种。

7.2.1　现浇钢筋混凝土楼板

现浇钢筋混凝土楼板整体性好，特别适用于有抗震设防要求的多层房屋和对整体性要求较高的其他建筑。对有管道穿过的房间、平面形状不规整的房间、尺度不符合模数要求的房间和防水要求较高的房间，都适合采用现浇钢筋混凝土楼板。如图 7 – 5 所示为现浇钢筋混凝土楼板施工示例。

图 7 – 5　现浇钢筋混凝土楼板施工示例

7.2.1.1　平板式楼板

楼板根据受力特点和支承情况，分为单向板和双向板。为满足施工要求和经济要求，对各种板式楼板的最小厚度和最大厚度，一般规定如下：

（1）单向板式（板的长边与短边之比 > 2），如图 7 – 6a 所示，屋面板板厚 60 ～ 80mm。

民用建筑楼板厚 70 ～ 100mm，工业建筑楼板厚 80 ～ 180mm。

（2）双向板式（板的长边与短边之比≤2），如图 7 – 6b 所示，板厚为 80 ～ 160mm。

此外，板的支承长度规定：当板支承在砖石墙体上，其支承长度不小于 120mm 或板厚；当板支承在钢筋混凝土梁上时，其支承长度不小于 60mm；当板支承在钢梁或钢屋架上时，其支承长度不小于 50mm。

7.2.1.2　肋梁楼板

1. 单向肋梁楼板

单向肋梁楼板由板、次梁和主梁组成，如图 7 – 7 所示。其荷载传递路线为板→次梁

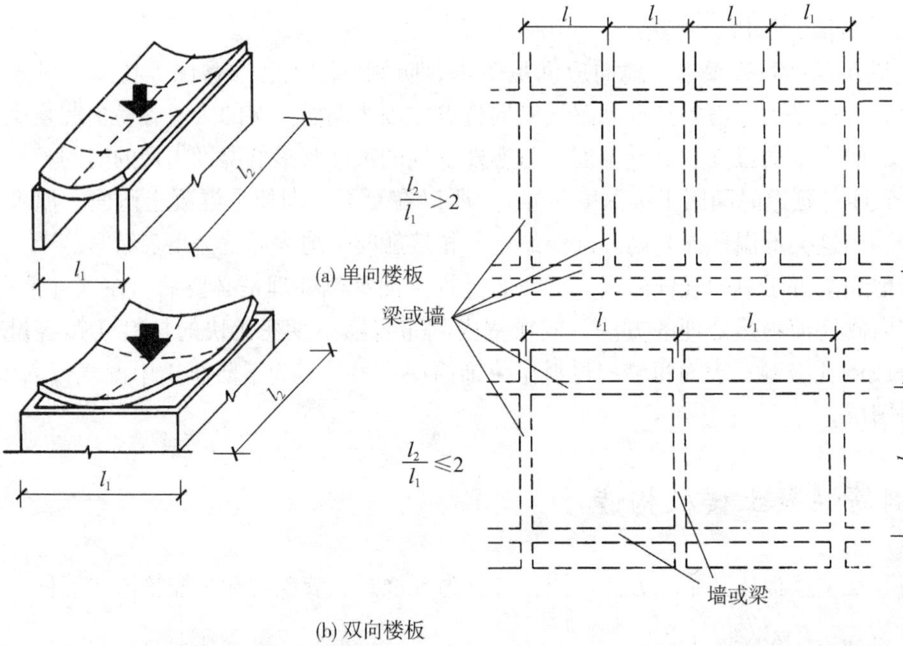

图 7－6　平板式楼板类型

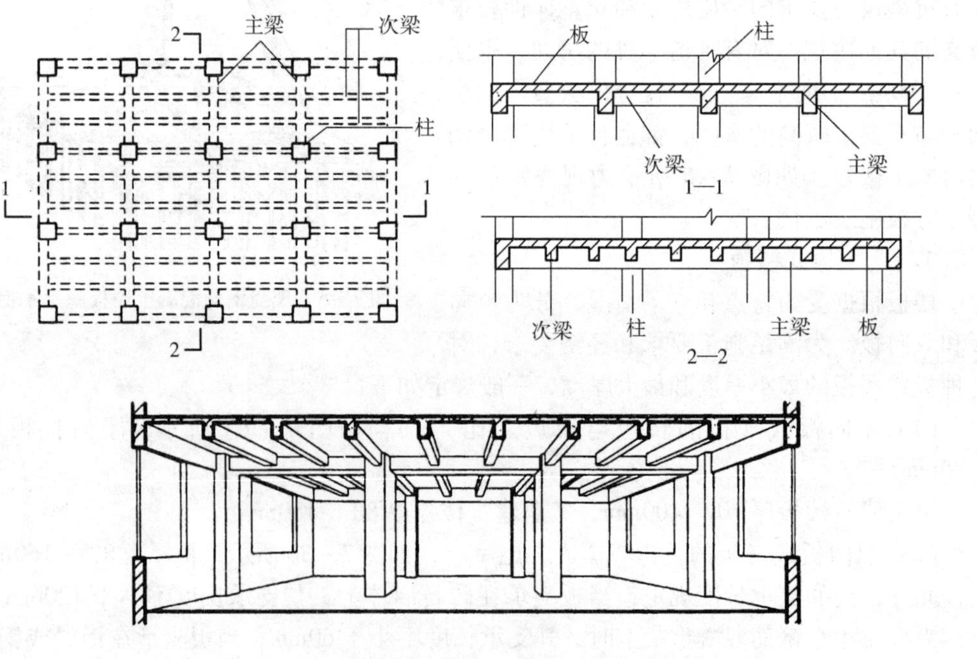

图 7－7　单向肋梁楼板布置图及透视图

→主梁→柱（或墙）。肋梁楼板各构件的经济尺寸见表 7－2。次梁跨度即为主梁间距；板的厚度确定同板式楼板，由于板的混凝土用量占整个肋梁楼板混凝土用量的 50%～70%，因此板宜取薄些，通常板跨不大于 3m；其经济跨度为 1.5～3.0m。

表 7－2　肋梁楼板各构件的经济尺寸

构件名称	经济尺寸		
	跨度（L）	梁高、板厚（h）	梁宽（b）
主梁	5～8m	（1/14～1/8）L	（1/3～1/2）h
次梁	4～6m	（1/18～1/12）L	（1/3～1/2）h
楼板	1.5～3m	简支板（1/35）L 连续板（1/40）L	60～80mm

2. 双向板肋梁楼板

（1）双向板肋梁楼板。通常肋梁间距大于 2m 时，称为双向板肋梁楼板，常称为井式楼板，如图 7－8 所示。双向板肋梁楼板无主次梁之分，由板和梁组成，荷载传递路线为板→梁→柱（或墙）。

当双向板肋梁楼板的板跨相同，且两个方向的梁截面也相同时，就形成了井式楼板。井式楼板适用于长宽比不大于 1.5 的矩形平面，井式楼板中板的跨度在 3.5～6m 之间；梁的跨度可达 20～30m，梁截面高度不小于梁跨的 1/15～1/20，宽度为梁高的 1/4～1/2，且不少于 120mm，井式楼板可与墙体正交放置或斜交放置，如图 7－9 所示。由于井式楼板可以用于较大的无柱空间，而且楼板底部的井格整齐划一，很有韵律，稍加处理就可形成艺术效果很好的顶棚。

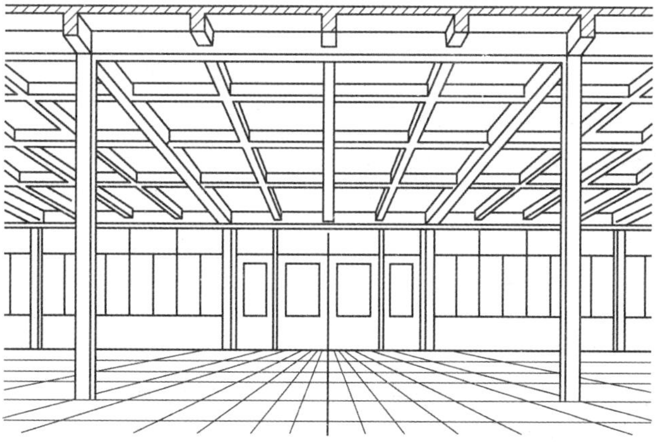

图 7－8　井式楼板透视图

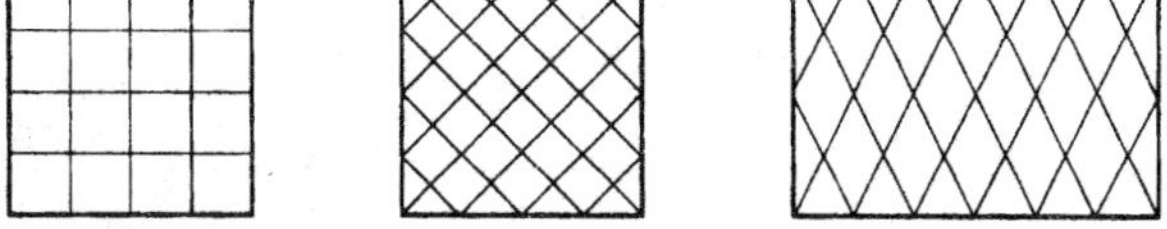

(a) 梁正交正放　(b) 梁正交斜放　(c) 梁斜交斜放

图 7－9　井式楼板梁布置形式

（2）密肋楼板。当肋梁间距小于 1.5m 时，称为密肋楼板。密肋楼板适用于中等或较大跨度的公共建筑，也常被用于筒体结构体系的高层建筑结构。

密肋楼板的特点有：

密肋楼板适用于跨度较大而梁高受限制的情况，其受力性能介于肋梁楼板和无梁平板楼板之间。与肋梁楼板相比，密肋楼板的结构高度小而数量多、间距密；与平板楼板相比，密肋楼板可节省材料，减轻自重，且刚度较大。因此，对于楼面荷载较大，而房屋的层高又受到限制时，采用密肋楼板比采用普通肋梁楼板更能满足设计要求。密肋楼板的缺点是施工支模复杂，工作量大。目前常采用可多次重复使用的定型模壳，如钢模壳、玻璃钢模壳、塑料模壳等，可避免上述缺点，如图 7－10 所示。

密肋楼板一般肋距（梁距）为 600mm×600mm～1000mm×1000mm，肋高为 180～500mm，楼板的适用跨度为 6～18m，其肋高一般为跨度的 1/20～1/30。这种楼板采用重复使用的定型塑料模壳作为肋板的模板，然后配筋浇捣混凝土而成。密肋楼板做法示意图如图 7－11 所示。

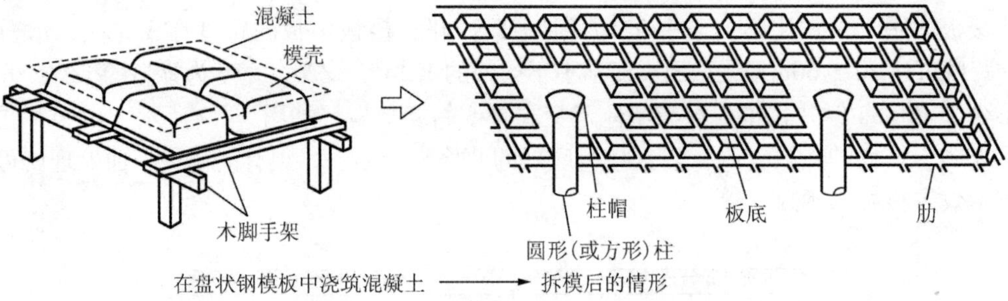

图 7－10　密肋楼板支模及板下效果

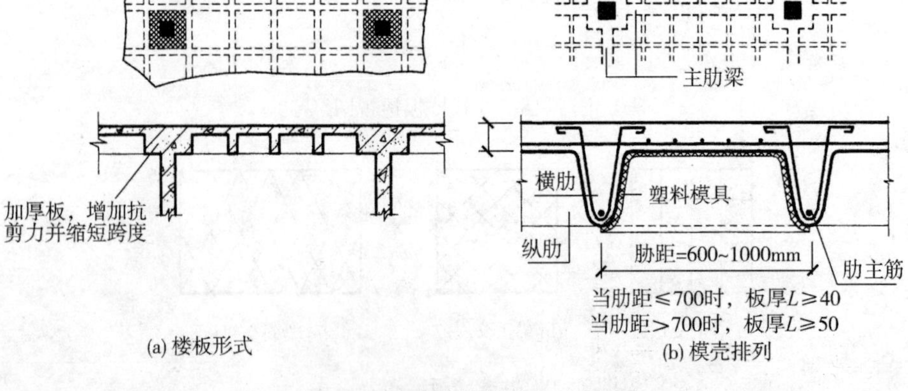

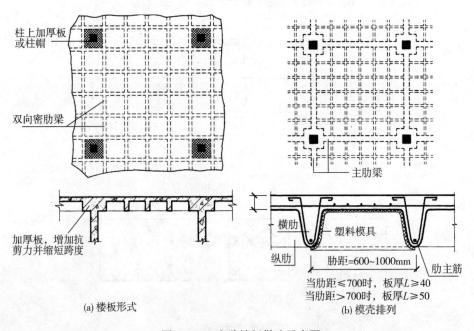

图 7－11　密肋楼板做法示意图

（3）密肋填充块楼板。为取得平整的楼板天花，密肋间可用加气混凝土块、空心砖、木盒子或其他轻质材料填充，并同时作为肋间的模板及获得最佳的隔热、隔音效果。密肋填充块楼板如图 7－12 所示，其缺点是填充块不能重复利用，浪费材料，增加自重，施工复杂，故目前很少采用。

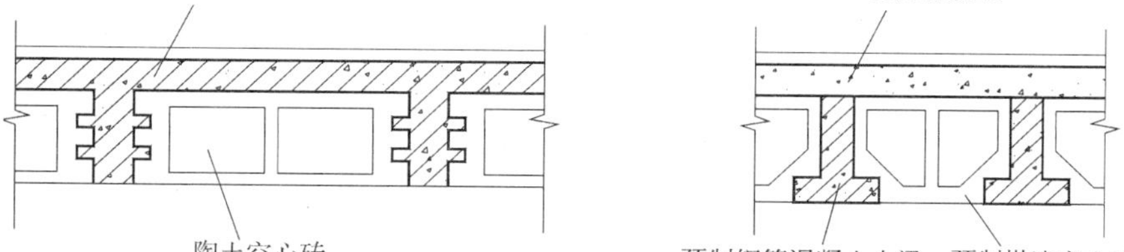

图 7－12　密肋填充块楼板

7.2.1.3　无梁楼板

无梁楼板为等厚的平板直接支承在柱上，分为有柱帽和无柱帽两种。当楼面荷载比较小时，可采用无柱帽楼板；当楼面荷载较大时，必须在柱顶加柱帽，如图 7－13 所示。

图 7－13　无梁楼板透视图

无梁楼板的柱可设计成方形、矩形、多边形和圆形；柱帽可根据室内空间要求和柱截面形式进行设计，见图 7－14。板的最小厚度不小于 150mm 且不小于板跨的 1/35 ～ 1/32。无梁楼板的柱网一般布置为正方形或矩形，间跨一般不超过 6m。

无梁楼板的板柱体系适用于非抗震区的多高层建筑，如用于商店、书库、仓库、车库等荷载大、空间较大、层高受限制的建筑中。对于板跨大或大面积、超大面积的楼板、屋顶，为减少板厚控制挠度和避免楼板上出现裂缝，近年来在无梁楼板结构中常采用部分预应力技术。无梁楼板具有顶棚平整、净空高度大、采光通风条件较好，施工简便等优点；但楼板较厚，用钢量较大，造价相对较高。

7.2.1.4　压型钢板组合楼板

压型钢板组合楼板是利用截面为凹凸相间的压型钢板做衬板与现浇混凝土面层浇筑在

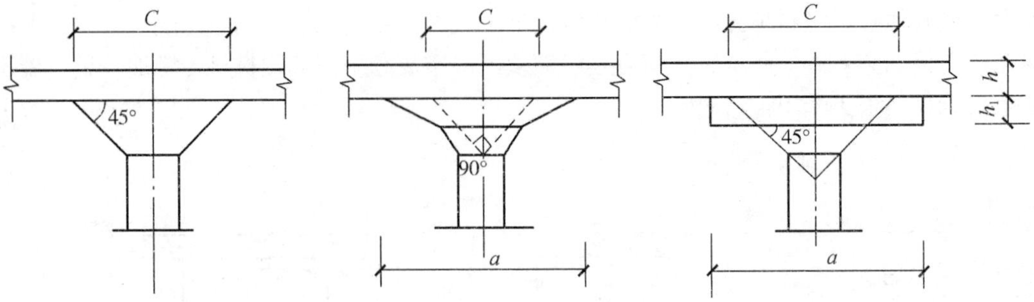

$h_1 > h$,

$C =$ (0.2 ~ 0.3) L

$a \geqslant 0.35L$

图 7－14　无梁楼板柱帽形式

一起支承在钢梁上的板，是整体性很强的一种楼板。组合楼板主要由楼面层、压型钢板和钢梁三部分所构成。组合板包括混凝土和压型钢板。压型钢板有多种形式，常见的压型钢板如图 7－15a 所示，此外可根据需要设吊顶棚。

压型钢板组合楼板是由混凝土和钢板共同受力，即混凝土承受剪应力与压应力，压型钢板承受拉应力。压型钢板也是混凝土的永久模板。利用压型钢板肋间的空隙还可敷设室内电力管线，亦可在钢衬板底部焊接架设悬吊管道、通风管道和吊顶棚的支托。一般采用镀锌压型钢板。压型钢板在钢梁上的支承长度不得小于 50mm，并用栓钉使压型钢板、混凝土和钢梁连成整体，如图 7－15b 和图 7－15c 所示。

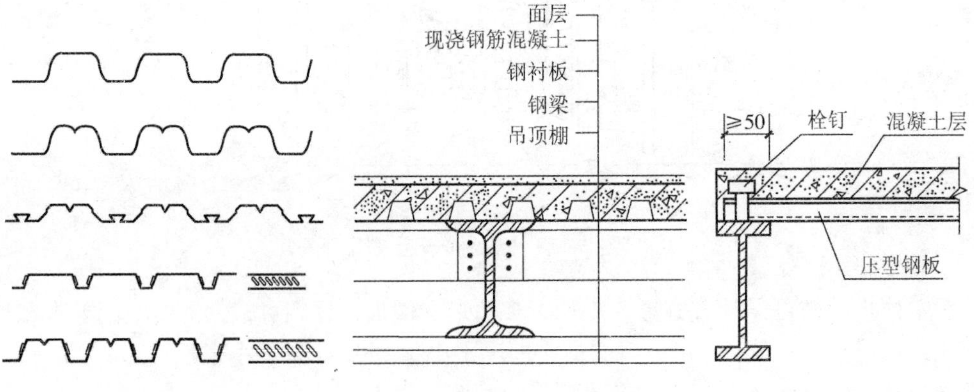

(a) 压型钢板类型示意　(b) 压型钢板剖面示意　(c) 压型钢板板端锚固

图 7－15　压型钢板结构布置

1. 压型钢板组合楼板结构的特点

（1）能充分发挥混凝土和钢材各自材料的力学性能，使混凝土受压，钢材受拉，经济合理，节省材料，尤其对重载结构更为有利。

（2）适合于采用更高强度的钢材和混凝土，因而可减少截面尺寸，降低自重，增大建筑的使用空间，尤其适用于较差的地基条件和大跨度结构。

（3）受力变形时，可产生较大应变，吸收能量大，因而塑性、韧性、耐疲劳性、耐冲击性等均好，很适合于抗爆、抗震结构工程的楼盖。

（4）施工中浇注混凝土时，压型钢板可同时作为模板，因而可省去模板，方便施工。

（5）因有型钢存在，不需要像钢筋混凝土那样为适应各种连接而预埋铁件。

组合楼板的构造根据压型钢板形式分为单层板组合楼板和双层板组合楼板两种类型。单层板组合楼板构造如图 7－16 所示。其中图 7－16a 表示组合楼板在混凝土上部配有构造钢筋，可加强混凝土面层的抗裂性，并承受板端负弯矩。图 7－16b 表示在压型钢板上加肋条或压出凹槽，形成抗剪连接，这时压型钢板对混凝土起到加强的作用。图 7－16c 表示在钢梁上焊有抗剪栓钉，以保证组合楼板和钢梁能共同工作。在高层建筑中，为进一步减轻楼板重量，常用轻混凝土组合楼板。

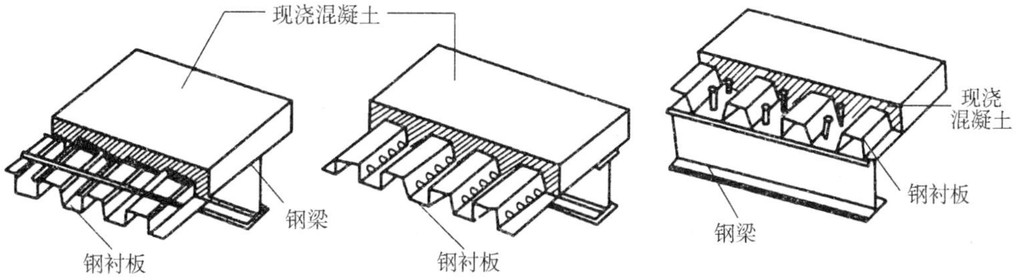

(a) 在钢板上加钢筋　(b) 在钢板上压出凹槽　(c) 在钢梁上焊有抗剪栓钉

图 7－16　单层压型钢板组合楼板

双层钢板组合楼板构造如图 7－17 所示。图 7－17a 为压型钢板与钢板组成孔格式组合楼板，这种压型钢板高为 40mm 或 80mm。在较高的压型钢衬板中，可形成较宽的空腔，它具有较大的承载力，腔内可放置设备管线。图 7－17b 为双层压型钢板孔格式组合楼板，腔内甚至可直接做空调管道，用于承载力更大的楼板结构中，其板跨度可达 6m 或更大。组合楼板自重轻、楼板薄，在主体框架结构完成后，各层楼面可同时铺设，因而可缩短工期。但施工时钢板上不能承受过大的施工荷载，并应注意防火等问题，且楼板结构用钢量大，造价较高。

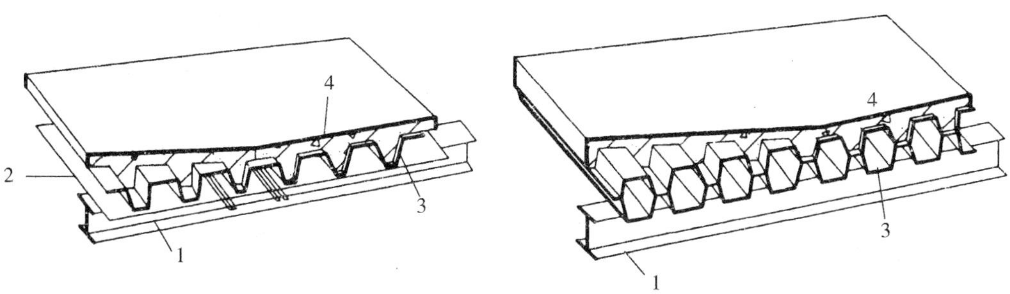

(a) 压型钢板与平钢板组成孔格双层楼板　(b) 双层压型钢板组成孔格楼板

1—钢梁；2—平板钢；3—压型钢板；4—现浇钢筋混凝土

图 7－17　双层压型钢板组合楼板

7.2.2 装配式钢筋混凝土楼板

装配式钢筋混凝土楼板系指在构件预制加工厂或施工现场外预先制作，然后运到工地现场进行安装的钢筋混凝土楼板，简称预制板，如图7－18所示。预制板的长度一般与房屋的开间或进深一致，为300mm的倍数；板的宽度一般为100mm的倍数；板的截面尺寸须经结构计算确定。凡建筑设计中平面形状规则，尺寸符合模数要求的建筑，就可采用预制楼板。

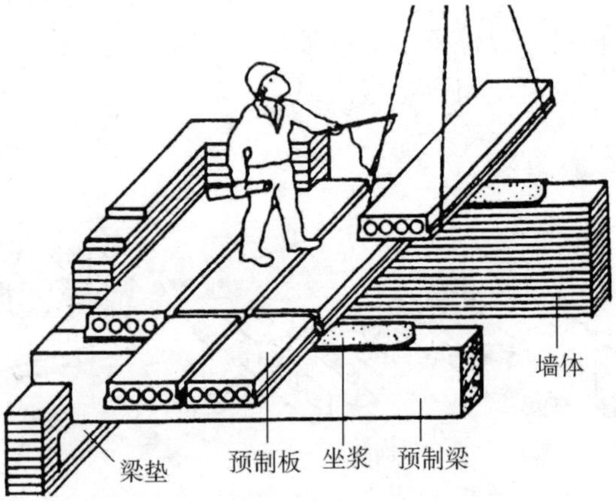

图7－18　预制楼板的安装示意

预制板又可分为预应力板和非预应力板两类。所谓预应力板是指在生产过程中对受力钢筋施加张拉应力，以防止板在工作时受拉部位的混凝土出现开裂，同时也充分发挥受拉钢筋的作用，节约钢材。非预应力板主要用于板数量少的情况。如图7－19所示为预应力构件与非预应力构件的受力分析。

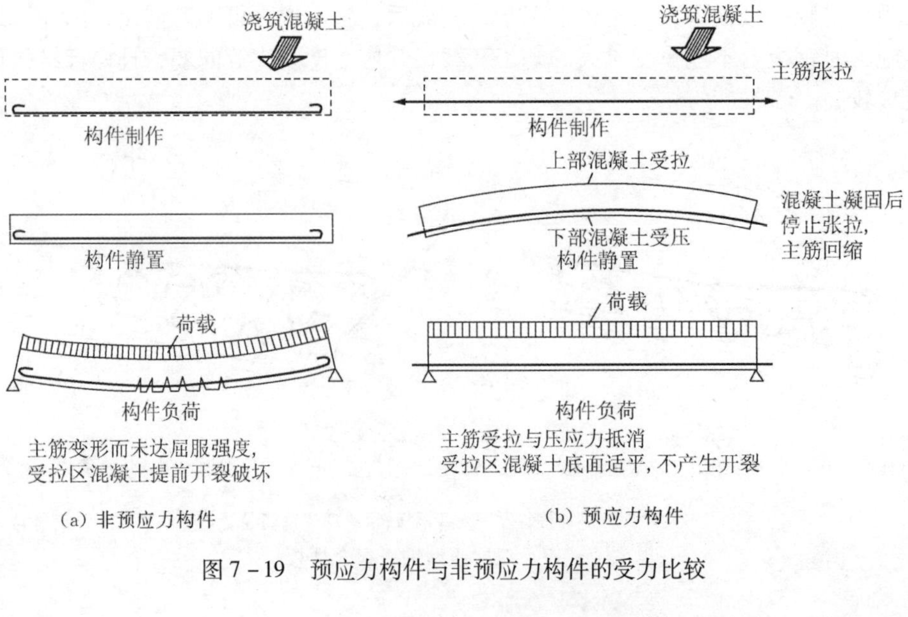

图7－19　预应力构件与非预应力构件的受力比较

预应力构件的加工分为先张法及后张法两种工艺。先张法是先张拉钢筋、后浇注混凝土，待混凝土有一定强度后切断钢筋，使回缩的钢筋对混凝土产生压力。一般小型构件采用先张法。后张法是先浇注混凝土、后张拉钢筋，在混凝土的预留孔洞中穿放钢筋，再张拉钢筋并锚固在构件上。由于回缩的钢筋对混凝土产生压力，使混凝土受压。一般大中型构件采用后张法。采用预应力钢筋混凝土可提高构件强度及减少构件厚度，受力合理且有很好的经济效益。在我国各城市均普遍采用预应力钢筋混凝土构件。

7.2.2.1　装配式钢筋混凝土楼板的类型

装配式钢筋混凝土楼板形式很多，大致可以分为铺板式、密肋式和无梁式等，现只介绍应用最为广泛的铺板式。铺板式楼面是将预制板搁置在承重砖墙或楼面梁上。预制钢筋混凝土楼板常用类型有：实心平板、槽形板、空心板、T 形板等几种，如图 7－20 所示。

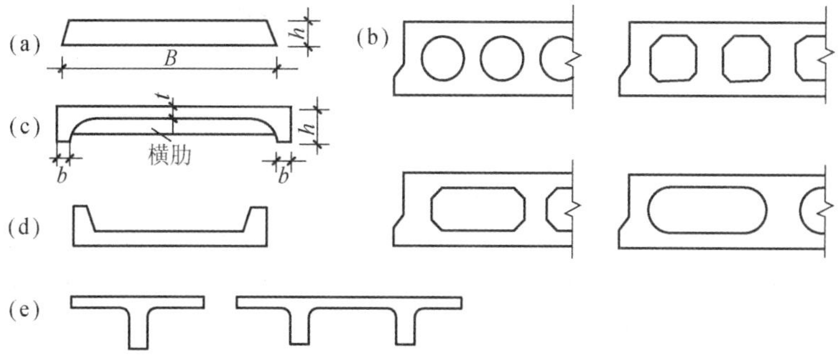

（a）实心平板；（b）空心板；（c）正槽板；（d）反槽板；（e）T 形板

图 7－20　预制板的类型

1. 实心平板

实心平板规格较小，跨度一般在 1.5m 左右，板厚一般为 60 ～ 80mm。预制实心平板由于其跨度小，常用于过道和小房间、卫生间、厨房的楼板。实心平板跨度不应过大，否则板厚增加自重加大，不经济。

2. 槽形板

槽形板是一种肋板结合的预制构件，即在实心板的两侧设有边肋，作用在板上的荷载都由边肋来承担，是一种板梁结合的构件。板宽为 500 ～ 1200mm，非预应力槽形板跨长通常为 3 ～ 6m；预应力槽形板跨长更大。板肋高为 120 ～ 240mm，板厚仅 30 ～ 50mm。槽形板有肋向下的正槽形板和肋向上的倒槽形板两种，如图 7－21 所示。

正槽形板自重轻，材料省，可以较充分地利用肋梁及板面混凝土受压，受力合理，如图 7－21b 所示。为了加强槽形板刚度，使两条纵肋能很好地协同工作，避免纵肋在施工中因受扭产生裂缝，一般均加设小的横肋。正槽形板不能形成平整的天棚，隔音隔热效果较差，目前在工业厂房中应用较广泛。倒槽形板受力作用不甚合理，肋间可铺设隔音、保温等材料，一般应用于房间隔音要求较高的建筑中，如图 7－21a 所示。

3. 空心板

空心板也是一种梁板结合的预制构件，其结构计算理论与槽形板相似，两者的材料消耗也相近，但空心板上下板面平整，且隔声效果优于槽形板，因此是目前广泛采用的一种形式。目前我国预应力空心板的跨度可达到 6m，6.6m，7.2m 等，板的厚度为 120 ～

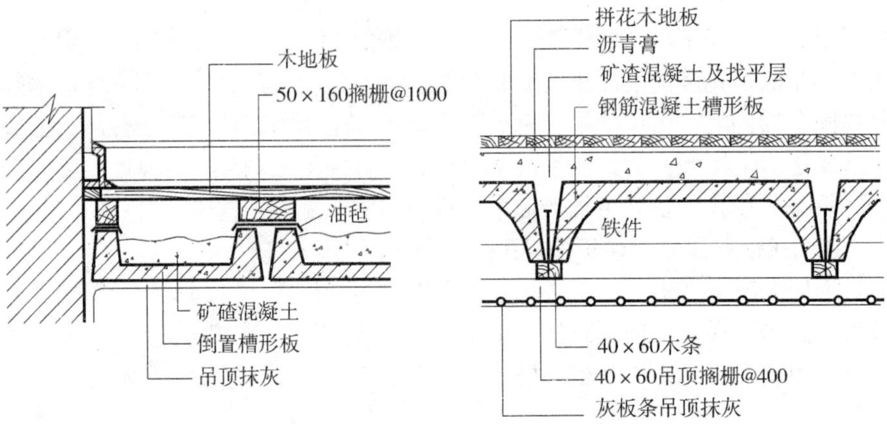

(a) 预制倒槽形楼板　　(b) 预制正槽形楼板

图7－21　预制正槽形楼板与反槽形楼板构造示例

300mm。空心板安装前，应在板端的圆孔内填塞C15混凝土短圆柱（即堵头）以避免板端被压坏。

空心板的空洞可为圆形、正方形、长方形、椭圆形等，圆孔的空心率虽小些，混凝土用量相应多些，但可用钢管做芯模，转动抽出方便，目前国内民用建筑中常用圆孔空心板。普通钢筋混凝土空心板板厚 $h \geqslant$（1/20～1/25）跨度；预应力混凝土空心板厚 $h \geqslant$（1/30～1/35）跨度；板厚通常有120mm，180mm和240mm。空心板的宽度常用500mm，600mm，900mm，1200mm；板的长度视房屋开间或进深的长度而定，一般有3.0m，3.3m，3.6m等。

空心板短边与墙体为承重搭接，以水泥砂浆坐浆，板缝间灌细石混凝土，如图7－22所示。

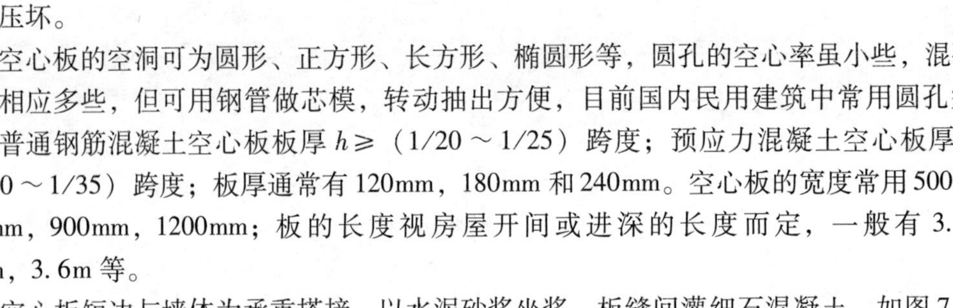

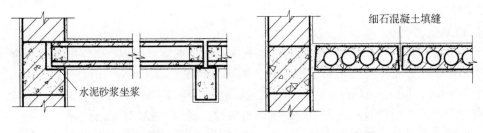

(a) 空心楼板与墙体承重搭接　　(b) 空心楼板与墙体非承重搭接

图7－22　空心楼板与墙体搭接

4. T形板

T形板有单T板和双T板之分，也是一种梁板结合的预制构件。其体型简洁，受力明确，较槽形板的跨度更大，如图7－23所示。T形板肋梁尺度较大，且接缝较多，抗震设防区慎用，一般用于工业建筑中。

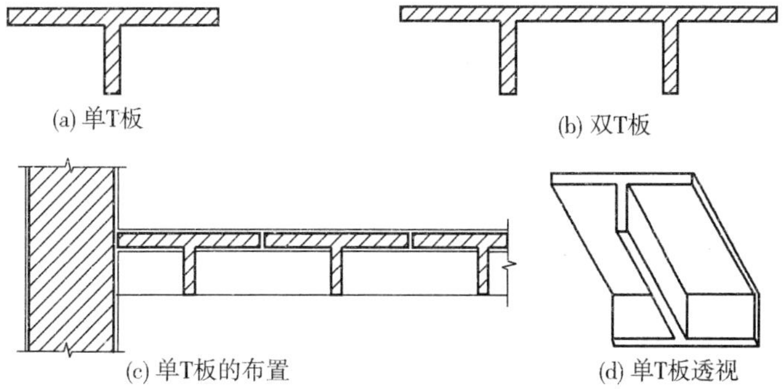

图7－23　T形楼板

7.2.3　装配整体式钢筋混凝土楼板

装配整体式楼板，是楼板中预制部分构件，然后在现场安装，再以整体浇筑的办法连接而成的楼板，目前建筑工程中多用叠合楼板，如图7－24所示。

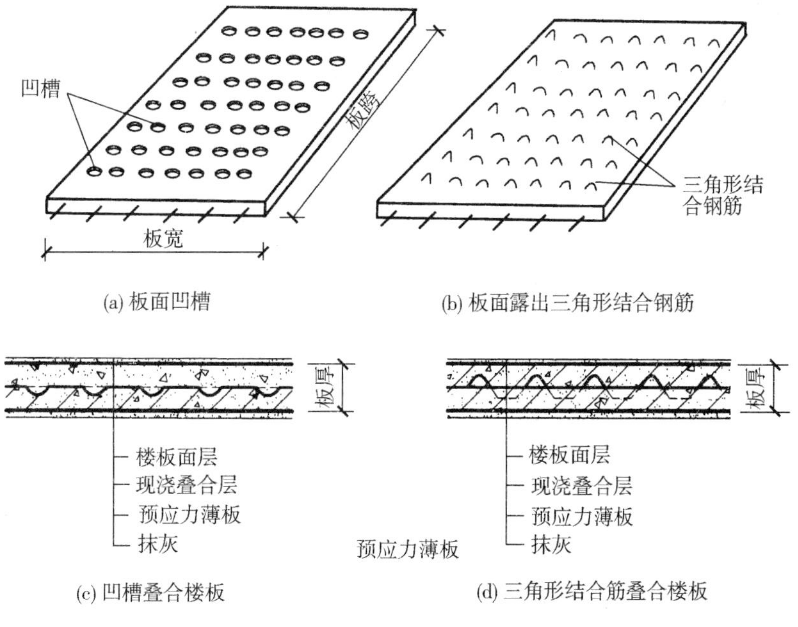

图7－24　叠合楼板

预制薄板（预应力薄板）与现浇混凝土面层叠合而成的装配整体式楼板，又称预制薄板叠合楼板。这种楼板以预制混凝土薄板为永久模板而承受施工荷载，板面现浇混凝土叠合层。

叠合楼板跨度一般为4～6m，最大可达9.0m，通常在5.4m以内较为经济。预应力薄板厚50～70mm，板宽1.1～1.8m，板间应留缝10～20mm。为了保证预制薄板与叠合层有较好的连接，薄板上表面需做处理，常见的有两种：一是在上表面做刻槽处理，刻槽直径50mm，深20mm，间距150mm；另一种是在薄板表面露出较规则的三角形的结合钢筋，如图7－24所示。叠合式楼板运用于抗震烈度小于9度地区的民用建筑中。但对于处于侵蚀性环境，结构表面温度经常高于60℃和耐火等级有较高要求的建筑物，应另做处理。它不适用于有机器设备振动的楼板。现浇层厚度一般为50～100mm；叠合楼板的总厚度取决于板的跨度，一般为120～180mm。

7.3 楼地层保温与防水构造

7.3.1 楼地面保温构造

地坪层指建筑物底层房间与土层的交接处，所起作用是承受地坪上的荷载，并均匀地传给地坪以下土层。按地坪层与土层间的关系不同，可分为实铺保温地层和空铺地层两类。

1. 实铺保温地层

地坪的基本组成部分有面层、垫层和基层，对有特殊要求的地坪，常在面层和垫层之间增设一些附加层。北方寒冷地区对于室内温度要求较高的房间地面，一般需做保温处理，即从外墙内侧算起0.5～1.0m范围内的地面，应采取铺贴聚苯板或其他材料的保温措施，如图7－25所示。

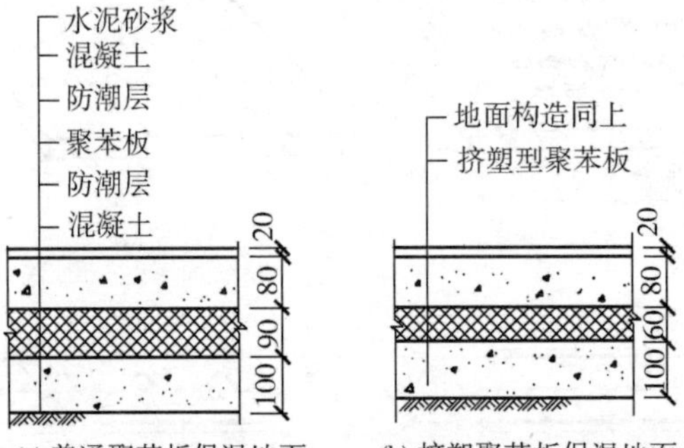

(a) 普通聚苯板保温地面　(b) 挤塑聚苯板保温地面

图7－25　地面保温构造

2. 空铺地层

为防止房屋底层房间受潮或满足某些特殊使用要求（例如舞台、体育训练、比赛场等的地层需要有较好的弹性）将地层架空形成空铺地层，如图7－26所示。

3. 低温地板热水辐射采暖楼地面

北方寒冷地区采暖的做法中可采用低温地板热水辐射采暖楼地面。采暖楼地面的特点是采暖用热水管以盘管形式埋设于楼地面内。管材有铝塑复合管、聚丁烯管等。其材料规格及其设备构造、热水温度等由采暖专业确定并出图。该楼地面的主要构造层分别设于地面的垫层上和楼面的结构楼板上，其主要构造层为：

（1）面层。一般为散热较好的、厚度较小的材料。如水泥砂浆、地砖、薄型木板及水泥砂浆上做涂料面层等。面层应适当分格。

（2）填充层。一般用细石混凝土，厚≤60mm，其内埋设热水管及两层低碳钢丝网。

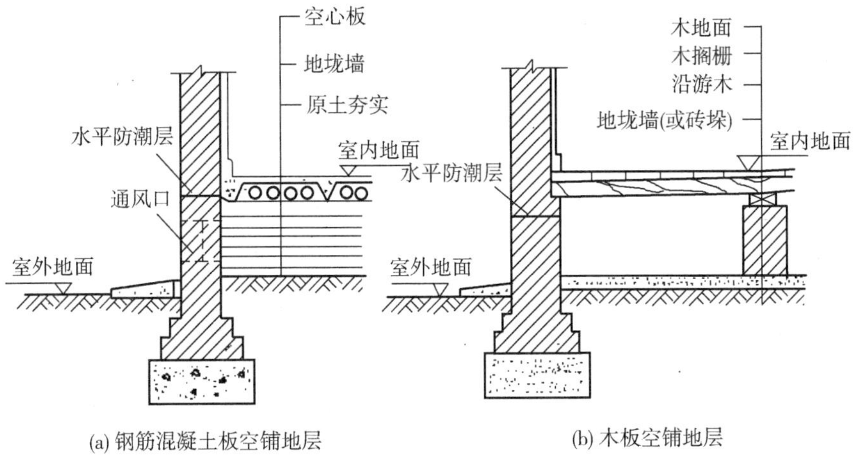

图 7－26　空铺地层构造

上层网系防止地面开裂用，下层网系固定热管用（固定时用绑扎或专用塑料卡具）。

（3）保温层。一般为聚苯乙烯泡沫板，保温层上敷设一层真空镀铝聚酯薄膜或玻璃布铝箔，如图 7－27 所示。

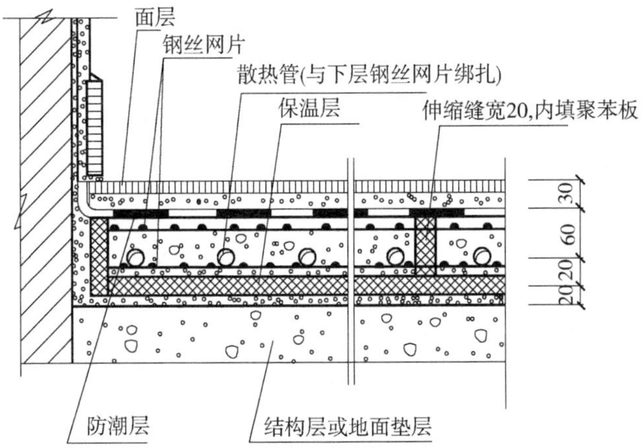

图 7－27　低温地板热水辐射采暖楼地面构造

7.3.2　楼地面防水构造

对于无特殊防潮、防水要求的楼板层，通常采用 40mm 厚的 C15 细石混凝土垫层，再于其上做面层即可。对于有防潮、防水要求的楼板层，其构造做法有：其一，对于只有普通防潮、防水要求的楼板层，采用 C15 细石混凝土，从四周向地漏处找坡 0.5%（最薄处不少于 30mm）即可；其二，对于防潮、防水要求高的楼板层（如卫生间），应在垫层或结构层与面层之间设防水层。常见的防水材料有卷材、防水砂浆、防水涂料等。为防止房间四周墙体渗水，应将防水层四周卷起 150 mm 高，门口处铺出大于 250 mm 宽，如图 7－28 所示。当有地漏管穿越楼板时，应采用防水层延伸入套管并密封处理，如图 7－29 所示。对于有防水要求的楼板层，当有管线穿越楼板时，应采用套管及密封处理，如图 7－30 所示。

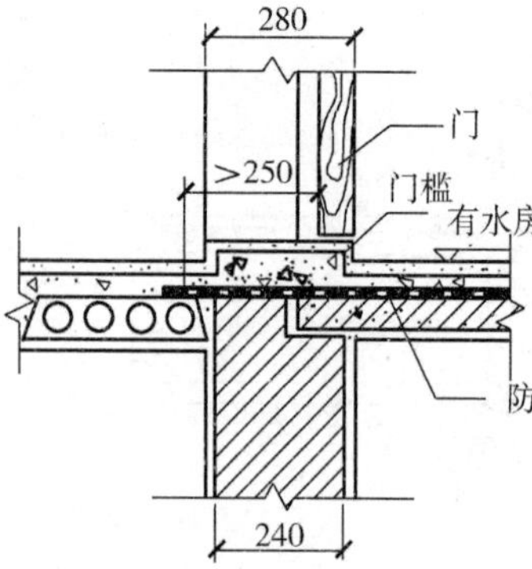

(a) 门口设置门槛

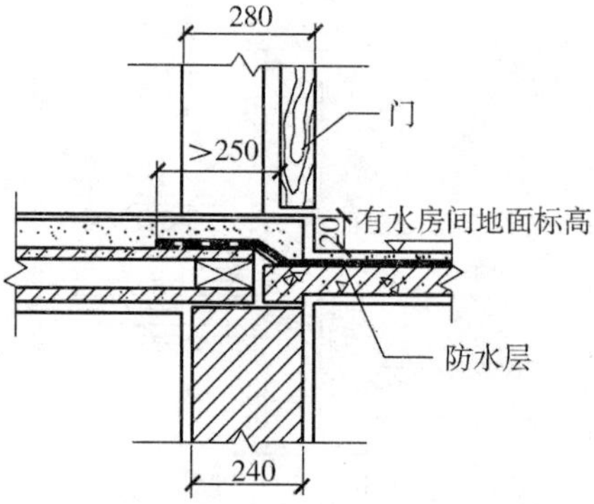

(b) 降低地面的方法

图 7－28　有防水楼地面构造

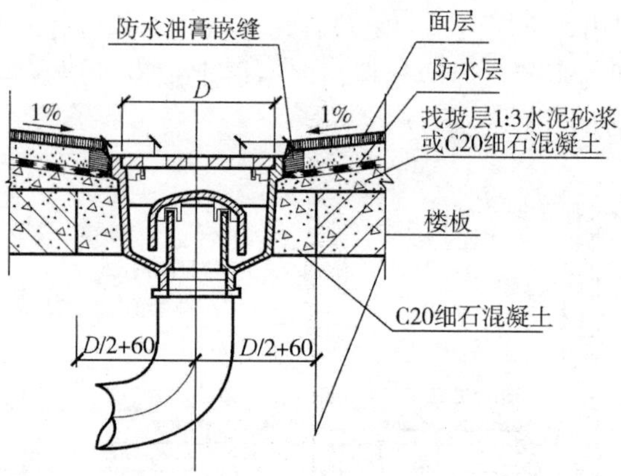

图 7－29　地漏管穿楼板构造

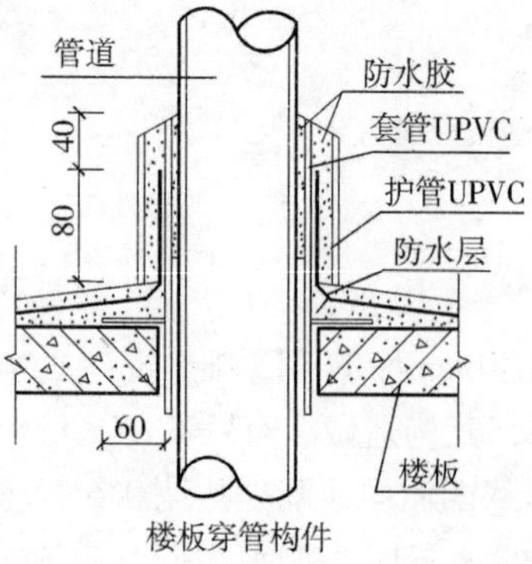

(a) 管线穿楼板防水方法

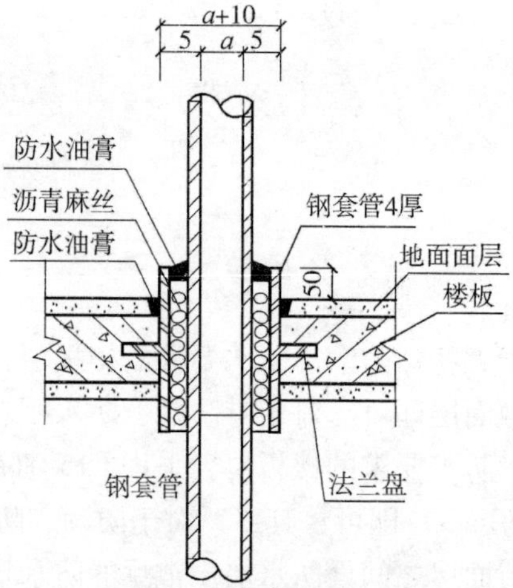

(b) 管线穿楼板加套管防水方法

图 7－30　管线穿楼板构造

7.4　阳台与雨篷构造

阳台是连接室内的室外平台，给居住在建筑里的人们提供一个舒适的室外活动空间，是多层住宅、高层住宅和一些旅馆等建筑中不可缺少的一部分。

雨篷位于建筑物出入口的上方，用来遮挡雨雪，保护外门免受侵蚀，给人们提供一个从室外到室内的过渡空间，并起到保护门和丰富建筑立面的作用。

7.4.1　阳台

7.4.1.1　阳台的类型和设计要求

1. 类型

阳台按其与外墙面的关系分为凸阳台、凹阳台、半挑半凹阳台；按其在建筑中所处的位置可分为中间阳台和转角阳台。阳台的类型如图7-31所示。

阳台按使用功能不同又可分为生活阳台（靠近卧室或客厅）和服务阳台（靠近厨房）。

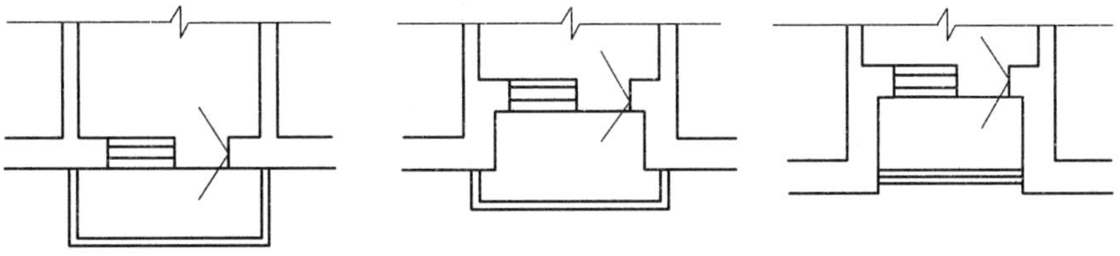

(a) 凸阳台　(b) 半挑半凹阳台　(c) 凹阳台

图7-31　阳台类型

2. 设计要求

（1）安全适用

悬挑阳台的挑出长度不宜过大，应保证在荷载作用下不发生倾覆现象，以1.2～1.8m为宜。低层、多层住宅阳台栏杆净高不低于1.05m，中高层住宅阳台栏杆净高不低于1.1m，但也不大于1.2m。阳台栏杆形式应防坠落（垂直栏杆间净距不应大于110mm），防攀爬（不设水平栏杆），以免造成恶果。放置花盆处，也应采取防坠落措施。

（2）坚固耐久

阳台所用材料和构造措施应经久耐用，承重结构宜采用钢筋混凝土，金属构件应做防锈处理，表面装修应注意色彩的耐久性和抗污染性。

（3）排水顺畅

为防止阳台上的雨水流入室内，设计时要求将阳台地面标高低于室内地面标高20～50mm，并将地面抹出0.5%的排水坡将水导入排水孔，使雨水能顺利排出。

还应考虑地区气候特点。南方地区宜采用有助于空气流通的空透式栏杆，而北方寒冷地区和中高层住宅应采用实体栏杆，并满足立面美观的要求，为建筑物的形象增添风采。

7.4.1.2　阳台构件形式与细部构造

1. 阳台栏杆与扶手设计要求

栏杆扶手作为阳台的围护构件，应具有足够的强度和适当的高度，做到坚固安全并具有美观实用的特点。GB 50352—2005《民用建筑设计通则》中规定：

（1）栏杆应以坚固、耐久的材料制作，并能承受荷载规范规定的水平荷载。

（2）临空高度在24m以下时，栏杆高度不应低于1.05m；临空高度在24m及24m以上（包括中高层住宅）时，栏杆高度不应低于1.1m。其中，栏杆高度应从楼地面或屋面至栏杆扶手顶面垂直高度计算，如底部有宽度大于或等于0.22m，且高度低于或等于0.45m的可踏部位，应从可踏部位顶面起计算，如图7－32所示。

（3）栏杆离楼面或屋面0.1m高度内不宜留空。

（4）住宅、托儿所、幼儿园、中小学及少年儿童专用活动场所的栏杆必须采用防止少年儿童攀登的构造，当采用垂直杆件做栏杆时，其杆件净距不应大于0.11m。

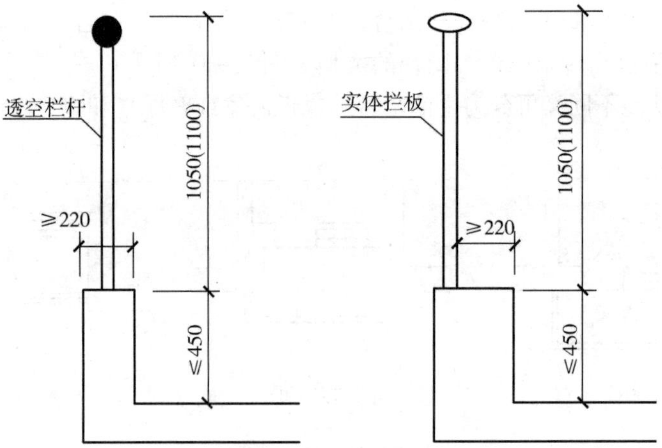

图7－32　阳台栏杆高度计算

（5）文化娱乐建筑、商业服务建筑、体育建筑、园林景观建筑等允许少年儿童进入活动的场所，当采用垂直杆件做栏杆时，其杆件净距也不应大于0.11m，如图7－33所示。

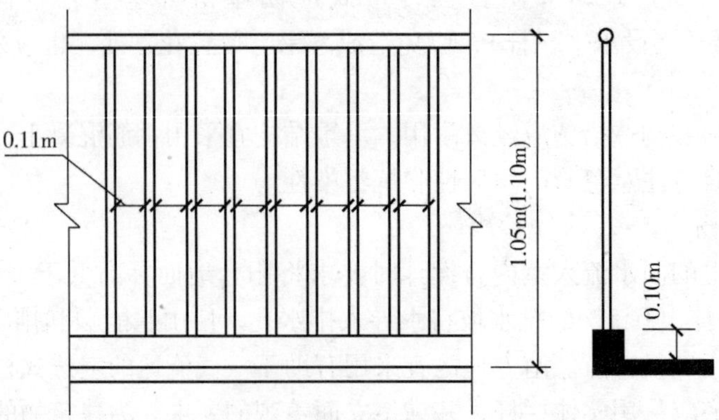

图7－33　栏杆垂直净距

2. 栏杆形式

栏杆的形式有实体栏板、空花栏杆和混合式，如图 7－34 所示。按材料可分为砖砌、钢筋混凝土、金属栏杆和钢化玻璃等。

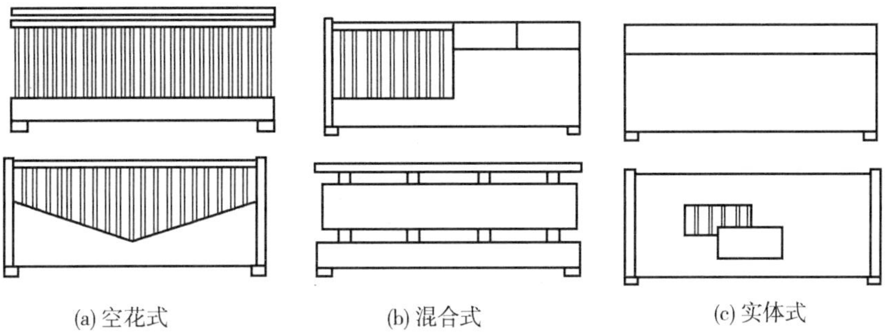

图 7－34　阳台栏杆形式

3. 阳台排水

阳台排水有外排水和内排水两种。外排水适用于低层和多层建筑，即在阳台外侧设置泄水管将水排出。内排水适用于高层建筑和高标准建筑，即在阳台内侧设置排水立管和地漏，将雨水直接排入地下管网，保证建筑立面美观，南方多雨地区常采用内排水，如图 7－35 所示。

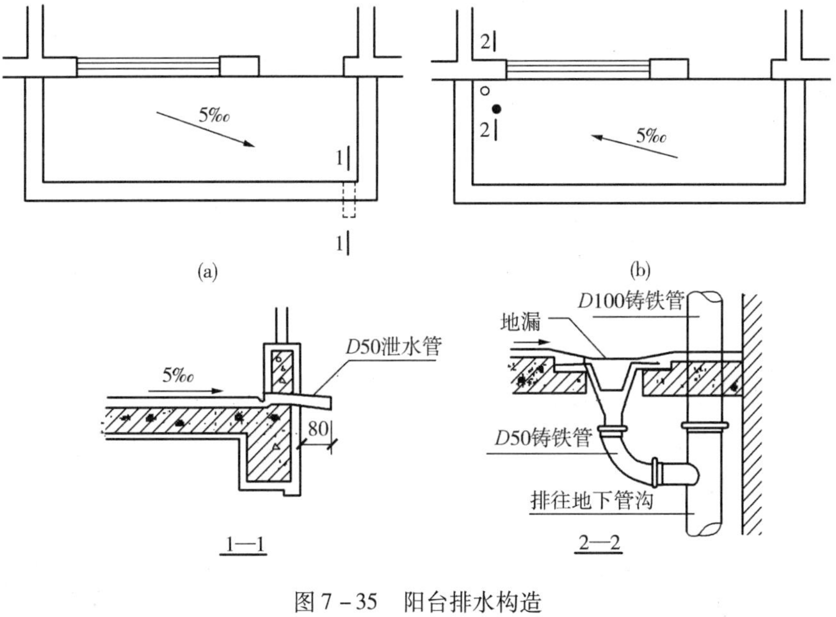

图 7－35　阳台排水构造

7.4.2　雨篷

根据雨篷板的支承方式不同，有悬板式和梁板式两种。

1. 悬板式

悬板式雨篷外挑长度一般为 0.9～1.5m，板根部厚度不小于挑出长度的 1/12，雨篷宽度比门洞每边宽 250mm，雨篷排水方式可采用无组织排水和有组织排水两种。雨篷顶面距过梁顶面 250mm 高，板底抹灰可抹 1:2 水泥砂浆内掺 5% 防水剂的防水砂浆 15mm 厚，小尺度雨篷多用于次要出入口，如图 7 – 36a 所示。

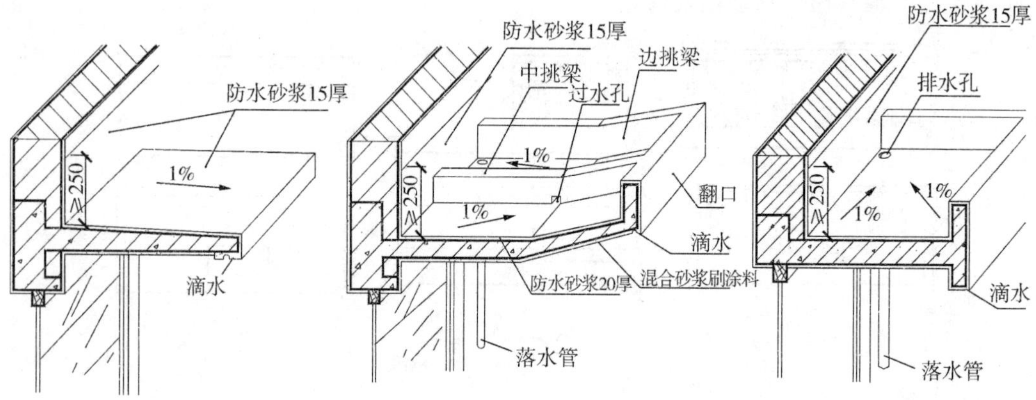

(a) 悬板式雨篷　　(b) 梁板式雨篷　　(c) 上、下翻梁板式雨篷

图 7 – 36　钢筋混凝土雨篷构造

2. 梁板式

梁板式雨篷多用在宽度较大的入口处，悬挑梁从建筑物的柱上或梁上挑出，为使板底平整，多做成倒梁式，如图 7 – 36b 和图 7 – 36c 所示。

除了传统的钢筋混凝土雨篷外，近年来在工程中也出现了造型轻巧、富有时代感的钢结构雨篷，其支撑系统有的用钢柱，有的与钢筋混凝土柱相连，还有的是采用悬拉索结构，如图 7 – 37、图 7 – 38 所示。

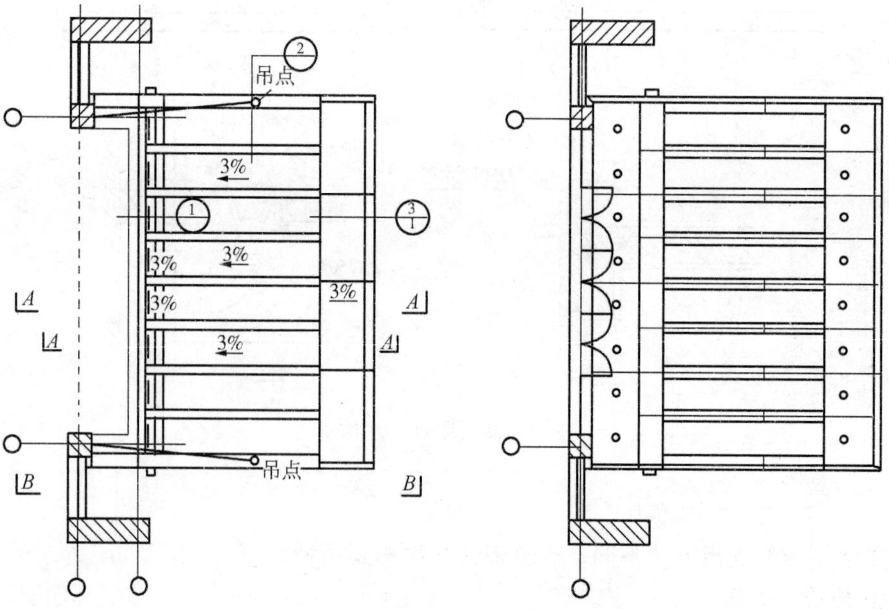

(a) 雨蓬示意图　　(b) 顶视图

图 7 – 37　钢结构雨篷示意一

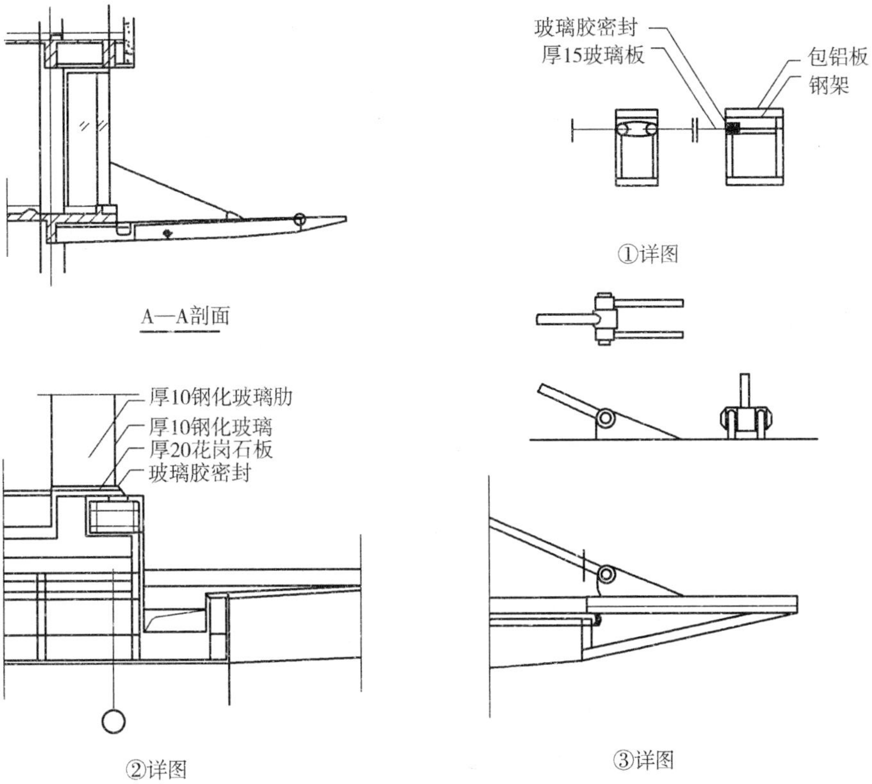

图 7－38　钢结构雨篷示意二

思考题

1. 楼板层与地坪层有什么相同和不同之处？
2. 楼板层的基本组成及设计要求有哪些？
3. 钢筋混凝土楼板的类型有几种？各有什么特点？
4. 现浇钢筋混凝土楼板的类型有哪些？简述它们各自适用的范围及特点。
5. 地坪的组成及各层的作用是什么？
6. 图示楼地层防水的细部构造。
7. 楼地层隔声的基本方法有哪些？
8. 绘图说明钢筋混凝土栏杆压顶及栏杆与阳台板的连接构造。
9. 绘图说明钢筋混凝土小尺度雨篷构造。
10. 简述阳台栏杆的设计要求。

第8章　楼梯构造

本章学习目标

- 了解有关电梯设计及构造基本知识；
- 熟悉室外台阶及坡道的设计及构造；
- 熟悉装配式钢筋混凝土楼梯的构造；
- 熟悉有高差处无障碍设计的构造；
- 掌握楼梯设计方面的知识，包括楼梯尺寸的确定及楼梯设计方法和步骤；
- 掌握现浇钢筋混凝土楼梯构造及细部构造；
- 掌握楼梯平面和剖面表达方式。

8.1　楼梯概述

建筑物各个不同楼层之间的联系，需要有上、下交通设施，此项设施有楼梯、电梯、自动扶梯、爬梯以及坡道等。电梯多用于层数较多或有特种需要的建筑物中，即满足使设有电梯或自动扶梯的建筑物，也必须同时设置楼梯，以便紧急时使用。楼梯设计要求为：坚固、耐久、安全、防火，并能做到上下通行方便，即满足搬运必要的家具物品的要求，有足够的通行宽度和疏散能力；对楼梯还应有一定的美观要求。楼梯主要由楼梯梯段、楼梯平台及栏杆扶手三部分组成，如图8－1所示。

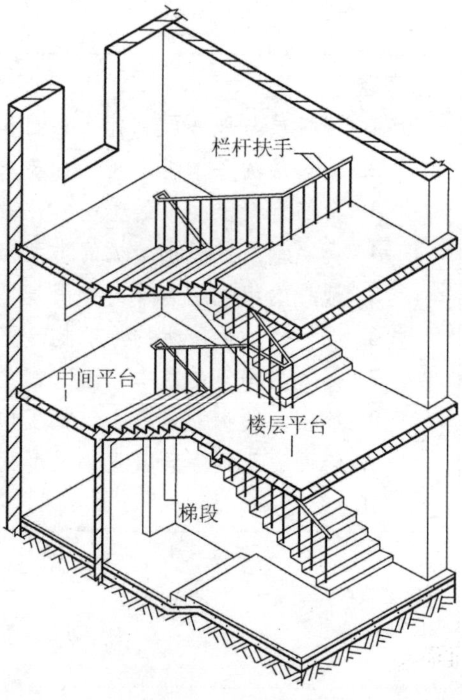

图8－1　楼梯的组成

此外，在建筑物入口处，因室内外地面的高差而设置的踏步，称为台阶。为方便车辆、轮椅通行，也可增设坡道。

1. 楼梯梯段

设有踏步供建筑物楼层之间上下行走的通道段落称为梯段。踏步又分为踏面（供行走时踏脚的水平部分）和踢面（形成踏步高差的垂直部分）。楼梯的坡度大小就是由踏步尺寸决定的。

2. 楼梯平台

楼梯平台是指连接两楼梯段之间的水平部

分。平台用来帮助楼梯转折或连通某个楼层，也可供使用者在攀登了一定的距离后稍事休息。平台的标高有两种：与楼层标高相一致的平台称之为正平台（楼层平台），介于两个楼层之间的平台称之为半平台（中间平台或休息平台）。

3. 栏杆扶手

栏杆是布置在楼梯梯段和平台边缘处起一定安全保障作用的围护构件。扶手一般附设于栏杆顶部，供作依扶用。扶手也可附设于墙上，称为靠墙扶手。

8.2　钢筋混凝土楼梯构造

构成楼梯的材料可以是木材、钢材、钢筋混凝土或多种材料混合使用。由于钢筋混凝土楼梯具有较好的结构刚度和强度，较理想的耐久、耐火性能，并且在施工、造型和造价等方面也有较多优势，故应用最为普遍。钢筋混凝土楼梯按施工方法不同，主要有现浇整体式和预制装配式两类。

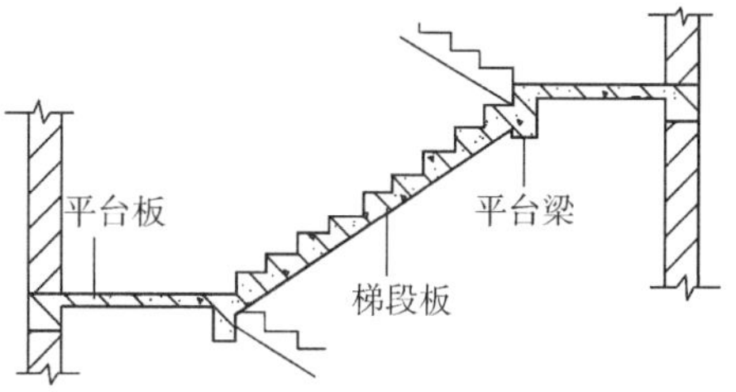

(a) 有平台梁

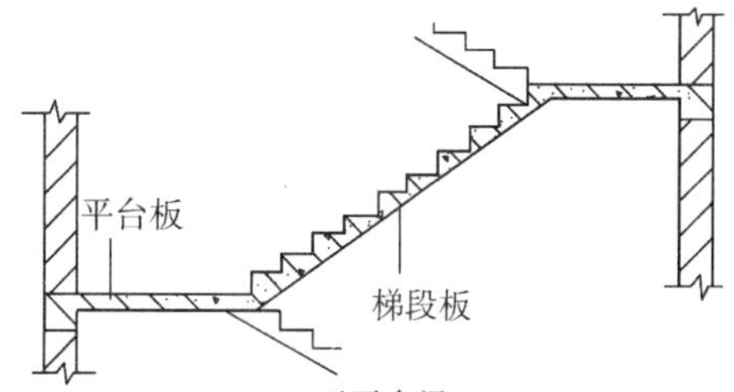

(b) 无平台梁

图8－2　现浇钢筋混凝土板式楼梯

8.2.1　现浇钢筋混凝土楼梯

现浇钢筋混凝土楼梯的整体性好、刚度大，有利于抗震，但模板耗费多，施工周期长，受季节温度影响大。一般适用于抗震要求高、楼梯形式和尺寸变化多的建筑物。现浇钢筋混凝土楼梯按梯段的结构形式不同，可分为板式楼梯和梁式楼梯两种。

1. 板式楼梯

板式楼梯的梯段是一块斜放的板，它通常由梯段板、平台梁和平台板组成。梯段板承受着梯段的全部荷载，然后通过平台梁将荷载传给墙体或柱子，如图8－2a所示。当通行高度有要求时，也可取消梯段板一端或两端的平台梁，使平台板与梯段板连为一体，使折线形的板直接支承于墙或梁上，如图8－2b所示。

在一些公共建筑和庭园建筑中，可采用悬臂板式楼梯，其特点是梯段和平台均无支承，完全靠上下楼梯段与平台组成的空间板式结构与上下层楼板或框架梁结构共同来受力，造型新颖轻巧、空间感好，如图8－3所示。

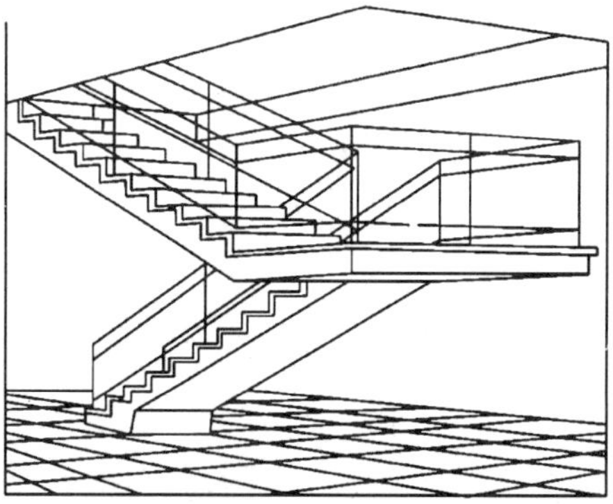

图8－3　现浇钢筋混凝土板式楼梯透视图

板式楼梯的梯段底面平整，外形简洁，便于支模施工。当梯段跨度（长度）的水平投影不大时（一般不超过4.5m）常采用之。当梯段跨度（长度）的水平投影较大时，梯段板厚度增加，自重较大，钢材和混凝土用量多，经济性较差，这时多用梁式楼梯。

2. 梁式楼梯

梁式楼梯的梯段是由踏步板和梯段斜梁（简称梯梁）组成。梯段的荷载由踏步板传递给梯段斜梁，梯段斜梁再传给平台梁，最后平台梁将荷载传给墙体或柱子。

梯段斜梁通常设两根，分别布置在踏步板两侧。梯段斜梁与踏步板的相对位置有两种：

（1）梯段斜梁在踏步板之下，踏步外露，称为明步，如图 8－4a 所示。

（2）梯段斜梁在踏步板之上，形成反梁，踏步包在里面，称为暗步，如图 8－4b 所示。

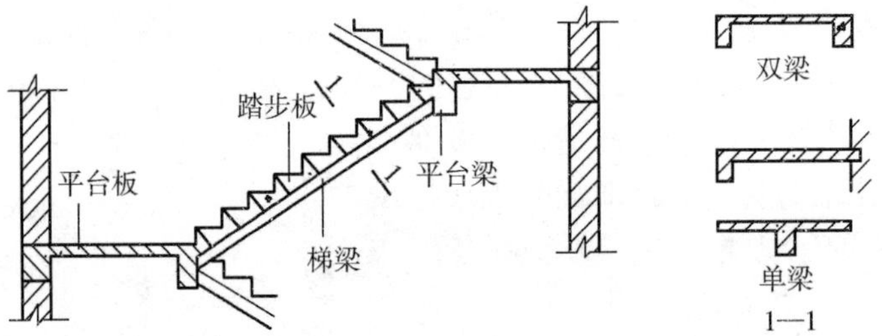

(a) 明步楼梯

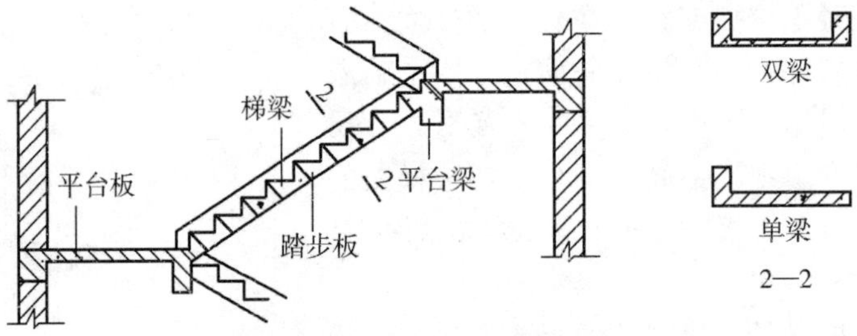

(b) 暗步楼梯

图 8－4　现浇钢筋混凝土梁式楼梯

梯段斜梁也可以只设一根，通常有两种形式：一种是踏步板的一端设梯段斜梁，另一端搁置在墙上，省去一根梯段斜梁，可减少用料和模板，但施工不便；另一种是用单梁悬挑踏步板，即梯段斜梁布置在踏步板中部或一端，踏步板悬挑，这种形式的楼梯结构受力较复杂，但外形独特、轻巧，一般适用于通行量小、梯段尺度与荷载都不大的楼梯。当荷载或梯段跨度较大时，梁式楼梯比板式楼梯的钢材和混凝土用量少、自重轻，因此，采用梁式楼梯比较经济。但同时也要注意到：梁式楼梯在支模、扎筋等施工操作方面较板式楼梯复杂。

8.2.2　预制装配式钢筋混凝土楼梯

预制装配式钢筋混凝土楼梯由于其生产、运输、吊装和建筑体系的不同，存在着许多不同的构造形式。根据构件尺度的差别，大致可将装配式楼梯分为：小型构件装配式、中型构件装配式和大型构件装配式。

8.3　楼梯设计

楼梯设计必须符合一系列的有关规范和规定，如建筑物性质、等级、防火规范等。在进行设计前必须熟悉规范的要求。

8.3.1　楼梯的主要尺寸

8.3.1.1　楼梯坡度和踏步尺寸

楼梯的坡度是指梯段中各级踏步前缘的假定连线与水平面形成的夹角。楼梯的坡度大小应适中，坡度过大，行走易疲劳；坡度过小，楼梯占用的面积增加则不经济。楼梯的坡度范围在 23°～45°之间，最适宜的坡度为 30°左右。坡度较小时（小于 10°）可将楼梯改为坡道；坡度大于 45°时多为爬梯。楼梯、爬梯、坡道等的坡度范围，如图 8－5 所示。

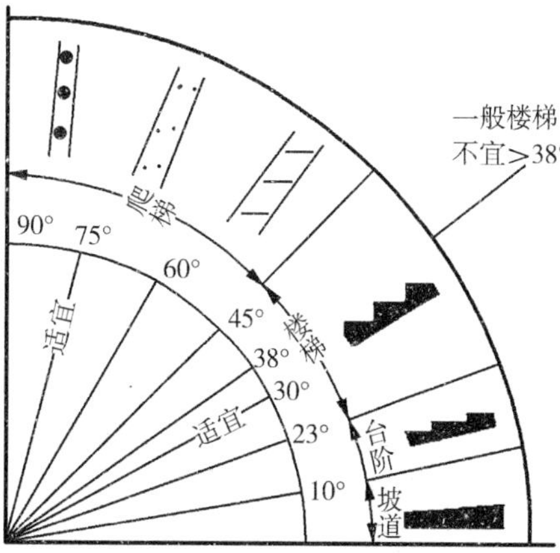

图 8－5　楼梯、爬梯及坡道的坡度范围

楼梯坡度应根据使用要求和行走舒适性等方面来确定。公共建筑的楼梯，一般人流较多，坡度应较平缓，常在 26°34′左右。住宅中的公用楼梯通常人流较少，坡度可稍陡些，多在 33°42′左右。楼梯坡度一般不宜超过 38°，供少量人流通行的内部交通楼梯，坡度可适当加大。用角度表示楼梯的坡度虽然准确、形象，但不宜在实际工程中操作，因此我们经常用踏步的尺寸来表述楼梯的坡度。

踏步由踏面和踢面组成，踏面宽度与成人男子的平均脚长相适应，一般不宜小于 260mm，常用 260～320mm。为了适应人们上下楼时脚的活动情况，踏面宜适当宽一些，如图 8－6a 所示。在不改变梯段长度的情况下，为加宽踏面，可将踏步的前缘挑出，形成突缘，突缘挑出长度一般为 20～30mm，也可将踢面做成倾斜，如图 8－6b 和图 8－6c 所

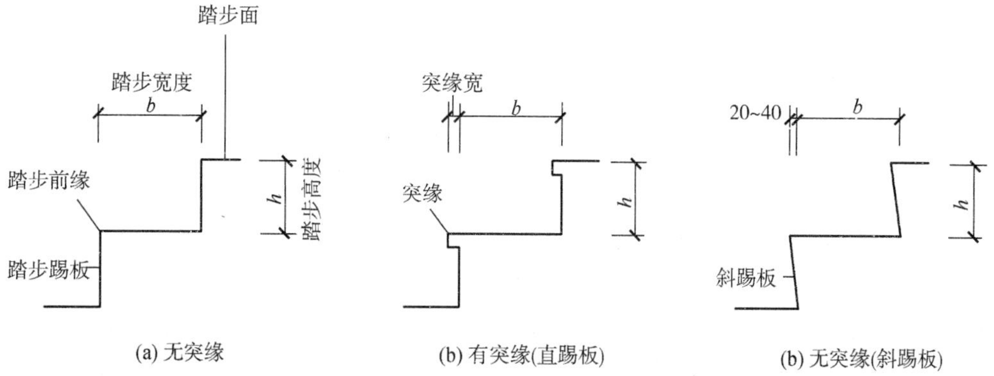

图 8－6　踏步形式和尺寸

示。踏步高度一般宜在 140 ～ 175mm 之间，每级踏步尺度均应相同。在通常情况下可根据经验公式来取值，常用公式为：

$$b + 2h = 560 \sim 620\text{mm}$$

式中 b——踏步宽度（踏面）；

h——踏步高度（踢面）；

560——少年儿童的平均步距；

600mm——成人（女子）的平均步距。

b 与 h 可以从表 8－1 中找到较为适合的数据。

表 8－1 常用适宜踏步尺寸 单位：mm

名 称	住宅	学校、办公楼	剧院、会堂	医院（病人用）	幼儿园
踏步高 h	150 ～ 175	140 ～ 160	120 ～ 150	150	120 ～ 150
踏步宽 b	260 ～ 300	280 ～ 340	300 ～ 350	300	260 ～ 300

对于诸如弧形楼梯、螺旋式楼梯等踏步两端宽度不一，特别是内径较小的楼梯来说，为了行走的安全，往往需要将梯段的宽度加大，其踏面的衡量有效宽度标准为：当梯段的宽度≤500mm 时，以梯段的中线为衡量其宽度标准，当梯段的宽度 >500mm 时，以距其内侧 500 ～ 550mm 处为衡量标准来作为踏面的有效宽度。在无中柱螺旋式楼梯和弧形楼梯中距离内侧扶手中心 0.25m 处的踏步宽度应不小于 0.22m。

8.3.1.2 梯段和平台的尺寸

梯段的宽度取决于同时通过的人流股数及是否有家具、设备经常通过。有关的规范一般限定其下限，对具体情况需做具体分析，其中舒适程度以及楼梯在整个空间中的尺度、比例合适与否都是经常考虑的因素。梯段净宽指墙面至扶手中心线或扶手中心线之间的水平距离，即楼梯梯段宽度，除应符合防火规范的规定外，供日常主要交通用的楼梯的梯段宽度应根据建筑物使用特征，按每股人流为 0.55m +（0 ～ 0.15）m 的人流股数确定，并不应少于两股人流。0 ～ 0.15m 为人流在行进中人体的摆幅，公共建筑人流众多的场所应取上限值。表 8－2 提供了梯段宽度的设计依据。为方便施工，在钢筋混凝土现浇楼梯的两梯段之间应有一定的距离，这个宽度叫梯井，其尺寸一般为 60 ～ 200mm。

梯段的长度取决于该段的踏步数及其踏面宽。平面上用线段来反映高差，因此如果某梯段有 n 步台阶，该梯段的长度为 $b \times (n-1)$。在一般情况下，特别是公共建筑的楼梯，一个梯段不应少于 3 步（少于 3 步易被忽视且不经济），也不应多于 18 步（多于 18 步行走易疲劳）。平台的深度应不小于梯段的宽度，并不得小于 1.20m。另外，在下列情况下应适当加大平台深度，以防碰撞。

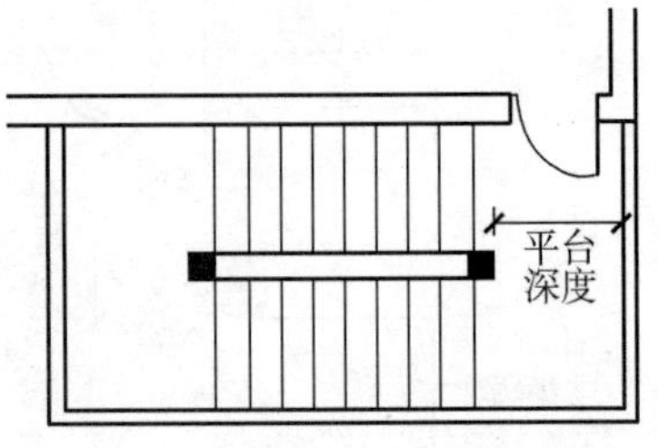

图 8－7 结构对平台深度的影响

（1）梯段较窄而楼梯的通行人流较多时。

（2）楼梯平台通向多个出入口或有门向平台方向开启时。

（3）有突出的结构构件影响到平台的实际深度时，见图 8 –7。

（4）有搬运大型物件时。

表 8 –2　楼梯梯段宽度　　单位：mm

类　别	梯段宽度	备　注
单人通过	>900	满足单人携物通过
双人通过	1100 ～ 1400	
三人通过	1650 ～ 2100	

8.3.1.3　楼梯栏杆扶手的尺寸

楼梯栏杆扶手的高度是指从踏步前缘至扶手上表面的垂直距离。一般室内楼梯栏杆扶手的高度不宜小于 900mm（通常取 900mm）。室外楼梯栏杆扶手高度（特别是消防楼梯）应不小于 1100mm。在幼儿建筑中，需要在 600mm 左右高度再增设一道扶手，以适应儿童的身高，如图 8 –8 所示。另外，靠楼梯井一侧水平扶手长度超过 500mm 时，其高度不应小于 1050mm。楼梯应至少于一侧设扶手，梯段净宽达三股人流时应两侧设扶手，达四股人流时宜加设中间扶手。

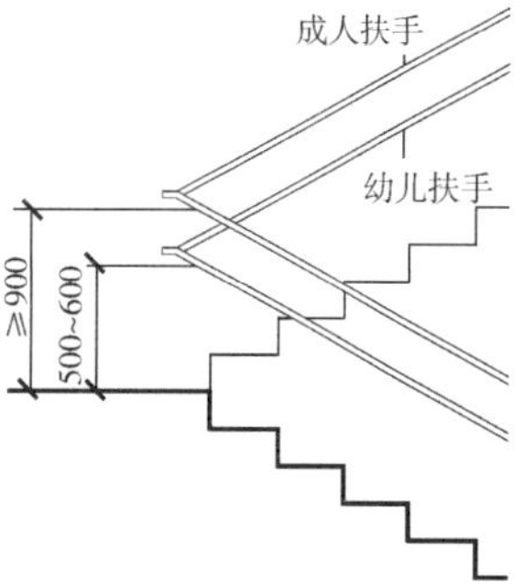

图 8 –8　栏杆扶手高度

8.3.1.4　楼梯下部净高的控制

楼梯下部净空高度的控制不但关系到行走安全，而且在很多情况下涉及楼梯下面空间的利用以及通行的可能性，它是楼梯设计中的重点也是难点。楼梯下的净高包括梯段部位和平台部位，其中梯段部位净高不应小于 2200mm（梯段净高为自踏步前缘以外 0. 30m 范围内至上方突出物下缘间的垂直高度），若楼梯平台下做通道时，平台下净高应不小于 2000mm，如图 8 –9 所示。为使平台下净高满足要求，可以采用以下几种处理方法：

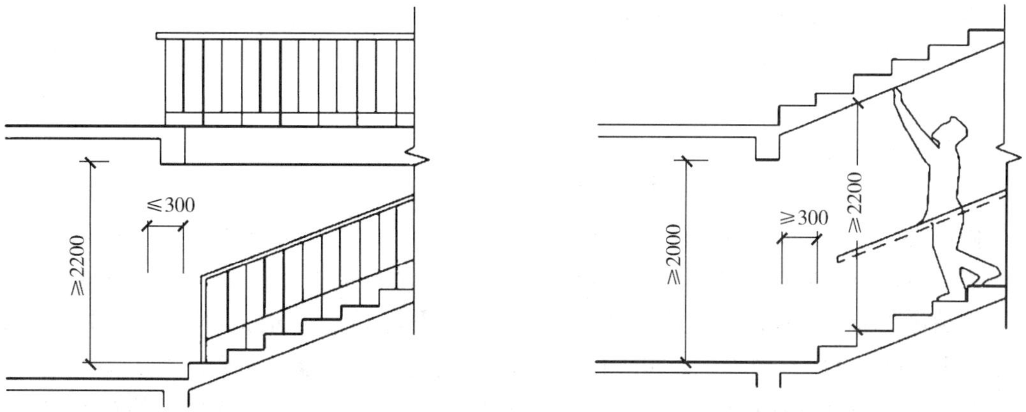

(a) 平台梁下净高　　(b) 楼梯下净高

图 8 –9　楼梯下净空高度控制

（1）降低平台下地坪标高

充分利用室内外高差，将部分室外台阶移至室内，为防止雨水流入室内，应使室内最低点的标高高出室外地面标高不小于0.1m。

（2）采用不等级数

增加底层楼梯第一个梯段的踏步数量，使底层楼梯的两个梯段形成长短跑，以此抬高底层休息平台的标高。当楼梯间进深不够布置加长后的梯段时，可以将休息平台外挑，如图8－10所示。在实际工程中，经常将以上两种方法结合起来统筹考虑，解决楼梯下部通道的高度问题。

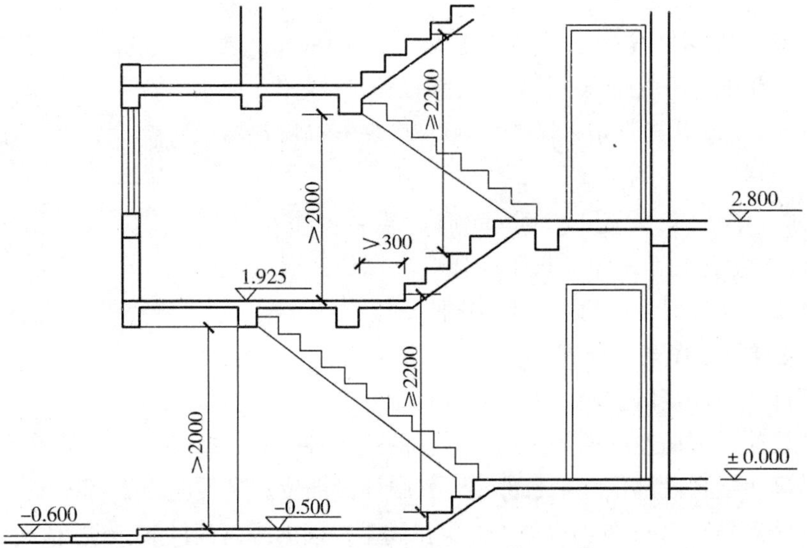

图8－10　采用不等级数楼梯

（3）底层采用直跑楼梯

当底层层高较低（小于3000mm）时可将底层楼梯由双跑改为直跑，二层以上恢复双跑。这样做可以较好地解决平台下的高度问题，运用时应注意其使用条件，如图8－11所示。

（4）实例讨论

某建筑物为层高2.8m、室内外高差0.6m的住宅，采用双跑平行楼梯，楼梯休息平台下做通道。若底层楼层楼梯两梯段为等跑，则休息平台面的标高为1.4m，假定平台梁（包括平台板）的高度为300mm，则底层休息平台下平台梁底标高为1.1m，这个高度显然不能满足要求。这时，可先采用第一种方法，将平台下的地面标高降至－0.450m，此时平台下净高为1100＋450＝1550mm，这个高度仍达不到要求。那么，再采用第二种方法，假定踏步踢面高为175mm，踏面宽度为250mm，则第一个梯段应增加的踏步数量为（2000－1550）÷175＝2.57约为3级。此时，平台净高为1550＋175×3＝2075mm＞2000mm，因此可满足要求，如图8－12所示。

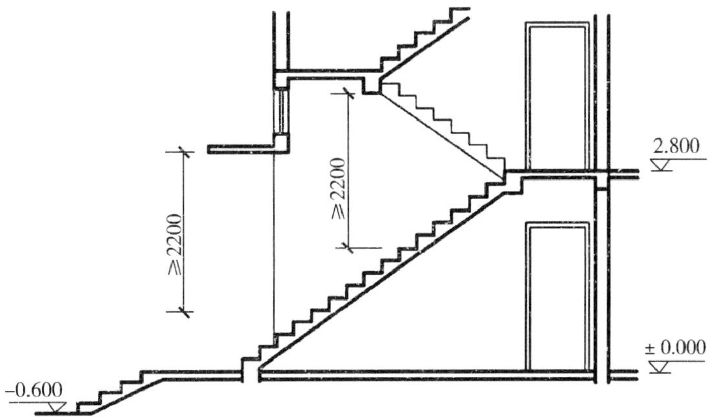

图 8－11　采用直跑楼梯

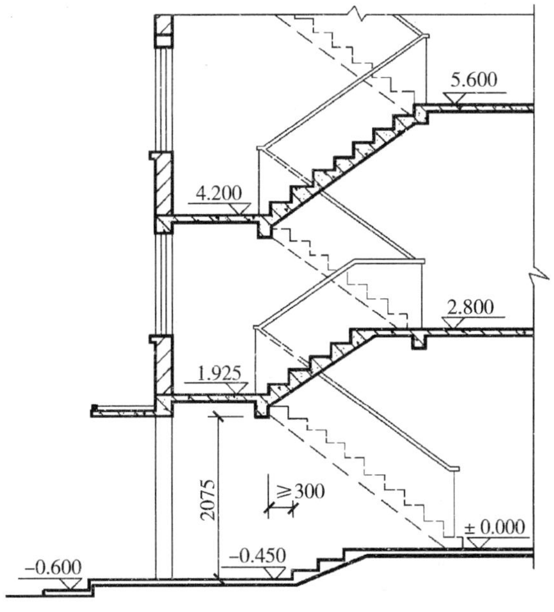

图 8－12　长短跑及室外高差引入解决入口高度

8.3.2　楼梯的表达方式

楼梯主要是依靠楼梯平面和与其对应的剖面来表达的。

1. 楼梯平面的表达

楼梯平面因其所处楼层的不同而有不同的表达。但有两点特别重要，首先应当明确所谓平面图其实质上是水平的剖面图，剖切的位置在楼层以上 1m 左右，因此平面图中会出现折断线。其次无论是底层、中间层还是顶层楼梯平面图，都必须用箭头标明上下行的方向，而且必须从正平台（楼层）开始标注。这里以双跑楼梯为例来说明其平面的表示方法。

根据上述原则，可以得出如下结论，在底层楼梯平面中，只能看到部分楼梯段，折断线将梯段在1m左右高处切断。底层楼梯平面中一般只有上行梯段。顶层平面（不上屋顶的楼梯）由于其剖切位置在栏杆之上，因此图中没有折断线，所以会出现两段完整的梯段和平台。中间层平面既要画出被切断的上行梯段，还应画出该层下行的梯段，其中有部分下行梯段被上行梯段遮住（投影重合），此处以45°折断线为分界。双跑楼梯的平面表达如图8－13所示。

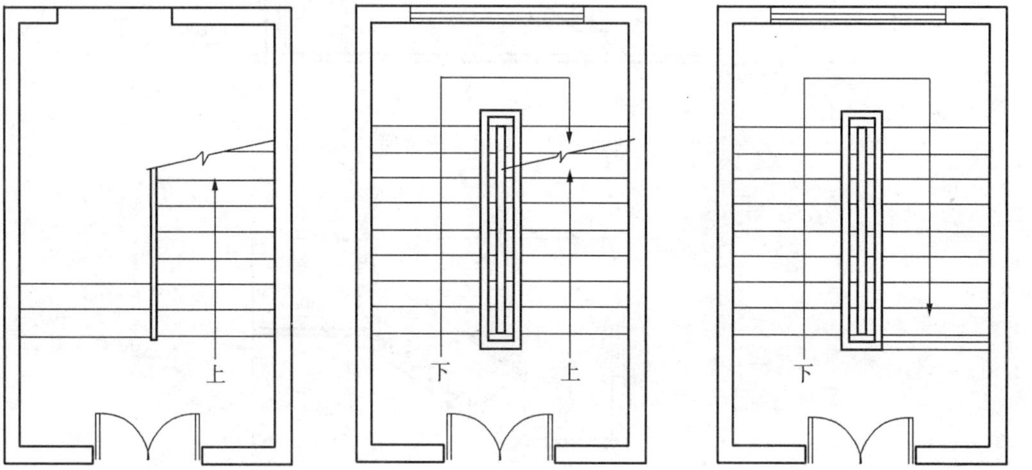

(a) 底层平面　(b) 中间层平面　(c) 顶层平面

图8－13　楼梯平面的表示法

2. 楼梯剖面表达

楼梯剖面能完整、清晰地表达出房屋的层数、梯段数、步级数，以及楼梯类型及其结构形式。剖面图中应标注楼梯垂直方向的各种尺寸，例如：楼梯平台下净空高度，栏杆扶手高度等。剖面图中还必须符合结构、构造的要求，比如平台梁的位置、圈梁的设置及门窗洞口的合理选择等。最后还应考虑剖面与平面相互对应及投影规律等。楼梯剖面表达如图8－10、图8－11所示。

8.4　室外台阶与坡道构造

室外台阶与坡道是在建筑物入口处用来连接室内外不同标高地面的构件。其中台阶更为多用，当有车辆通行或室内外高差较小时采用坡道。

8.4.1　室外台阶

室外台阶一般包括台阶和平台两部分，台阶的坡度应比楼梯小。公共建筑踏步高度宜在100～150mm之间，踏步宽度不宜小于300mm，踏步数不少于两级，当高差不足两级时，应按坡道设置。平台设置在出入口与踏步之间，起缓冲过渡作用。平台深度一般不小于1000mm，为防止雨水积聚或溢水室内，平台面宜比室内地面低20～60mm，并向外找坡1%～4%，以利排水。人流密集的场所台阶总高度超过0.70m并侧面临空时，应有防护设施。

室外台阶应坚固耐磨防滑，具有较好的耐久性、抗冻性和抗水性。台阶按材料不同有混凝土台阶、石台阶、钢筋混凝土台阶等。混凝土台阶应用最普遍，它由面层、混凝土结构层和垫层组成。面层可用水泥砂浆或水磨石，也可采用马赛克、天然石材或人造石材等块材面层，垫层可采用灰土（北方干燥地区）、碎石等，如图8－14a所示。台阶也可用毛石或条石，其中条石台阶不需另做面层，如图8－14b所示。当地基较差或踏步数较多时可采用钢筋混凝土台阶，钢筋混凝土台阶构造同楼梯，如图8－14c所示。为防止台阶与建筑物因沉降差别而出现裂缝，台阶应与建筑物主体之间设置沉降缝，并应在施工时间上滞后主体建筑。在严寒地区，若台阶下面的地基为冻胀土，为保证台阶稳定，减轻冻土影响，可采用换土法，换上保水性差的砂、石类土，一般回填中砂或炉渣300mm厚或采用钢筋混凝土架空台阶。

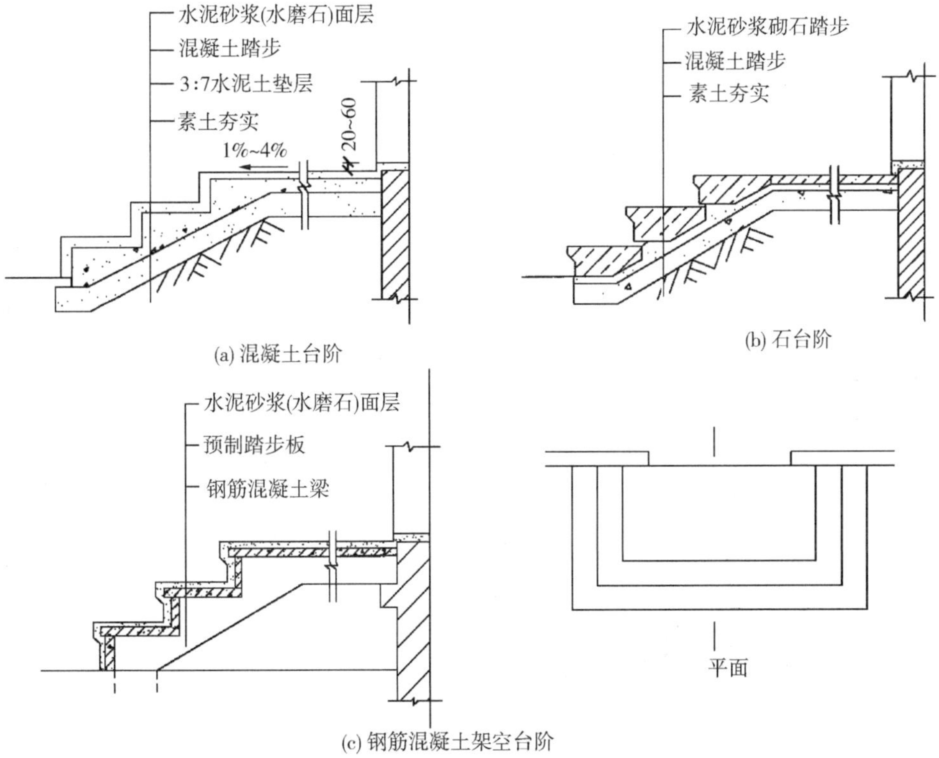

图8－14　台阶类型及构造

8.4.2　坡道

坡道的坡度与使用要求、面层材料及构造做法有关。坡道的坡度值一般为1:8～1:12。

面层光滑的坡道，坡度不宜大于1:10，粗糙或设有防滑条的坡道坡度稍大，但也不应大于1:6，个别锯齿形坡道的坡度可加大到1:4。残疾人通行的坡道不大于1:12。坡道设置应符合下列规定：

（1）一般室内坡道坡度不宜大于1:8，室外坡道坡度不宜大于1:10；

（2）室内坡道水平投影长度超过15m时，宜设休息平台，平台宽度应根据使用功能或设备尺寸所需缓冲空间而定；

（3）供轮椅使用的坡道坡度值参见GB50763—2012《无障碍设计规范》；

（4）自行车推行坡道每段坡长不宜超过6m，坡度不宜大于1:5；

（5）机动车行坡道应符合国家现行标准JGJ 100《汽车库建筑设计规范》的规定；

（6）坡道应采取防滑措施。

坡道应采用耐久、耐磨和抗冻性好的材料，其构造与台阶类似，多采用混凝土材料，如图8－15a所示。坡道对防滑要求较高或坡度较大时可设置防滑条或做成锯齿形，如图8－15b所示。

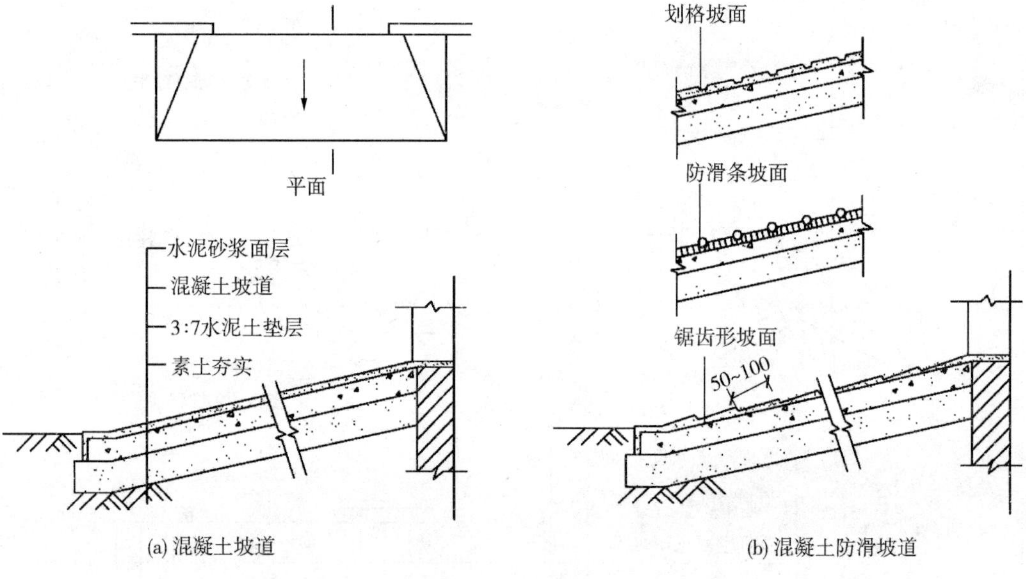

图8－15 坡道构造

8.5 电梯与自动扶梯构造

8.5.1 电梯

在高层建筑及某些工厂、医院、商店、宾馆中，为了上下运行方便、快速，根据需要，常设有电梯。电梯有载人、载货两大类，除普通乘客电梯外尚有医院专用电梯、消防电梯、观光电梯等。不同厂家提供的设备尺寸、运行速度及对土建的要求都不同，在设计时应按厂家提供的产品尺寸进行设计，图8－16为不同类别电梯的平面示意图。

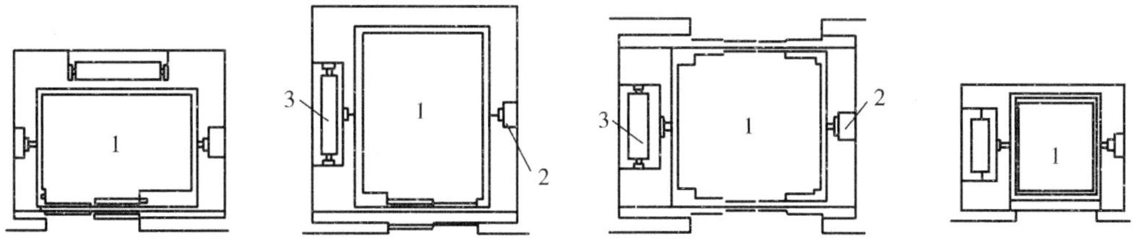

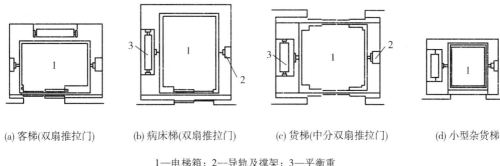

(a) 客梯(双扇推拉门)　(b) 病床梯(双扇推拉门)　(c) 货梯(中分双扇推拉门)　(d) 小型杂货梯

1—电梯箱；2—导轨及撑架；3—平衡重

图 8－16　电梯分类与井道平面

1. 电梯井道

电梯井道是电梯运行的通道，其内除电梯及出入口外尚安装有导轨、平衡重及缓冲器等，如图 8－16 所示。

（1）井道的防火

电梯井道是高层建筑联通各层的垂直通道，火灾事故中火焰及烟气容易从中蔓延。因此井道围护构件应根据有关防火规定进行设计，较多采用钢筋混凝土墙。高层建筑的电梯井道内，超过两部电梯时应用墙隔开。

（2）井道的隔声

为了减轻机器运行时对建筑物产生振动和噪声，应采取适当的隔振及隔声措施。一般情况下，只在机房机座下设置弹性垫层来达到隔振和隔声的目的，如图 8－17a 所示。运行速度超过 1.5m/s 的电梯，除弹性垫层外，还应在机房与井道间设隔声层，高度为 1.5～1.8m，如图 8－17b 所示。

电梯井道外侧应避免作为居室，否则应增加隔声措施。最好楼板与井道壁脱开，另作隔声墙；简易者也有只在井道外加砌加气混凝土块衬墙或贴岩棉等吸声材料的做法。

（3）井道的通风

井道除设排烟通风口外，还要考虑电梯运行中井道内空气流动问题。一般运行速度在 2.0m/s 以上的乘客电梯，在井道的顶部和底坑应有不小于 300mm×600mm 的通风孔，上部可以和排烟孔（井道面积的 3.5%）结合。层数较高的建筑，中间也可酌情增加通风孔。

（4）井道的检修

井道内为了安装、检修和缓冲，井道的上下均须留有必要的空间，如图 8－17、图 8－18 所示，其尺寸与运行速度有关，详见表 8－3。

井道底坑壁及底板均须考虑防水处理。消防电梯的井道底坑还应有排水设施。为便于检修，须考虑坑壁设置爬梯和检修灯槽，坑底位于地下室时，宜从侧面开一检修用小门，坑内预埋件按电梯厂要求确定。

2. 电梯门套

电梯厅电梯间门套装修构造的做法应与电梯厅的装修统一考虑。可用水泥砂浆抹灰，

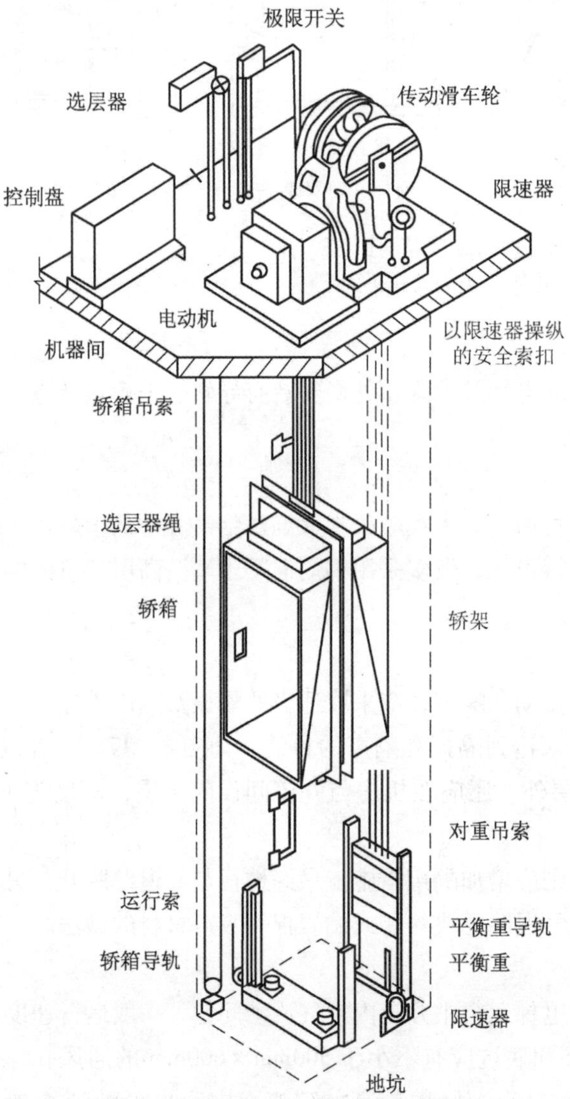

图 8－17 电梯井道内部透视图

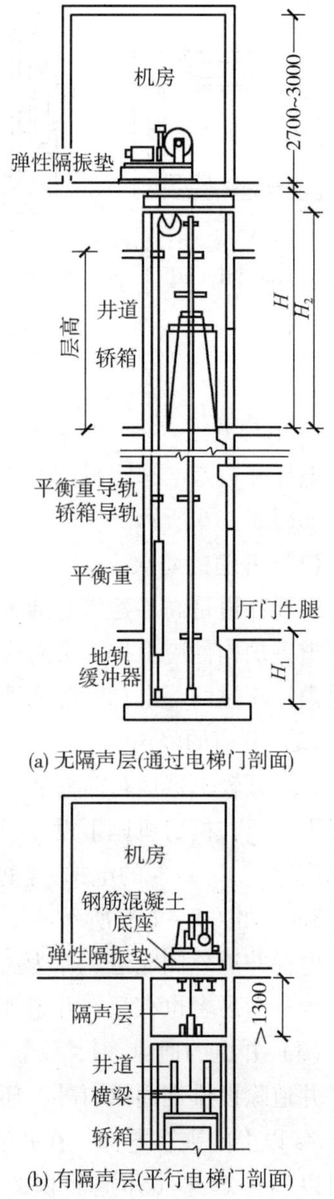

图 8－18 电梯机房隔振、隔声处理

水磨石或木板装修；高级的还可采用大理石或金属装修，如图 8－19 所示。

电梯门一般为双扇推拉门，宽 800～1500mm，有中央分开推向两边的和双扇推向同一边的两种。推拉门的滑槽通常安置在门套下楼板边梁如牛腿状挑出部分，构造如图8－20 所示。

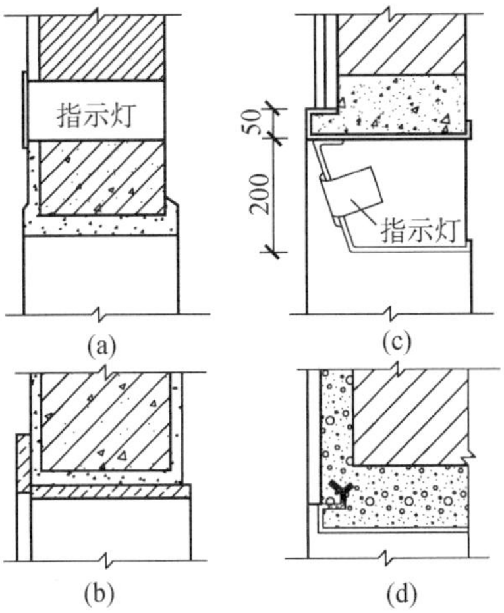

图8－19　电梯厅门套构造

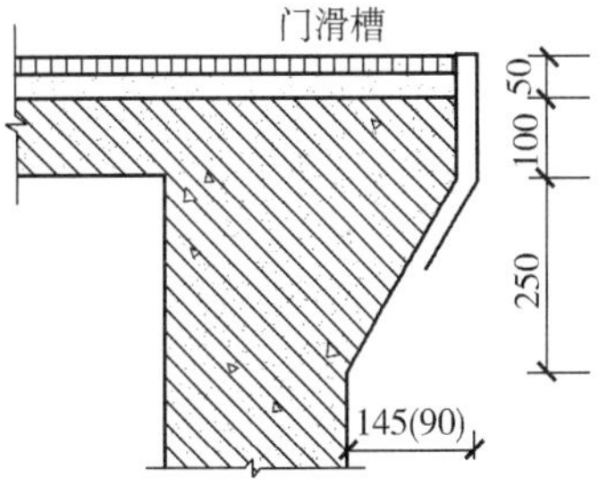

图8－20　厅门牛腿滑槽构造
（括号内数字为中分式推拉门尺寸）

表8－3　电梯井道底坑深度及顶层高度表　　单位：mm

电梯运行速度/（m/s）		乘客电梯载重量/kg				住宅电梯载重量/kg				病床电梯载重量/kg			载货电梯载重量/kg					
		630	800	1000	1250	1600	400	630	1000	1600	2000	2500	630	1000	1600	2000	3000	＊5000
0.63	H_1	1500	1500	1000	1900	1900	1400			1600	1600	1800	1500	1500	1700	1700	1400	1400
	H_2	3800	3800	4200	4400	4400	3700			4400	4400	4600	4100	4100	4300	4300	4500	4500
1.00	H_1	1500	1500	1700	1900	1900	1500			1700	1700	1900	1500	1500	1700	1700	1400	1400
	H_2	3800	3800	4200	4400	4400	3800			4400	4400	4600	4100	4100	4300	4300	4500	4500
1.60	H_1	1700	1700	1700	1900	1900	1700			1900	1900	2100	＊其 H_1、H_2 尺寸系根据国家标准 GB/T 7025—1997《电梯及其井道、机房的形式基本参数与尺寸》列出，供设计参考 ＊＊属非标准电梯					
	H_2	4000	4000	4200	4400	4400	4000			4400	4400	4600						
2.50	H_1	＊＊	2800	2800	2800	2800	＊＊	2800	2800	2800	2800	3000						
	H_2	＊＊	5000	5200	5400	5400	＊＊	5000	5000	5400	5400	5600						

注：（1）摘自国家标准 GB/T 7025—1997，该标准系等效采用国际标准化组织"ISO"制订的国际标准。
（2）H_1 为底坑深度，H_2 为顶层高度。

3. 电梯机房

电梯机房一般设置在电梯井道的顶部，如图8－18所示，机房的平面尺寸须根据机械设备尺寸的安排及管理、维修等需要来决定，一般至少有两个面每边扩出600mm以上的宽度，高度多为2.5～3.5m。

8.5.2　自动扶梯

自动扶梯适用于车站、码头、空港、商场等人流量大的场所，是建筑物层间连续运输效率最高的载客设备。一般自动扶梯均可正、逆方向运行，停机时可当作临时楼梯行走。

平面布置可单台设置或双台并列，如图 8-21 所示。双台并列时往往采取一上一下的方式，求得垂直交通的连续性。但必须在二者之间留有足够的结构间距（目前有关规定为不小于 380mm），以保证检修的方便及使用者的安全。

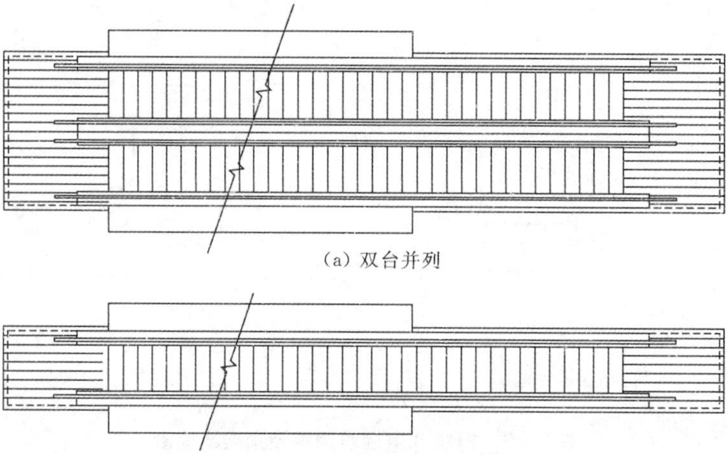

(a) 双台并列

(b) 单台设置

图 8-21　自动扶梯平面

自动扶梯的机械装置悬在楼板下面，楼层下做装饰外壳处理，底层则做地坑。在其机房上部自动扶梯口处应做活动地板，以利检修，如图 8-22 所示，地坑也应做防水处理。表 8-4 提供了部分生产厂商的自动扶梯规格尺寸，可作参考。

在建筑物中设置自动扶梯时，上下两层面积总和如超过防火分区面积要求时，应按防火要求设防火隔断或复合式防火卷帘封闭自动扶梯井。

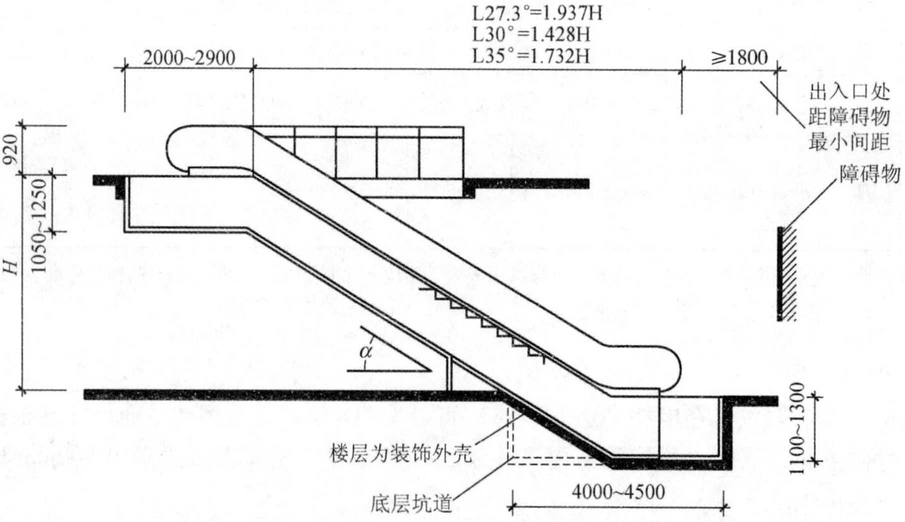

图 8-22　自动扶梯基本尺寸

表8-4　自动扶梯主要规格尺寸

公司名称	中国迅达电梯公司南方公司		上海三菱电梯有限公司		天津奥的斯电梯有限公司		广州市电梯工业公司	
梯　型	600	1000	800	1200	600	1000	800	1200
梯级宽 W/mm	600	1000	610	1010	600	1000	604	1004
倾斜角	27.3°，30°，35°		30°，35°					
运转形式	单速上下可逆转							
运行速度	一般为0.5m/s～0.65m/s							
扶手形式	全透明、半透明、不透明							
最大提升高度 H/mm	600（800）型一般为：3000～11000 1000（1200）型一般为：3000～7000（提升高度超过标准产品时，可增加驱动级数）							
输送能力	5000人/h（梯级宽600mm、速度0.5m/s） 8000人/h（梯级宽1000mm、速度0.5m/s）							
电　源	动力：380V（501h），功率一般为7.5～15kW 照明：220V（501h）							

注：（1）自动扶梯一般应布置在建筑物入口处经合理安排的交通流线上。
（2）在乘客经常有手提物品的客流高峰场合，以选用梯级宽1000mm为宜。
（3）各公司自动扶梯尺寸稍有差别，设计时应以自动扶梯产品样本为准。
（4）条件许可时宜优先采用角度为30°及27.3°的自动扶梯。
（5）本表摘自《建筑设计手册》第二版第一册。

思考题

1. 简述楼梯的组成及各部分的作用。
2. 简述楼梯设计的方法与步骤。
3. 如何确定楼梯段宽度、休息平台尺寸、栏杆扶手高度、踏步尺寸、梯井尺寸、楼梯下净高尺寸等有关楼梯设计尺寸？
4. 当底层平台下做出入口时，为增加净高，常采取哪些措施？
5. 简述现浇钢筋混凝土楼梯的类型及构造。
6. 装配式钢筋混凝土楼梯构造形式有哪些？
7. 台阶与坡道的构造要求有哪些？
8. 电梯井道的构造要求有哪些？
9. 试进行楼梯设计，绘制楼梯平面图和剖面图以及楼梯构造详图。

第9章　屋顶构造

本章学习目标

- 了解瓦屋面的构造措施；
- 掌握屋顶排水设计方法，包括：屋顶坡道表达、坡度值大小、坡度形成方式、屋顶排水方式等；
- 掌握屋面柔性（卷材）防水构造措施；
- 掌握屋面刚性防水构造措施；
- 掌握平屋顶保温隔热的方法。

9.1　屋顶概述

9.1.1　屋顶的设计要求

屋顶既是建筑物的围护结构又是建筑物的承重结构，既要抵御外界各种环境因素对建筑物的不利影响，又要承担作用在屋顶的荷载的作用，而且要兼顾建筑美观的要求。

1. 功能要求

屋顶是建筑的围护结构，屋顶受自然环境作用，抵御着风、霜、雨、雪的侵袭，防止雨水渗漏是屋顶的基本功能要求，我国现行的 GB 50345—2004《屋面工程技术规范》根据建筑物的性质、重要程度、使用功能及防水耐久年限等，将屋面划为四个等级，各等级均有不同的防水要求，如表 9－1 所示。其次，屋顶应具有良好的保温隔热性能，能够有效减少室内外的热量交换，稳定室内温度，达到节能降耗的目的。屋顶同时又是有效防止火灾蔓延的重要结构，因此屋顶的设计还应满足防火要求。

表 9－1　屋面防水等级和防水要求

项　目	屋面防水等级			
	Ⅰ级	Ⅱ级	Ⅲ级	Ⅳ级
建筑物类别	特别重要或对防水有特殊要求的建筑	重要的建筑和高层建筑	一般的建筑	非永久性的建筑
防水层合理使用年限	25 年	15 年	10 年	5 年
设防要求	三道或三道以上防水设防	二道防水设防	一道防水设防	一道防水设防

续表9－1

项目	屋面防水等级			
	Ⅰ级	Ⅱ级	Ⅲ级	Ⅳ级
防水层选用材料	宜选用合成高分子防水卷材、高聚物改性沥青防水卷材、金属板材、合成高分子防水涂料、细石防水混凝土等材料	宜选用高聚物改性沥青防水卷材、合成高分子防水卷材、金属板材、合成高分子防水涂料、高聚物改性沥青防水涂料、细石防水混凝土、平瓦、油毡瓦等材料	宜选用高聚物改性沥青防水卷材、合成高分子防水卷材、三毡四油沥青防水卷材、金属板材、高聚物改性沥青防水涂料、合成高分子防水涂料、细石防水混凝土、平瓦、油毡瓦等材料	可选用二毡三油沥青防水卷材、高聚物改性沥青防水涂料等材料

注：（1）本表中采用的沥青均指石油沥青，不包括煤沥青和煤焦油等材料。

（2）石油沥青纸胎油毡和沥青复合胎柔性防水卷材，系限制使用材料。

（3）在Ⅰ、Ⅱ级屋面防水设防中，如仅作一道金属板材时，应符合有关技术规定。

2. 结构要求

屋顶承担着作用在屋面的风、雨、雪等荷载及屋顶自重，对于上人屋面，屋顶还要承担人和家具等的活荷载，并将其传递给支撑屋顶的墙、柱等承重构件。因此，屋顶应有足够的强度和刚度，以保证房屋的结构安全，并防止因过大的结构变形引起防水层开裂、漏水。

3. 建筑艺术的要求

屋顶作为建筑形体的重要组成部分，其形式对建筑造型的影响是非常大的，不同形式的屋顶体现着不同的建筑思想和建筑艺术观念。中国古典建筑的坡屋顶，体现了中国古代哲学思想，具有浓郁的民族特色。平屋顶在现代主义建筑中的大量应用，体现了现代主义建筑的简洁明快的特点。屋顶设计中应注重屋顶形式及其细部的设计，以满足人们对建筑艺术方面的需求。建筑顶部空间较其他部位有更大的自由度，因此往往有较大的变化余地，为建筑物的造型提供更多的选择。

9.1.2 屋顶的形式和坡度的选择

9.1.2.1 屋顶的形式

屋顶按照所用材料可分为钢筋混凝土屋顶、瓦屋顶、金属屋顶、玻璃屋顶等；按照屋顶外形可分为平屋顶、坡屋顶和其他形式的屋顶（曲面）等；按结构形式可分为现浇或预制钢筋混凝土屋顶、悬索屋顶、薄壳屋顶、拱屋顶、折板屋顶、膜结构屋顶等。

1. 平屋顶

屋面坡度小于5% 的建筑屋顶为平屋顶。平屋顶易于协调统一建筑与结构的关系，节约材料，屋面可提供多种利用方式，如露台、屋顶花园等。

平屋顶的排水坡度为2%～5%，其外形比较简单，如图9－1所示。

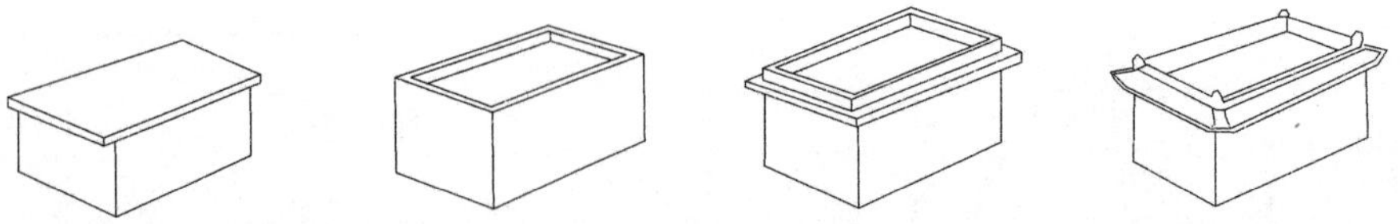

图 9－1　平屋顶

2. 坡屋顶

坡屋顶是指屋面坡度较大的屋顶，其坡度一般在 10% 以上，坡屋顶在我国传统建筑中应用广泛。

坡屋顶的常见形式有：单坡、双坡屋顶，硬山及悬山屋顶，四坡歇山及庑殿屋顶，圆形或多角形攒尖屋顶等，如图 9－2 所示。

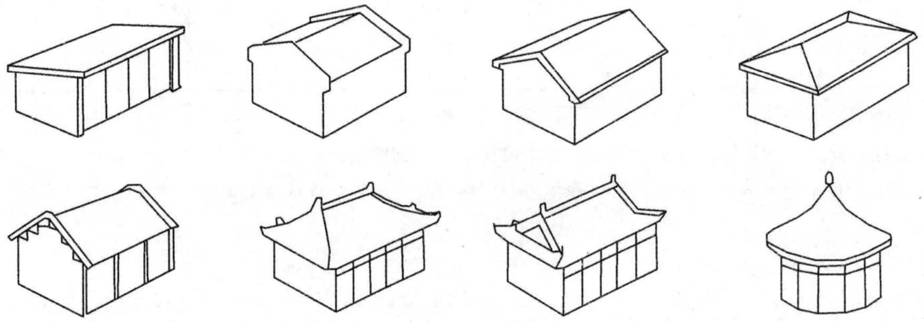

图 9－2　坡屋顶

3. 其他形式的屋顶

随着建筑科学技术的发展，出现了许多新型结构的屋顶，如拱屋顶、折板屋顶、薄壳屋顶、悬索屋顶、网架屋顶、膜结构屋顶等曲面屋顶，如图 9－3 所示。

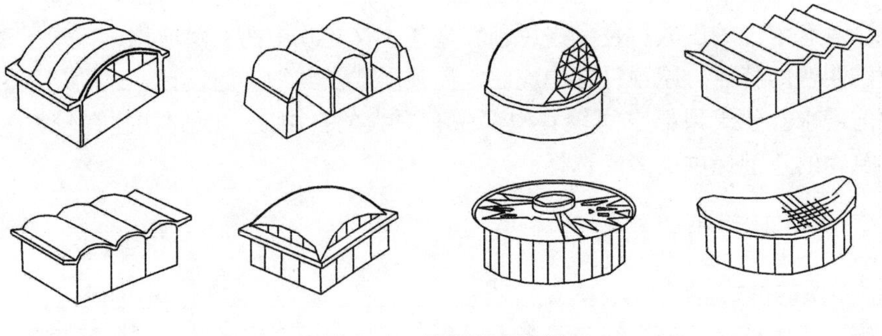

图 9－3　其他形式屋顶

9.1.2.2　屋面坡度

1. 屋面坡度的表示方法

在工程上，坡屋面一般用斜率法标注，即矢高和屋顶半个跨度的比，如三角形屋架形成的坡屋面一般采用 1∶3 的坡度；平屋面则往往用百分比法标注，如卷材防水屋面的坡度采用 2%～3% 的坡度。角度法以倾斜面与水平面的夹角表示屋面坡度，虽然角度法对坡度的表达非常明确，但因其计算和使用比较麻烦，在工程上很少使用。屋顶坡度表达方式如图9－4所示。

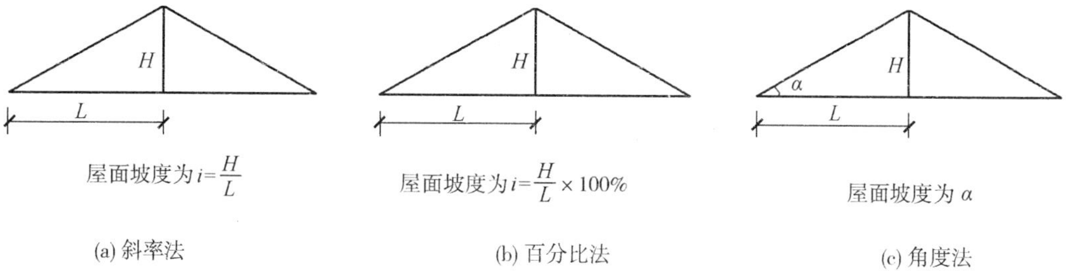

图9－4 屋面坡度的表示方法

2. 屋面坡度的形成方式

形成屋面坡度的方式一般有材料找坡和结构找坡，如图9－5所示。材料找坡是指屋顶坡度由垫坡材料形成。找坡层最薄处不小于20mm。材料找坡的坡度宜为2%。结构找坡是屋顶结构自身已有坡度，屋面随结构形成排水坡度。例如，三角形屋架上安放屋面板，屋顶表面呈斜坡面。结构找坡的坡度不应小于3%。

材料找坡的天棚面平整，而且可以改善屋面的保温隔热能力。当屋面进深尺度较大时，材料找坡消耗较多的材料及增加屋面荷载，因此应选择轻质材料找坡或保温层找坡。材料找坡适用于屋面进深尺度较小及天棚要求平整的建筑。结构找坡，构造简单，不增加荷载，屋面不设保温层的我国南方地区经常采用之。若因此天棚顶倾斜，室内空间不够规整，可以通过吊顶改变天棚的形状。为避免浪费材料、减小屋面荷载，单坡跨度大于9m的屋面宜作结构找坡。结构找坡多用于屋面进深尺度较大的民用建筑及对天棚平整度要求不高的工业建筑。

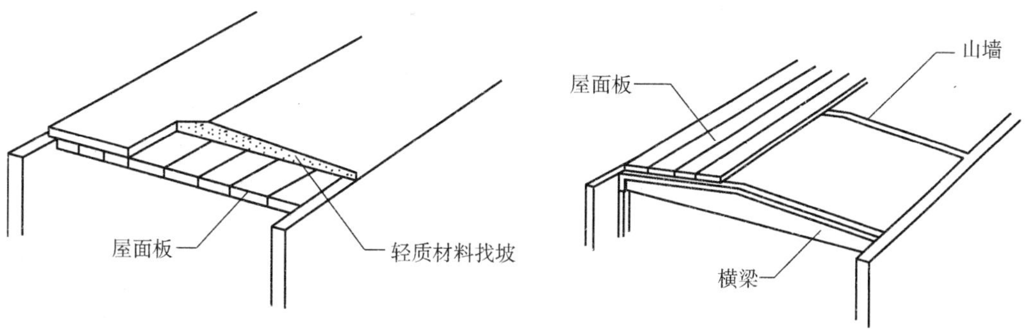

图9－5 屋顶坡度的形成方式

3. 影响屋顶坡度设计的因素

屋面坡度的选择应综合考虑各方面的因素，如屋面防水材料的大小、当地地理气候条件、结构形式、防水构造、施工方法，以及功能使用要求和建筑造型，等等。

一般来说，降雪量大的地区屋顶坡度比较陡，可以避免冬季积雪造成过大的雪荷载，降雨量大的地区屋面也较陡，这样可以使水流加快，尽快将雨水排除，防止屋面积水过深而产生渗漏；反之屋面坡度可以小些。

防水材料如果尺寸较小，接缝必然就较多，容易产生缝隙渗漏，因而屋面应有较大的排水坡度，以便将屋面积水迅速排除。如果屋面的防水材料覆盖面积大，接缝少而且严密，屋面的排水坡度就可以小一些。例如，平瓦屋面坡度不小于1:3，小青瓦屋面坡度不小于1:2，瓦屋面最大坡度可以到1:1，彩色压型钢板瓦屋面最小可以做到1:10。

结构形式的选择直接决定屋顶的坡度的大小，例如厂房的屋架选用三角形钢屋架，形成的屋面坡度一般为1:3；采用梯形屋架，形成的屋面坡度一般为1:10。

屋面是否经常上人，是否有蓄水池或屋顶绿化等使用要求也影响着屋面的坡度设计。

9.1.3 屋面防水的设计

9.1.3.1 屋面排水方式

屋面排水方式分为无组织排水和有组织排水两大类。

1. 无组织排水

无组织排水是指屋面雨水直接从挑檐口自由下落至地面的一种排水方式，因为不用天沟、雨水管等设施导流雨水，故又称自由落水。这种做法构造简单，施工方便，造价经济。但落水时，雨水会溅湿墙身、勒脚，有风时雨水还可会冲刷墙面。因此，挑檐应有足够的宽度（一般建筑不宜小于500mm，工业厂房天窗的挑檐可采用300mm），檐头下面要做滴水，防止出现爬水现象。

2. 有组织排水

有组织排水是指雨水经由天沟、雨水管等排水装置被引导至地面或地下管沟的一种排水方式。

9.1.3.2 排水方式的选择

确定屋顶的排水方式时，一般考虑建筑的设计标准、建筑高低、降雨量大小等因素。

无组织排水适用于降雨量不大的地区和低层建筑及次要的建筑物。严寒地区为了防止檐沟挂冰也常采用。此外，某些有特殊要求的厂房，如有积灰的屋面或具有腐蚀性介质作用的车间，为了避免天沟和水斗堵塞或遭受腐蚀，也应尽可能采用无组织排水。

9.1.3.3 有组织排水方案

在工程实践中按内排水、外排水两种情况分为以下几种排水方案，如图9－6所示。

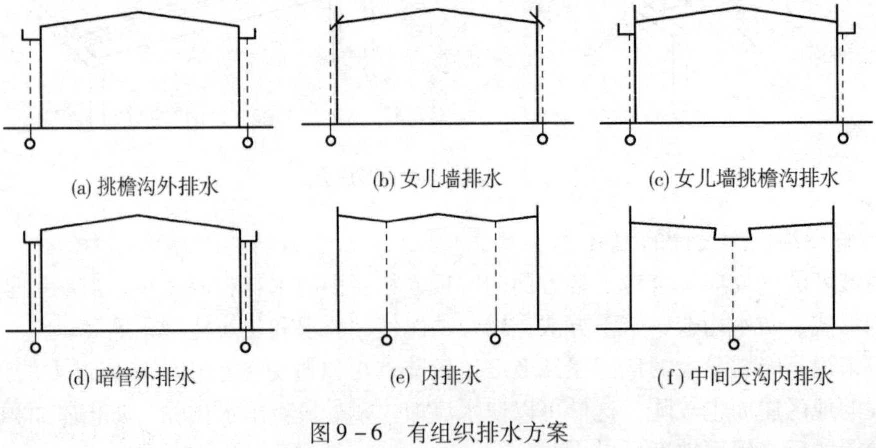

图9－6 有组织排水方案

1. 外排水方案

外排水是指雨水管设在建筑外墙以外的一种排水方案，外排水方案可以归纳为以下几种：

（1）挑檐沟外排水。屋面雨水汇集到悬挑在墙外的檐沟内，再由水落管排下。

（2）女儿墙内檐沟外排水。屋面雨水汇集到女儿墙处，特点是屋面雨水需穿过女儿墙流入室外的雨水管。

（3）女儿墙挑檐沟外排水。女儿墙挑檐沟外排水特点是在屋檐部位既有女儿墙，又有挑檐沟。

（4）暗管外排水。暗装雨水管的方式，将雨水管隐藏在假柱或空心墙中。

2. 内排水

内排水即雨水通过在建筑内部的雨水管排走，如中间天沟内排水。高层建筑、严寒地区建筑、屋面面积较大的公共建筑和多跨厂房，因维修、结冻、排水方便等原因宜采用内排水方案。

9.1.4　屋面工程设计的内容

屋面工程设计包括屋面防水等级的确定、构造设计、材料选择、排水系统设计等多方面的内容，对这些内容具体的解析如下。

1. 确定屋面防水等级和设防要求

屋面防水工程设计时，首先应根据所设计建筑物的类型和性质、建筑物对防水功能要求的重要程度、建筑物的屋面结构形式，以及对防水层合理使用年限的要求或特殊的防水要求等技术要求，确定该建筑屋面的防水等级。

在确定屋面防水等级时，可根据建筑物的类别、屋面防水功能的重要程度等确定，如表9－2所示。

根据屋面防水等级确定采用几道设防，设计时要充分考虑使各道防水层间的材性相容，即溶度参数应相近，才能够相互黏合在一起，避免黏结不牢或产生化学腐蚀。各道防水材料的种类、道数、厚度和构造要求，应符合新规范有关条文的规定。在各道防水层的设置上，耐老化、耐穿刺性能好的应放在上面。

2. 屋面防水工程的构造设计

屋面防水工程的构造设计指为满足屋面防水工程功能要求而设置的防水构造做法。屋面工程有结构层、找平层、隔气层、保温层、隔离层、防水层、保护层、架空隔热层，以及使用层面的面层等，根据使用要求、材料特性进行合理的安排。

表9－2　不同屋面防水等级的要求

屋面防水等级	建筑物类别	屋面防水功能重要程度	建筑物种类
Ⅰ	特别重要的民用建筑和对屋面防水有特殊要求的工业建筑	一旦发生渗漏，会造成巨大的经济损失和政治影响，或引起爆炸等灾害，甚至造成人身伤亡	国家级特别重要的档案馆、博物馆，特别重要的纪念性建筑；核电站、精密仪表车间等有特殊防水要求的工业建筑

续表 9－2

屋面防水等级	建筑物类别	屋面防水功能重要程度	建筑物种类
Ⅱ	重要的工业与民用建筑、高层建筑	一旦发生渗漏，会使重要的设备或物品遭到破坏，造成重大的经济损失	重要的博物馆、图书馆、医院、宾馆、影剧院等民用建筑；仪表车间、印染车间、军火仓库等工业建筑
Ⅲ	一般的工业与民用建筑	一旦发生渗漏，会使一些物品受到损坏，在一定程度上影响使用或美观，或影响人们正常的工作或生活秩序	住宅、办公楼、学校、旅馆等民用建筑；机加工车间、金工车间、装配车间、仓库等工业建筑
Ⅳ	非永久性建筑	发生渗漏，虽会给人们工作或生活带来不便，但一般不会造成经济损失的后果	简易宿舍、简易车间、简易仓库、库棚等建筑

3. 防水层选用的材料及其主要物理性能

不同品种和不同性能的防水材料，具有不同的优点和缺点，各有其不同的适用范围和要求。因此，必须了解各种防水材料的特性，材料适用的部位的结构类型、屋面形式、环境和气候条件；防水材料间是否可以相互结合，而各种防水材料间能否通过采取技术措施来弥补某个性能的不足。

4. 保温隔热层选用的材料及其主要物理性能

对于屋面保温隔热层的设计，根据近阶段节能目标，1996 年起，公共建筑应满足建筑节能 50% 的要求，2005 年开始，公共建筑应满足建筑节能 95% 的要求。考虑到我国地域广大，南方和北方的室外气温差异很大，怎样才能满足不同地区的屋面保温隔热的要求，就必须结合各地区特点，根据建筑物的不同功能要求，选择适当的保温材料和隔热形式。

5. 屋面细部构造的密封防水措施，选用的材料及其主要物理性能

屋面工程的细部构造是屋面防水工程的薄弱环节，是容易出现渗漏水的部分，所以在进行屋面工程细部设计时，应掌握以下原则：

（1）考虑结构变形、温差变形、干缩变形、振动等影响；

（2）柔性密封、排防结合、材料防水与构造防水相结合；

（3）强调完善、耐久、整体设防功能；

（4）应根据所设计的建筑物具体情况进行精心设计。

6. 屋面排水系统的设计

屋面排水系统设计应包括以下内容：

（1）汇水面积计算：了解当地百年最大暴雨量，以及计算屋面全部汇水面积。

（2）确定屋面排水路线、排水坡度：为减少雨水渗漏机会，排水线路不应过长，当建筑总进深（宽度）超过 12m 时应采取双坡排水。

（3）设计天沟、檐沟位置、截面、坡度、出水口（水落口）位置、沟底标高。

天沟的功能是汇集和迅速排除屋面雨水，沟底沿长度方向应设纵向排水坡。天沟纵坡的坡度不应小于1%。天沟的净断面尺寸应根据降雨量和汇水面积的大小来确定。为防止暴雨时雨水倒灌或外溢，建筑的天沟净宽不应小于200mm，天沟上口至分水线的距离不应小于120mm，如图9－7所示。

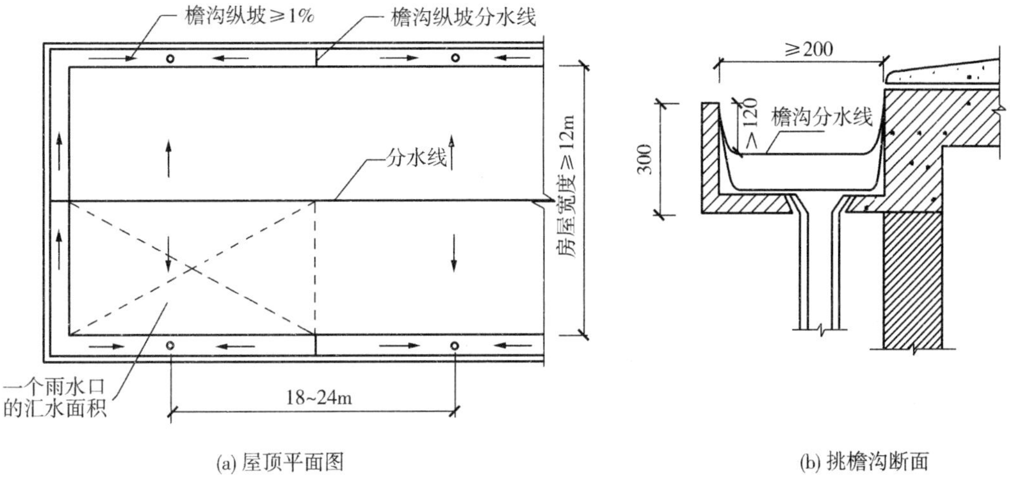

图9－7 屋面排水图

（4）设计水落管管径、数量、位置，划分汇水分区。

水落管的材料有铸铁、PVC塑料、陶管、镀锌铁皮等，通常用PVC塑料管。水落管的直径不应小于75mm，一般应大于100mm，面积小于25m^{2}的露台和阳台可选用直径50mm的雨水管。

水落管的数量是由屋面汇水面积和降雨量经计算确定，一根水落管的最大汇水面积为150～200m^2。为防止垫置纵坡材料过厚而增加大沟的，女儿墙外排水及内排水的水落口间距不超过18m，挑檐沟排水方案的水落口间距不超过24m。

（5）雨水系统必要的附加设施，如水簸箕等。

7. 与防水层相邻层次的设计

在屋面工程设计中，与防水层相邻的层次包括以下内容：

（1）结构层：屋面刚度、板缝处理；

（2）找平层：确定找平层材料、厚度及技术要求；

（3）保温层：通过热工计算，确定保温层种类、做法、类型、厚度、技术要求；

（4）隔气层：确定是否需设隔气层，采用何种材料做隔气层；

（5）隔离层：隔离层位置、材料、做法；

（6）找坡层：结构找坡3%；材料找坡2%；

（7）隔热层：采用何种隔热方式、材料、做法、技术要求；

（8）上人屋面面层：材料品种、规格、铺设技术要求；

（9）保护层：根据用途不同选择何种保护层、材料、做法、技术要求等。

9.2 平屋顶构造

由于平屋顶的坡度比较小，水流速度比较缓慢，有时甚至在屋顶表面会形成局部积水，因此，平屋顶的防水原则应该是在导、堵结合的前提下，充分发挥材料性能，以堵为主，做好节点防水构造，防止雨水渗漏，同时注意控制屋面和天沟的坡度，减少排水线路的长度，加强屋面排水系统对雨水的导引能力，减少雨水在屋面的滞留时间。

平屋顶防水做法根据材料和施工工艺可分为柔性卷材防水、刚性防水和涂膜防水三种。

9.2.1 柔性卷材防水屋面构造

9.2.1.1 卷材防水屋面材料

1. 卷材

（1）沥青类防水卷材

沥青类防水卷材是用原纸、纤维织物、纤维毡等胎体材料浸涂沥青，表面撒布粉状、粒状或片状材料后制成的可卷曲片状材料，传统的石油沥青纸胎油毡是我国使用最多的防水卷材，目前在屋面工程中仍有使用。但石油沥青纸胎油毡低温柔性差，防水层合理使用年限较短，新的屋面工程技术规范中已经限制使用。

（2）高聚物改性沥青类防水卷材

高聚物改性沥青类防水卷材是以纤维织物、纤维毡等胎体材料，以高分子聚合物改性沥青为涂盖层，表面撒布粉状、粒状或片状材料或贴薄膜材料后制成的可卷曲片状材料，如SBS（弹性）改性沥青防水卷材、再生胶改性沥青聚酯油毡、铝箔塑胶聚酯油毡、丁苯塑胶改性沥青油毡。高聚物改性沥青类防水卷材耐高、低温和耐候性能明显提高，卷材的延伸率加大，弹性和耐疲劳性也明显改善，卷材可以单层铺设或复合使用，可冷施工或热熔铺贴。但各种卷材的特点差异也较大，应区别使用。例如，APP（塑性）改性沥青防水卷材具有良好的强度、延伸性、耐热性、耐紫外线照射及耐老化等性能，可单层铺设，适合于紫外线辐射强烈及炎热地区屋面使用，SBS改性沥青防水卷材低温的柔度较好，适用于一般和较寒冷地区建筑作屋面的防水层。

（3）合成高分子防水卷材

合成高分子防水卷材是以各种合成橡胶、合成树脂或二者混合物为主要原料，并添加助剂或填充料后经压延挤出加工制成的防水卷材。常见的有三元乙丙橡胶防水卷材、氯化聚乙烯防水卷材、氯化聚乙烯－橡胶共混防水卷材、氯丁橡胶防水卷材。三元乙丙橡胶防水卷材防水性能优异，耐候性好，耐臭氧性好，耐化学腐蚀性佳，弹性和抗拉强度大，对基层变形开裂的适应性强，质量轻，使用温度范围宽，寿命长；彩色三元乙丙橡胶防水卷材，外观装饰效果良好。三元乙丙橡胶防水卷材也存在价格高、黏结材料尚需配套完善等问题，主要在屋面防水技术要求较高、防水层合理使用年限要求长的工业与民用建筑，单层或复合使用，采用冷粘法或自粘法施工。

2. 卷材黏合剂

用于沥青卷材的黏合剂有沥青胶和冷底子油。

冷底子油是将沥青稀释溶解在煤油、轻柴油或汽油中制成，涂刷在水泥砂浆或混凝土层面作结合层用。

沥青胶又称为玛蹄酯，是以石油沥青为基料，加入填充料（滑石粉、云母粉、石棉粉等）熬制而成沥青胶。沥青胶应具有适当的耐热度（标号），耐热度过低，夏季易液化流淌，造成油毡脱落；耐热度过高，冬季易冷脆断裂。所以沥青胶应具有一定的柔性和足够的黏结力，使结构发生变形时不致被拉裂。沥青胶分为冷、热两种，每种根据沥青不同又分为石油沥青胶和煤沥青胶两类。

用于高聚物改性沥青和高分子卷材的黏合剂主要为与卷材配套使用的各种溶剂型胶黏剂。

9.2.1.2 卷材防水屋面的构造层次和施工做法

卷材防水屋面由多层材料叠合而成，其基本构造层次有结构层、找平层、结合层、防水层和保护层。有保温隔热要求的建筑的屋顶还要设置保温层、隔热层、隔气层和找坡层等附加层，如图9－8所示。

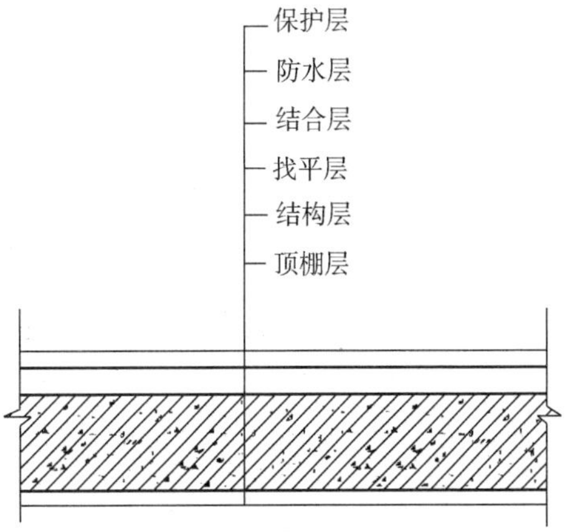

图9－8 卷材防水屋面的构造组成

1. 结构层

结构层通常为钢筋混凝土屋面板，要求有足够的强度和刚度。结构层的刚度大，对屋面的防水层影响就小。为保证屋面结构层刚度，宜采用现浇钢筋混凝土结构。

2. 找平层

柔性防水层要求铺贴在坚固而平整的基层上，以避免卷材凹陷或断裂。因此必须在结构层或找坡层上设置找平层。找平层一般为20～30mm厚的1:3水泥砂浆、细石混凝土或沥青砂浆。为防止找平层变形产生不规则开裂而损坏防水层，应在找平层中预留分格缝，缝宽5～20mm，纵横缝的间距不宜大于9m，分格缝内宜嵌填密封材料。

3. 结合层

结合层的作用是使卷材防水层与基层胶结牢固。结合层所用材料应根据卷材防水层材料的不同来选择，沥青类卷材、聚氯乙烯卷材及自粘型三元乙丙复合卷材采用冷底子油做结合层；高分子卷材多用配套的基层处理剂。

4. 防水层

防水层是由胶结材料与卷材黏合而成，卷材连续搭接形成屋面防水的主要部分。

沥青油毡防水层做法是在找平层上涂刷冷底子油一道，然后将沥青胶均匀涂刷在找平层上，边刷边铺油毡，铺好后刷沥青胶再铺油毡，直到达到设计的层数，最后在油毡表面再刷一层沥青胶。一般民用建筑应做三毡四油。

由于施工过程中不能保证基底完全干燥后再施工柔性防水层，因此，留在基层内的水汽如果在做好防水层之后在某处积聚，柔性防水层就很可能在该处鼓泡。这种泡一旦在外力作用下破裂，防水机制就会受到破坏，因此应该考虑在屋面找平层和保温层设置排气道。如设置排气道还不能有效解决卷材鼓泡拉裂，无保温屋面可采用空铺法、条粘法或点粘法，如图9－9所示，或采用带孔油毡、带愣油毡铺贴第一层，让水汽由卷材与基层间的空隙中排除而不在一处积聚，或者通过设置排气孔将水汽排除。当屋面结构刚度较差或有重物作用时，结构变形较大，容易造成防水层破坏，这样的屋顶应选空铺法、条粘法或点粘法铺贴。

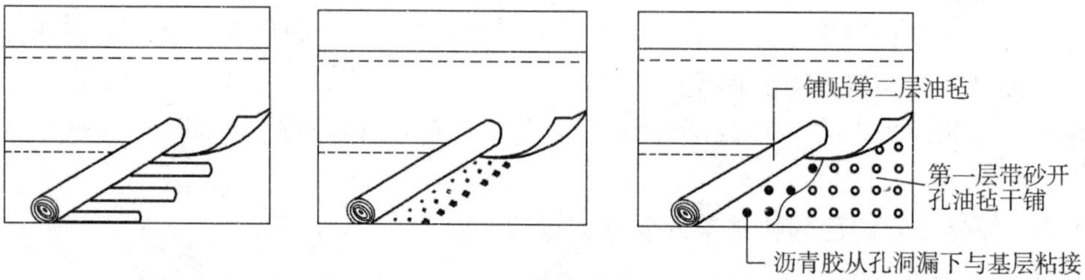

(a) 条形铺贴　　(b) 点状铺贴　　(c) 带砂开孔油毡干铺

图9－9　卷材的铺贴方法

卷材铺贴时，应注意铺贴方向和顺序，当屋面坡度不大（3%以内）时，卷材一般平行屋脊，从檐口到屋脊层层向上铺贴，顺主导风向搭接。当屋面坡度大于3%，小于15%，可平行屋脊或直于屋脊铺贴；当屋面坡度大于15%或屋面受震动时，油毡卷材应垂直于屋脊铺贴，顺水流方向搭接；高聚物改性沥青类防水卷材和合成高分子防水卷材可平行或直于屋脊铺贴，卷材屋面的坡度不超过25%，当坡度超过25%时应采取防止卷材下滑措施。上下层卷材不得互相垂直铺贴。沥青卷材搭接宽度长边不小于70mm，短边不小于100mm；高聚物卷材搭接宽度长边不小于80mm，短边不小于80mm；高分子卷材搭接宽度长边不小于80mm，短边不小于80mm。卷材搭接时应错开一定的距离，如图9－10所示。

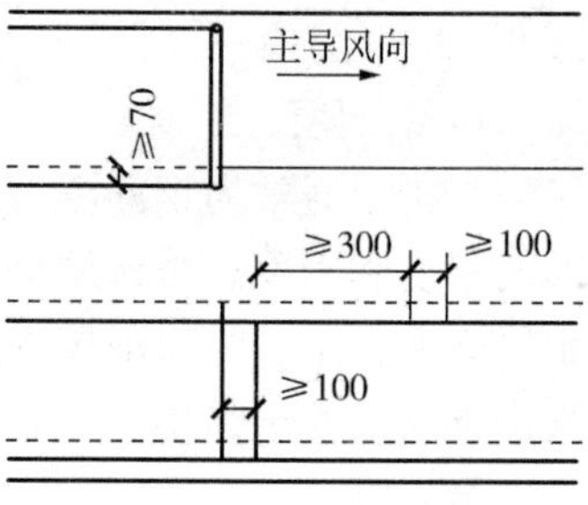

图9－10　卷材的搭接

高聚物改性沥青防水卷材的铺贴方法有冷粘法、热粘法和热熔法等。冷粘法是用专用胶在常温下将卷材与基层或卷材间粘贴；热粘法是用热熔改性沥青油膏将卷材粘贴在找平层上；热熔法是用火焰加热器将卷材的底胶均匀加热至熔化，然后将卷材与基层或卷材间进行粘接。高分子卷材一般采用冷粘法或自粘法铺贴。

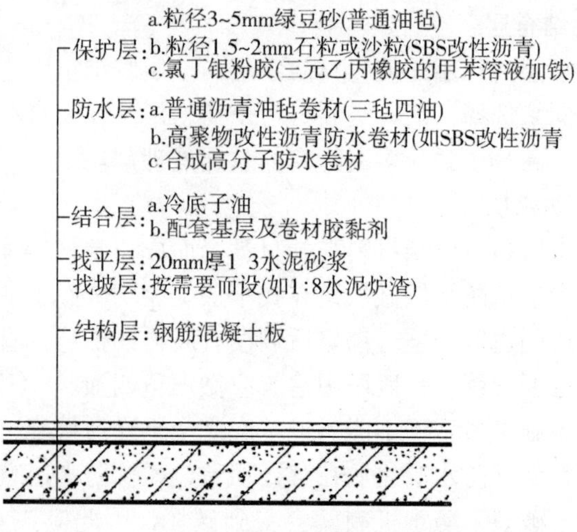

图9－11　不上人屋面构造

5. 保护层

设置保护层的目的是保护防水层。保护层的材料及做法，应根据防水层所用材料和屋面的利用情况而定。

不上人屋面保护层的做法：当采用油毡防水层时为粒径3～9mm的小石子，称为绿豆砂保护层。绿豆砂要求耐风化、颗粒均匀、色浅；三元乙丙橡胶卷材采用银色着色剂，直接涂刷在防水层上表面，彩色三元乙丙复合卷材防水层直接用CX－404胶黏结，不需另加保护层，如图9－11所示。

上人屋面的保护层具有保护防水层和兼作行走面层的双重作用，因此上人屋面保护层应满足耐水、平整、耐磨的要求。其构造做法通常可采用水泥砂浆或沥青砂浆铺贴缸砖、大阶砖、混凝土板等，也可现浇40mm厚C20细石混凝土。现浇细石混凝土保护层的细部构造处理与刚性防水屋面基本相同，如图9－12所示。

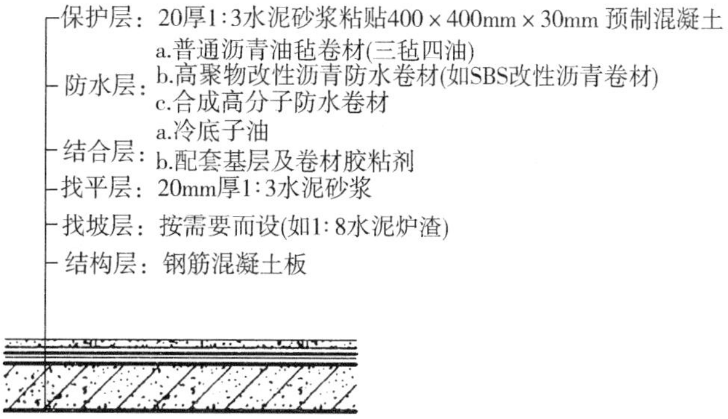

图9－12 上人屋面构造

9.2.1.3 细部构造

卷材防水层是一个封闭的整体，如果在屋顶开设孔洞、有管道出屋面或屋顶边缘封闭不牢，都可能破坏卷材屋面的整体性，形成防水的薄弱环节而造成渗漏。因此，必须对这些细部加强防水处理。这些部位有泛水、挑檐口、天沟、变形缝、屋面检查孔、屋面出入口等。

1. 泛水构造

泛水构造是指屋面与垂直墙面交接处的防水处理。如屋面与山墙、女儿墙、高低屋面之间的立墙、烟囱下端、变形缝下部壁面与屋顶的交接处等均是最易漏水的地方，必须将屋面防水层延伸到这些垂直面上，形成立铺的防水层，称为泛水。泛水构造如图9－13所示。其构造和做法应注意以下三个方面：

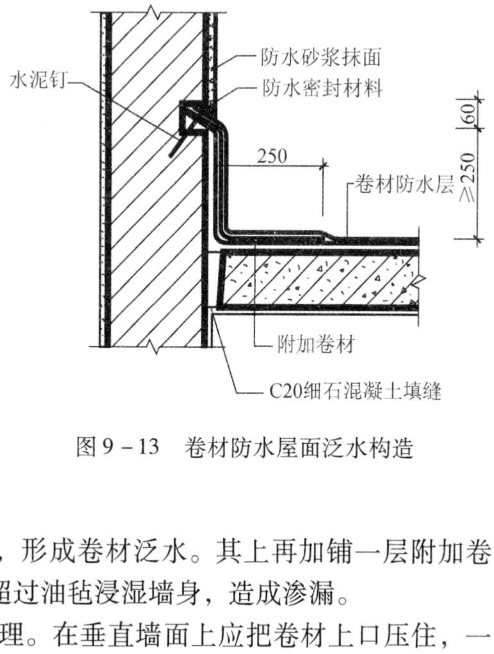

图9－13 卷材防水屋面泛水构造

（1）应将屋面水泥砂浆找平层继续抹到垂直墙面上，转角处抹成直径不小于50mm（油毡卷材为150mm）的圆弧形，使屋面油毡延续铺至墙上时能够贴实。禁止把油毡折成直角或架空，以免油毡破裂。

（2）将屋面的卷材防水层继续铺至垂直面，形成卷材泛水。其上再加铺一层附加卷材，泛水高度不得小于250mm，以免屋面积水超过油毡浸湿墙身，造成渗漏。

（3）要做好卷材防水层“收头”的构造处理。在垂直墙面上应把卷材上口压住，一般做法是：将卷材的收头压入槽内，用防水压条钉压后再用密封材料嵌填封严，外抹水泥砂浆保护。

2. 挑檐口构造

挑檐口构造分无组织排水和有组织排水两种做法。

挑檐板一般用钢筋混凝土制作。挑板结构类型常用的有：现浇式、预制搁置式、预制自重平衡式、预制螺栓固定式等。无组织排水挑檐口不宜直接采用屋面板外挑，因其温度变形大，易使檐口抹灰砂浆开裂，引起爬水和尿墙现象。例如，檐口出挑较大时，可采用预制挑檐板檐口，也可采用与圈梁整浇的混凝土挑板。施工时，檐口 800mm 范围内卷材应采取满贴法，在混凝土檐口上用细石混凝土或水泥砂浆先做一凹槽，然后将卷材贴在槽内，将卷材收头用水泥钉钉牢，上面用防水油膏嵌填，如图 9－14 所示。

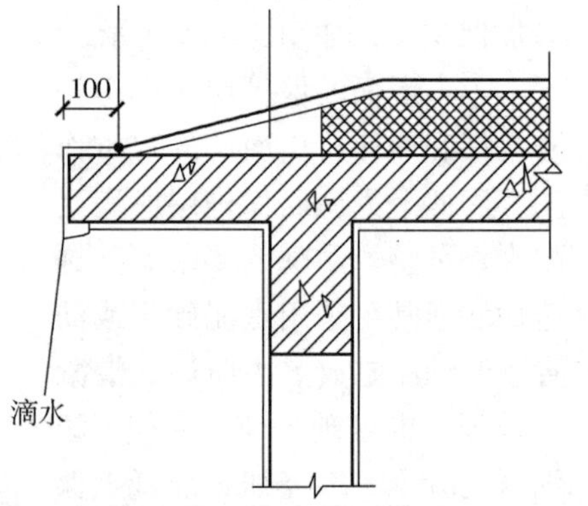

图 9－14　无组织排水挑檐口构造

有组织排水时，挑檐多做成天沟，檐口常常将檐沟布置在出挑部位，现浇钢筋混凝土檐沟板可与圈梁连成整体。预制檐沟板则需搁置在钢筋混凝土屋架挑梁牛腿上。天沟内应增铺附加层，当采用沥青防水卷材时应加铺一层卷材；当采用高聚物改性沥青防水卷材或合成高分子防水卷材时宜采用防水涂膜增加层；沟内转角部位的找平层应做成圆弧或 45°斜面；当屋面坡度≥1:5 时，应将檐沟板靠屋面板一侧的沟壁外侧做成斜面，以免接缝处出现上窄下宽的缝隙；天沟与屋面交接处的附加层宜空铺，空铺宽度应为 200mm。为防止檐沟壁面上的卷材下滑，通常在檐沟边缘用水泥钉钉压条，将卷材的收头处压牢，再用油膏或砂浆盖缝，如图 9－15 所示。

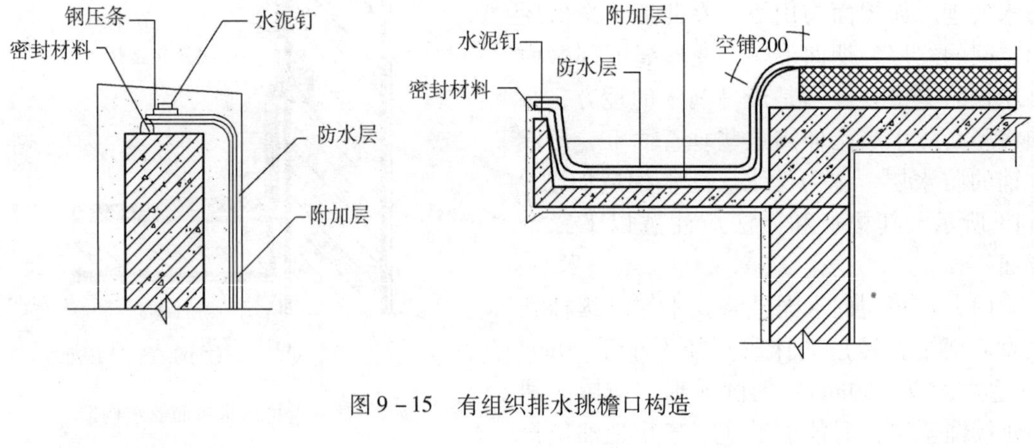

图 9－15　有组织排水挑檐口构造

3. 天沟构造

屋面上的排水沟称为天沟，有两种设置方式。

(1) 三角形天沟

由天沟的纵向坡度和屋面的横向坡度交会形成的女儿墙内天沟为三角形，女儿墙外排水的民用建筑采用三角形天沟的较为普遍。其构造如图 9－16a 所示，沿天沟长向用轻质材料垫成1%的纵坡，使雨水迅速向雨水口汇集。

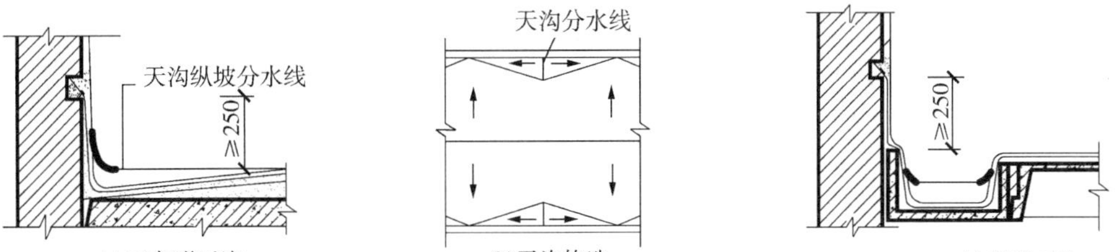

(a) 三角形天沟　(b)天沟构造　(c)矩形天沟

图9－16　天沟构造

(2) 矩形天沟

多雨地区或跨度大的房屋常采用断面为矩形的天沟。天沟处用专用的钢筋混凝土预制天沟板取代屋面板，天沟内也需设纵向坡度，天沟与女儿墙交接处需作泛水，泛水高度从天沟上口算起，如图9－16c所示。这种天沟的雨水斗一般为直斗式，雨水管从天沟下面伸出，雨水管需转弯后从墙面伸出，局部弯头较多，因而易造成堵塞和漏雨。雨水管也占用一部分屋面板下的空间，对空间处理不利。

4. 雨水口构造

雨水口是屋面雨水排至雨水管的交汇点，通常设在檐沟内或女儿墙根处。该处是防水的薄弱环节，要求排水通畅，防水严密，若处理不当极易漏水。在构造上雨水口必须加铺一层油毡，并铺入雨水口内至少50mm，用油膏嵌缝，雨水口在檐沟内采用铸铁定型配件，上设搁栅罩或镀锌铁丝网罩，如图9－17所示。穿过女儿墙的雨水口，采用侧向铸铁雨水口，其构造如图9－18所示。

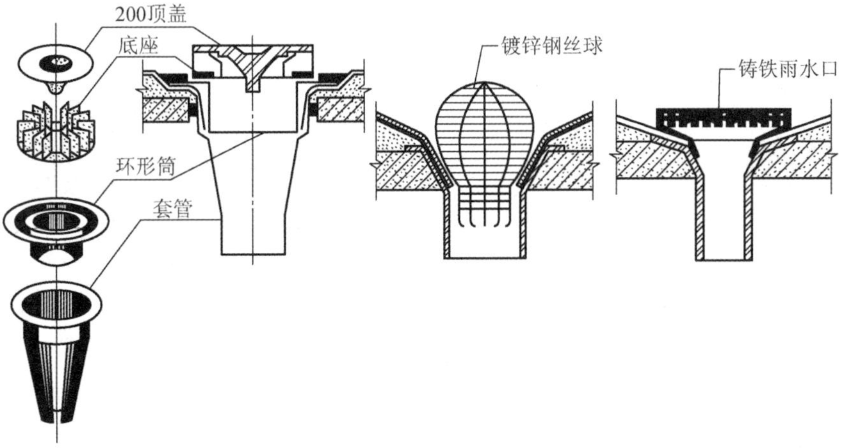

(a)雨水口构造　(b)镀锌钢丝雨水口球　(c)铸铁雨水口

图9－17　直管式雨水口

铺雨水口卷材前，必须找好坡度，在雨水口四周一般坡度不小于5%。如果屋面有找坡层或保温层，可以在雨水口周围直径500mm范围内减薄，形成漏斗形状。这样可避免

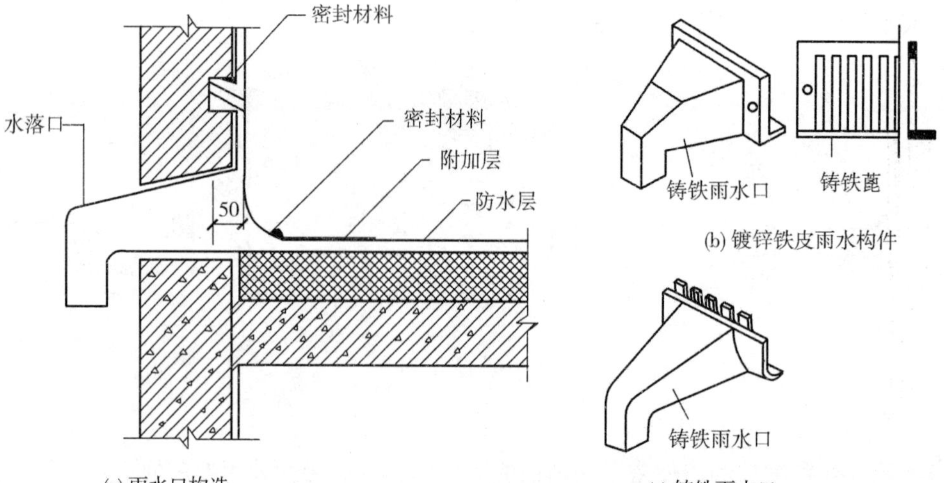

(a) 雨水口构造　(b) 镀锌铁皮雨水构件　(c) 铸铁雨水口

图 9－18　横式雨水口

因存水造成渗漏，同时也可防止冬季积雪引起排水不畅。

5. 屋面检修孔、屋面出入口构造

不上人屋面为便于检修维护应设置屋面检修孔。检修孔四周的孔壁可用立砖砌筑，也可在现浇屋面板时将混凝土向上浇筑而成，其高度应保证完成后屋面到检修孔上沿不小于250mm，壁外侧的防水层应做成泛水并将卷材用混凝土压顶圈盖缝压牢固，如图 9－19a 所示。

出屋面位置一般需设屋面出入口，如室外标高高于室内地面，就应在出入口设置挡水门坎，其构造原理和泛水构造相同，如图 9－19b 所示。

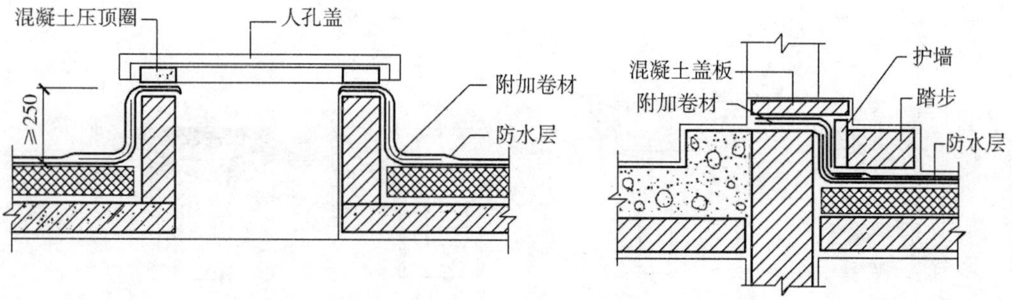

(a) 屋面检修孔　(b) 屋面出入口

图 9－19　屋面检修孔、屋面出入口构造

9.2.2　刚性防水屋面

9.2.2.1　概述

刚性防水屋面是指用刚性材料作防水层的屋面。刚性防水屋面的主要优点是构造简单、施工方便、造价较低；缺点是易开裂，对气温变化和屋面基层变形的适应性较差，所以刚性防水多用于我国南方地区防水等级为Ⅲ级的屋面防水，也可用作防水等级为Ⅰ、Ⅱ

级的屋面多道设防中的一道防水层。由于刚性防水层在长期受震动或冲击下，混凝土容易出现裂缝，失去防水作用，因此不适用于受较大振动或冲击的屋面。刚性防水屋面的材料有细石钢筋混凝土、钢纤混凝土、微膨胀收缩补偿混凝土。细石混凝土是采用水灰比不超过0.55的细骨料混凝土；钢纤混凝土是在混凝土中掺入一定数量的钢纤维，经搅拌而形成的一种新型建筑材料，钢纤维混凝土能显著提高混凝土的抗拉、抗剪、抗折、抗冲击、抗疲劳等性能；补偿收缩混凝土是在混凝土中掺加一定量的膨胀剂，使混凝土在正常情况下因膨胀而在混凝土内部产生小量的压应力，从而防止混凝土因干缩而引起开裂。

9.2.2.2 刚性防水屋面的构造

刚性防水屋面的构造层一般有：防水层、隔离层、找平层、结构层等，如图9－20所示，刚性防水屋面应尽量采用结构找坡。

1. 防水层

防水层采用不低于C20的细石混凝土整体现浇而成，其厚度不小于40mm。为防止混凝土开裂，可在防水层中配直径4～9mm、间距100～200mm的双向钢筋网片，钢筋的保护层厚度为10mm。为提高防水层的抗裂和抗渗性能，可在细石混凝土中掺入适量的外加剂，如膨胀剂、减水剂、防水剂等。

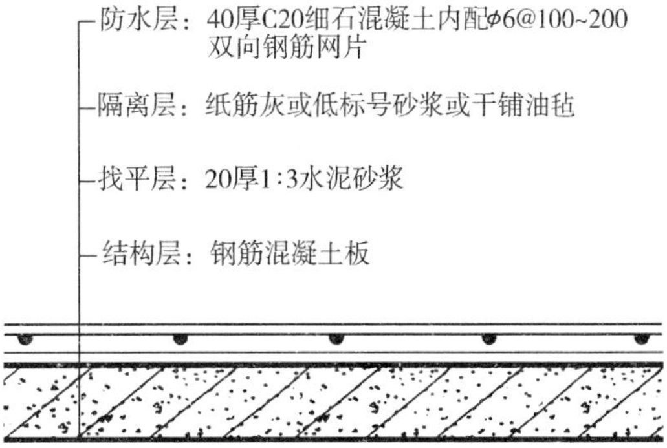

图9－20 刚性防水屋面构造

2. 隔离层

隔离层位于防水层与结构层之间，其作用是减少结构变形对防水层的不利影响，从而减少或避免防水层的破坏。刚性防水屋面可采用纸筋灰、干铺油毡、塑料薄膜或低等级砂浆作为隔离层材料。

3. 找平层

当结构层为预制钢筋混凝土板时，其上应用20mm厚1∶3水泥砂浆做找平层，屋面板为整体现浇混凝土结构时则可不设找平层。

4. 结构层

屋面结构层一般采用预制或现浇的钢筋混凝土屋面板。结构层应有足够的刚度，若刚度不够结构变形过大，则引起防水层开裂。

9.2.2.3 刚性防水屋面的构造

与卷材防水屋面一样，刚性防水屋面也需处理好泛水、天沟、檐口、雨水口等细部构造，另外还应做好防水层的分格缝构造。

1. 分格缝构造

分格缝是一种设置在刚性防水层中的变形缝，其目的主要有两方面考虑：

（1）大面积的整体现浇混凝土防水层受气温影响产生的温度变形较大，容易导致混凝土开裂。设置一定数量的分格缝使单块混凝土防水层的面积减小，从而减少其伸缩变形，可有效地防止和限制裂缝的产生。

（2）在荷载作用下屋面板会产生挠曲变形，支承端翘起，易于引起混凝土防水层开裂，在这些部位预留分格缝就可避免防水层开裂。

一般情况下分格缝间距不宜大于6m。结构变形敏感的部位，如装配式屋面板的支承端、屋面转折处、现浇屋面板与预制屋面板的交接处、泛水与立墙交接处等部位都应该设置分格缝，如图9－21所示。

设计时应注意在分格缝处将防水层内的钢筋断开；缝宽宜为5～30mm；缝口表面用防水卷材铺贴盖缝，卷材宽度为200～300mm，如图9－22所示。

图9－21　分格缝位置

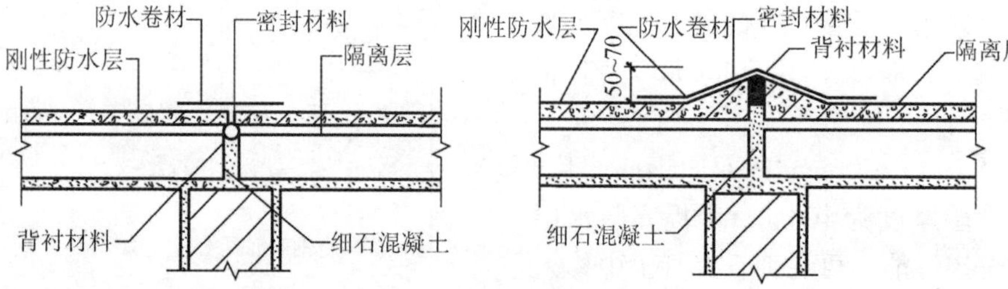

图9－22　刚性防水屋面分格缝构造

2. 泛水构造

刚性防水屋面的泛水构造与卷材屋面相同的地方是：泛水应有足够高度；泛水应嵌入立墙上的凹槽内并用压条及水泥钉固定。不同的地方是：刚性防水层与屋面突出物（女儿墙、烟囱等）间须留分格缝，另铺贴附加卷材盖缝形成泛水。

（1）女儿墙泛水

女儿墙与刚性防水层间留分格缝，使混凝土防水层在收缩和温度变形时不受女儿墙的影响，可有效地防止其开裂。分格缝内用油膏嵌缝，如图9－23所示，缝外用附加卷材铺贴至泛水所需高度并做好压缝收头处理，以免雨水渗进缝内。

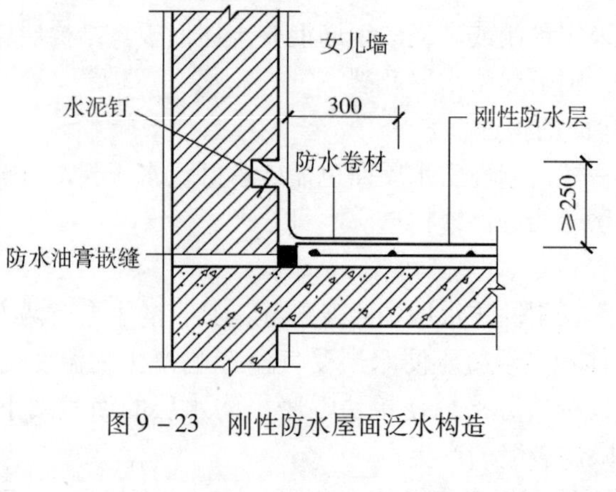

图9－23　刚性防水屋面泛水构造

（2）管道出屋面构造

伸出屋面的管道（如厨房、卫生间等房间的透气管等）与刚性防水层间亦应留设分格缝，内用油膏嵌填，然后用卷材或涂膜防水层在管道周围做泛水。

3. 檐口构造

刚性防水屋面常用的檐口形式有自由落水檐口、挑檐沟外排水檐口、女儿墙外排水檐口等。

（1）自由落水檐口

当挑檐采用无组织排水时，可从梁中出挑挑檐板或将刚性防水层挑出形成自由落水檐口，如图9－24所示。

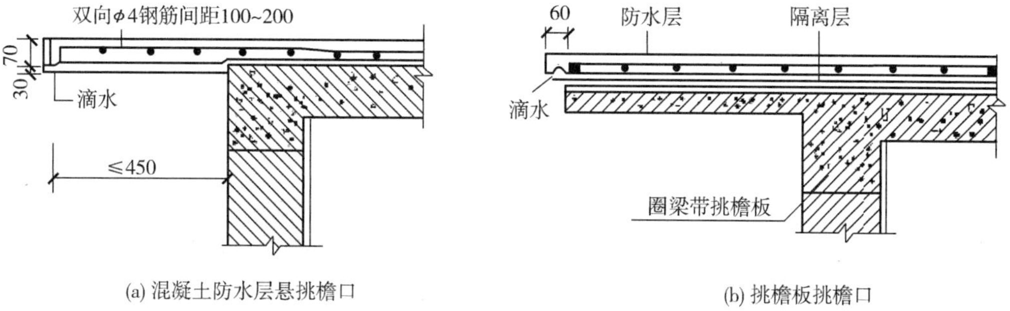

图9－24 自由落水檐口构造（南方）

（2）挑檐沟外排水檐口

挑檐多做成天沟，檐口常常将檐沟布置在出挑部位，檐沟板可与圈梁连成整体。沟内设纵坡，防水层挑入沟内并做成滴水，防止爬水，如图9－25所示。

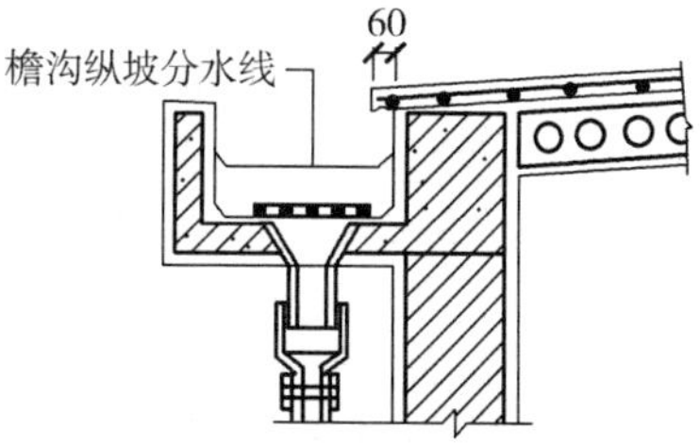

图9－25 挑檐沟外排水檐口

（3）女儿墙外排水檐口

在跨度不大的平屋顶中，当采用女儿墙外排水时，常利用倾斜的屋面板和女儿墙间的夹角做成三角形断面天沟，其泛水做法与前述做法相同。

4. 雨水口构造

雨水口是屋面雨水汇集并排至水落管的关键部位，构造上要求排水通畅，防止渗漏和堵塞。刚性防水屋面的雨水口有直管式和弯管式两种做法，直管式一般用于挑檐沟外排水的雨水口，如图9－26所示；弯管式用于女儿墙外排水的雨水口，如图9－27所示。

（1）直管式雨水口

为防止雨水从雨水口套管沟底接缝处渗漏，应在雨水口周边加铺柔性防水层并铺至套管内壁。天沟内浇筑的混凝土防水层应覆盖于附加的柔性防水层之上，并将防水层与雨水口之间用油膏嵌实。

（2）弯管式雨水口

弯管式雨水口一般用铸铁做成弯头。雨水口安装时，在雨水口处的屋面应加铺附加卷材与弯头搭接，其搭接长度不小于100mm。然后浇筑混凝土防水层，防水层与弯头交接处需用油膏嵌缝。

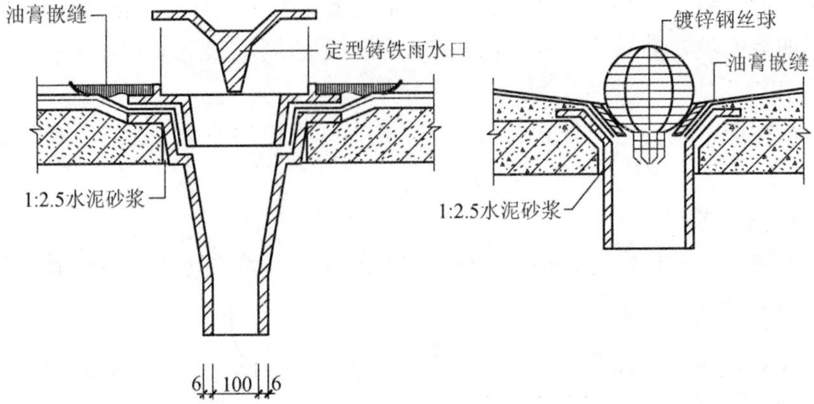

图9－26　直管式雨水口

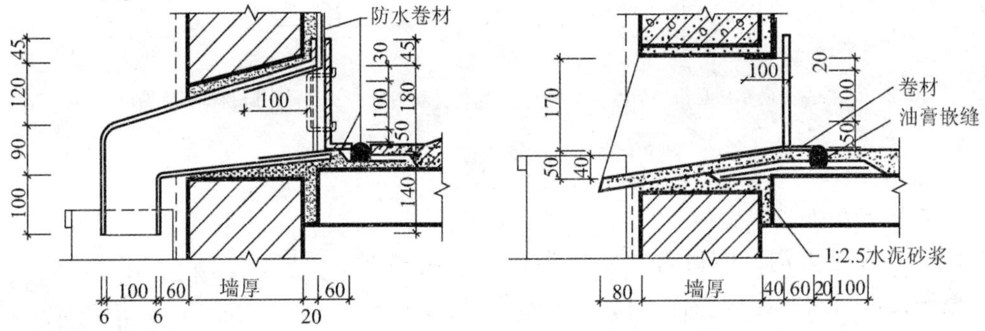

图9－27　弯管式雨水口

9.2.2.4　预防刚性防水屋面变形开裂的措施

刚性防水屋面最大的问题是防水层在施工完成后出现裂缝而漏水。裂缝的原因很多，有气候变化和太阳辐射引起的屋面热胀冷缩；有屋面板变形挠曲、徐变，以及地基沉降、材料干缩对防水层的影响。为适应以上各种情况，防止防水层开裂可以采取以下几种处理方法：

（1）在细石混凝土防水层中，配置钢筋网片，并加入有防裂作用的外加剂。

（2）在温度变形的许可范围和结构构件变形的敏感部位，设置分格缝（分仓缝）。

（3）在防水层和结构层之间设置隔离层（浮筑层）。

以上三种措施的具体构造做法可参照刚性防水屋面的构造。

（4）在装配楼板结构中，屋面板的支撑处最好做成滑动支座，其构造做法为：在准备搁置楼板的墙或梁上，先用水泥砂浆找平，找平后干铺两层卷材，中间夹滑石粉，再搁置预制板，如图9－28所示。

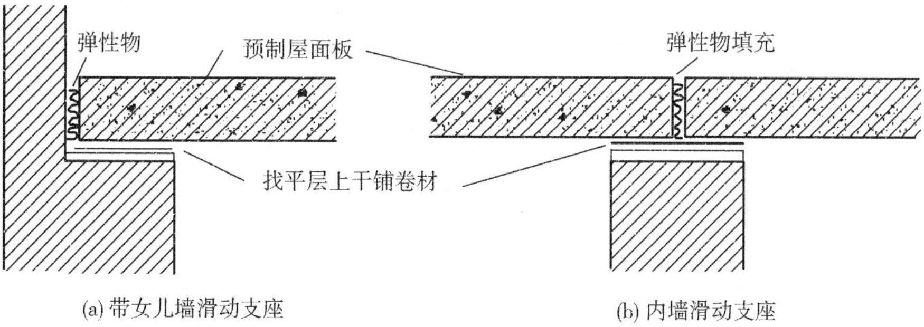

图9－28 刚性屋面设置滑动支座构造

9.2.3 涂膜防水屋面

1. 概述

涂膜防水屋面是将液态防水材料涂刷在屋面基层上，利用涂料干燥或固化后生成不透水的薄膜，附着在基底表面来达到防水的目的。涂膜防水屋面要求防水涂料与基底有良好的结合性，形成的涂膜坚固、耐久并且具有一定的弹性，以适应屋面的变形。

防水涂料主要有水泥基涂料、合成高分子防水涂料和高聚物改性沥青防水涂料等。防水涂料的一大优点是它可以用来填补某些细小的缝隙，可以用在一些难以铺设卷材防水材料的地方，例如管道出屋面等。有些防水涂料可以附着在潮湿的表面上不受某些施工条件限制。防水涂料有单一组分的，也有做成双组分的，在施工时再加以混合。

2. 涂膜防水屋面的构造

（1）涂料

防水涂料按其溶剂或稀释剂的类型可分为溶剂型、水溶型、乳液型等种类；按施工时涂料液化方法的不同则可分为热熔型、常温型等种类。

（2）涂膜防水屋面的构造及做法

防水涂料可以在与卷材防水屋面相向的构造层次上施工，也可以附加在刚性防水层上，作为加强的构造措施。有一些涂料在施工时加入一层纤维件的增强材料来加固。一般使用较多的胎体增强材料有聚酯无纺布、化纤无纺布和玻璃网布等几种，如图9－29所示。

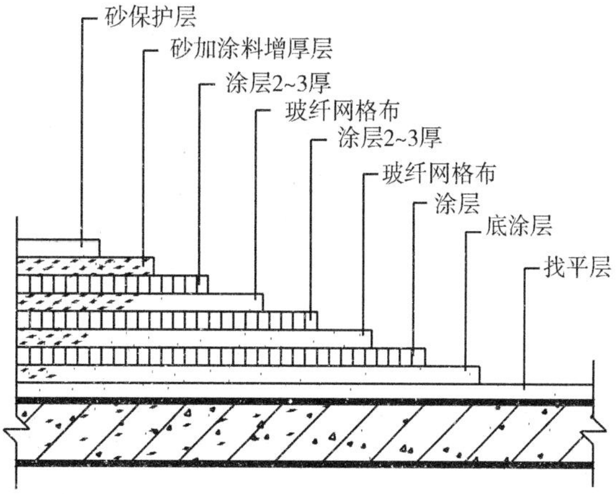

图9－29 涂膜防水屋面构造

保护层在屋面防水涂料的表面要设置保护层。保护层材料可采用细砂、云母、好石、浅色涂料等。

9.3 坡屋顶构造

坡屋顶是由一些坡度相同的倾斜面相互交接而成的。斜面相交形成突出交角时，斜面交线称为屋脊，当斜面相交为凹角时，形成的斜面交线称为天沟。屋顶坡面的倾斜方向可根据房屋平面和屋顶形式进行划分，它对屋面结构布置影响较大。

坡屋顶一般有单坡、双坡和四坡屋顶等形式，主要由屋面和承重结构等两部分组成，必要时还要设置顶棚、保温层、隔热层等其他功能层。

坡屋顶所采取的防水方式主要是构造防水，对屋面的雨水采取的是一种“导”的手段，即利用屋面坡度，将防水构件互相搭接覆盖，把屋面雨水因势利导地迅速排除，使渗漏的可能性缩到最小范围。屋顶面层一般采用各种瓦材，瓦材下面是屋面基层，包括椽子、挂瓦条等，保证瓦材铺设在平整的基面上。

瓦屋顶的坡度与所选的支撑结构、屋面材料和施工方法有关。坡屋顶设计时，应结合屋架形式、屋面基层类别、防水构造形式、材料性能，以及当地气候条件等因素，做一综合技术经济比较后再予确定。

9.3.1 坡屋顶的承重

传统坡屋顶中常用的承重结构可分为横墙承重、屋架承重和梁架承重三种形式，如图 9－30 所示。

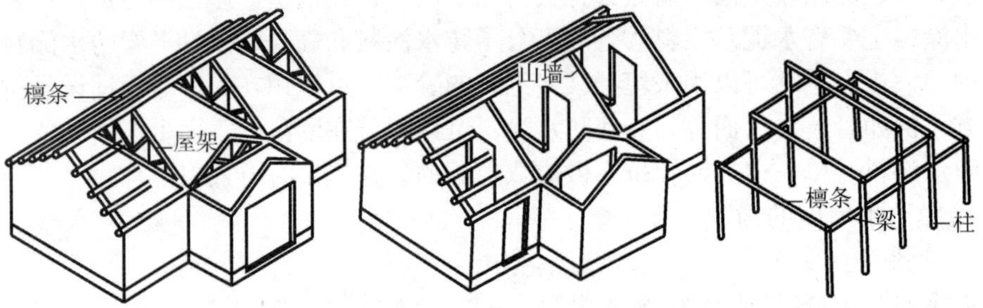

图 9－30 坡屋顶的承重结构

横墙承重是指按屋顶所要求的坡度，将横墙上部砌成三角形，在墙上直接搁置檩条来承受屋面荷载的一种结构方式。这种承重方式又称山墙承檩。横墙承重构造简单、施工方便、节约木材，有利于屋顶的防火和隔音。适用于开间为 4.5m 以内、尺寸较小的房间。

梁架结构承重是我国传统的木结构形式，它是由梁和柱组成梁架，檩条搁置在梁间，承受屋面荷载，墙体只起到围护和分隔空间的作用。这种结构整体性和抗震性好，但耗费木料较多，防火性能较差。

当房屋的内横墙较少时，常将檩条搁在屋架之间构成屋面的承重结构。屋架的间距就是檩条的跨度，民用建筑的屋架跨度通常为 3 ～ 4m，大跨度建筑可达 9m。屋架可用木材、钢材、混凝土制作。由于木材的耐久性和防火能力较差，一般使用范围较小，跨度小的建筑一般采用轻型钢屋架代替木屋架。

9.3.2 坡屋顶的屋面构造

坡屋顶按照屋面基层的组成方式可分为有檩体系和无檩体系。无檩体系是将屋面板直接搁置在山墙、屋架或屋面梁上。

坡屋面的防水层常为各种瓦材。在有檩体系中，瓦通常铺设在由檩条、屋面板、挂瓦条等组成的基层上；无檩体系的瓦屋面基层则由各类钢筋混凝土板构成。

瓦屋面的名称随瓦的种类而定，如平瓦屋面、小青瓦屋面、石棉水泥瓦屋面等，各种瓦材所适用的屋面坡度也不同，基层的做法则随瓦的种类和房屋的质量要求而不同。

9.4 屋顶节能概论

9.4.1 屋顶的保温

1. 屋顶保温层的分类

传统的保温层分为松散材料保温层、整体现浇材料保温层、板状材料保温层，但松散材料保温层技术落后，保温效果差，所以现在很少使用。目前仅剩板状材料保温层和现浇（喷）整体保温层还在继续使用。

板状材料保温层可以选用矿棉板、岩棉板、聚乙烯泡沫塑料板、聚苯乙烯泡沫塑料板、聚氨酯硬泡沫塑料板、水泥膨胀珍珠岩板、水泥膨胀蛭石板、沥青膨胀珍珠岩板、沥青膨胀蛭石板和预制加气泡沫混凝土板等。整体现浇（喷）保温层可以选用沥青珍珠岩、沥青膨胀蛭石或现喷硬质发泡聚氨酯。

2. 平屋顶保温构造

平屋面的保温做法有正置保温和倒置保温两种。正置保温是把保温层置于屋面防水层与结构层之间，保温层在防水层的下面；倒置保温是把保温层置于屋面防水层之上。

图9－31为正置式屋面的构造，根据GB 50345—2004《屋面工程技术规范》的要求，在我国纬度40°以北地区且室内空气湿度大于75%，或其他地区室内空气湿度常年大于80%时，保温层下面应设置隔气层。用来防止冬季室内水蒸气随热气流从屋面板的孔隙渗透进保温层，在保温层中遇冷凝结成水，降低保温材料的保温性能，夏季进入保温层中的水分，遇热汽化，体积膨大，造成防水层起鼓开裂。通常隔气层做法是“一毡二油”或“一布四油”。

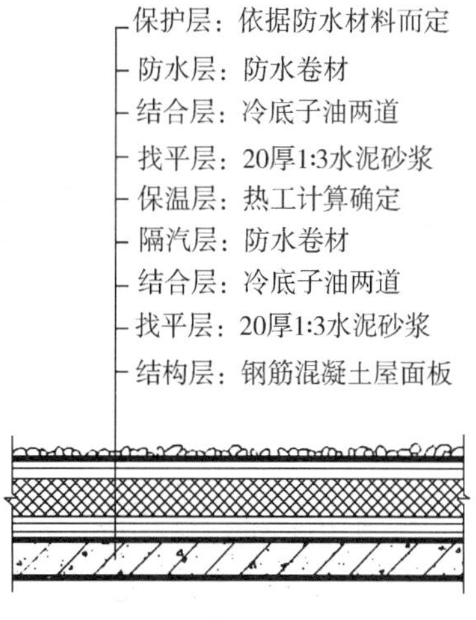

图9－31 卷材平屋顶保温构造

由于保温层设在隔气层和防水层之间，那么保温层的上下两面均被卷材封闭，施工时残留在保温层或找平层中的水汽无法散发，为了解决这个问题，除了在防水层第一层油毡铺设时采用条铺或点铺之外，还应考虑在保温层中设置排气道，道内填塞大粒径的炉渣，既可让水蒸气在其中流动，又可保证防水层的坚实可靠。排气道间距一般为9m，纵横设置。

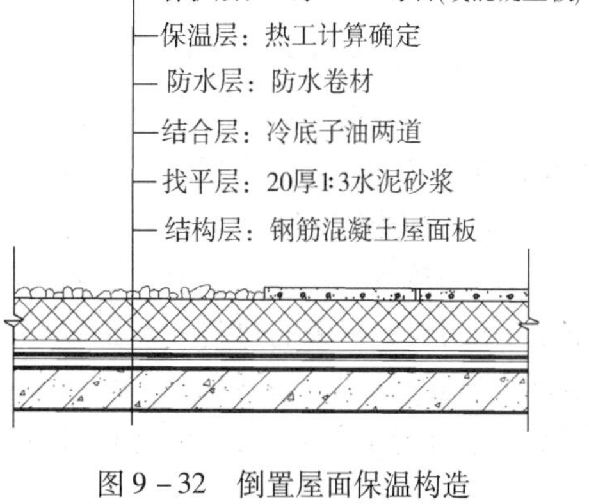

图9－32 倒置屋面保温构造

如图9－32所示，是倒置屋面的构造做法，倒置屋面将保温层做在防水层上面，能有效保护防水层，延长其使用寿命，减少屋面渗漏，并且可以使防水层温度波动减小，避免了因温度剧烈变化造成的防水层开裂，还可做成上人屋面和实施屋顶绿化。但倒置保温屋面层材料的要求较高，除应有较高的压缩强度外，其吸水率应很小，可采用挤塑型聚苯板（XPS）、聚氨酯泡沫塑料板、泡沫玻璃等。为防止积水，屋面坡度应大于3%。另外，倒置保温应在保温层上面设置保护层，防止保温层表面破损，延缓其老化过程，保护层要求有一定的重量，足以压住保温层，使之不被雨水漂浮起来，一般选用砾石或混凝土板。如果需要面层可用水泥砂浆以粘贴缸砖。铺设砾石保护层时应分布均匀，避免超厚造成屋面局部荷载过大。

根据屋面的构造情况，一般每39m^{2}应设一个排气孔。常见的排气孔做法有钢管、塑料管、薄钢板（白铁皮）等数种，钢管或塑料管的管径一般为32～50mm，上部煨180°半圆弯，以便既能排气又能防止雨水进入管内，下部焊以带孔方板，以便与找平层固定。在与保温层接触部分，应打成花孔，以便使潮气进入排气孔排入大气中，薄钢板排气孔一般做成ϕ50mm的圆管，上部设挡雨帽，下部将薄钢板剪口弯成90°，坐在找平层上固定，如图9－33所示。

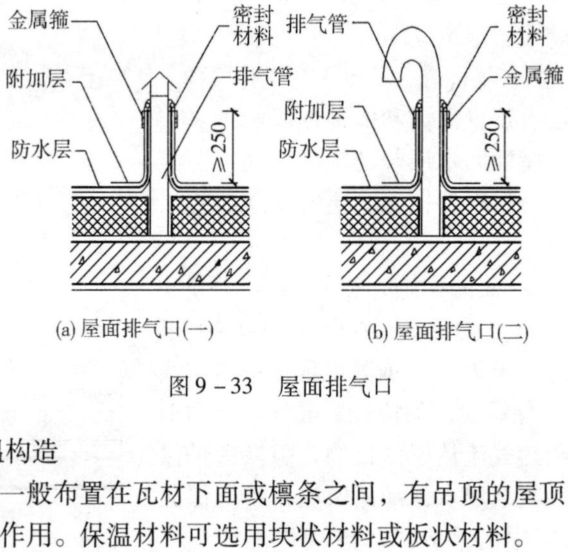

(a) 屋面排气口(一)　　(b) 屋面排气口(二)

图9－33　屋面排气口

3. 坡屋顶的保温构造

坡屋顶的保温层一般布置在瓦材下面或檩条之间，有吊顶的屋顶中可以设在吊顶棚上面，起到保温、隔热作用。保温材料可选用块状材料或板状材料。

9.4.2　屋顶的隔热

屋顶隔热降温的基本原理是：减少直接作用于屋顶表面的太阳辐射热量。屋顶隔热所采用的主要构造做法是：屋顶间层通风隔热、屋顶实体材料隔热（屋顶蓄水隔热、屋顶植被隔热）、屋顶反射阳光隔热、屋顶喷雾降温隔热等。

9.4.2.1　屋顶通风隔热

通风隔热就是在屋顶设置架空通风间层，使其上层表面遮挡阳光辐射，同时利用风压和热压作用将间层中的热空气不断带走，使通过屋面板传入室内的热量大为减少，从而达到隔热降温的目的，如图9－34所示。通风间层的设置通常有两种方式：一种是在屋面上做架空通风隔热间层，另一种是利用吊顶棚内的空间做通风间层。

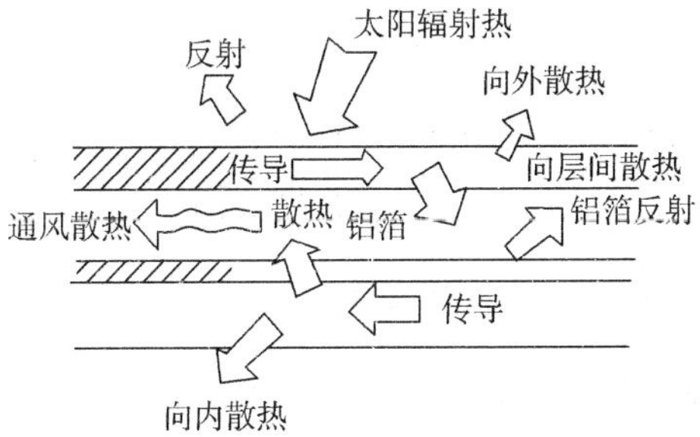

图9－34 通风隔热原理

1. 架空通风隔热间层

架空通风隔热间层设于屋面防水层上，架空层内的空气可以自由流通，其隔热原理是一方面利用架空的面层遮挡直射阳光，另一方面架空层内被加热的空气与室外冷空气产生对流，将层内的热量源源不断地排走，从而达到降低室内温度的目的。

架空通风隔热间层对结构层和防水层有保护作用。一般有平面和曲面形状两种。平面做法为大阶砖或混凝土平板，用垫块支架。实际工程中若用垫块支在板的四角，架空层内空气流通容易形成紊流，影响风速。但此做法较适用于夏季主导风向不稳定的地区，如果把垫块铺成条状，使气流进出的正负压关系明显，气流更为通畅，此做法较适用于夏季主导风向稳定的地区。一般尽可能将进风口布置在正压区，对着夏季白天主导风向。架空层的隔热高度宜为180～300mm，架空板与女儿墙的距离不宜小于250mm，如图9－35a所示。当房屋进深大于10m时，中部需设通风口，以加强效果，如图9－35b所示。曲面形状通风层，可以用水泥砂浆做成槽形、弧形或三角形预制板，盖在平屋顶上作为通风屋顶，如图9－35c～图9－35e所示。

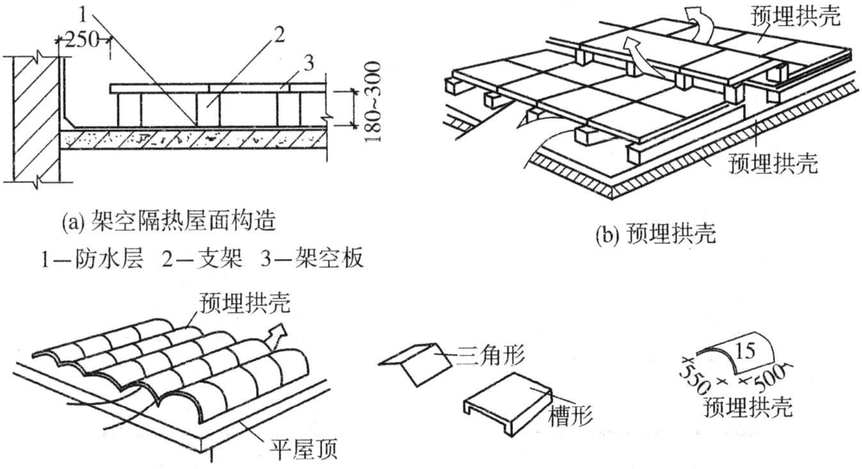

(a) 架空隔热屋面构造
1—防水层 2—支架 3—架空板

(b) 预埋拱壳

(c) 预埋拱壳铺置在平屋顶上

(d) 三角形顶构件

(e)槽板形预制件

图9－35 通风层在结构层上面的构造

架空通风层通常用砖、瓦、混凝土等材料及制品制作，其剖面如图9－36所示。

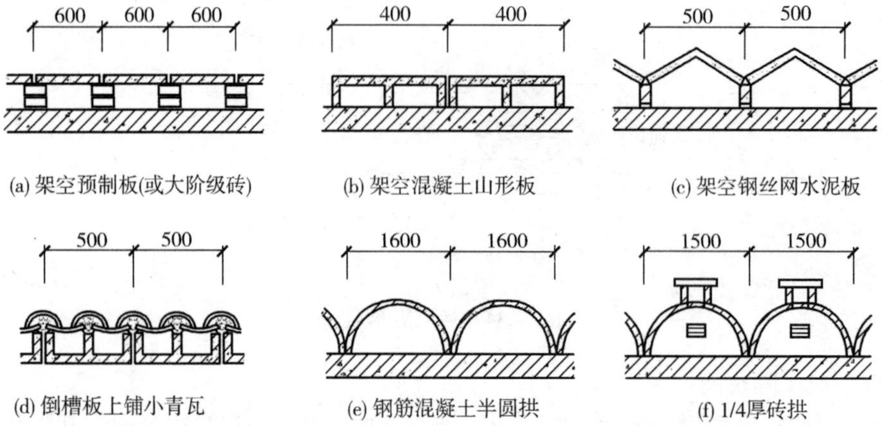

图 9－36　架空通风层剖面

2. 顶棚通风隔热

顶棚与屋面间的空间可以用作通风隔热层，设计中应注意以下几个方面：

（1）必须设置一定数量的通风孔，使顶棚内的空气能迅速对流。平屋顶的通风孔通常开设在外墙上。坡屋顶的通风孔常设在顶棚处、檐口外墙处、山墙上部。屋顶跨度较大时还可以在屋顶上开设天窗或老虎窗作为出气孔，以加强顶棚层内的通风，如图 9－37 所示。

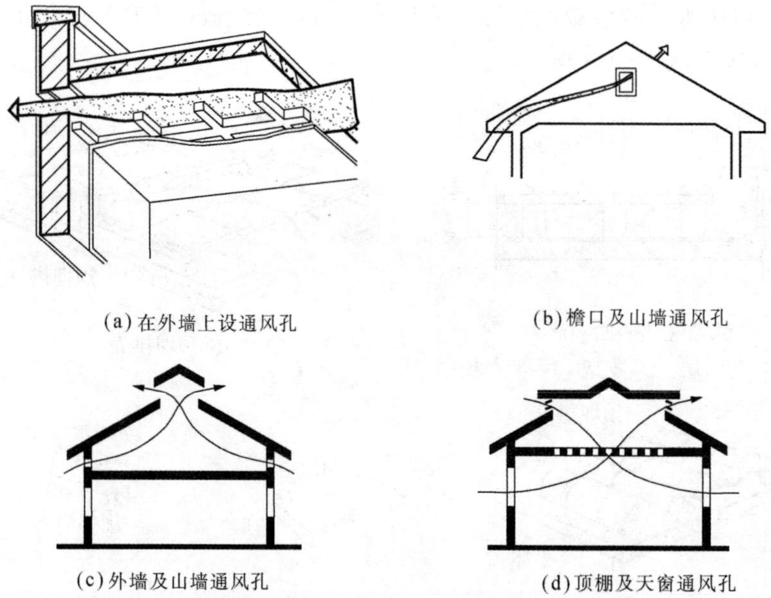

图 9－37　顶棚通风隔热

（2）顶棚通风层应有足够的净空高度，以保证通风的顺畅。

（3）通风孔须做好防雨构造，防止雨水飘进顶棚。

（4）应注意解决好屋面防水层的保护问题。

9.4.2.2 屋顶实体材料隔热

利用实体材料的蓄热性能及热稳定性、传导过程中的时间延迟、材料中热量的散发等性能，可以使实体材料的隔热屋顶在太阳辐射下，内表面出现高温的时间延迟，其温度也低于外表面，如图9－38所示。但晚间室内温度降低时，屋顶内的蓄热又向室内散发，因此晚间使用的房子如住宅等，最好不要用实体材料隔热。常用的实体材料隔热做法有：

1. 大阶砖或陶粒混凝土板实铺屋顶

大阶砖或陶粒混凝土板实铺屋顶，如图9－38b所示。此做法构造简单，并可兼作上人屋面的保护层，但隔热效果不理想，多用作保护层。

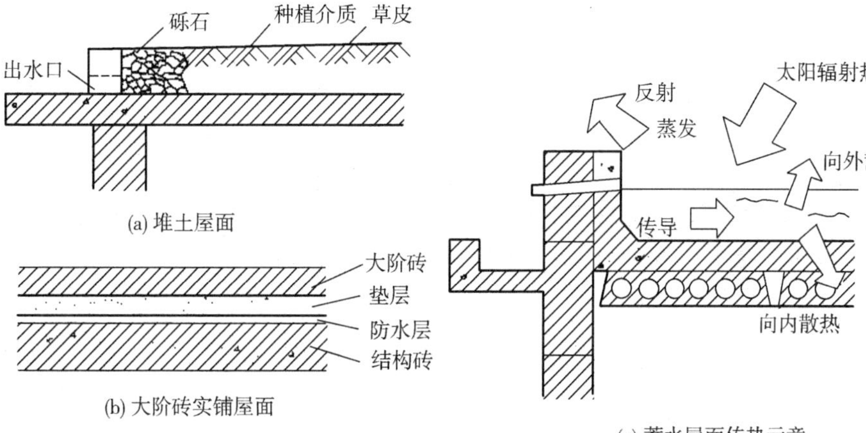

(a) 堆土屋面

(b) 大阶砖实铺屋面

(c) 蓄水屋面传热示意

图9－38 实体材料隔热屋顶

2. 蓄水隔热屋面

蓄水屋面主要在我国南方地区使用，它利用水的蓄热和蒸发散热作用，在阳光和外界温度作用下，通过吸收大量的热而由液体蒸发为气体，从而将热量散发到空气中，减少了屋顶吸收的热能，起到隔热的作用。水对太阳辐射有一定反射作用，减少阳光辐射对屋面的热作用。水层在冬季还有一定的保温作用。此外，水层长期将防水层淹没，使防水层与空气隔绝，避免了氧化作用和阳光辐射，延长了防水层的寿命，对刚性防水屋面还可以减少由于温度变化引起的开裂和防止混凝土的碳化。

蓄水屋面不宜在地层区和振动较大的建筑物上使用，否则一旦屋面产生裂缝会造成渗漏。蓄水屋面的蓄水深度一般为150～200 mm，其屋面坡度不宜大于0.5%。当屋面较大时，蓄水屋面应划分成若干蓄水区，每边的边长不宜大于10m；遇有变形缝处，应在变形缝的两侧分成两个互不连通的蓄水区；长度超过40m的蓄水屋面，还应在横向设置分仓壁。为便于检修，在蓄水屋面上还应考虑设置人行通道。在蓄水屋面上要求将泛水高度高出溢水口100 mm；对各种排水管、溢水口设计均应预留孔洞；管道穿越处应做好密封防水。每个蓄水区的防水混凝土必须一次浇筑完成，并经养护后方可蓄水。在使用过程中不可断水，并防止排水系统堵塞，造成干涸之后极易造成刚性防水层产生裂缝、渗漏，如图9－39所示。

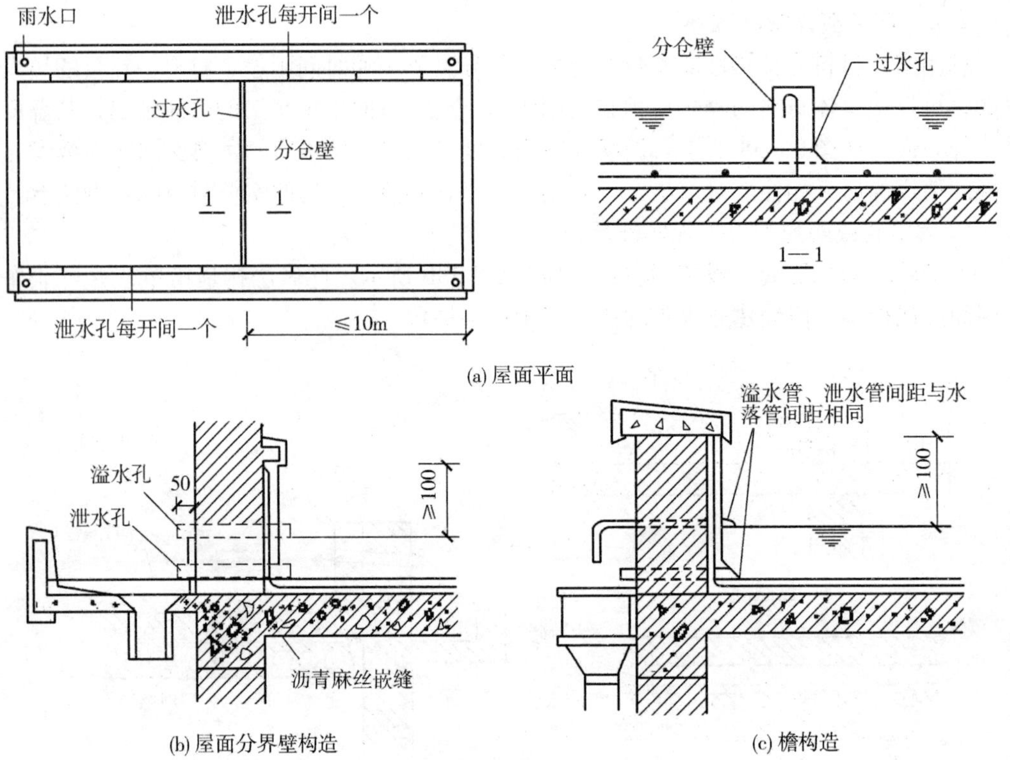

图 9－39 蓄水屋面

近年来，我国南方部分地区也有采用深蓄水屋面做法的，其蓄水深度可达 700 ～ 900mm，视各地气象条件而定。采用这种做法是出于水源完全由天然降雨提供，不需人工补充水的考虑。为了保证池中蓄水不致干涸，蓄水深度应大于当地气象资料统计提供的历年最大雨水蒸发量，也就是说蓄水池中的水即使在连晴高温的季节也能保证不干。深蓄水屋面的主要优点是不需人工补充水，管理便利，池内还可养鱼增加收入。但这种屋面的荷载很大，超过一般屋面板承受的荷载。为确保结构安全，应单独对屋面结构进行设计。

3. 种植隔热

种植隔热的原理是：在平屋顶上种植植物，借助栽培介质隔热及植物吸收阳光进行光合作用和遮挡阳光的双重功效来达到降温隔热的目的，如图 9－40 所示。种植隔热根据栽培介质层构造方式的不同可分为一般种植隔热和蓄水种植隔热两类。

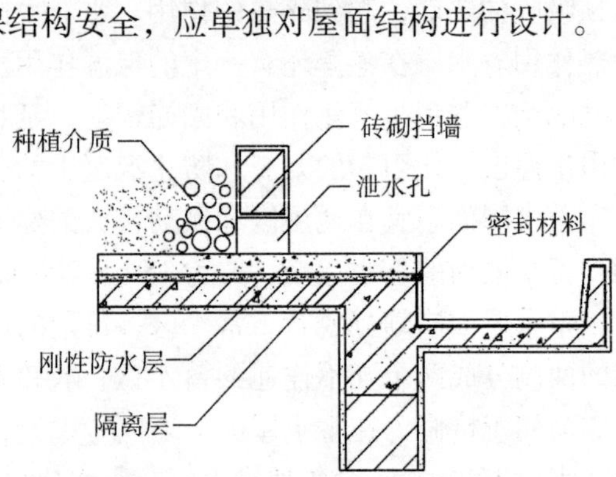

图 9－40 种植隔热屋面构造简图

（1）一般种植隔热屋面

一般种植隔热屋面是在屋面防水层上直接铺填种植介质，栽培各种植物。其构造要点是选择适宜的种植介质。为了不过多地增加屋面荷载，宜尽量选用轻质材料作栽培介质，常用的有谷壳、蛭石、陶粒、泥炭等，即所谓的无土栽培介质。近年来，还有以聚苯乙烯、尿甲醛、聚甲基甲酸酯等合成材料泡沫或岩棉、聚丙烯腈絮状纤维等作栽培介质的，其质量更轻，耐久性和保水性更好。

为了降低成本，也可以在发酵后的锯末中掺入约30%（体积分数）的腐殖土作栽培介质，但其密度较大，需对屋面板进行结构验算，且容易污染环境。栽培介质的厚度应满足屋顶所栽种的植物正常生长的需要，但一般不宜超过300mm。

（2）蓄水种植隔热屋面

蓄水种植隔热屋面是将一般种植屋面与蓄水屋面结合起来，用蓄水部分与种植部分形成系统的屋面隔热体系，是一种生态化的隔热体系，构造上应同时按蓄水屋面和种植屋面考虑，做防水、排水处理。

9.4.2.3 反射降温隔热

屋面受到太阳辐射后，一部分辐射热量为屋面材料所吸收，另一部分被反射出去。反射的辐射热量与入射热量之比称为屋面材料的反射率（用百分比表示）。这一比值的大小取决于屋面表面材料的颜色和粗糙程度，如图9－41所示。如果屋面在通风层中的基层加一层铝箔，则可利用其第二次反射作用，对隔热效果将有进一步的改善。

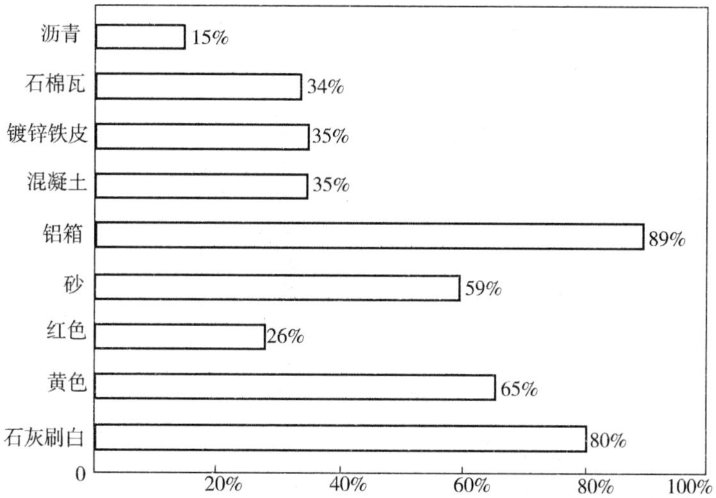

图9－41 不同材质及颜色的屋面对太阳辐射热反射程度

9.4.2.4 蒸发散热

在屋脊处装水管，白天温度高时向屋面浇水，形成一层流水层，利用流水层的反射、吸收和蒸发作用，以及流水的排泄可降低屋面温度。也可在屋面上系统地安装排列水管和喷嘴，夏日喷出的水在屋面上空形成细小水雾，雾结成水滴落下又在屋面上形成一层水流层。水滴落下时，从周围的空气中吸取热量，又同时进行蒸发，也能吸收和反射一部分太阳辐射热，水滴落到屋面后，产生与淋水屋顶一样的效果，进一步降低了温度，因此喷雾屋面的隔热效果更好。

9.4.2.5 屋顶的新型节能措施

1. 蓄热屋顶

蓄热屋面与蓄热墙类似，其原理都是储存热量并且将其传送给室内。效率较高的蓄热屋面由水袋及顶盖组成，这是因为水比同样质量的其他建筑材料能储存更多的热量。冬天时，水袋受到太阳光照射而升温，热量通过下面的金属天花板传递至室内，使房间变暖；夏天时，室内热量通过金属天花板传递给水袋，在夜间，水袋中的热量以辐射、对流等方式散发至天空。水袋上有活动盖板以增强蓄热性能。夏季，白天盖上盖板，减少阳光对水袋的辐射，使其可以吸纳较多的室内热量；夜晚打开盖板，使水袋中的热量迅速散发到空中。冬天，白天打开盖板使水袋尽量吸收太阳的热辐射，夜晚盖上盖板使水袋中的热量向室内散发。美国加利福尼亚州一项实验表明，当全年室外温度在10℃～33℃之间波动时，采用这种屋面构造的建筑室内温度为22.9℃～27.3℃，如图9－42所示。

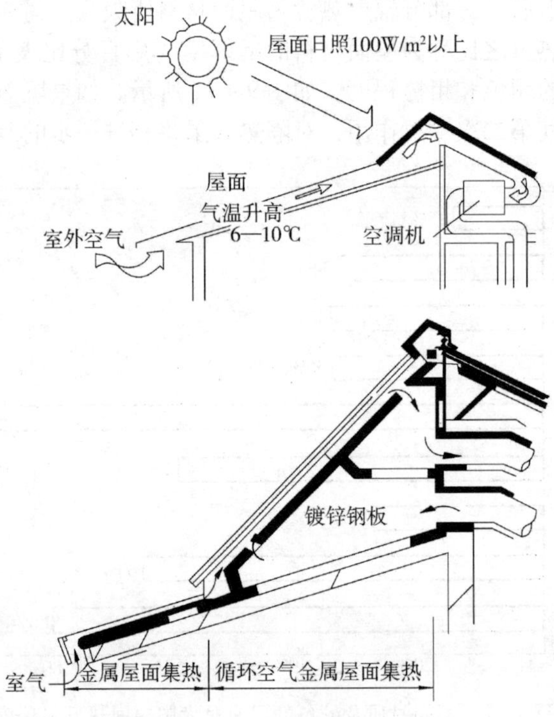

图9－42　蓄热屋面

2. 橡胶阳光集热板

橡胶阳光集热板采用可在50℃～120℃的环境中工作的空心橡胶棒作为吸热体。将这种以黑色橡胶棒组成的集热板放置在屋面或地面上，可将棒内冷水加热至50℃，恰恰满足洗浴方面的水温要求。这种集热板如铺设在屋面上，还可起到降温和降低热反射的作用，大面积使用可有效减少城市中的“热岛”效应。这是一种相当简易而传统的太阳能利用方式，如图9－43所示。

3. 阳光反射装置

阳光反射装置有两个方面的作用，一是提供光照，二是提供热量。英国建筑师N·福斯特在香港汇丰银行的设计中采用了可以自动跟踪阳光的反射镜为室内提供补充光照，这

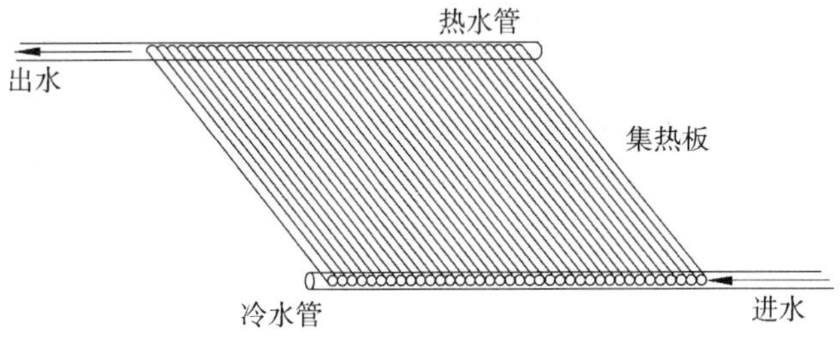

图9－43 橡胶阳光集热板

一做法成为当代在建筑中对阳光进行主动“设计”与引导的成功范例之一。1992 年，由日本清水建设等单位设计的东京上智大学纪尾井场馆上的阳光反射装置则是为了在加强日照的基础上收集热量以提高内庭土壤温度，保证花园在冬季仍可绚丽如春。该建筑在距地面 38m 的屋顶上有两台直径各 2. 5m 的大型反射镜，其中心直射照度超过 600001lx，地面直接光照面积为 $10m^2$，中心区照度为 13500 ～ 182501lx。反射镜在转动过程中其反射光可覆盖整个内庭，如图 9－44 所示。

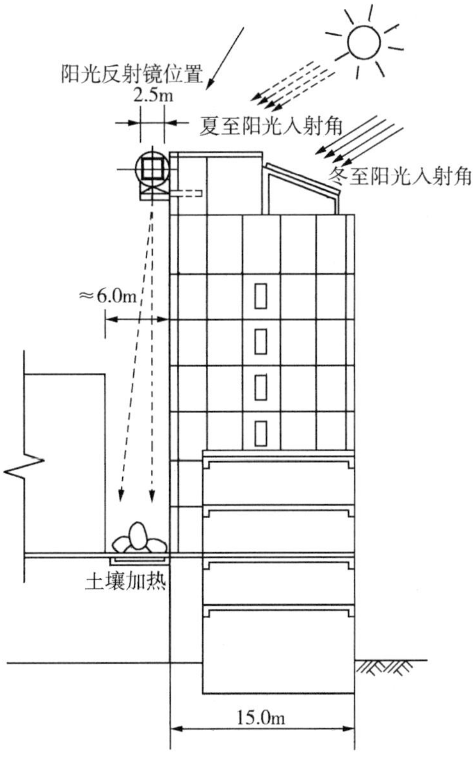

图9－44 装在屋顶上的阳光反射装置立面图

思考题

1. 屋面的常用坡度类型及其尺度分别是多少？
2. 影响屋面坡度的因素有哪些？
3. 屋面坡度的表达方法有哪些？各有何特点？
4. 平屋顶的屋面排水坡度是如何形成的？
5. 屋面设计的内容有哪些？
6. 屋面防水卷材种类及特点有哪些？
7. 坡屋顶结构支承形式有哪几种？
8. 平瓦屋面的构造层次包含哪几个方面？
9. 屋面防水卷材种类及特点有哪些？
10. 卷材防水屋面构造有何特点？
11. 涂膜防水屋面构造有何特点？
12. 屋顶的泛水构造应注意哪些方面？
13. 刚性防水屋面构造有何特点？
14. 刚性防水屋面为何设置分仓缝？其设置原则及节点构造应如何表达？
15. 简述屋顶保温材料的特性。
16. 屋顶的保温层的形式有哪几种？保温层的位置有几种？
17. 简述平屋顶通风隔热层的构造形式及做法。
18. 屋顶隔热方法有哪几种？各自有何特点？
19. 试绘制屋顶檐口构造节点详图。

第 10 章　门窗构造

本章学习目标

- 了解门窗的形式与尺寸；
- 了解门窗的节能措施；
- 熟悉金属窗、塑钢窗的构造；
- 熟悉遮阳的基本措施并能进行遮阳设计；
- 掌握平开木门的构造并能绘制平开木门的构造详图。

10.1　门窗概述

10.1.1　门窗的作用与要求

门和窗都是建筑中的围护构件。门在建筑中的作用主要是交通、疏散、联系，并兼有采光和通风之用；窗的作用主要是采光和通风。另外，门窗的形状、尺寸、排列组合方式，以及材料选择等，皆对建筑物的立面效果影响很大。门窗还应有一定的保温、隔声、防雨、防风砂等能力，在构造上，应满足开启灵活、关闭紧密，坚固耐久、便于擦洗、符合模数等方面的要求。

10.1.2　门窗的类型及特点

10.1.2.1　按开启方式分类

1. 门

门按其开启方式不同，常见的有以下几种形式，如图 10 - 1 所示。

（1）平开门

平开门具有构造简单，开启灵活，制作安装和维修方便等特点。分单扇、双扇和多扇，以及内开和外开等形式，是一般建筑中使用最广泛的门。

（2）弹簧门

弹簧门的形式同平开门的区别在于侧边用弹簧铰链或下边用地弹簧代替普通铰链，开启后能自动关闭。单向弹簧门常用于有自动关闭要求的房门，如卫生间的门、纱门等。双向弹簧门多用于人流出入频繁或有自动关闭要求的公共场所，如公共建筑门厅的门等。双向弹簧门扇上一般要安装玻璃，供出入的人们相互观察，以免碰撞。

（3）推拉门

门扇沿上下设置轨道左右滑行，有单扇和双扇两种。推拉门占用面积小，受力合理，不易变形，但构造复杂，制造精度要求高。

（4）折叠门

门扇可拼合、折叠推移到洞口的一侧或两侧，少占房间的使用面积。简单折叠门，可以只在侧边安装铰链，复杂的还要在门的上边或下边装导轨及转动五金配件。

（5）旋转门

旋转门是三扇或四扇门扇用同一竖轴组合成夹角相等，在弧形门套内水平旋转的门，它对防止内外空气对流有一定的作用，常可以作为人员进出频繁，且有采暖或空调设备的公共建筑的外门。在旋转门的两旁还应设平开门或弹簧门。旋转门构造复杂，造价较高。

此外，门的形式还有上翻门、升降门、卷帘门等，一般适用于门洞口较大，有特殊要求的房间，如车库的门等。

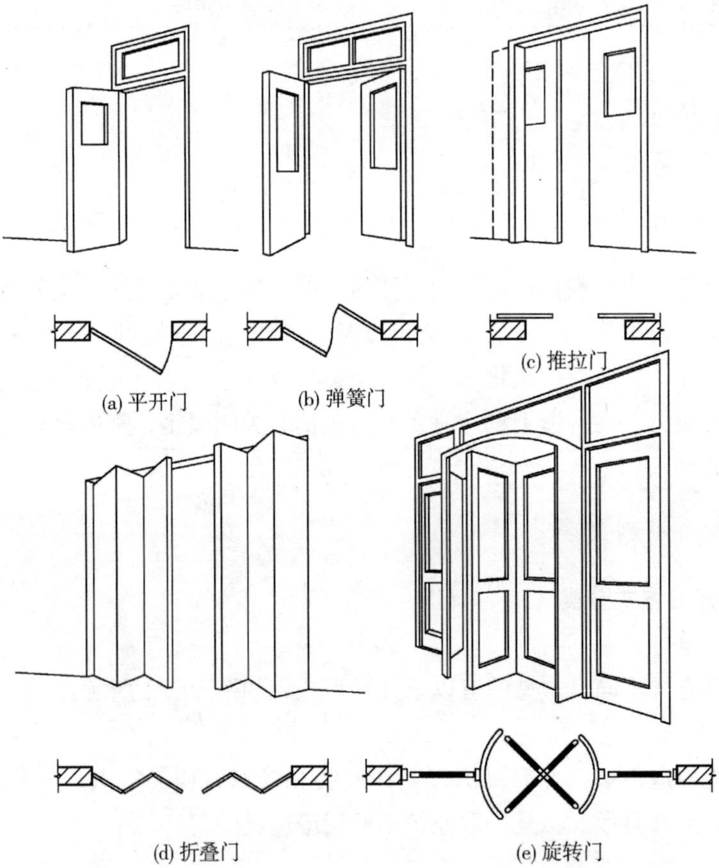

图 10－1　门的开启方式

2. 窗

依据开启方式的不同，常见的窗有以下几种形式，如图 10－2 所示。

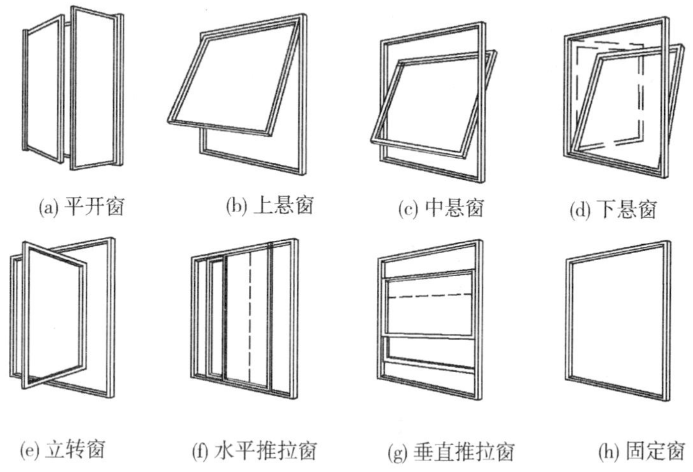

图10－2 窗的开启方式

（1）平开窗

平开窗有内开和外开之分。平开窗构造简单，制作、安装、维修、开启等都比较方便，在一般建筑中应用最广泛。

（2）悬窗

按旋转轴的位置不同，分为上悬窗、中悬窗和下悬窗三种。上悬窗和中悬窗向外开，防雨效果好，且有利于通风，且开启较为方便，多用于高窗；下悬窗不能防雨，开启时占据较多的室内空间，多与上悬窗组成双层窗用于有特殊要求的房间。

（3）立转窗

立转窗为窗扇可以沿竖轴转动的窗。竖轴可设在窗扇中心，也可以略偏于窗扇一侧。立转窗的开启大小及方向可随风向调整，是通风效果较好的。

（4）推拉窗

推拉窗分水平推拉和垂直推拉两种。水平推拉窗需要在窗扇上下设轨槽，垂直推拉窗要有滑轮及平衡措施。推拉窗开启时不占据室内外空间，窗扇和玻璃的尺寸可以较大，但推拉窗不能全部同时开启，通风效果受到影响。铝合金窗和塑钢窗比较适用推拉窗。

（5）固定窗。

固定窗为不能开启的窗，仅作采光和通视之用，也可调整窗户的尺寸大小。玻璃尺寸大小较灵活。

10.1.2.2 按门窗的材料分类

依照生产门窗用的材料不同，常见的门窗有木门窗、钢门窗、铝合金门窗及塑钢门窗等类型。木门窗加工制作方便，价格较低，曾经广泛应用，但木材耗量大，防火能力差。钢门窗强度高，防火好，挡光少，在建筑上应用很广，但钢门窗保温性较差，易锈蚀。铝合金门窗美观，有良好的装饰性和密闭性，但成本较高，保温性差（铝合金门窗若经喷塑处理保温效果可改善）。塑钢门窗同时具有木材的保温性和铝材的装饰性，是近年来为节约木材和有色金属发展起来的新品种，国内已有相当数量的生产，但在目前，它的成本较高，耐久性还有待进一步完善。另外，还有全玻璃门，主要用于标准较高的公共建筑中的主要入口，它具有简洁、美观、视线无阻挡等特点。

10.1.3 门窗的组成

1. 门的构造组成

一般门的构造主要由门樘和门扇两部分组成。门樘又称门框，由上槛、中槛和边框等组成，多扇门还有中竖框。镶板门扇由上冒头、中冒头、下冒头和边梃等组成。为了通风采光，可在门的上部设腰窗（俗称上亮子），开启方式有固定、平开及上、中、下悬等形式，其构造同窗扇。门框与墙间的缝隙常用木条盖缝，称门头线，俗称贴脸板。木门的构造组成如图 10－3 所示。门上还有五金零件，常见的有铰链、门锁、插销、拉手、停门器等。

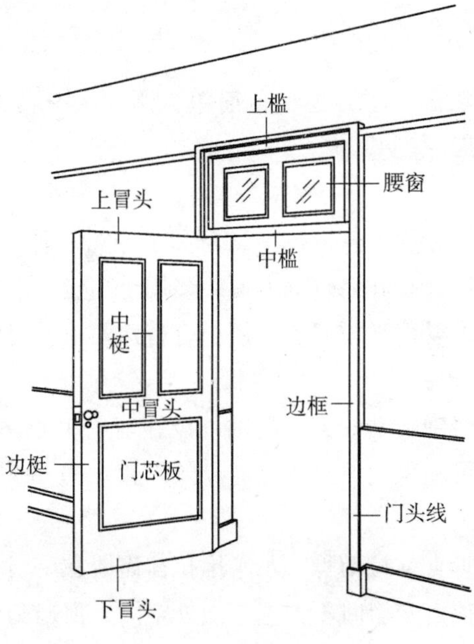

图 10－3 木门的组成

2. 窗的构造组成

窗主要由窗樘和窗扇两部分组成。窗樘又称窗框，一般由上框、下框、中横框、中竖框及边框等组成。窗扇由上冒头、中冒头（窗芯）、下冒头及边梃组成。依镶嵌材料的不同，有玻璃窗扇、纱窗扇和百叶窗扇等。平开窗的窗扇宽度一般为 400～600mm，高度为 800～1500mm，窗扇与窗框用五金零件连接。窗框与墙的连接处，为满足不同的要求，有时会加有贴脸板、窗台板、窗帘盒等。木窗的构造组成如图 10－4 所示。

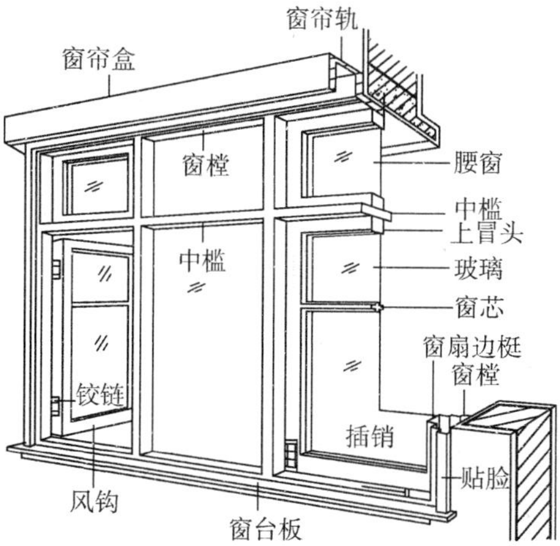

图 10－4 木窗的组成

10.2 木门构造

10.2.1 平开木门构造

10.2.1.1 门框

门框又称门樘，一般由两根竖直的边框和上框组成。当门带有亮子时，还有中横框。多扇门还有中竖框。

1. 门框的断面形状和尺寸

门框的断面形式与门的类型和层数有关，同时应利于门的安装，并具有一定的密闭性，因此门框要设裁口（铲口）。门框断面尺寸主要按材料的强度和接榫的需要确定，一般多为经验尺寸，中横框若加披水，其宽度还需增加 20mm 左右。由于门受到的各种冲撞荷载比窗大，故门框的断面尺寸较窗框要适当增加，其断面形状和尺寸如图 10－5 所示。

2. 门框的安装

门框的安装方式有立口（立樘子）和塞口（塞樘子）两种。施工时先将门框立好，后砌墙体，称为立口。立口的优点是门框与墙体结合紧密、牢固；缺点是施工中安装门框和砌墙相互影响，若施工组织不当，会影响施工进度。塞口则是在砌墙时先留出洞口，以后再安装门框，为便于安装，预留洞口应比门框外缘尺寸多出 20～30mm。塞口法施工方便，但框与墙间的缝隙较大，为加强门框与墙的联系，安装时应用长钉将门框固定于砌墙时预埋的木砖上，为了方便也可用铁脚或膨胀螺栓将门框直接固定到墙上，每边的固定点不少于 2 个，其间距不应大于 1.2m。工厂化生产的成品门其安装多要用塞口法施工，如图 10－6 所示。

3. 门框与墙的关系

门框在墙洞中的位置要根据房间的使用要求，以及墙身的材料及墙体的厚度确定，常

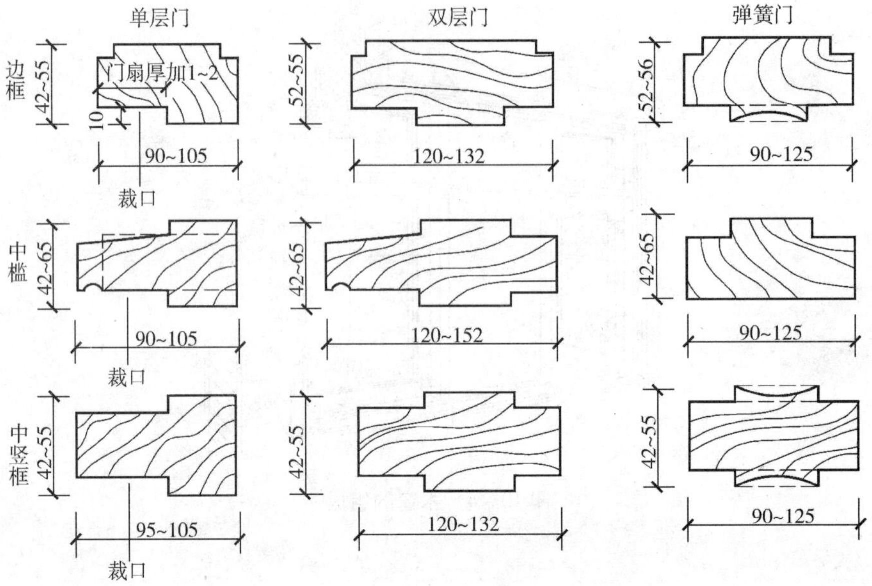

图 10－5　平开门门框的断面形式及尺寸

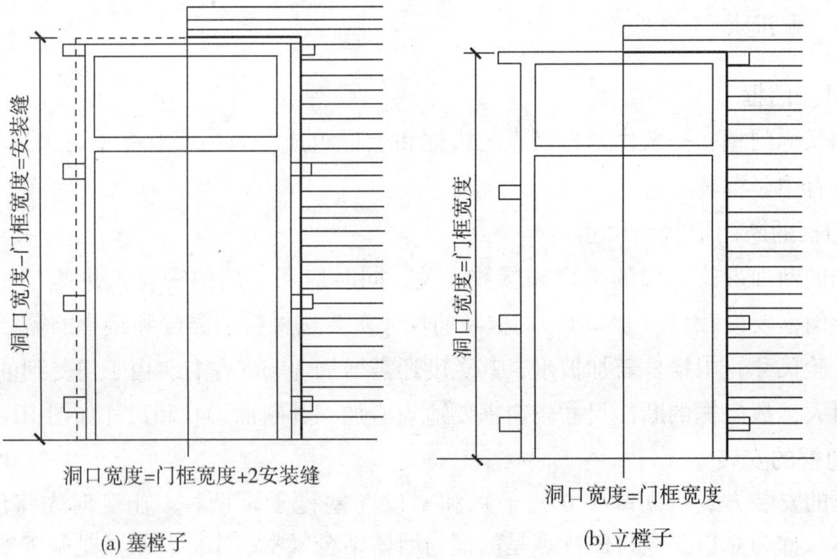

图 10－6　门框的安装方法

有门框内平、门框居中和门框外平三种情况。一般情况下多在开门方向一边，与抹灰面平齐，这样可使门的开启角度最大。但对较大尺寸的门，为安装牢固，多居中设置。

门框的墙缝处理应填塞密实，以满足防风、挡雨、保温、隔声等要求。一般情况下，洞口边缘可采用平口，用砂浆或油膏嵌缝。为保证嵌缝牢固，常在门框靠墙一侧内外两角做灰口，如图 10－7a 所示。标准较高时常做贴脸或筒子板，如图 10－7b 所示。木门框靠墙一面，易受潮变形，当门框的宽度大于 120mm 时，为防变形常在窗框外侧开槽，俗称背槽，并做防腐防潮处理，门框外侧的内外角做灰口，缝内填弹性密封材料，如图10－7c所示。

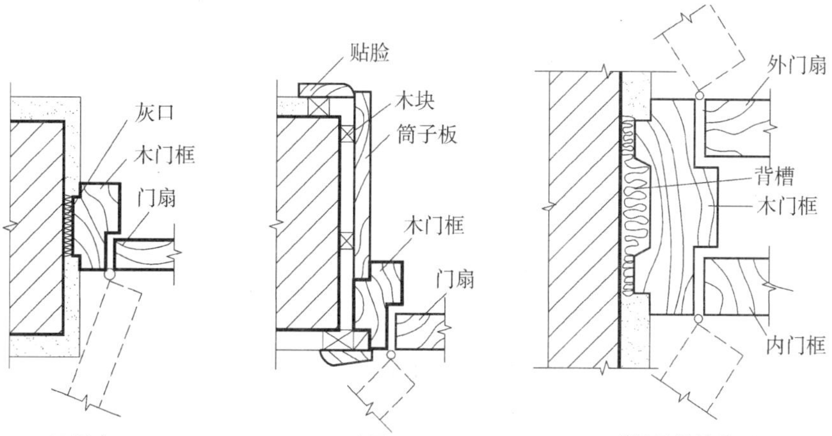

(a) 居中　　(b) 内平　　(c) 背槽及填缝处理

图10－7　木门框在墙洞中的位置

10.2.1.2　门扇

依门扇的构造不同，民用建筑中常见的门有镶板门、夹板门等形式。

1. 夹板门

夹板门门扇由骨架和面板组成，骨架通常用（32～35）mm×（33～60）mm的木料做框子，内部用（10～25）mm×（33～60）mm的小木料做成格形纵横肋条，肋距视木料尺寸而定，一般为200～400mm，为节约木材，也可用浸塑蜂窝纸板代替木骨架。为了使夹板内的湿气易于排出，减少面板变形，骨架内的空气应贯通，并在上部设小通气孔，面板可用胶合板、硬质纤维板或塑料板等，用胶结材料双面胶结在骨架上。胶合板有天然木纹，有一定的装饰效果，表面可涂刷聚氨酯、蜡克等油漆。纤维板的表面一般先涂底色漆，然后刷聚氨酯漆或清漆。塑料面板有各种装饰性图案和色彩，可根据室内设计要求选用。另外，门扇的四周用15～20mm厚的木条镶边，以取得整齐美观的效果。

根据功能的需要，夹板门上也可以局部加装玻璃或百叶；一般在玻璃或百叶处，做一个木框，用压条镶嵌。图10－8是常见的夹板门构造实例，图10－8a为医院建筑中常用的大小扇夹板门，大扇的上部镶一块玻璃，下部装一百叶，多用于卫生间，腰窗为中悬窗。图10－8b为单扇夹板门。

夹板门由于骨架和面板共同受力，所以用料少，自重轻，外形简洁美观，常用于建筑物的内门，若用于外门，面板应做防水处理，并提高面板与骨架的胶结质量，必要时应加厚夹板。

2. 镶板门

镶板门门扇是由骨架和门芯板组成。骨架一般由上冒头、下冒头及边梃组成，有时中间还有一道或几道中冒头或一条竖向中梃。门芯板可采用木板、胶合板、硬质纤维板及塑料板等。有时门芯板可部分或全部采用玻璃，称为半玻璃（镶板）门或全玻璃（镶板）门。构造上与镶板门基本相同的还有纱门、百叶门等。

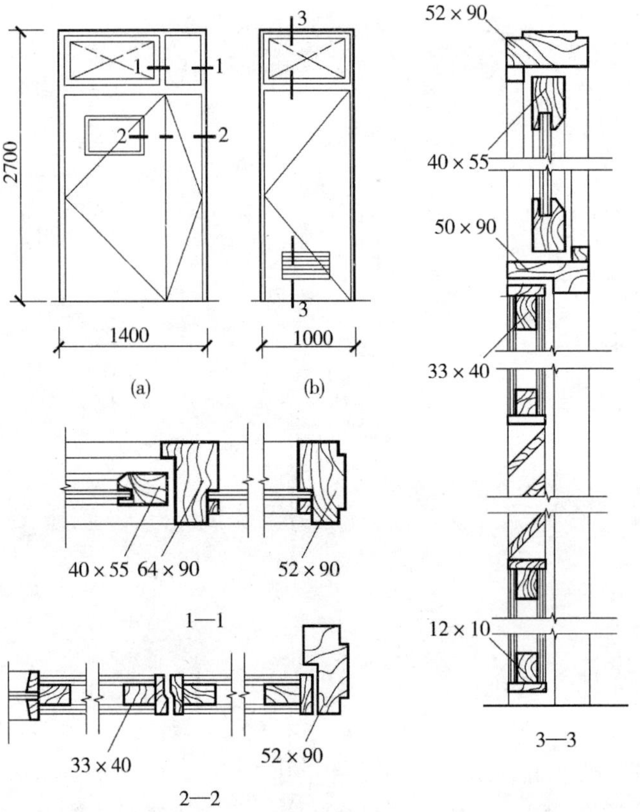

图 10 - 8　夹板门构造

木制门芯板一般用 10 ～ 15mm 厚的木板拼装成整块，镶入边梃和冒头中，板缝应结合紧密，不能因木材干缩而裂缝。门芯板的拼接方式有四种，分别为平缝胶合、木键拼缝、高低缝和企口缝，如图 10 - 9 所示。工程中常用的为高低缝和企口缝。

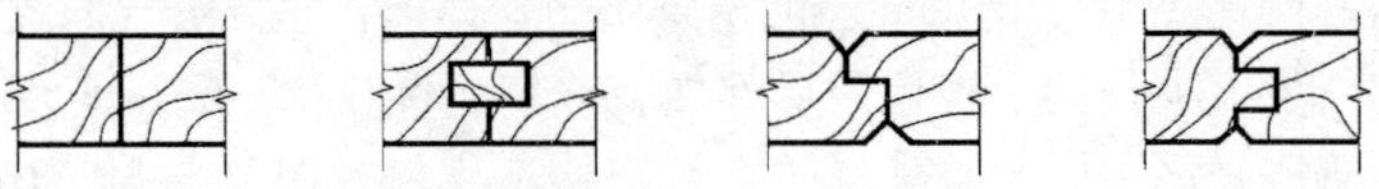

图 10 - 9　门芯板的拼接方式

门芯板在边梃与冒头中的镶嵌方式有暗槽、单面槽，以及双边压条三种，如图 10 - 10 所示。其中，暗槽结合最牢，工程中用得较多，其他两种方法比较省料和简单，多用于玻璃、纱网及百叶的安装。另外，为防止门芯板胀缩变形，凡镶入冒头的，边梃槽内须留空隙。

镶板门门扇骨架的厚度一般为 40 ～ 45mm，纱门的厚度可薄一些，多为 30 ～ 35mm。上冒头、中间冒头和边梃的宽度一般为 105 ～ 120mm，下冒头的宽度习惯上同踢脚高度，一般为 200mm 左右，较大的下冒头对减少门扇变形和保护门芯板不被行人撞坏有较大的

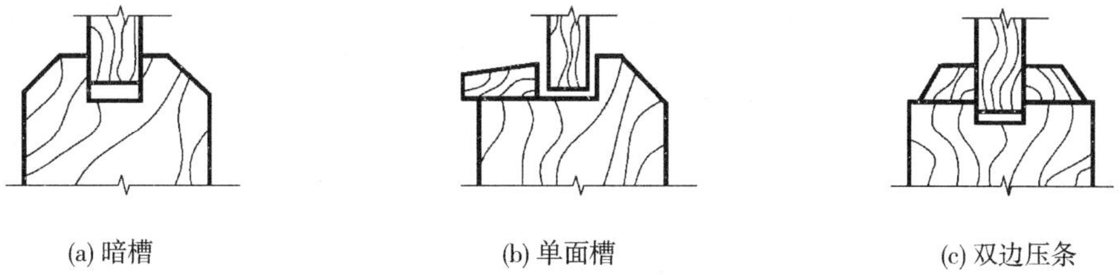

图 10－10 门芯板的镶嵌方式

作用。中冒头为了便于开槽装锁，其宽度可适当增加，以弥补开槽对中冒头材料的削弱。

图 10－11 是常用的玻璃镶板门的实例，其中图 10－11a 为单扇，图 10－11b 为双扇，腰窗为中悬式窗，门芯板的安装采用暗槽结合，玻璃采用单面槽加小木条固定。

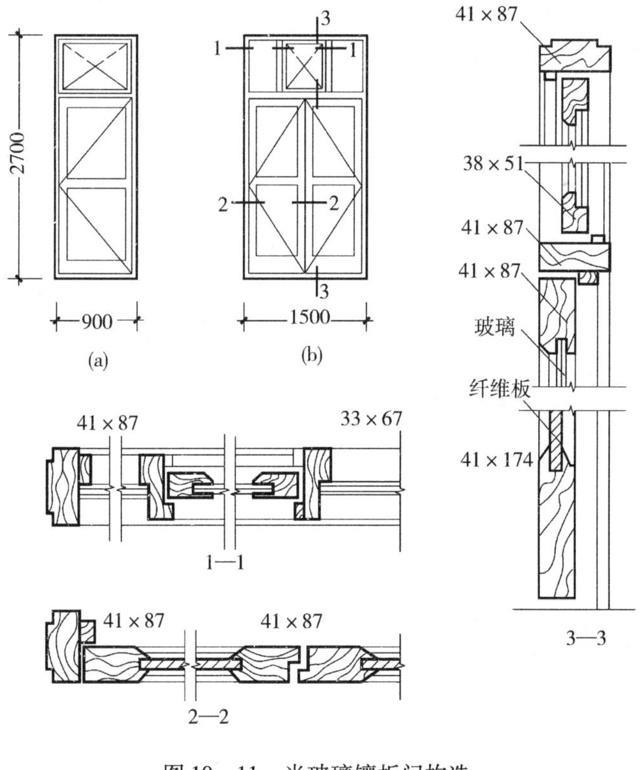

图 10－11 半玻璃镶板门构造

10.2.2 弹簧门构造

弹簧门是指利用弹簧铰链，开启后能自动关闭的门。弹簧铰链有单面弹簧、双面弹簧和地弹簧等形式。单面弹簧门多为单扇，与普通平开门基本相同（单面开启），只是铰链不同。双向弹簧门通常都为双扇门，其门扇在双向可自由开关，门框不需裁口，一般做成与门扇侧边对应的弧形对缝，为避免两门扇相互碰撞，又不使缝过大，通常上下冒头做平缝，两扇门的中缝做圆弧形，其弧面半径为门厚的 1 ～ 1.2 倍。地弹簧门的构造与双扇弹簧门基本相同，只是铰轴的位置不同，地弹簧装在地板上，多用于较厚重的弹簧门。

弹簧门的构造如图 10－12 所示。弹簧门的开启一般都比较频繁，对门扇的强度和刚度要求比较高，门扇一般要用硬木，用料尺寸应比普通镶板门大一些，弹簧门门扇的厚度一般为 42 ～ 50mm，上冒头、中冒头和边梃的宽度一般为 100 ～ 120mm，下冒头的宽度一般为 200 ～ 300mm。

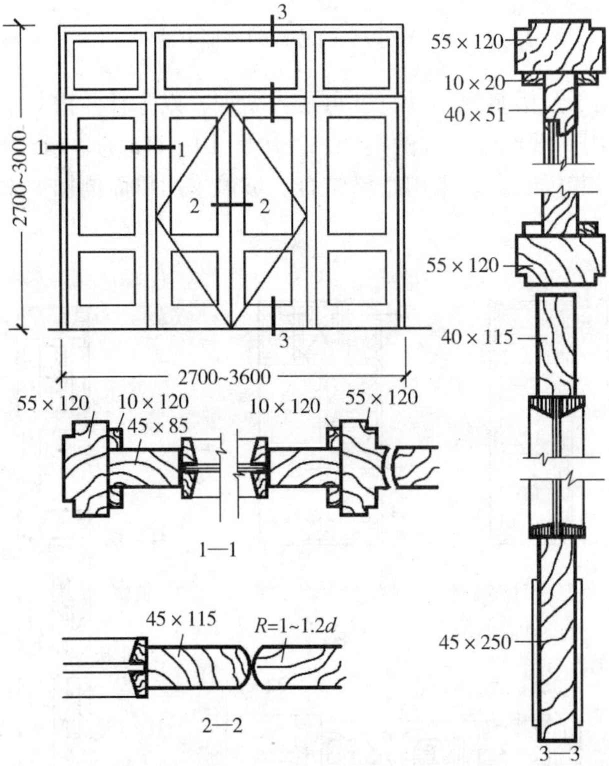

图 10－12　弹簧门构造

10. 3　金属门窗构造

10. 3. 1　钢门窗构造

钢制门窗与木门窗相比具有强度、刚度大，耐水、耐火性好，外形美观，以及便于工厂化生产等特点。另外，钢窗的断面尺寸小，因此透光系数较大，与同样大小洞口的木窗相比，其透光面积高达 105% 左右，但钢门窗易受酸碱和有害气体的腐蚀。由于钢门窗可以节约木材，并适用于较大面积的门窗洞口，故在建筑中的应用广泛。当前，我国钢门窗的生产已具备标准化、工厂化和商品化的特点，各地均有钢窗的标准图供选用。非标准的钢门窗也可自行设计并委托工厂进行加工，但费用较高，工期长，故设计中应尽量采用标准钢门窗。

10.3.1.1 钢门窗料型

钢门窗的料型有实腹式和空腹式两大类型。

1. 实腹式钢门窗

实腹式钢门窗料用的热轧型钢，有25mm，32mm，40mm三种系列，肋厚2.5～4.5mm，适用于风荷载不超过0.10kN/m^{2}的地区。民用建筑中窗料多用25mm和32mm两种系列，钢门窗料多用32mm和40mm两种系列。图10－13中列举了部分实腹钢窗料的料型与规格。

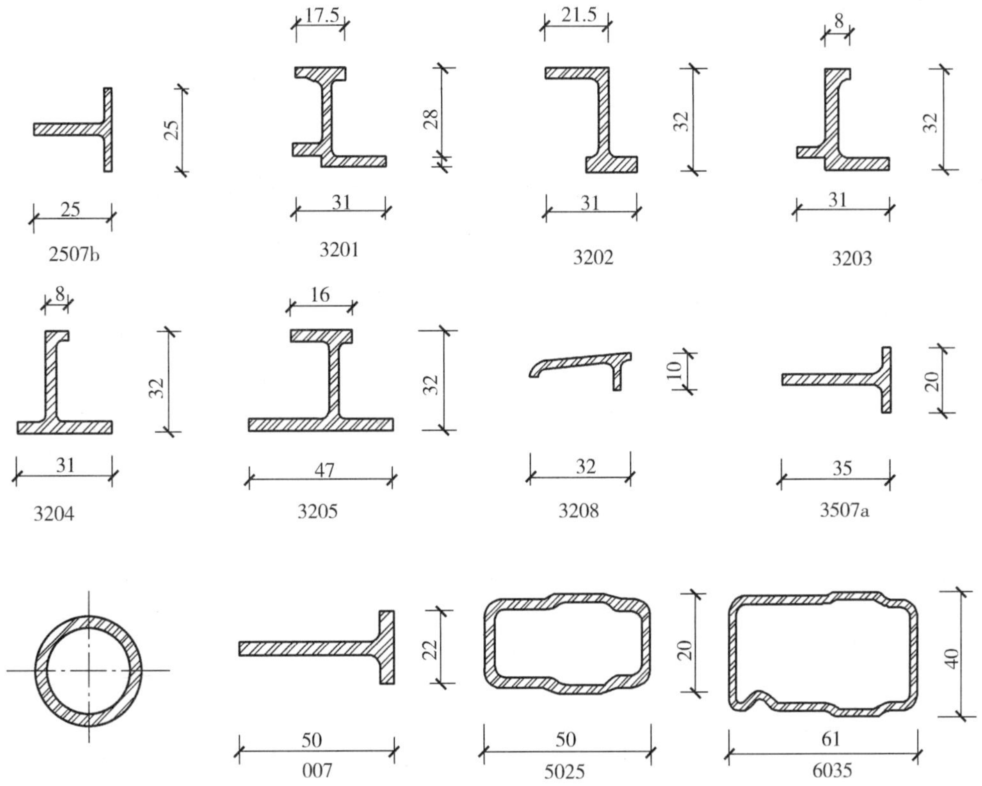

图10－13 实腹式钢窗料型与规格举例

2. 空腹式钢门窗

空腹式钢门窗料是采用低碳钢经冷轧、焊接而成的异型管状薄壁钢材，壁厚为1.2～1.5mm。当前在我国分京式和沪式两种类型，如图10－14所示。

空腹式钢门窗料壁薄，质量轻，节约钢材，但不耐锈蚀，应注意保护和维修。一般在成型后，内外表面需做防锈处理，以提高防锈蚀的能力。

10.3.1.2 钢门窗构造

1. 基本形式的钢门窗

为了适应不同尺寸门窗洞口的需要，便于门窗的组合和运输，钢门窗都以标准化的系列门窗规格作为基本单元。其高度和宽度符合3M（300mm），常用的钢窗尺寸为600mm，900mm，1200mm，1500mm，1800mm，2100mm。钢门的宽度有900mm，1200mm，

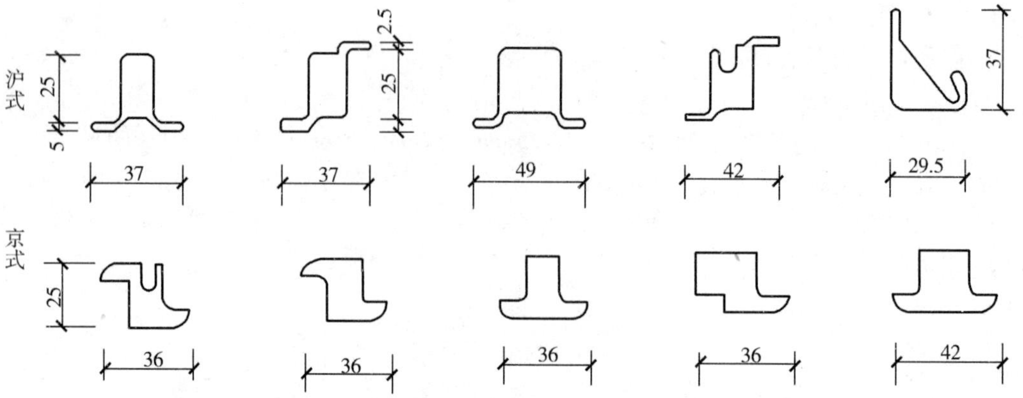

图 10－14　空腹式钢窗料型与规格举例

1500mm，1800mm，高度有 2100mm，2400mm。大型钢窗就是以这些基本单元进行组合而成的，表 10－1 中列举了部分实腹钢门窗的基本单元形式。

表 10－1　实腹钢门窗基本单元

类别	高	宽		
		600	900 1200	1500 1800
平开窗	600		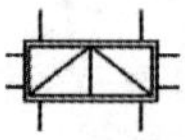	
	900 1200 1500	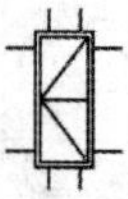	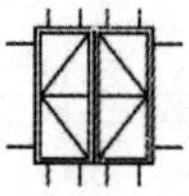	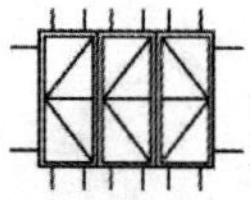
	1500 1800 2100	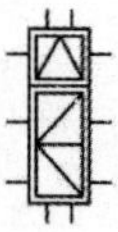	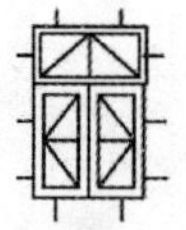	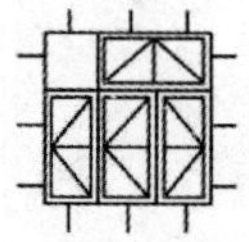
	600 900 1200		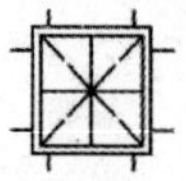	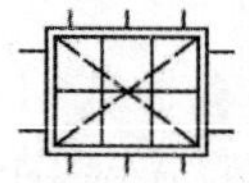
门		900	1200	1500 1800
	2100 2400	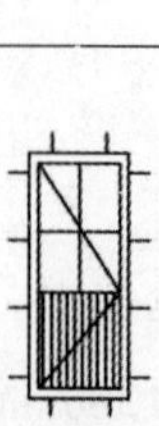	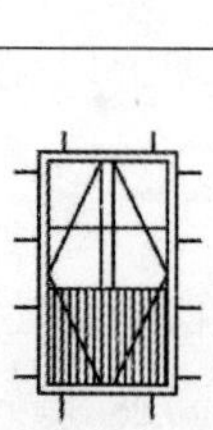	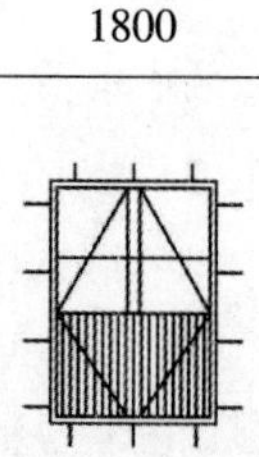

实腹式钢门窗的构造如图 10－15 所示。图 10－15a 为实腹平开窗立面，左边腰窗固定，右边腰窗为上悬式窗；图 10－15b 为实腹平开门的立面。图 10－16 为空腹式钢窗的构造实例。

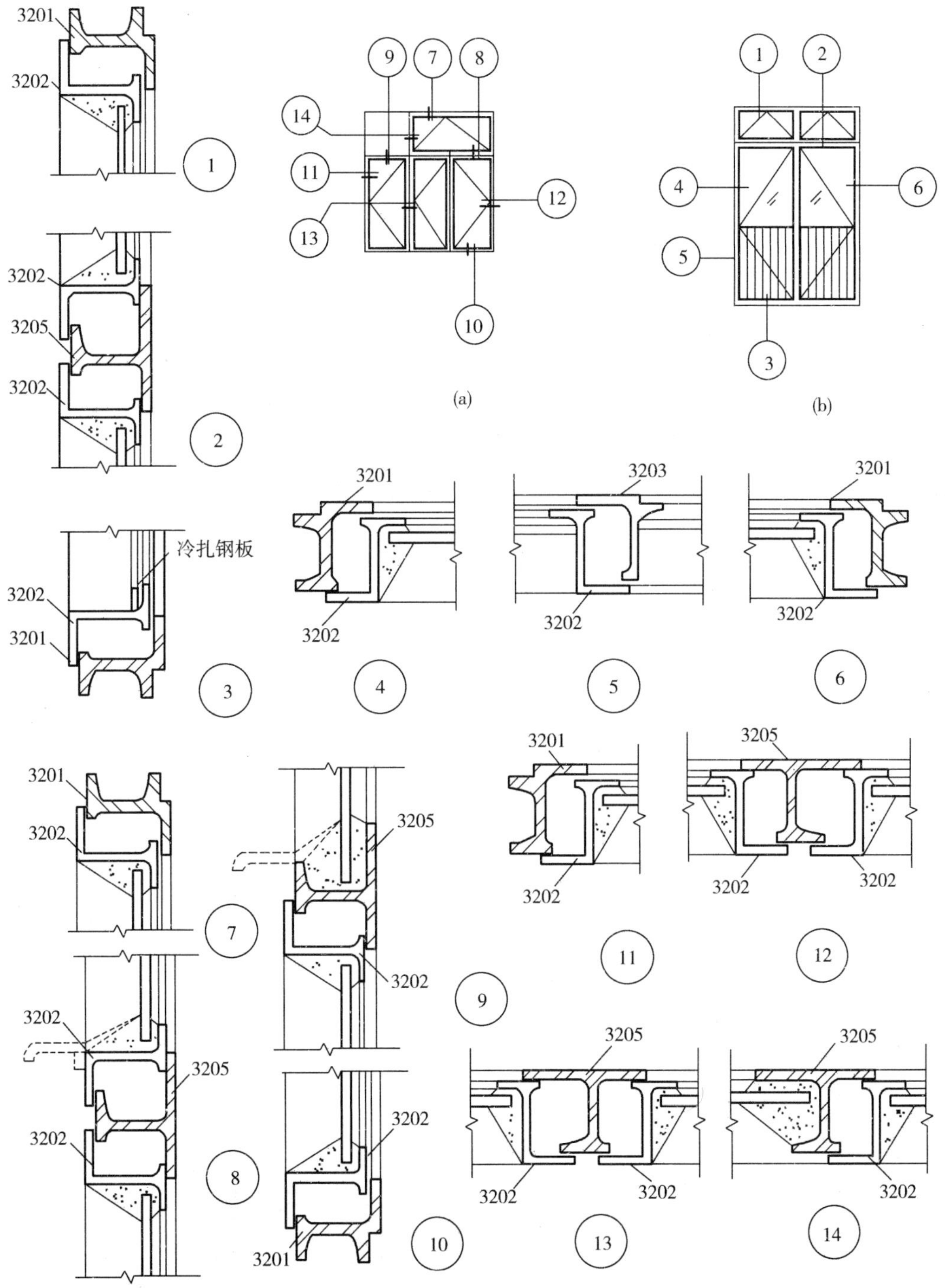

图 10－15　实腹式钢门窗构造实例

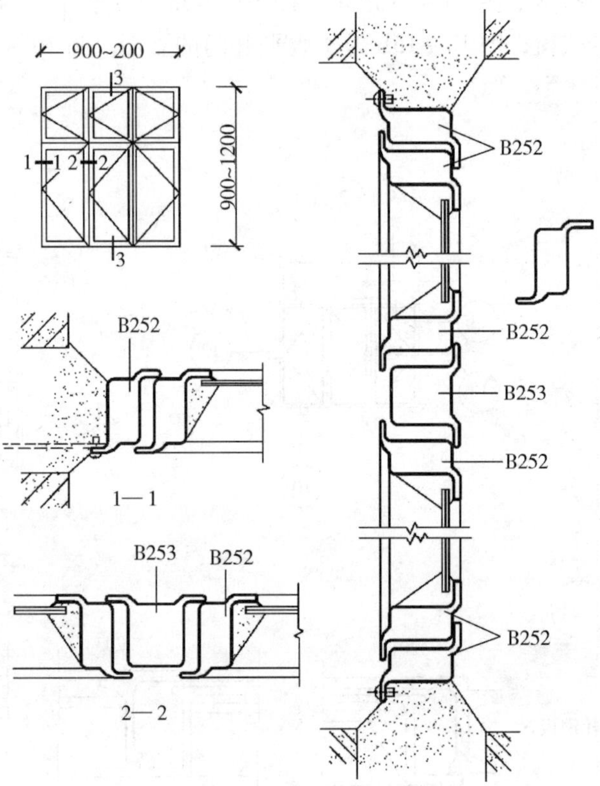

图 10－16　空腹式钢窗构造实例

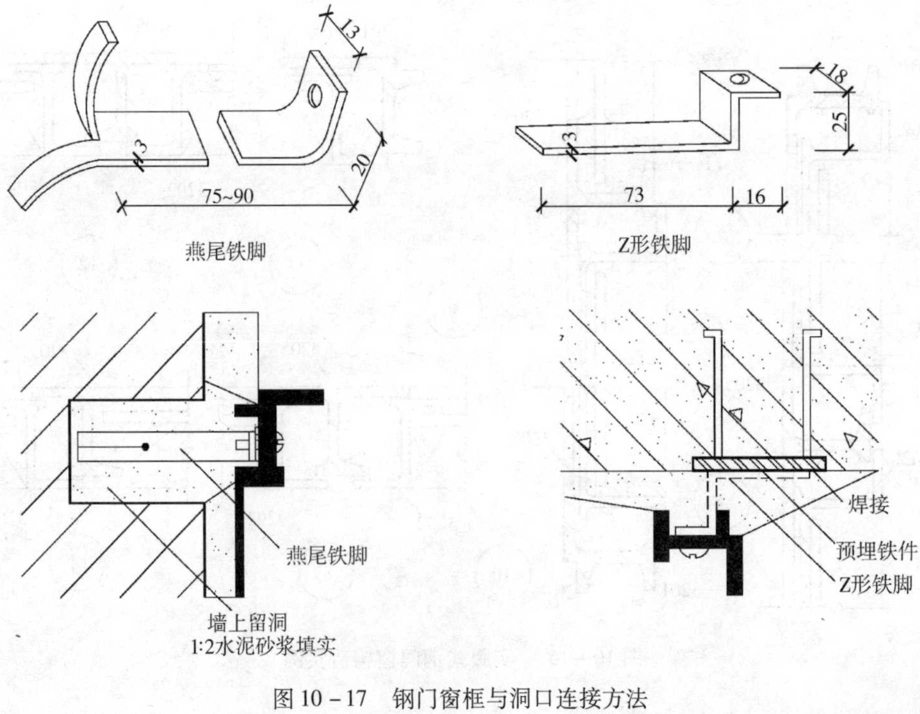

图 10－17　钢门窗框与洞口连接方法

钢门窗的安装方法采用塞口法，门窗框与洞口四周通过预埋铁件用螺钉牢固连接，固定点的间距为 500 ～ 1000mm。在砖墙上安装时多预留孔洞，将燕尾形铁脚插入洞口，并用砂浆嵌牢。在钢筋混凝土梁或墙柱上则先预埋铁件，将钢窗的 Z 形铁脚焊接在预埋铁板上，如图 10 - 17 所示。钢门窗玻璃的安装方法与木门窗不同，一般先用油灰打底，用弹簧夹子或钢皮夹子将玻璃嵌固在钢门窗上，然后再用油灰封闭，如图 10 - 18 所示。

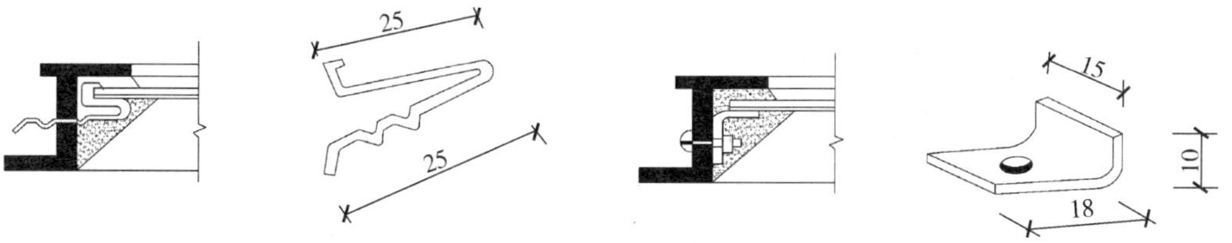

(a) 弹簧夹子　　(b) 钢皮夹子

图 10 - 18　钢门窗玻璃的安装

2. 钢门窗的组合与连接

钢门窗洞口尺寸不大时，可采用基本钢门窗，直接安装在洞口上。较大的门窗洞口则需用标准的基本单元和拼料组拼而成，拼料支承着整个门窗，保证钢门窗的刚度和稳定性。

基本单元的组合方式有三种，即竖向组合、横向组合和横竖向组合，如图 10 - 19 所示。基本钢门窗与拼料间用螺栓牢固连接，并用油灰嵌缝，如图 10 - 20 所示。

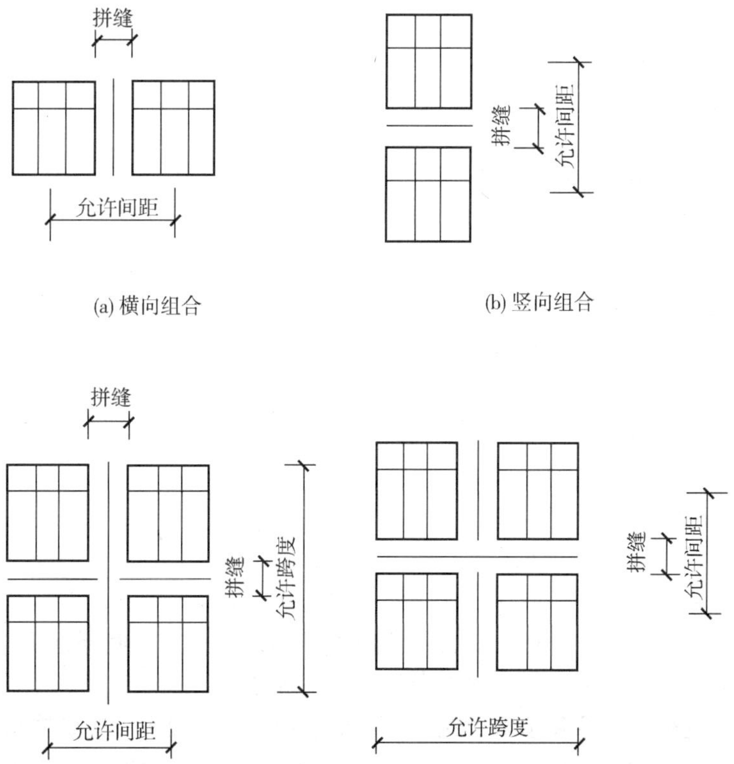

(a) 横向组合　　(b) 竖向组合

(c) 横向组合　　(d) 横竖向组合

图 10 - 19　钢门窗组合方式

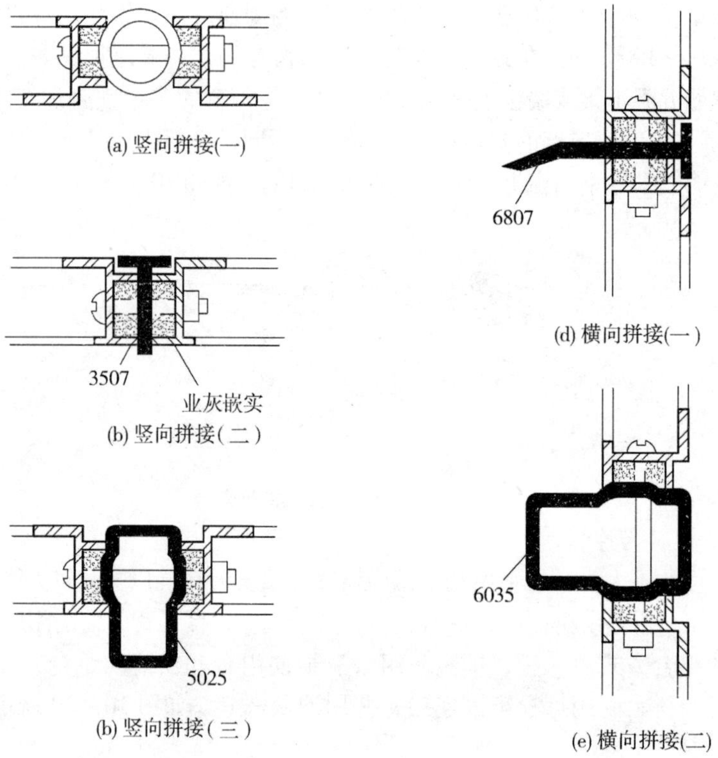

图 10－20　基本钢门窗与拼料的连接

10.3.2　铝合金门窗构造

10.3.2.1　铝合金门窗的特点

铝合金门窗具有轻质高强、良好的气密性和水密性的优点。隔音、耐腐性能也较普通钢、木门窗有显著提高。铝合金门窗是由铝合金型材组合而成，经氧化处理后的铝型材呈金属光泽，不需要涂漆和经常维护。经表面着色和涂膜处理后，可获得多种不同色彩和花纹，具有良好的装饰效果。

10.3.2.2　铝合金窗的构造

铝合金窗的开启方式多为水平推拉式，根据需要也可以采用平开式，下面就以推拉铝合金窗为例，讲述有关构造做法。

1. 铝合金窗框的构造

铝合金窗框应采用塞口的方式安装，其装入洞口应横平竖直，外框与洞口应弹性连接牢固，不得将窗外框直接埋入墙体。这样做一方面是保证建筑物在一般振动、沉降和热胀冷缩等因素引起的互相撞击、挤压时，不致使窗损坏；另一方面使外框不直接与混凝土、水泥浆接触，避免碱对铝型材的腐蚀，对延长使用寿命有利。

铝合金窗框与墙体的缝隙填塞，应按设计要求处理。一般多采用矿棉条或玻璃棉毡条分层填塞，缝隙外表留 5～8mm 深的槽口，填嵌密封材料。这样做主要是为防止窗框四周形成冷热交换区产生结露，影响建筑物的保温、隔声、防风沙等功能。同时也能避免砖和砂浆中的碱性物质对窗框的腐蚀。铝合金窗的构造如图 10－21 所示。

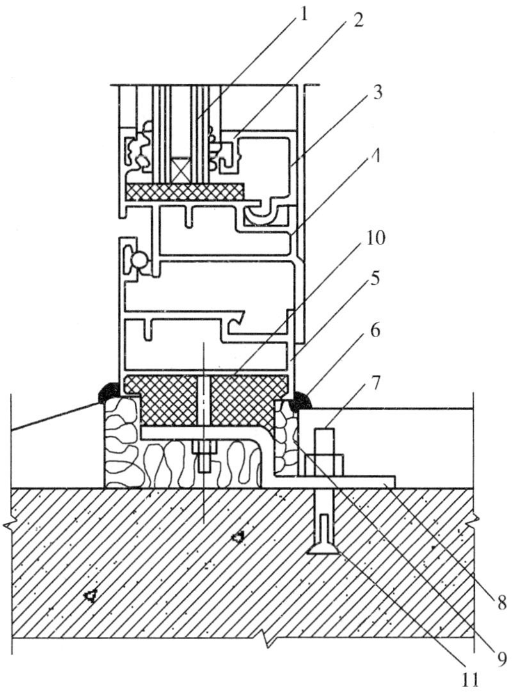

1—玻璃；2—橡胶条；3—压条；4—内扇；5—外框；6—密封胶；
7—砂浆；8—地脚；9—软填料；10—塑料垫；11—膨胀螺栓

图 10－21　铝合金门窗安装节点及缝隙处理示意图

2. 铝合金窗中玻璃的选择及安装

玻璃的厚度和类别主要根据窗面积大小、热功要求来确定。一般多选用 3 ～ 8mm 厚度的平板玻璃、镀膜玻璃、钢化玻璃或中空玻璃等。在玻璃与铝型材接触的位置设垫块，周边用橡皮条密封固定。安装橡胶密封条时应留有伸缩余量，一般比窗的装配边长 20 ～ 30mm，并在转角处斜边断开，然后用胶结剂粘贴牢固，以免出现缝隙。

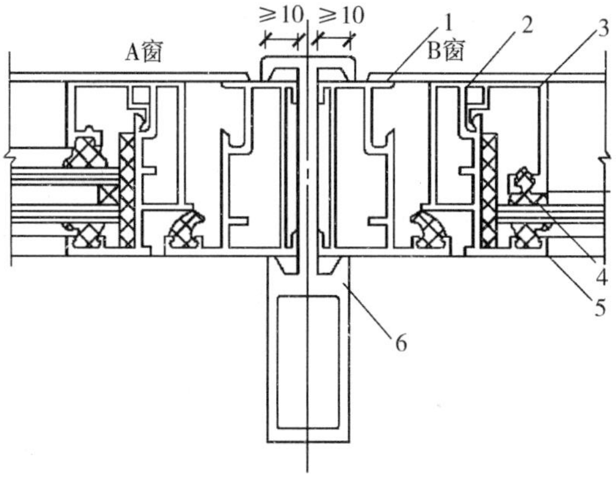

1—外框；2—内扇；3—压条；4—橡胶条；5—玻璃；
6—组合杆件

图 10－22　铝合金窗组合方式示意图

3. 铝合金窗的组合

铝合金窗的组合主要有横向组合和竖向组合两种。组合时，应采用套插、搭接形成曲面组合，搭接长度宜为 10mm，并用密封膏密封，组合的节点详图如图 10－22 所示。应当引起注意的是要阻止平面同平面组合的做法，因为它不能保证铝合金窗安装的质量。

10.4 塑料门窗构造

塑料门窗是采用添加多种耐候耐腐添加剂的塑料，经挤压成型的型材组成的门窗。它具有耐水、耐腐蚀、阻燃、抗冲击、不需表面涂装等优点，其保温隔热性能比钢窗和铝合金门窗要好。现代的塑料门窗均采用改性混合体系的塑料制品，具有良好的耐候性能，使用寿命可达30年以上。另外，多数塑料型材中宜用加强筋来提高门窗的刚度，塑料型材如图10－23所示；加强筋可用金属型材，也可用硬质塑料型材，增强型材的长度应比门窗型材长度略短，以不妨碍门窗型材端部的联结。当增强型材与门窗的材质不同时，应使它们之间较为宽松，以适应不同材质温度变形的需要。塑料门窗的安装、组合、玻璃的选配等都与铝合金门窗类似，塑料门窗与墙体连接构造如图10－24所示。

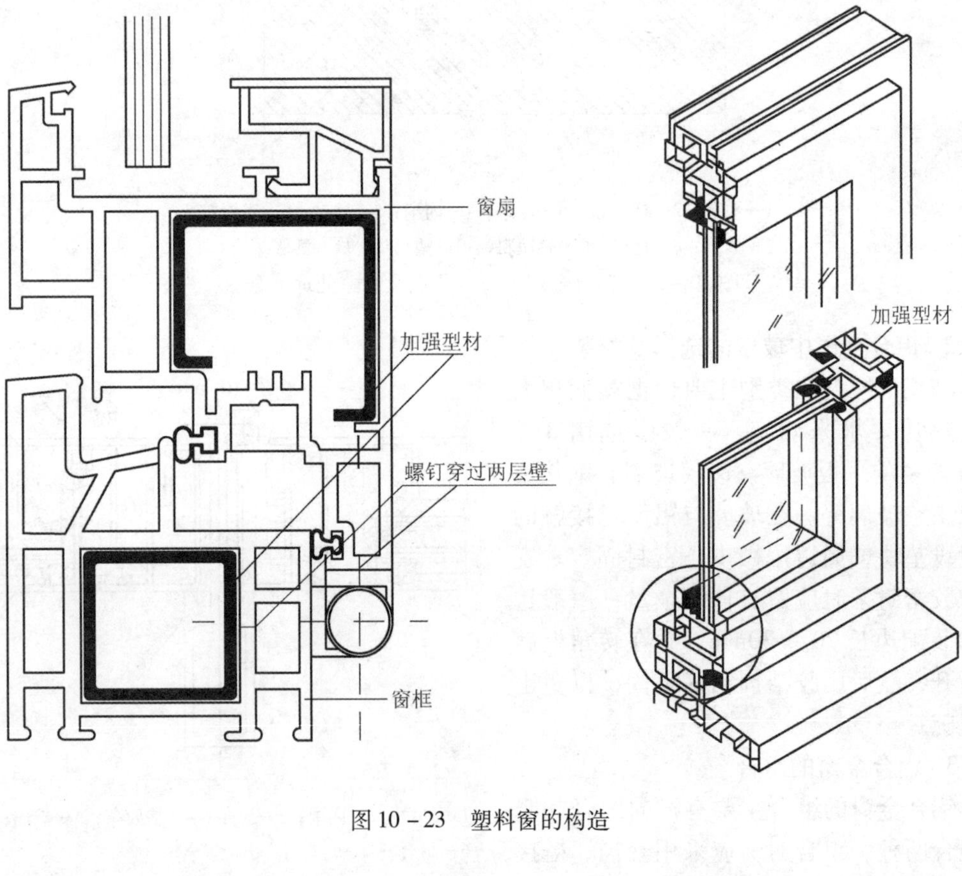

图10－23　塑料窗的构造

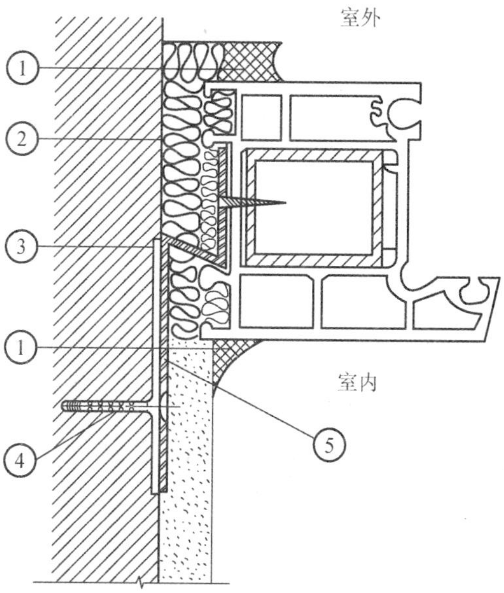

1—嵌缝胶；2—弹性填充料；3—固定铁片；4—塑料膨胀螺钉；5—Z形连接件

图10－24 塑料门窗与墙体连接

10.5 门窗节能概述

10.5.1 遮阳

1. 遮阳的作用

遮阳是为防止直射阳光照入室内，以减少太阳辐射热，避免夏季室内过热以节省能耗，或产生眩光以及保护室内物品不受阳光照射而采取的一种措施。

用于遮阳的方法很多，如在窗口悬挂窗帘、设置百叶窗、门窗构件自身的遮光性、窗扇开启方式的调节变化、窗前绿化、雨篷、挑阳台、外廊及墙面花格等也都可以达到一定的遮阳效果，如图10－25所示。本节主要介绍根据专门的遮阳设计在窗前加设遮阳板进行遮阳的措施。

一般房屋建筑，当室内气温在29℃以上，太阳辐射强度大于1005kJ/（m^2·h），阳光照射室内时间超过1h，照射深度超过0.5m时，应采取遮阳措施。标准较高的建筑只要具备前两条即应考虑设置遮阳。

在窗前设置遮阳板进行遮阳，对采光、通风都会带来不利影响。因此，设计遮阳设施时应对采光、通风、日照、经济、美观等作通盘考虑，以达到功能、技术和艺术的统一。

2. 窗户遮阳板的基本形式

窗户遮阳板按其形状和效果而言，可分为水平遮阳、垂直遮阳、混合遮阳及挡板遮阳四种基本形式，如图10－26所示。

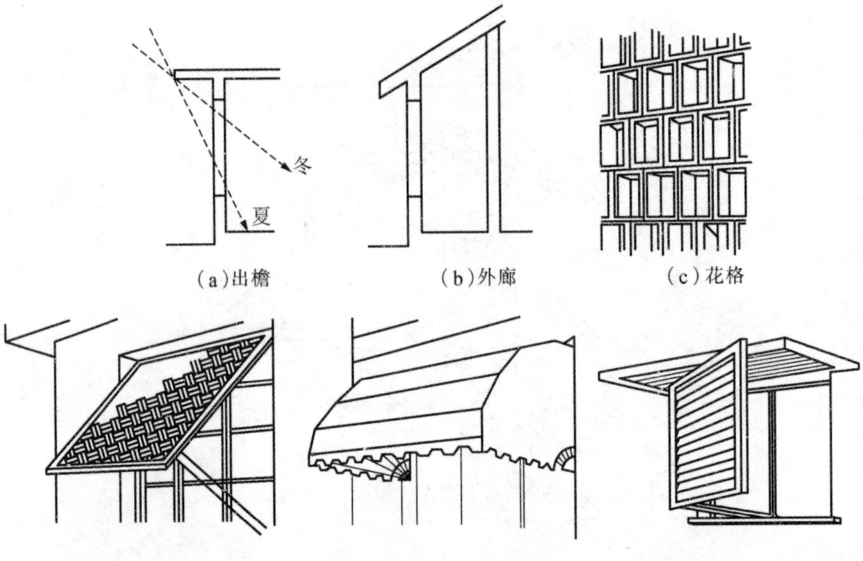

(a)出檐 (b)外廊 (c)花格

(d)芦席遮阳 (e)布篷遮阳 (f)旋转百叶遮阳

图 10－25　简易遮阳

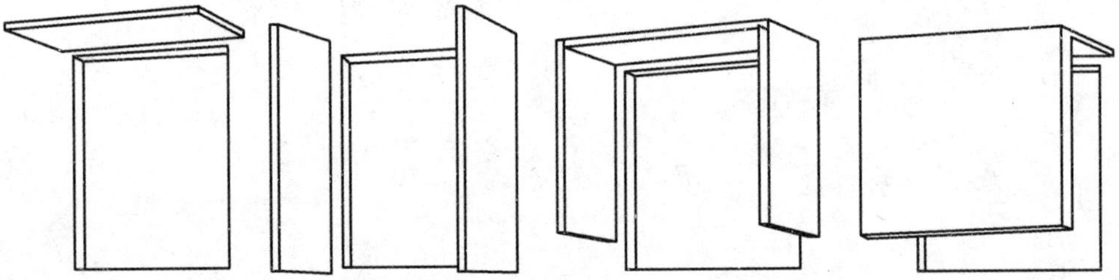

(a) (b) (c) (d)

(a) 水平遮阳；(b) 垂直遮阳；(c) 综合遮阳；(d) 挡板遮阳

图 10－26　遮阳板基本形式

(1) 水平遮阳

在窗口上方设置一定宽度的水平方向的遮阳板，能够遮挡高度角较大时从窗口上方照射下来的阳光，适用于南向及其附近朝向的窗口或北回归线以南低纬度地区之北向及其附近的窗口。水平遮阳板可做成实心板也可做成栅格板或百叶板，较高大的窗口可在不同高度设置双层或多层水平遮阳板，以减少板的出挑宽度，如图 10－27 所示。

(2) 垂直遮阳

在窗口两侧设置垂直方向的遮阳板，能够遮挡高度角较小和从窗口两侧斜射过来的阳光。根据光线的来向和具体处理的不同，垂直遮阳板可以垂直于墙面，也可以与墙面形成一定的垂直夹角。主要适用于偏东偏西的南向或北向窗口。

(3) 混合遮阳

混合遮阳是以上两种遮阳板的综合，能够遮挡从窗口左右两侧及前上方射来的阳光，遮阳效果比较均匀。主要适用于南向、东南向及西南向的窗口。

（4）挡板遮阳

在窗口前方离开窗口一定距离设置与窗户平行方向的垂直挡板，可以有效地遮挡高度角较小的正射窗口的阳光，主要适用于东、西向及其附近的窗口。为有利于通风，避免遮挡视线和风，可以将挡板遮阳做成格栅式或百叶式挡板。根据以上四种基本形式，能够组合演变成各种各样的形式，如图10－27所示。这些遮阳板可以做成固定的，也可以做成活动的；后者可以灵活调节，遮阳、通风、采光效果更好，但构造较复杂，需经常维护；固定式则坚固、耐用及较为经济。设计时应根据不同的使用要求、不同的纬度地区及建筑造型等予以选用。

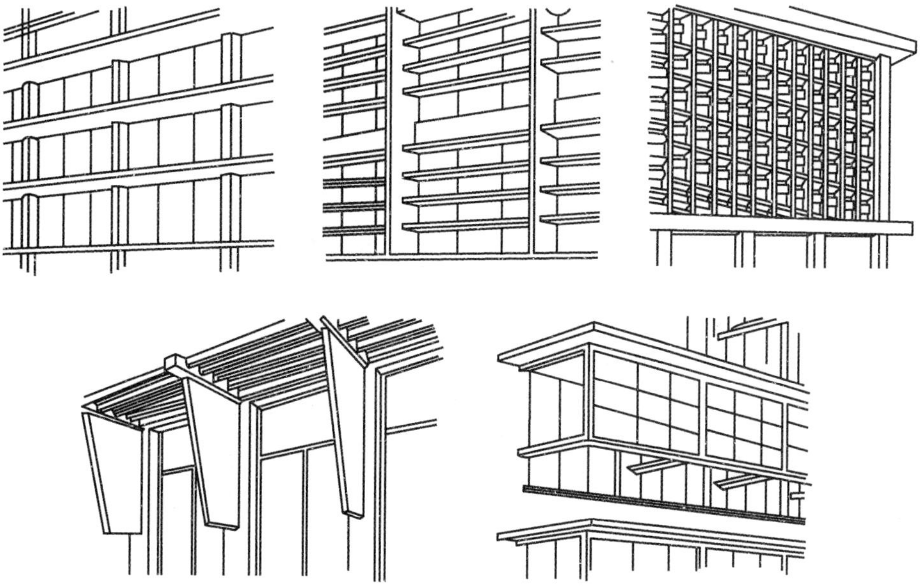

图10－27 组合遮阳的形式

10.5.2 窗户的保温、隔热

同其他构件相比，窗户的总传热系数最大，因此，通过玻璃进出室内外的热能也会增多。从窗玻璃进入室内的太阳辐射热被地板等吸收之后，将成为热源，尤其是在冬季起到了自然采暖的重要作用。另一方面，热能还会通过窗玻璃而散失，所以如何控制热损失就变成了一个重要的研究课题。

1. 玻璃的保温、隔热方法

建筑物的窗玻璃厚度为5～10mm，与其他的墙体相比较，显得十分微薄。虽然玻璃本身的导热率并不大，但由于作为建筑部件使用时的厚度很小，为了提高玻璃的保温隔热性，基本上都是采用双层中空玻璃，如图10－28、图10－29所示。

在热散失上，双层中空玻璃比单层透明玻璃可减少大约1/2的热散失，如图10－30所示。另外，如果在双层中空玻璃的内侧镀上低辐射薄膜，还能进一步提高隔热性。

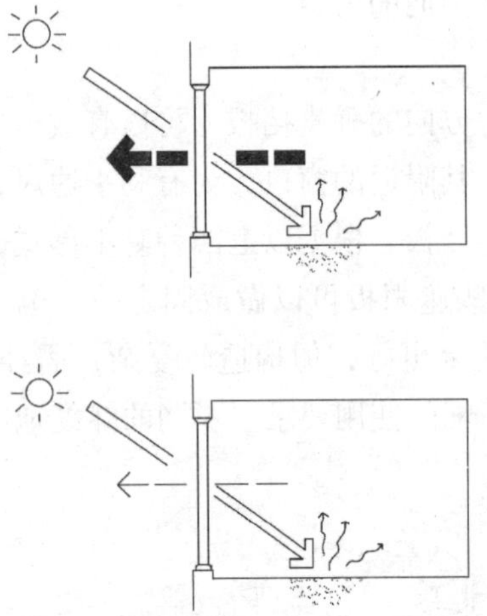

图 10－28 太阳辐射热的获得与窗户的隔热

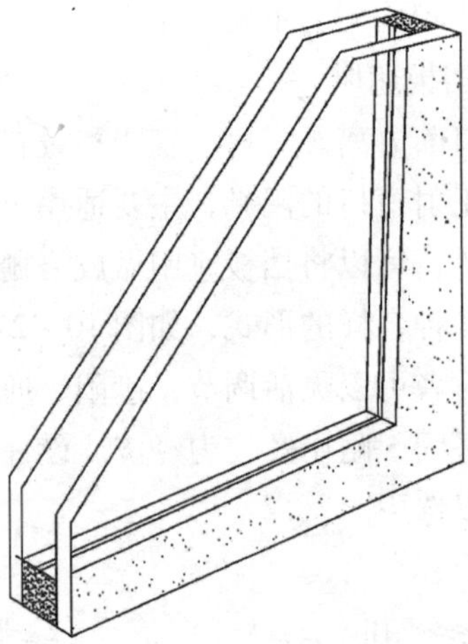

图 10－29 双层中空玻璃的构造

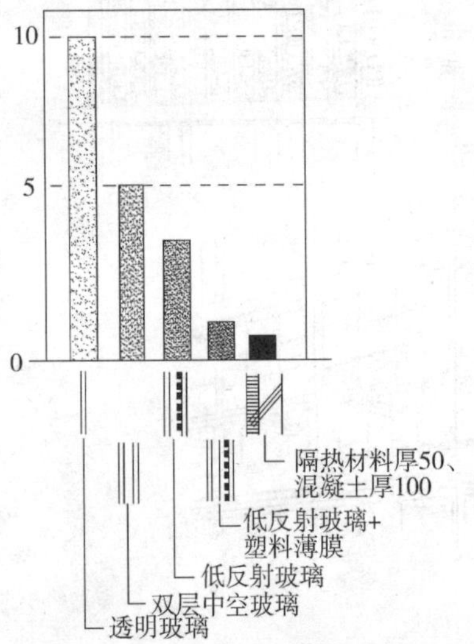

图 10－30 玻璃的种类和隔热性能

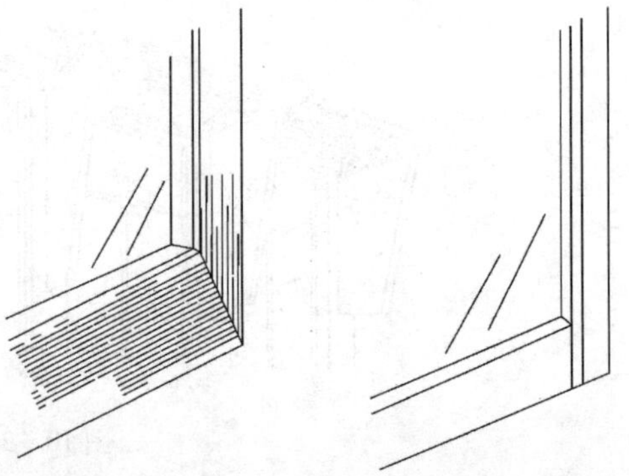

图 10－31 木窗框和铝窗框

2. 窗框的保温隔热方法

通常除去玻璃部分之后，窗框的面积占窗户全部面积的 10%～15%。为了提高窗户整体的保温隔热性，不仅要控制玻璃部分的总传热系数，还要注意窗框的隔热性。

虽然铝窗框的气密性很好，但由于铝材的导热率大，如果增加玻璃本身的隔热性，就会相对地增大铝窗框部分的热损失，容易产生结露。

木窗框的隔热性很好，只要解决了木窗框的耐久性、气密性问题，还可以进一步提高窗户整体的隔热性。此外，木窗框还有铝窗框所没有的独特的温暖感，具有在室内过着温暖生活的心理效果，如图 10－31 所示。近年来，在一些地区采用工程塑料加钢骨架组合成塑钢窗框也取得不错的效果。

思考题

1. 门窗按开启方式可分为哪几种形式？各自特点是什么？
2. 平开门的组成和门框的安装构造有什么要点？
3. 平开门的门扇有几种？各有什么特点？
4. 钢窗有什么特点？按其材料断面不同可分为哪两种？各自有什么特点？
5. 铝合金门窗特点是什么？
6. 塑钢窗的特点是什么？
7. 简述遮阳的基本构造措施并按要求进行遮阳设计。
8. 图示平开木门（包括亮子）的构造节点。

第11章　变形缝构造

本章学习目标

- 了解防震基本知识；
- 熟悉建筑物变形缝的作用及分类；
- 掌握伸缩缝、沉降缝、防震缝设置的条件及各种变形缝的特点；
- 掌握变形缝的构造原理并能绘图表达建筑各部分变形缝的构造。

11.1　变形缝概述

建筑物由于受到温度变化、地基不均匀沉降，以及地震作用的影响，结构的内部将产生附加的应力和应变，如不采取措施或处理不当，会使建筑物产生开裂甚至倒塌。为防止出现这种情况，可采取“阻”或“让”这两种措施。“阻”是通过加强建筑物的整体性，使其具有足够的强度与刚度，以阻止这种破坏；“让”是在这些变形敏感部位将结构断开，使建筑物各部分能自由变形，以减小附加应力，用退让的方式避免破坏。建筑物中这种预留的缝隙称为变形缝。

11.1.1　变形缝的种类及设置原则

变形缝按其所起作用不同分为伸缩缝、沉降缝和抗震缝三种。

11.1.1.1　伸缩缝

伸缩缝又叫温度缝。建筑物处于昼夜、冬夏的温度变化环境中，由于热胀冷缩的原因使结构内部产生温度的应力和应变，其影响力随着建筑物的长度增加而增加，当应力和应变达到一定数值时，建筑物将会出现开裂甚至破坏。为避免这种情况的发生，常常沿建筑物长度方向，每隔一定距离或结构变化较大处预留缝隙，将建筑物断开。这种由于温度变化而设置的缝隙称为伸缩缝。

伸缩缝要求把建筑物的墙体、楼板层、屋顶等地面以上的部分全部断开，基础部分因受温度变化影响较小而不必断开。

伸缩缝的最大间距，即建筑物的允许连续长度与结构的形式、材料、构造方式及所处的环境有关。结构设计规范对砌体结构及钢筋混凝土结构建筑物中伸缩缝的最大间距所作规定见表11－1和表11－2。另外，也有采用附加应力钢筋，加强建筑物的整体性，来抵抗可能产生的温度应力，使之少设缝或不设缝。具体应经过计算确定。

表 11－1　砌体房屋伸缩缝的最大距离　　单位：m

屋盖或楼盖类别		间距
整体式或装配整体式钢筋混凝土结构	有保温层或隔热层的屋盖、楼盖	50
	无保温层或隔热层的屋盖	40
装配式无檩体系钢筋混凝土结构	有保温层或隔热层的屋盖、楼盖	60
	无保温层或隔热层的屋盖	50
装配式有檩体系钢筋混凝土结构	有保温层或隔热层的屋盖	75
	无保温层或隔热层的屋盖	60
瓦材屋盖、木屋盖或楼盖、轻钢屋盖		100

注：本表摘自 GB 50003—2001《砌体结构设计规范》。

（1）对烧结普通砖、多孔砖、配筋砌块砌体房屋取表中数值；对石砌体、蒸压灰砂砖、蒸压粉煤灰砖和混凝土砌块房屋取表数值乘以 0.11 的系数。当有实践经验并采取有效措施时，可不遵守本表规定。

（2）在钢筋混凝土屋面上挂瓦的屋盖应按钢筋混凝土屋盖采用。

（3）按本表设置的墙体伸缩缝，一般不能同时防止由于钢筋混凝土屋盖的温度变形和砌体干缩变形引起的墙体局部裂缝。

（4）层高大于 5m 的烧结普通砖、多孔砖、配筋砌块砌体结构单层房屋，其伸缩缝间距可按表中数值乘以 1.3。

（5）温差较大且变化频繁地区和严寒地区不采暖的房屋及构筑物墙体的伸缩缝的最大间距，应按表中数值予以适当减小。

（6）墙体的伸缩缝应与结构的其他变形缝相重合，在进行立面处理时，必须保证缝隙的伸缩作用。

表 11－2　钢筋混凝土结构伸缩缝的最大距离　　单位：m

结构类别		室内或土中	露天
排架结构	装配式	100	70
框架结构	装配式	75	50
	现浇式	55	35
剪力墙结构	装配式	65	40
	现浇式	45	30
挡土墙、地下室墙壁等类结构	装配式	40	30
	现浇式	30	20

注：本表摘自 GB 50010—2002《混凝土结构设计规范》。

（1）下列情况宜适当减小伸缩缝间距：

①柱高（从基础顶面算起）低于 11m 的排架结构；②屋面无保温或隔热措施的排架结构；③位于气候干燥地区、夏季炎热且暴雨频繁地区的结构或经常处于高温作用下的结构；④采用滑模类施工工艺的剪力墙结构；⑤材料收缩较大、室内结构因施工外露时间较长等。

（2）下列情况宜适当加大伸缩缝间距：

①混凝土浇筑采用后浇带分段施工；②采用专门的预加应力措施；③采取能减小混凝土温度变化或收缩的措施。当增大伸缩缝间距时，尚应考虑温度变化和混凝土收缩对结构的影响。

11.1.1.2　沉降缝

沉降缝是为了防止由于地基的不均匀沉降，结构内部产生附加应力引起的破坏而设置的缝隙。为了满足沉降缝两侧的结构体能自由沉降，要求建筑物从基础到屋顶的结构部分全部断开。凡符合下列情况之一者应设置沉降缝：

（1）当建筑物建造在不同的地基上，又难以保证不出现不均匀沉降时。

（2）同一建筑物相邻部分的层数相差两层以上或层高相差超过 10m、荷载相差悬殊或结构形式变化较大时。

（3）新建建筑物与原有建筑相毗邻时。

（4）当建筑平面形式复杂、连接部位又较薄弱时。

（5）相邻的基础宽度和埋置深度相差较大时。

沉降缝可兼有伸缩缝的作用，其构造与伸缩缝基本相同。但盖缝条和调节片构造必须注意能保证在水平方向和垂直方向自由变形。

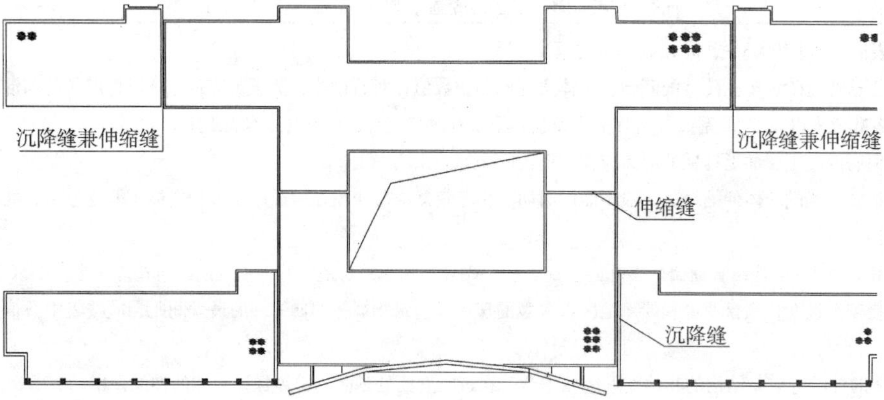

图 11－1　沉降缝及伸缩缝设置示意图

11.1.1.3　抗震缝

建筑物在受地震作用时不同部位将具有不同的振幅和振动周期，因此地震时在这些不同部位的连接处很可能会产生裂缝、断裂等现象。抗震缝是为了防止建筑物各部分在地震时相互撞击引起破坏而设置的缝隙，通过抗震缝将建筑物划分成若干体型简单、结构刚度均匀的独立单元，即在这些连接部位预先设置防震缝。如图 11－2、图 11－3 所示为立面体型及平面形式的简单与复杂的比较。

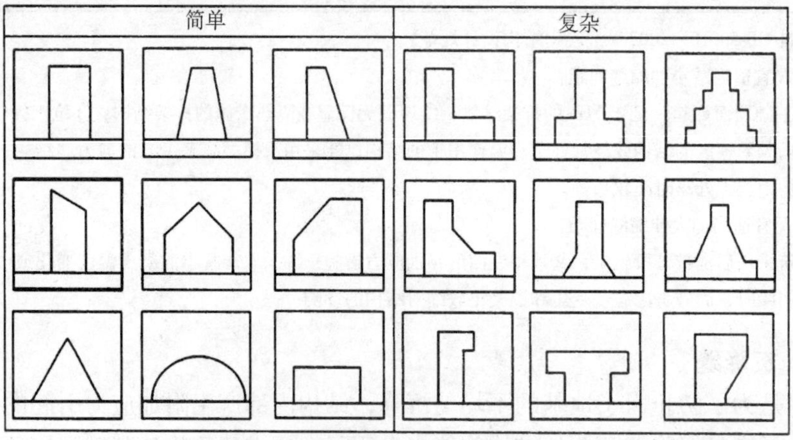

图 11－2　对抗震有影响的建筑物立面体型

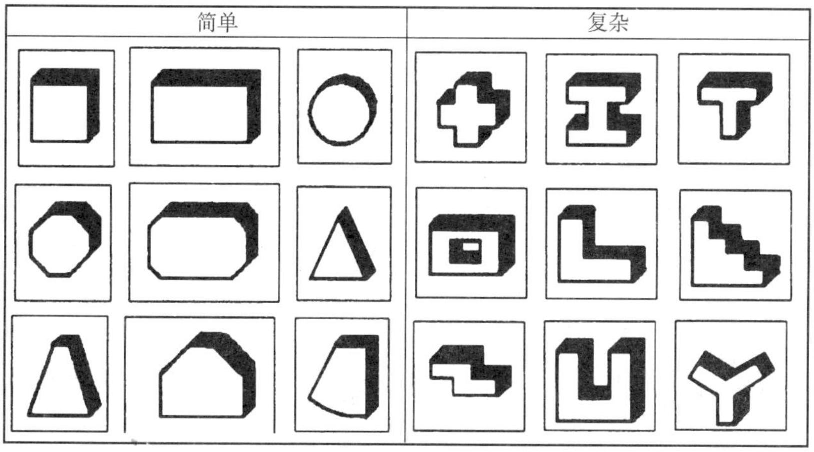

图 11－3　对抗震有影响的建筑物平面形式

设置防震缝部位需根据不同的结构类型来确定。

（1）对于多层砌体建筑，11 度和 9 度设防区有下列情况之一时，宜设置防震缝：

①建筑立面高差在 6m 以上；

②建筑有错层且楼层高差较大（超过层高 1/3 或 1m）；

③各部分刚度、质量和结构形式截然不同，砌体建筑的防震缝两侧均应设置墙体。

（2）对于钢筋混凝土结构的建筑物，遇下列情况时宜设防震缝：

①建筑平面不规则且无加强措施；

②建筑有较大错层时；

③各部分结构的刚度或荷载相差悬殊且未采取有效措施时；

④地基不均匀，各部分沉降差过大，需设置沉降缝时；

⑤建筑物长度较大，需设置伸缩缝时。

抗震缝应沿建筑物全高设置，并用双墙使各部分结构封闭，通常基础可不分开，但对于平面复杂的建筑物，或与沉降缝合并考虑时，基础也应分开，如图 11－4b 所示。

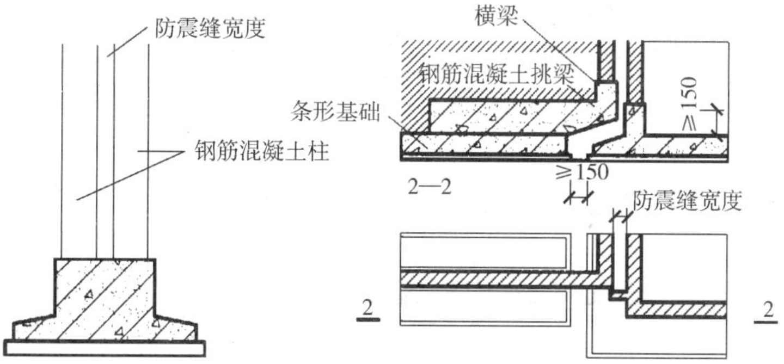

(a) 双柱式抗震缝　　(b) 兼有沉降作用的抗震缝构造

图 11－4　基础抗震缝构造

11.1.2 变形缝的宽度尺寸及设置比较

变形缝的宽度与变形缝的种类、建筑结构的形式、高度及地基的类型有关，各种变形缝的宽度及设置做法见表 11－3。

表 11－3 各种变形缝设缝比较

变形缝类别	对应变形原因	设置依据	断开部位	缝宽
伸缩缝	昼夜温差引起的热胀冷缩	按建筑物的长度、结构类型与屋盖刚度	除基础外沿全高断开	20～30mm
沉降缝	建筑物相邻部分高差悬殊、结构形式变化大、基础埋深差别大、地基不均匀等引起的不均匀沉降	地基情况和建筑物的高度	从基础到屋顶沿全高断开	一般地基： 建筑物高度＜5m，缝宽 30mm； 5～10m，缝宽 50 mm； 10～15m，缝宽 70mm
				软弱地基： 建筑物 2～3 层，缝宽 50～110mm 4～5 层，缝宽 110～120mm ≥6 层，缝宽＞120mm 沉陷性黄土，缝宽 30～70mm
抗震缝	地震作用	设防烈度、结构类型和建筑物高度（11 度、9 度设防且房屋立面高差相差在 6m 以上，或错层楼板相差 1/3 层高或 1m，毗邻部分各段刚度、质量、结构形式均不同时设置）	沿建筑物全高设缝，基础可断开，也可不断开	多层砌体建筑，缝宽 50～100mm
				框架框剪建筑， 当建筑物高≤15m，缝宽 70mm 当建筑物高＞15m，6，7，11，9 度设防，高度每增高 5m，4m，3m，2m，缝宽加大 20mm

11.2 建筑物变形缝处的结构布置

在建筑物设变形缝的部位，为了使变形缝两边的结构满足断开的要求，又可以在结构合理的前提下自成系统，根据建筑的结构类型，其结构布置方案有以下几种类型。

11.2.1　墙体承重的变形缝处理类型

1. 双墙基础方案

双墙双条形基础，地上独立的结构单元都有封闭连续的纵横墙，结构空间刚度大，但基础偏心受力，并在沉降时相互影响，如图 11－5 所示。另一种做法是双墙挑梁基础，特点是保证一侧墙下条形基础正常均匀受压，另一侧采用纵向墙悬挑梁，梁上架设横向托墙梁，再做横墙，这种方案适合基础埋深相差较大或新旧建筑物相毗邻的情况。沉降缝要求将基础断开，缝两侧一般可为双墙或单墙处理，变形缝处墙体结构平面图如图 11－6 所示。

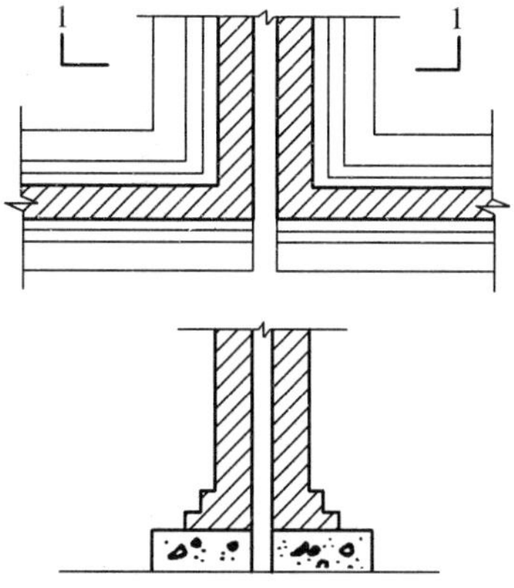

图 11－5　双墙基础墙体方案

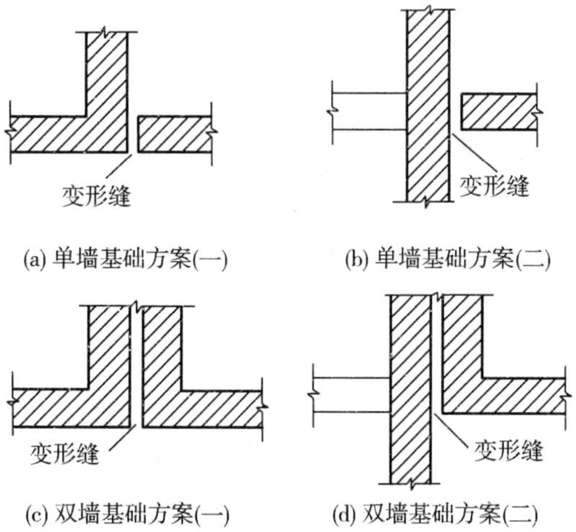

图 11－6　变形缝的基础墙体方案

2. 单墙基础方案

单墙基础方案也叫挑梁式方案，即一侧墙体正常做条形受压基础，而另一侧也做正常条形受压基础，两基础之间互不影响，用上部结构出挑实现变形缝的要求宽度，如图11-7所示。这种做法尤其适用于新旧建筑毗连时，处理时应注意旧建筑与新建筑的沉降不同对楼地面标高的影响，一般要计算新建筑的预计沉降量。

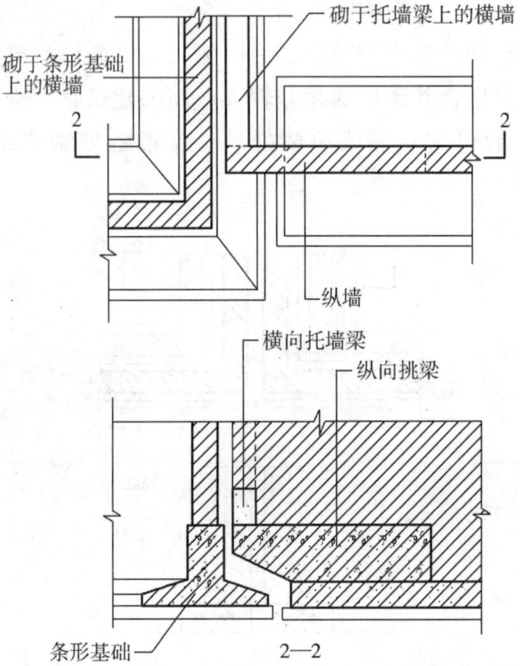

图11-7　单墙挑梁方案

11.2.2　框架承重的变形缝处理类型

框架结构在伸缩缝处主要考虑主体结构部分的变形要求，最简单的办法是将楼板的中间分开，如图11-8a所示，也可以采用双柱双挑梁、双柱牛腿简支式等方案，如图11-8b、图11-8c所示，但这些方案施工较复杂，耗用材料较多。工程中根据具体情况而定，砖混结构与框架结构交接处采用框架单侧挑梁的方法，如图11-8d所示。砖混结构与框架结构交接处的基础沉降缝采用两侧基础断开的方法处理，如图11-9所示。

11.2.3　后浇带等结构措施

设置变形缝是针对可能引起的建筑结构破坏的各种变形因素的良好对策，但设置变形缝在构造上必须加以处理，以满足建筑功能和美观要求。盖缝构造增加了施工复杂性，也会增大结构面积及影响建筑外部和内部的视觉效果等，因此，在需要设置变形缝的位置可以用以下方法减少或不设缝。

（1）当建筑采用以下构造措施和施工措施减小温度和收缩应力时，可增大伸缩缝的间距。

①在顶层、低层、山墙和内纵墙端开间等温度变化影响较大的部位提高配筋率。

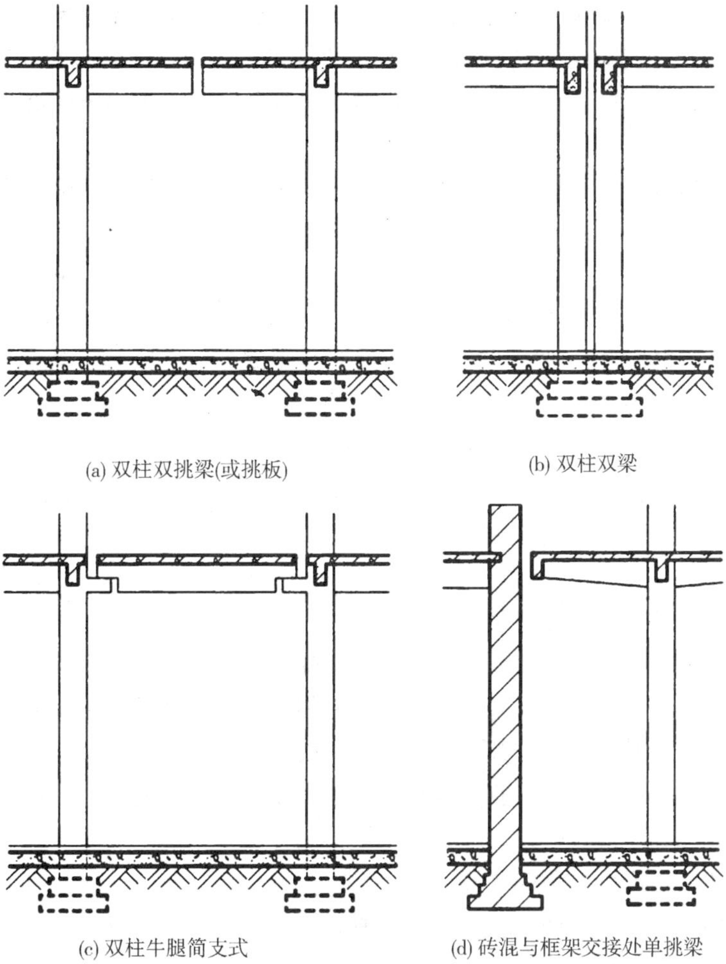

(a) 双柱双挑梁(或挑板)　　(b) 双柱双梁

(c) 双柱牛腿简支式　　(d) 砖混与框架交接处单挑梁

图 11－8　框架变形缝方案

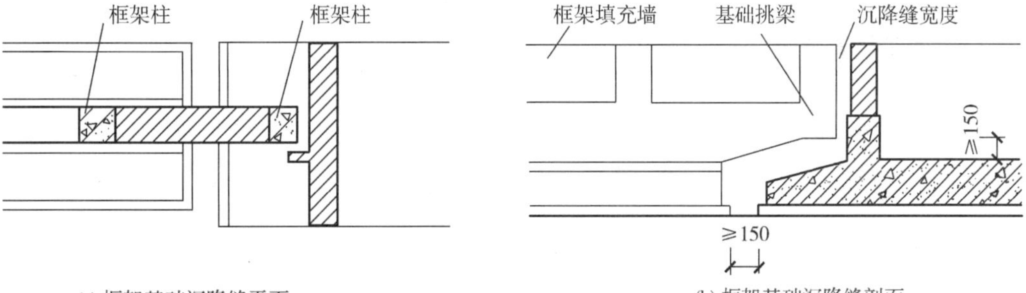

(a) 框架基础沉降缝平面　　(b) 框架基础沉降缝剖面

图 11－9　框架基础沉降缝平面及剖面

②顶层加强保温隔热措施或采用架空通风屋面。

③顶部楼层应用刚度较小的结构形式或顶部设局部温度缝，将结构划分为长度较短的区段。

④30～40m 间距留出施工后浇带，带宽 1100～1000mm，钢筋可采用搭接接头。后浇

带混凝土宜在两个月后浇灌，后浇带混凝土浇灌时温度宜低于主体混凝土浇灌时的温度。

（2）当采用以下措施时，高层部分与裙房之间可连接为整体而不设沉降缝。

①采用桩基，桩支撑在基岩上；或采取减少沉降的有效措施并经计算，沉降差在允许范围内。

②主楼与裙房采用不同的基础形式，并宜先施工主楼，后施工裙房，调整土压力，使后期基本接近。

③地基承载力较高、沉降计算较为可靠时，主楼与裙房的标高预留沉降差，先施工主楼，后施工裙房，使最后两者标高基本一致。

在②③的两种情况下，施工时应在主楼与裙房之间先留后浇带，待沉降基本稳定后再连为整体。设计中应考虑后期沉降差的不利影响。

（3）高层建筑钢结构设置变形缝要求。

①高层建筑钢结构不宜设置防震缝，薄弱部位应采取措施提高抗震能力。

②高层建筑钢结构不宜设置伸缩缝，当必须设置时，抗震设防的结构伸缩缝应满足防震缝要求。

（4）防空地下室设置变形缝要求。

防空地下室防护单元内不应设置伸缩缝或沉降缝。当在两相邻防护单元之间设置伸缩缝或沉降缝，且需开设门洞时，应在两道防护密闭隔墙上分别设置防护密闭门。防护密闭门至变形缝的距离应满足门扇的开启要求。若两防护单元的防护等级不同时，高抗力防护密闭门应设在高抗力防护单元一侧，低抗力防护密闭门应设在低抗力防护单元一侧。

防空地下室结构变形缝的设置应符合下列规定：

①在防护单元内不应设置沉降缝、伸缩缝。

②上部地面建筑需设置伸缩缝、防震缝时，防空地下室可不设置。

③室外出入口与主体结构连接处，应设沉降缝。

④钢筋混凝土结构设置伸缩缝最大间距应按现行有关标准执行。

11.3　变形缝的构造

变形缝处的围护性能、耐久性能和装饰性能，应采取一定的构造方法对其进行覆盖处理。其结果应在满足上述要求的前提下，又不影响结构单元之间的位移。

11.3.1　墙体及顶棚变形缝

根据墙的厚度，变形缝可做成平缝、错口缝或企口缝，如图 11－10 所示。墙体较厚应采用错口缝或企口缝，有利于保温和防水。但抗震缝应做成平缝，以便适应地震时的摇摆。

外墙体变形缝构造特点是保温、防水和立面美观。根据缝宽的大小，缝内一般应填塞具有防水、保温和防腐性能的弹性材料，如沥青麻丝、橡胶条、聚苯板、油膏等。变形缝外侧常用耐气候性好的镀锌铁皮、铝板等覆盖。但应注意金属盖板的构造处理，要分别适应伸缩、沉降或震动摇摆的变形需要。外墙体变形缝构造如图 11－11 所示。

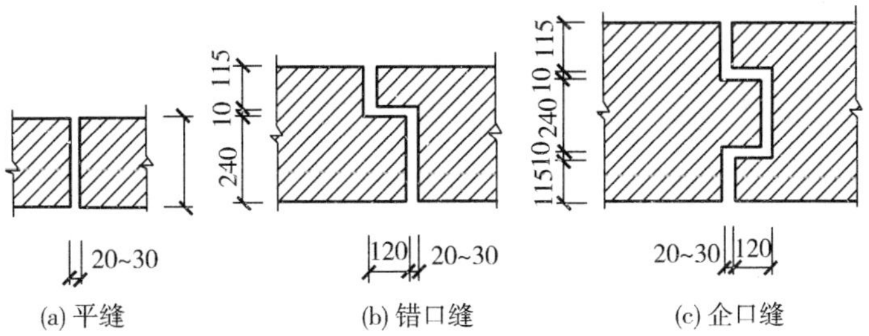

图 11－10　墙身变形缝的接缝形式

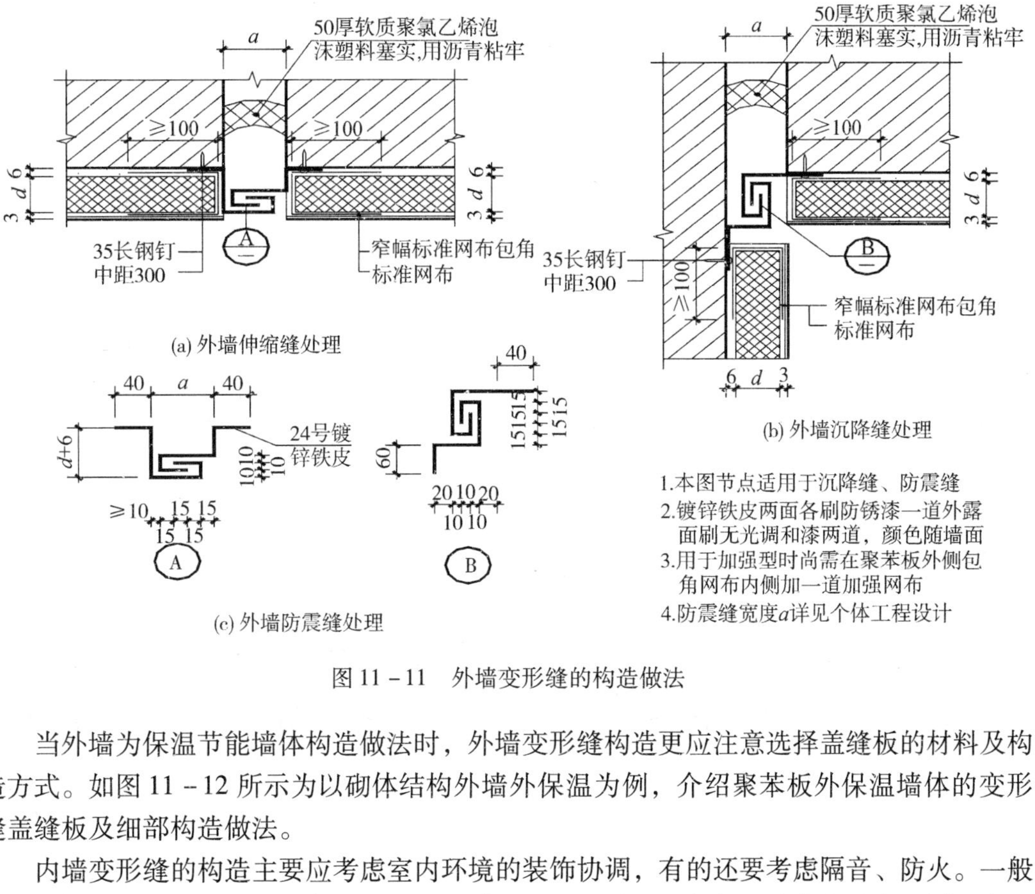

图 11－11　外墙变形缝的构造做法

当外墙为保温节能墙体构造做法时，外墙变形缝构造更应注意选择盖缝板的材料及构造方式。如图 11－12 所示为以砌体结构外墙外保温为例，介绍聚苯板外保温墙体的变形缝盖缝板及细部构造做法。

内墙变形缝的构造主要应考虑室内环境的装饰协调，有的还要考虑隔音、防火。一般采用具有一定装饰效果的木条遮盖，也可采用金属板盖缝，但都要注意能适应不同的变形要求，如图 11－13 所示。

顶棚处的变形缝可用木板、金属板或其他吊顶材料覆盖，但构造上应注意不能影响结构的变形，若是沉降缝，则应将盖板固定于沉降较大的一侧。顶棚变形缝构造做法与内墙相似。

11.3.2　楼地层变形缝

楼地层变形缝的位置与宽度应与墙体变形缝一致。其构造特点为方便行走、防火和防止灰尘下落，卫生间等有水环境还应考虑防水处理。楼地层的伸缩沉降缝内常填塞具有弹

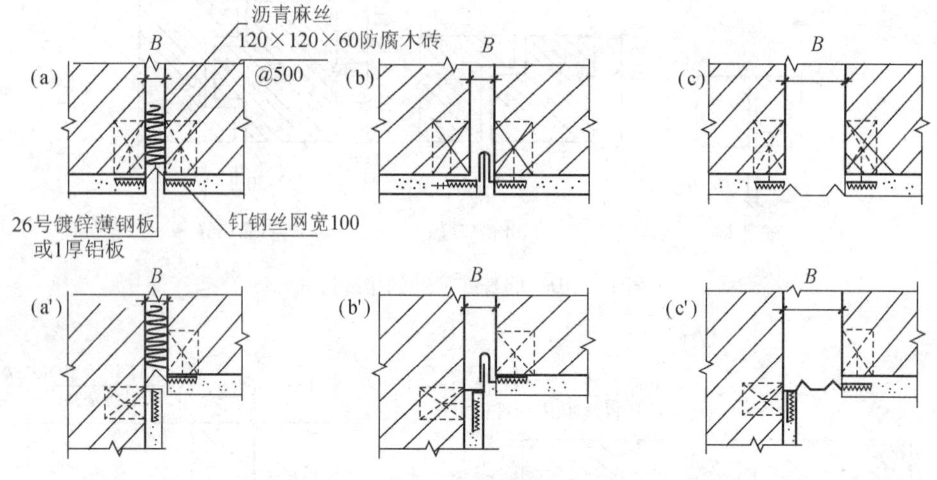

（a）外墙伸缩缝处理　（b）外墙沉降缝处理　（c）外墙防震缝处理

图 11－12　外墙外保温变形缝的构造做法

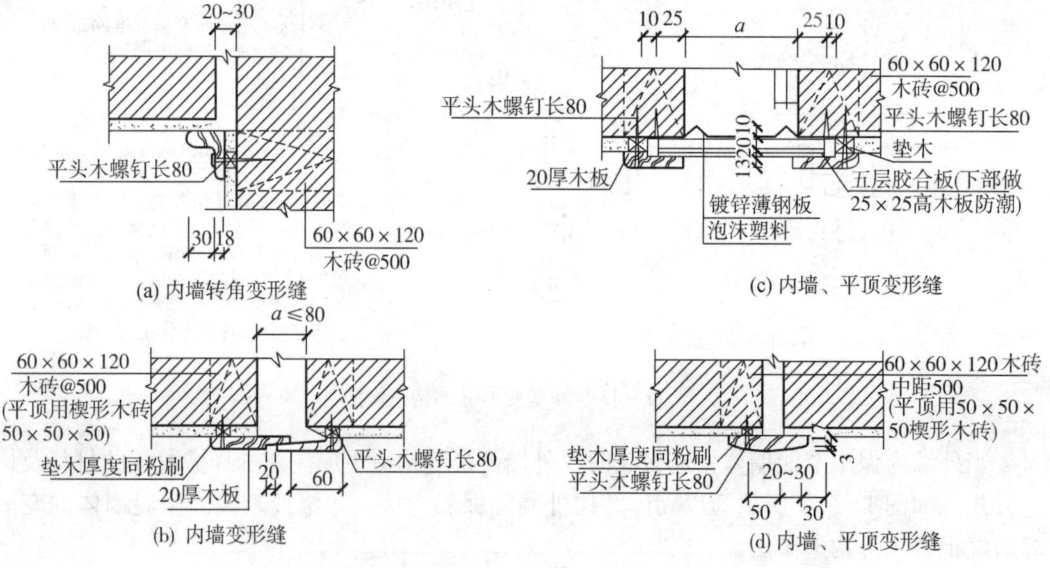

(a) 内墙转角变形缝　(c) 内墙、平顶变形缝　(b) 内墙变形缝　(d) 内墙、平顶变形缝

图 11－13　内墙和顶棚的构造做法

性的油膏、沥青麻丝、金属或橡塑类调节片等。楼地层上铺与地面材料相同的活动盖板、金属板或橡胶片等，如图 11－14 所示。楼地层防震缝设置，地震时建筑物会发生来回晃动，使缝的宽度处于瞬间变化之中。为防止因此造成盖板的损坏，可选用软性硬橡胶板作盖板。当采用与楼地面材料一致的刚性盖板时，则盖板两侧应填塞不小于 1/4 缝宽的柔性材料。楼地层变形缝的构造如图 11－15 所示。

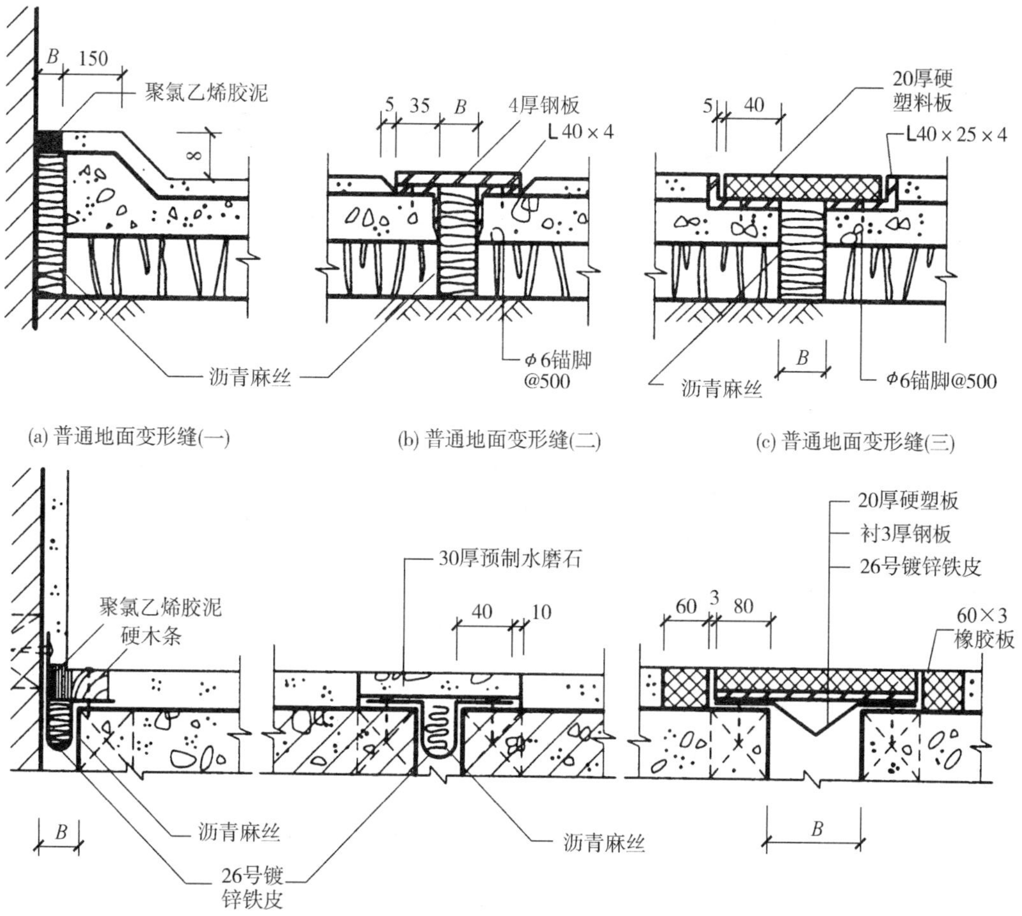

(a) 普通地面变形缝(一)　(b) 普通地面变形缝(二)　(c) 普通地面变形缝(三)

(d) 普通楼面变形缝(一)　(e) 普通楼面变形缝(二)　(f) 普通楼面变形缝(三)

图 11－14　楼地面变形缝的构造做法

11.3.3　屋顶变形缝

屋顶变形缝在构造上主要解决好防水、保温等问题。屋顶变形缝一般设于建筑物的高低错落处，也见于两侧屋面同一标高处。不上人屋顶通常在缝的一侧或两侧加砌矮墙或做混凝土凸缘，高出屋面至少 250mm，再按屋面泛水构造要求将防水层沿矮墙上卷，固定于预埋木砖上，缝口用镀锌铁皮、铝板或混凝土板覆盖。盖板的形式和构造应满足两侧结构自由变形的要求。寒冷地区为了加强变形缝处的保温，缝中应填塞沥青麻丝、岩棉、泡沫塑料等具有一定弹性的保温材料。

当屋面为上人屋面，因使用要求，一般不设矮墙，但应做好防水，避免渗漏。平屋顶因防水做法的不同，柔性防水屋面及刚性防水屋面变形缝构造略有不同，如图 11－16、图 11－17 所示。

当屋顶变形缝处于上人屋面出口处，为防止人活动对变形缝盖缝措施的损坏，需加设缝顶盖板等措施，如图 11－18 所示。

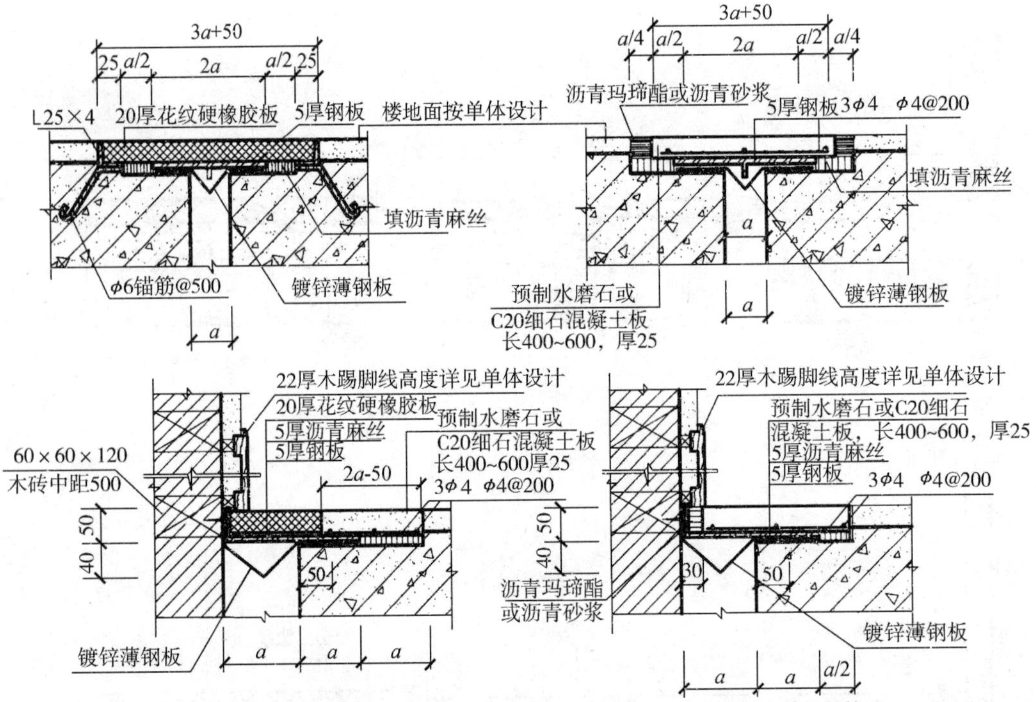

(a) 橡胶盖缝板构造　　(b) 混凝土盖缝板构造

图 11－15　楼面防震缝的构造做法

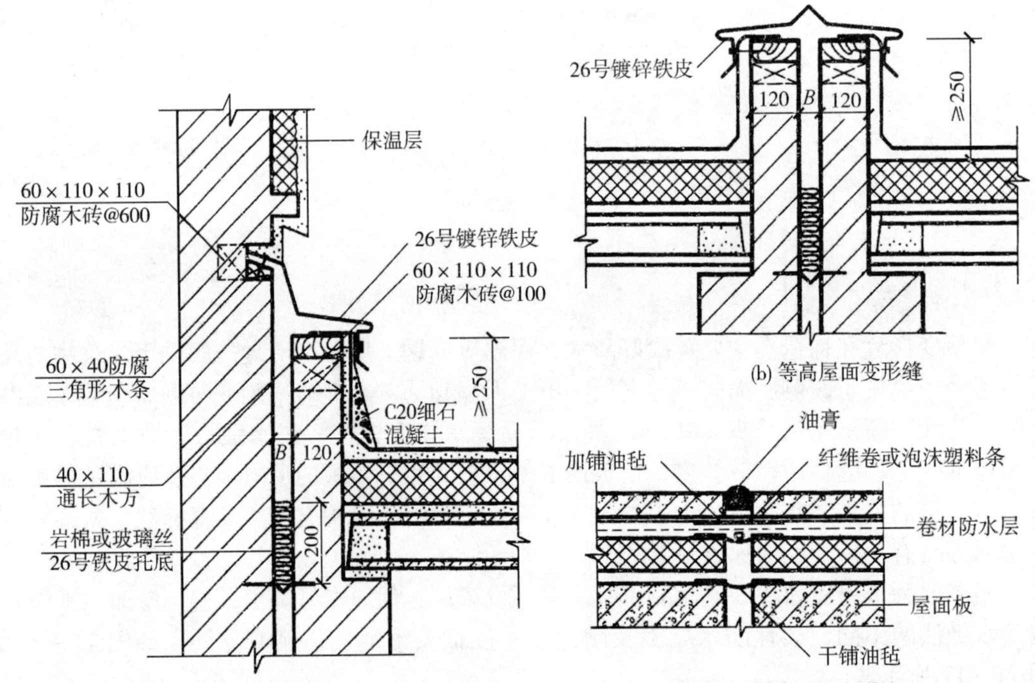

(b) 等高屋面变形缝

(a) 不等高屋面变形缝　　(c) 上人等高屋面变形缝

图 11－16　柔性防水屋顶变形缝构造

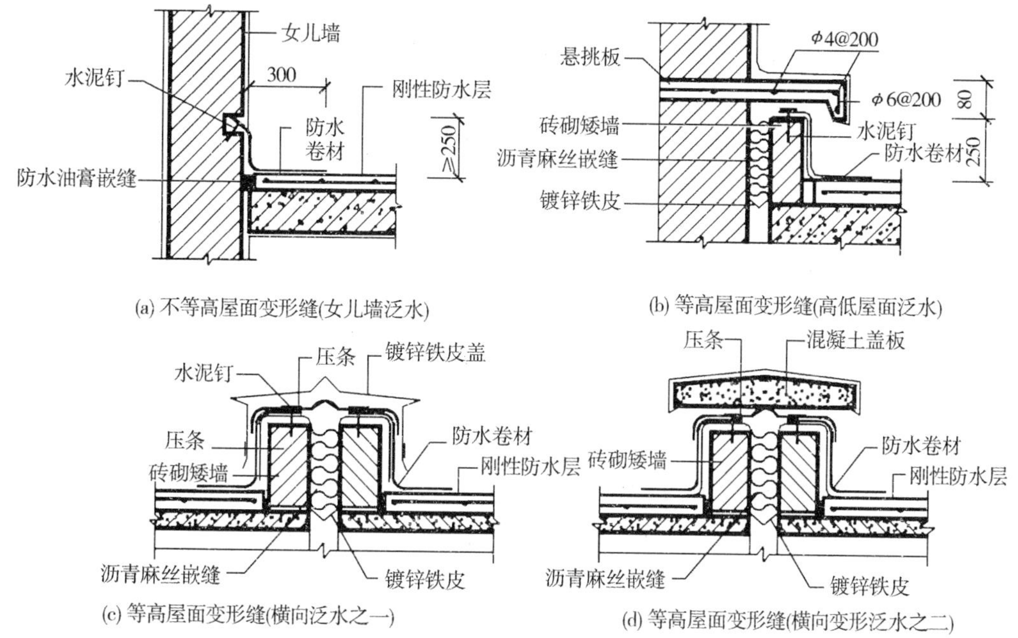

(a) 不等高屋面变形缝(女儿墙泛水)

(b) 等高屋面变形缝(高低屋面泛水)

(c) 等高屋面变形缝(横向泛水之一)

(d) 等高屋面变形缝(横向变形泛水之二)

图 11－17　刚性防水屋顶变形缝构造

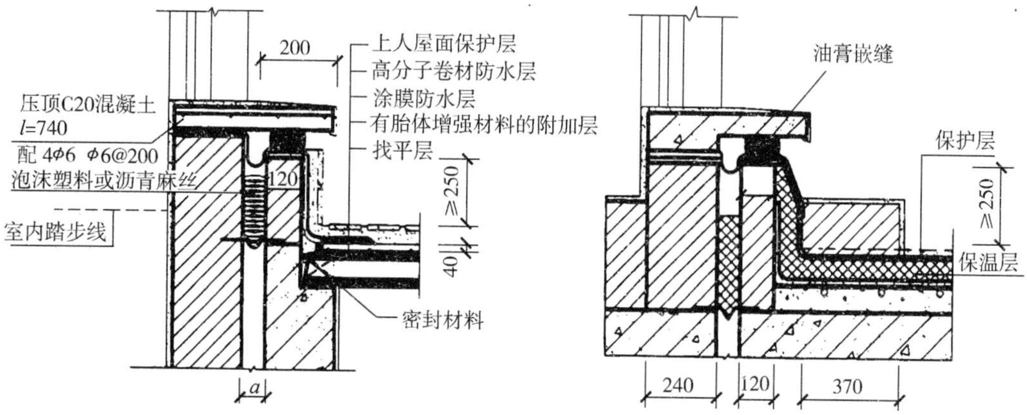

图 11－18　上人屋面出口处变形缝构造

思考题

1. 简述变形缝定义、类型及设置原则。
2. 简述三种变形缝的设置做法比较。
3. 钢筋混凝土结构伸缩缝的最大间距是怎样规定的?
4. 砖石结构伸缩缝的最大间距是怎样规定的?
5. 绘图说明外墙体变形缝构造特点。
6. 绘图说明内墙体及顶棚变形缝构造特点。
7. 简述楼地层变形缝的接缝材料。
8. 绘图说明楼地层变形缝构造特点。
9. 简述基础变形缝的两种方案。
10. 绘图说明框架结构基础变形缝的做法。
11. 绘图说明屋面变形缝的构造做法。

第12章　工业建筑概论

本章学习目标

- 了解工业厂房内部的起重运输设备；
- 熟悉工业建筑的分类与特点；
- 掌握单层及多层工业厂房结构体系及特点。

12.1　工业建筑的特点与分类

12.1.1　特点

工业建筑和民用建筑都具有建筑的共性，在设计原则、建筑技术和建筑材料等方面有许多相通之处。但工业建筑是直接为工业生产服务的，因此，在建筑平面空间布局、建筑结构、建筑构造、建筑施工等方面与民用建筑有较多差别，了解其特点，对工业厂房建筑设计与施工是十分重要的。工业建筑特点归纳如下：

（1）工业建筑首先要满足生产工艺的要求，并为工人创造良好的劳动卫生条件，以利提高产品质量和劳动生产率。工业生产类别繁多，如有钢铁、有色金属、机械、电力、石油、化工、纺织、食品和电子工业等。各类工业都具有不同的生产工艺和特征，对工业厂房建筑也有不同的要求，厂房设计也随之而异。

（2）工厂一般都有笨重的机器设备、起重运输设备（吊车）等，要求厂房建筑有较大的内部空间。同时，厂房结构要能够承受较大的静、动荷载，以及振动或撞击力等的作用。

（3）有的工厂在生产过程中会散发大量的余热、烟尘、有害气体、有侵蚀性的液体，以及生产噪声等，厂房设计要求有良好的通风和采光。

（4）有的工厂在生产过程中，要求保持一定的温度、湿度或要求具备防尘、防振、防爆、防菌、防放射线等条件。厂房设计时必须采取相应的技术措施。

（5）有的工厂在生产过程中往往需要各种工程技术管网，如上下水、热力、压缩空气、煤气、氧气管道和电力供应等。厂房设计时应考虑各种管道的敷设要求及相应的荷载。

（6）有的工厂生产过程中有大量的原料、加工零件、半成品、成品、废料等需要用吊车、电瓶车、汽车或火车进行运输。厂房设计时应考虑所采用的运输工具的通行问题。

12.1.2 分类

工业生产类型繁多，工业生产规模较大而生产工艺又较完整的工业厂房可归纳为以下几种类型：

1. 按用途分类

（1）主要生产厂房：这是指进行产品的备料、加工、装配等主要工艺流程的厂房。以机械制造工厂为例，包括铸造车间、锻造车间、冲压车间、铆焊车间、电镀车间、热处理车间、机械加工车间和机械装配车间等。

（2）辅助生产厂房：是指为主要生产厂房服务的厂房，如机械制造厂的机械修理车间、电机修理车间、工具车间等。

（3）动力用厂房：是指为全厂提供能源的厂房，如发电站、变电所、锅炉房、煤气站、乙炔站、氧化站和压缩空气站等。

（4）仓储建筑：是指储存原材料、半成品与成品的房屋（一般称仓库）。例如，机械厂包括金属料库、炉料库、砂料库、木材库、燃料库、油料库、易燃易爆材料库、辅助材料库、半成品库及成品库等。

（5）运输用建筑：是指管理、储存及检修交通运输工具用的房屋，包括机车库、汽车库、电瓶车库、起重车库、消防车库和站场用房等。

（6）其他建筑：是指水泵房、污水处理建筑等。

中、小型工厂或以协作为主的工厂，则仅有上述各类型房屋中的一部分。此外，也有一幢厂房中包括多种类型用途的车间或部门的情况。

2. 按层数分类

（1）单层厂房：多用于冶金、重型及中型机械工业等，如图 12－1 所示。

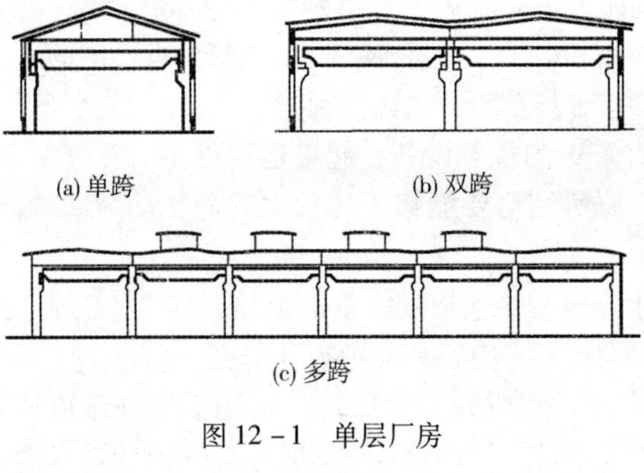

(a) 单跨　　(b) 双跨

(c) 多跨

图 12－1　单层厂房

（2）多层厂房：多用于食品、电子、精密仪器工业等，如图 12－2 所示。

（3）混合楼层的厂房：如某些化学工业、热电站的主厂房等。图 12－3a 为热电厂的主厂房，汽轮发电机设在单层跨内，其他为多层。图 12－3b 为一化工车间，高大的生产设备位于中间的单层跨内，两个边跨则为多层。

3. 按生产状况分类

（1）冷加工车间：生产操作是在正常温度、湿度条件下进行的，如机械加工、机械

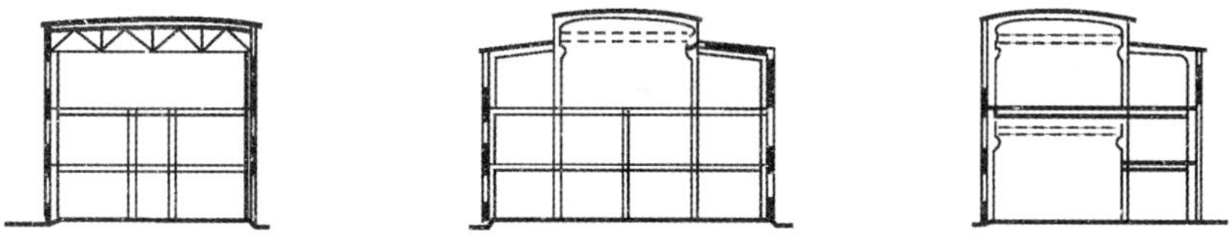

图 12－2　多层厂房

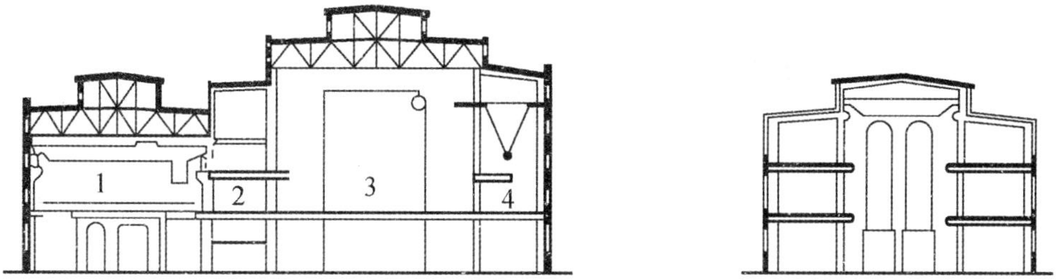

1—汽机车间；2—除氧间；3—锅炉房；4—煤斗间

图 12－3　混合楼层的厂房

装配、工具、机修等车间。

（2）热加工车间：生产中散发大量余热，有时伴随产生烟雾、灰尘和有害气体，有时在红热状态下加工，如铸造、热锻、冶炼、热轧、锅炉房等，应考虑通风及散热问题。

（3）恒温恒湿车间：为保证产品质量，厂房内要求稳定的温、湿度条件，如精密机械、纺织、酿造等车间。

（4）洁净车间：为保证产品质量，防止大气中灰尘及细菌污染，要求厂房内保持高度洁净，如集成电路车间、精密仪器加工及装配车间、医药工业中的粉针剂车间等。

（5）其他特种状况的车间：如有爆炸可能性、有大量腐蚀性物质、有放射性物质、防微振、高度隔声、防电磁波干扰车间等。

生产状况是确定厂房平、剖、立面，以及围护结构形式的主要因素之一。

12.2　工业建筑的内部起重运输设备

12.2.1　吊车

吊车亦称行车或天车，是单层厂房内部的主要运输工具。

1. 单轨悬挂吊车

如图 12－4a 所示，在屋顶承重结构下部悬挂梁式钢轨，轨梁布置为直线或可转弯的曲线，在轨梁上设有可移动的滑轮组（或称神仙葫芦），沿轨梁水平移动，利用滑轮组升降起重。起重量一般在 3t 以下，最多不超过 5t。有手动和电动两种类型。

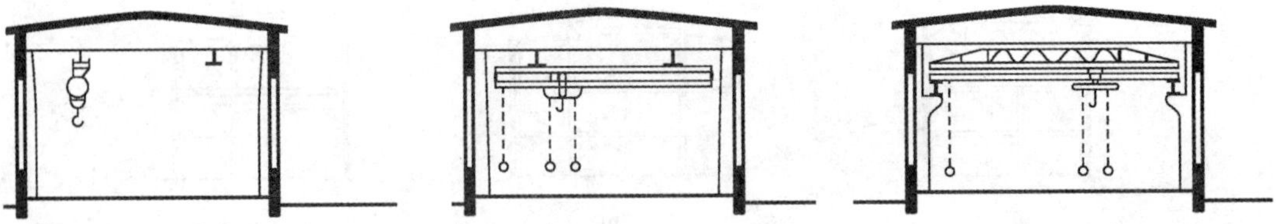

(a) 单轨悬挂吊车　　(b) 悬挂式梁式吊车　　(c) 支承式梁式吊车

图 12－4　轻型吊车

2. 梁式吊车

梁式吊车包括悬挂式与支承式两种类型。悬挂式如图 12－4b 所示，在屋顶承重结构下悬挂钢轨，在两行轨梁上设有可滑行的单梁。支承式如图 12－4c 所示，在排架柱上设牛腿，牛腿上设吊车梁，吊车梁上安装钢轨，钢轨上设有可滑行的单梁，在滑行的单梁上装有可滑行的滑轮组，在单梁与滑轮组行走范围内均可起吊重物。梁式吊车起重量一般不超过 5t，有电动和手动两种。

3. 桥式吊车

桥式吊车如图 12－5、图 12－6 所示。通常是在厂房排架柱上设牛腿，牛腿上搁吊车梁，吊车梁上安装钢轨，钢轨上放置能滑行的双榀钢桥架（或板梁），桥架上支承小车；小车能沿桥架滑移，并有供起重的滑轮组。在桥架与小车行走范围内均可起吊重物，起重量从 5t 至数百吨不等，起重时为电动。吊车上设有驾驶室，常设在桥架一端或根据要求确定其位置。此外，还有移动式悬臂吊车及固定式转臂吊车，如图 12－7a 和图 12－7b 所示，可供辅助起重运输用。

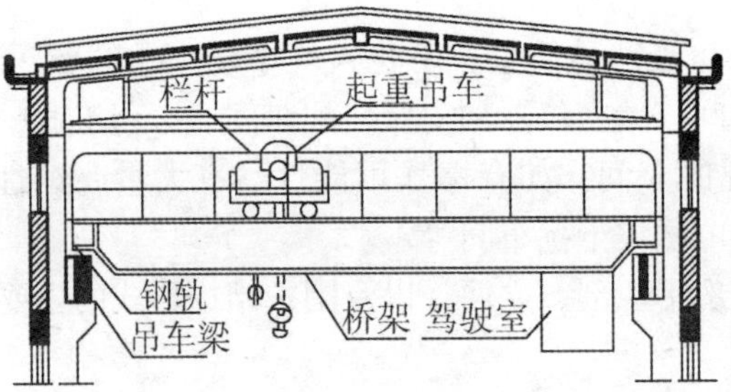

图 12－5　桥式吊车立面

12.2.2　其他运输设备

在厂房中除采用上述吊车外，亦可采用龙门式起重机，如图 12－7c 所示，它直接支承在地面上。因其行驶缓慢，且占厂房地面较多，故不如前述吊车使用广泛。厂房内外还应根据不同的生产需要，采用火车、汽车、电瓶车、手推车、各式地面起重车、悬链、普通输送带、气垫式输送带、磁力式输送带、输送轨道、管道、输送器、进料机、升降机、提升机等运输设备。

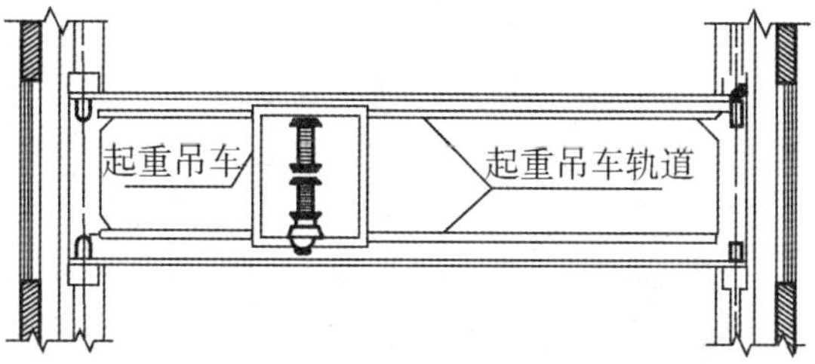

图 12－6　桥式吊车平面

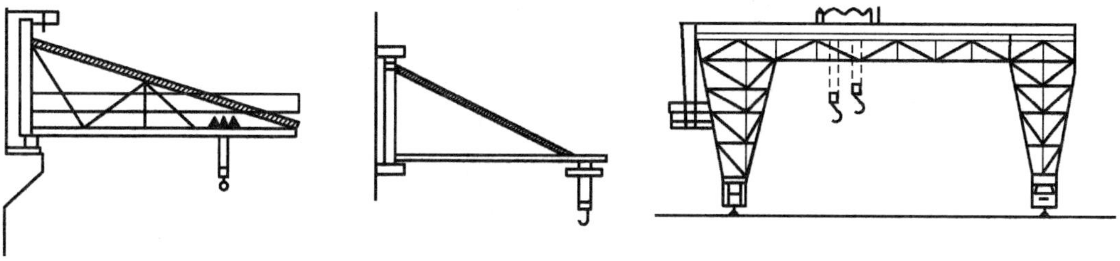

(a) 移动式悬臂吊车　　(b) 固定式转臂吊车　　(c) 龙门式起重机

图 12－7　悬臂、转臂式吊车及龙门式起重机

12.3　厂房的结构体系

12.3.1　单层厂房结构体系

目前，我国单层工业厂房的结构体系大部分采用装配式钢筋混凝土排架结构和装配式钢筋刚架结构两种形式。最常用的是排架结构，这种体系由两大部分组成，即承重构件和围护构件，如图 12－8 所示。

1. 承重构件

（1）排架柱：是厂房结构的主要承重构件，承受屋架、吊车梁、支撑、连系梁和外墙传来的荷载，并把它传给基础。

（2）基础：承受柱和基础梁传来的全部荷载，并将荷载传给地基。

（3）屋架：是屋盖结构的主要承重构件，承受屋盖上的全部荷载，通过屋架将荷载传给柱。

（4）屋面板：铺设在屋架、檩条或天窗架上，直接承受板上的各类荷载（包括屋面板自重，屋面围护材料，雪、积灰及施工检修等荷载），并将荷载传给屋架。

（5）吊车梁：设在柱子的牛腿上，承受吊车和起重的重量，运行中所有的荷载（包括吊车自重、起吊物体的重量及吊车起动或刹车所产生的横向刹车力、纵向刹车力，以及冲击荷载），并将其传给框架柱。

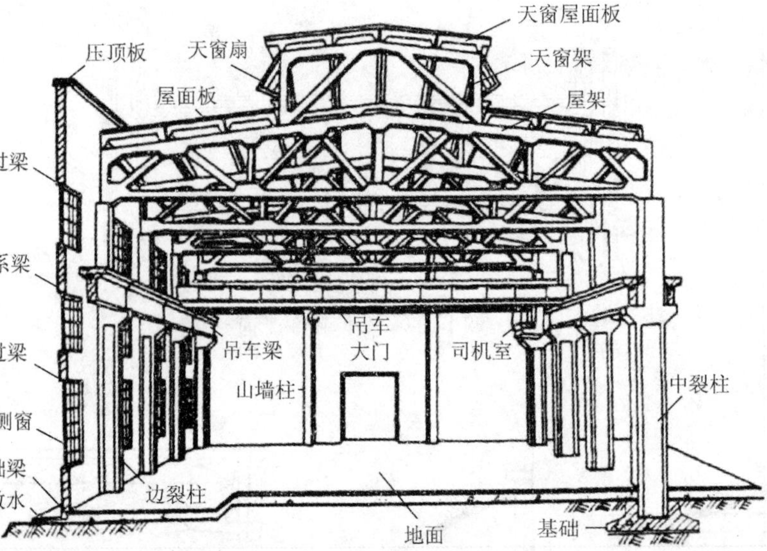

图 12－8　单层厂房的组成

（6）基础梁：承受上部砖墙重量，并把它传给基础。

（7）连系梁：它是厂房纵向柱列的水平连系构件，用以增加厂房的纵向刚度，承受风荷载和上部墙体的荷载，并将荷载传给纵向柱列。

（8）支撑系统构件：它分别设在屋架之间和纵向柱列之间，其作用是加强厂房的空间整体刚度和稳定性，它主要传递水平荷载和吊车产生的水平刹车力。

（9）抗风柱：单层厂房山墙面积较大，所受风荷载也大，故在山墙内侧设置抗风柱。在山墙面受到风荷载作用时，一部分荷载由抗风柱上端通过屋顶系统传到厂房纵向骨架上，一部分荷载由抗风柱直接传给基础，如图 12－9 所示为各承重构件的荷载传递关系。

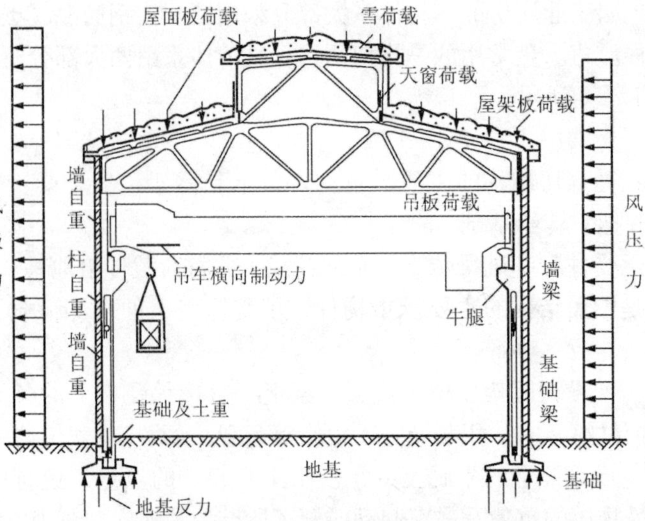

图 12－9　单层厂房结构主要荷载示意图

2. 围护构件

（1）屋面：单层厂房的屋顶面积较大，构造处理较复杂，屋面设计应重点解决好防水、排水、保温、隔热等方面的问题。

（2）外墙：厂房的大部分荷载由排架结构承担，因此，外墙是自承重构件，除承受墙体自重及风荷载外，主要起着防风、防雨、保温、隔热、遮阳、防火等作用。

（3）门窗：供交通运输及采光、通风用。

（4）地面：满足生产及运输要求、并为厂房提供良好的室内劳动环境。

对于排架结构来讲，以上所有构件中，屋架、排架柱和基础，是最主要的结构构件。这三种主要承重构件，通过不同的连接方式（屋架与柱为铰接，柱与基础是刚接），形成具有较强刚度和抗震能力的厂房结构体系。所有承重构件都采用钢筋混凝土或预应力钢筋混凝土构件。

在厂房结构类型中，除了以上介绍的排架结构体系外，还有墙承重结构和刚架结构。墙承重结构是用砖墙砖壁柱来代替钢筋混凝土排架柱，适用于跨度在 15m 以内，吊车起重量不超过 5t 的小型厂房以及辅助性建筑。刚架结构的特点是屋架与柱为刚接，合并成一个整体，而柱与基础为铰接。它适用于跨度不超过 18m，檐高不超过 10m，吊车起重量 10t 以下的厂房。

12.3.2 多层厂房结构体系

多层厂房常用的结构类型可分为两大类：砖石钢筋混凝土混合结构，钢筋混凝土框架结构。

1. 砖石钢筋混凝土混合结构

砖石钢筋混凝土混合结构，即楼板和屋盖为钢筋混凝土材料，砖墙承重。这种结构可分为砖墙承重梁板结构和砖砌外墙承重内框架结构两种。

（1）砖墙承重梁板结构

当荷载小于 $500kg/m^2$，层数在四层以下时可以采用这种结构形式。在这种结构类型中，可以是纵墙承重，也可以是横墙承重。纵墙承重，横向刚度差，但具有较大灵活性。横墙承重，纵向刚度好，但厂房由横墙分隔成小间，工艺布置灵活性小。

（2）砖砌外墙承重内框架结构

这种结构适用于楼层荷载 $500 \sim 1000kg/m^2$ 的厂房。与框架结构相比，它能够节约钢材和水泥，但层数不宜超过五层。

2. 框架结构

框架结构是目前多层厂房最常用的结构形式。这种结构形式，构件截面小，自重轻，厂房的层数、跨度都无严格限制，门窗大小及位置都比较灵活。墙体仅作为填充墙，起分隔空间的作用，所以应选择轻质材料，以减轻厂房的荷载。

常用的框架结构有梁板结构和无梁楼盖两类。此外，还有门式刚架结构和大跨度桁架式框架结构等。

（1）梁板框架结构

如图 12－10 所示。在这种结构形式中，柱承受梁板传递来的荷载。柱有长柱、短柱、明牛腿、暗牛腿之分，板可用空心板、槽形板或 T 形板。梁则一般采用叠合梁，以减少

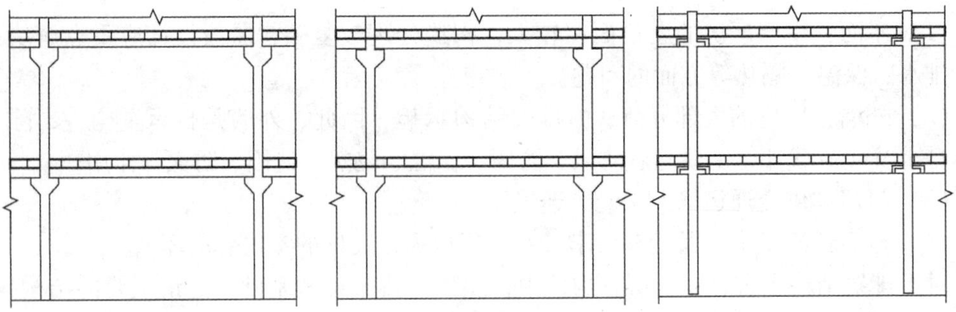

图 12－10　梁板框架结构

结构高度。这种梁的下部是预制装配的，其上部则在现场叠浇混凝土，如图 12－11 所示，图中根据楼板的厚度确定。为了保证楼层的整体性，在浇注叠合梁时，同时在楼板上浇注一层结合层，其厚度为 50 ～ 80mm。

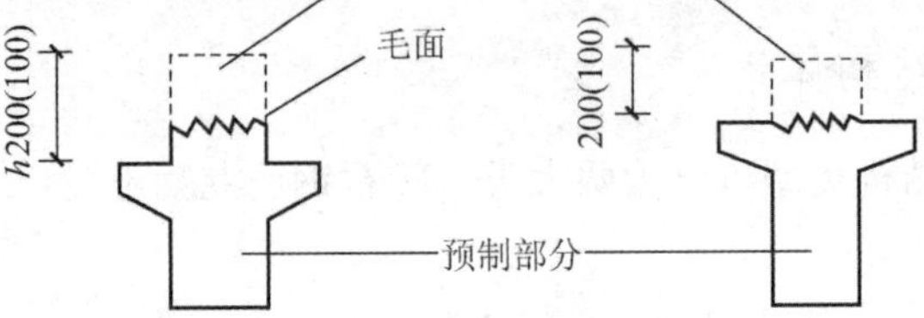

图 12－11　梁板框架结构的叠合梁

长柱框架结构，柱子长度是整个厂房的高度，在每层的横梁下伸出牛腿或设置暗牛腿，柱子上没有接头，刚度较短柱好；但柱子长度受施工条件的限制，一般不超过 30m。短柱按楼层高度设置，因此采用短柱框架结构时，厂房高度不受限制。短柱与梁的搭接，与长柱相同，有明牛腿和暗牛腿两种方式。明牛腿方案中，梁柱连接构造简单，用钢量少，但室内不够整齐美观，伸出的牛腿容易积灰。暗牛腿方案的梁柱连接比前者复杂，用钢量多，但室内平整美观，要求防尘的洁净厂房多采用这种结构方案。公共建筑中常见的等跨梁板框架结构与此相似。

（2）无梁楼盖框架结构如图 12－12 所示。

无梁楼盖框架结构也是多层厂房经常采用的一种结构形式，适用于楼板荷载超过 1000kg/m^2 的厂房。印刷厂和冷库多采用这种结构。由于在这种结构方案中的板是双向受力，宜采用方形柱网。这种结构类型的优点是天花平整美观，为充分利用厂房内部空间创造了条件。

装配式无梁楼盖的承重骨架是由柱子、柱帽、柱间板和跨间板等构件组成。柱子四周伸出牛腿支承柱帽，在柱帽四周凹缘上搁置柱间板，作为骨架的水平构件，在柱间板的凹缘上再安放跨间板。如为整浇结构，在炎热地区，可将边柱外形成的空间围在室外，形成遮阳外廊，提高造型效果。

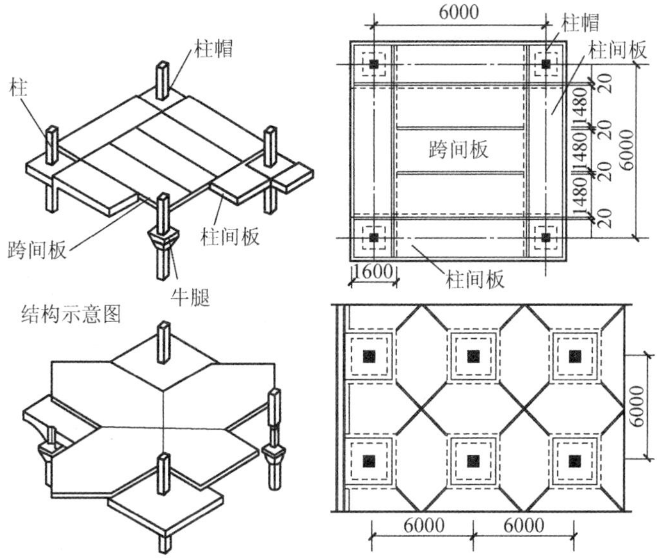

图 12 - 12　装配式无梁楼盖框架结构

（3）大跨度桁架式结构如图 12 - 13 所示。

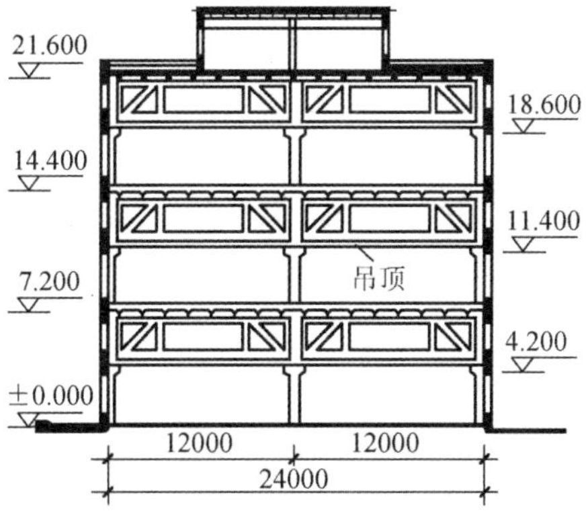

图 12 - 13　采用平行弦桁架的多层厂房（单位：m）

当工艺要求厂房大跨度及须设置技术夹层安放通风及各种工程管线时，可采用平行弦桁架。在桁架上下弦上各铺一层楼板或轻钢骨架吊顶，上层为生产车间。而在夹层内既可安放工程管线也可作为生活辅助房间。

除了上述结构类型外，在多层厂房中采用的还有门式刚架，全钢结构等结构类型，施工方法用滑模、升板等。

思考题

1. 工业建筑按生产状况如何分类?
2. 工业建筑按用途如何分类?
3. 工业建筑有何特点?
4. 单层工业厂房的结构体系最常用的是哪种?其主要构件有哪些?
5. 多层厂房常用的结构类型可分为哪两种?
6. 工业厂房内部的起重运输设备有哪些?

参考文献

[1] 刘文锋. 建设法规概论. 北京：高等教育出版社，2004.

[2] 建设部工程质量安全监督与行业发展司，等. 全国民用建筑工程设计技术措施：规划·建筑 [S]. 北京：中国建筑工业出版社，2003.

[3] 民用建筑设计通则 GB50352—2005. 北京：中国建筑工业出版社，2005.

[4] 屋面工程技术规范 GB50345—2004. 北京：中国建筑工业出版社，2004.

[5] 地下工程防水技术规范 GB50108—2008. 北京：中国规划出版社，2008.

[6] 建筑设计防火规范 GB50016—2006. 北京：中国规划出版社，2006

[7] 高层建筑设计防火规范 GB50045—1995. 北京：中国规划工业出版社，1995.

[8] 建筑设计资料集（1～8）[M]. 北京：中国建筑工业出版社，2002.

[9] 彭一刚. 建筑空间组合论 [M]. 2 版. 北京：中国建筑工业出版社，1998.

[10] 刘建荣. 高层建筑设计与技术 [M]. 北京：中国建筑工业出版社，2005.

[11] 贾新年，徐飞鹏. 建筑设计方法入门 [M]. 天津：天津大学出版社，2000.

[12] 郑东军，黄华. 建筑设计与流派 [M]. 天津：天津大学出版社，2002.

[13] 尹青. 建筑设计构思与创意 [M]. 天津：天津大学出版社，2002.

[14] 李必瑜. 房屋建筑学 [M]. 武汉：武汉工业大学出版社，2000.

[15] 傅信祁，广士奎. 房屋建筑学 [M]. 北京：中国建筑工业出版社，1997.

[16] 裴刚. 房屋建筑学 [M]. 3 版. 广州：华南理工大学出版社，2011.

[17] 韩建新，刘广洁. 建筑装饰构造 [M]. 北京：中国建筑工业出版社，2004.

[18] 姜忆南. 房屋建筑学 [M]. 北京：机械工业出版社，2001.

[19] 裴刚，安艳华. 建筑构造 [M]. 武汉：华中科技大学出版社，2010.

[20] 李必瑜，魏宏杨. 建筑构造：上册 [M]. 3 版. 北京：中国建筑工业出版社，2005.

[21] 刘建荣，翁季. 建筑构造：下册 [M]. 3 版. 北京：中国建筑工业出版社，2005.

[22] 颜宏亮. 建筑构造设计 [M]. 上海：同济大学出版社，1998.

[23] 刘昭如. 建筑构造设计基础 [M]. 上海：同济大学出版社，2000.

[24] 彰国社. 国外建筑设计详图图集：13 [M]. 北京：中国建筑工业出版社，2004.

[25] 朱德本. 当代工业建筑 [M]. 北京：中国建筑工业出版社，1996.

[26] 哈尔滨建筑工程学院. 工业建筑设计原理 [M]. 北京：中国建筑工业出版社，1998.

[27] 陈霖新. 洁净厂房的设计与施工 [M]. 北京：化学工业出版社，2003.